BLV TIER- UND PFLANZEN FÜHRER

für unterwegs

Wilhelm Eisenreich

Alfred Handel · Ute E. Zimmer

BLV

Die Deutsche Bibliothek – CIP-Einheitsaufnahme

BLV Tier- und Pflanzenführer für unterwegs /
Wilhelm Eisenreich; Alfred Handel; Ute E. Zimmer. –
14., durchges. Aufl. – München; Wien; Zürich: BLV, 1997
ISBN 3-405-14800-6
NE: Eisenreich, Wilhelm; Handel, Alfred; Zimmer, Ute E.

BLV Verlagsgesellschaft mbH
München Wien Zürich

80797 München

14., durchgesehene Auflage

Umschlaggestaltung: Studio Schübel, München

Einbandfotos: oben (Wacholderdrossel) Peter Zeininger
unten (Küchenschelle) Hermann Eisenbeiss

Grafiken: Barbara v. Damnitz
Lektorat: Wilhelm Eisenreich
Herstellung: Ernst Großkopf

Gedruckt auf chlorfrei gebleichtem Papier

Satz und Druck: Appl, Wemding
Bindung: Ludwig Auer, Donauwörth

Printed in Germany · ISBN 3-405-14800-6

Einführung

Als der »BLV Tier- und Pflanzenführer für unterwegs« 1989 zum ersten Mal erschien, ahnte wohl niemand, daß er sich zu einem der erfolgreichsten Naturbücher entwickeln würde. Zurückzuführen ist dieser Erfolg auf das hervorragende Preis-Leistungs-Verhältnis und die – wie von Lesern immer wieder bestätigt wurde – ebenso einfache wie schlüssige Konzeption, die dem Laien die Benutzung leicht macht. Gelobt wurde auch die weitgehend repräsentative Artenauswahl, der jedoch bei einem Buchumfang von 400 Seiten Grenzen gesetzt waren.
Nun liegt diese Neuausgabe des bewährten Begleiters in die Natur vor. Sie umfaßt 560 Seiten und enthält 771 Pflanzen- und Tierarten auf nahezu 900 Farbfotos. Erweitert wurde einerseits generell (mehr Arten), anderseits bezüglich der abgedeckten Lebensräume (Küsten- und alpine Arten kamen hinzu). Darüber hinaus findet man jetzt auch als kleinen zusätzlichen »Service« eine Auswahl von Schmetterlingsraupen und Vogelgelegen.
Sicher wird auch diese Ausgabe manchen Wunsch offenlassen. So wird der Blumenliebhaber einiges nicht finden, der Pilzfreund vieles vermissen, der Insektenspezialist diverse Arten vergeblich suchen – um nur Beispiele zu nennen. Aber dies ist ein Buch für alle Naturfreunde, das keine Spezialwerke ersetzen kann und will.
Die Benutzung des Buches ist denkbar einfach. Die einzelnen Gruppen sind systematisch geordnet, mit grafischen Symbolen gekennzeichnet und so auch bereits im Inhaltsverzeichnis zu finden. (Die Systematik versucht die natürliche Verwandtschaft der Pflanzen bzw. Tiere darzustellen.) Die Gruppen selbst sind aber auch nach Auffälligkeiten und nicht nur streng systematisch gegliedert. Sie werden im Folgenden charakterisiert und dadurch sind auch die in den Texten vorkommenden Fachausdrücke erklärt.

Pflanzen

Pilze

Etwa ein Drittel aller Pflanzenarten der Erde sind Pilze. Sie besitzen kein Blattgrün (Chlorophyll), und entziehen humusreichen Böden oder dem Holz abgestorbener Bäume organische Nährstoffe. Neben einzelligen Formen haben die meisten Arten einen Vegetationskörper aus Zellfäden (Hyphen), die ein meist reich verzweigtes Geflecht (Mycel) bilden. Bei unseren höheren Pilzen entstehen Fruchtkörper (»Pilzhüte«) aus dicht zusammengeschlossenen Hyphen, die aus dem Boden herauswachsen. In der Fruchtschicht der Hutunterseite, die zur Ober-

Aufbau eines Hutpilzes

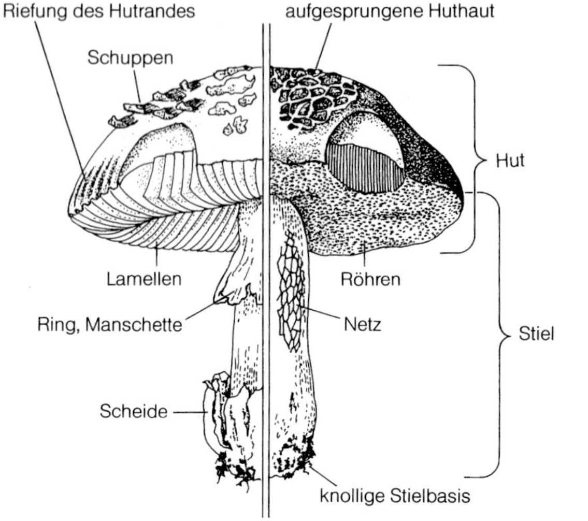

flächenvergrößerung aus Lamellen oder Röhren aufgebaut ist, entstehen ungeschlechtlich riesige Mengen von Sporen, die vom Wind verbreitet werden und die nach der Keimung ein neues Mycel bilden. Daneben gibt es noch eine recht komplizierte geschlechtliche Fortpflanzung.

Moose, Farne, Bärlappe, Schachtelhalme

Sie sind wie die Pilze Sporenpflanzen. Eine eigentliche Blüte fehlt (Kryptogamen); die Sporen der Moose werden in Kapseln, die der Farne, Bärlappe und Schachtelhalme an Blattorganen gebildet.

Die Moose unterteilt man in Leber- und Laubmoose; in diesem Buch werden nur Laubmoose vorgestellt. Sie gliedern sich in Stämmchen, Blättchen und Kapsel. Viele Moosarten sind mittels eines Wurzelfilzes im Substrat verankert. Moose können zwittrig, 1- oder 2häusig sein, d. h. ♀ und ♂ Geschlechtsorgane stehen auf einer Pflanze am selben Zweig bzw. an verschiedenen Trieben oder auf 2 verschiedenen Pflanzen. Die Fortpflanzung geht mit einem Generationswechsel einher: Aus einer Spore keimt ein Protonema (Vorkeim), aus dem das Moospflänzchen mit Geschlechtsorganen hervorgeht. Nach der Befruchtung entsteht die Sporenpflanze (Sporophyt), die gestielte Kapsel. Grundsätzlich ist jedes Moos auch zur vegetativen Vermehrung aus Bruchstücken oder Brutkörpern fähig.

Farne weisen bereits eine hohe Differenzierung auf. Erdgeschichtlich stellen sie eine sehr alte Pflanzengruppe dar. Aus einer unterirdischen Sproßachse entspringen zum ersten Mal echte Wurzeln und oberirdische mehr oder weniger lang gestielte Blätter (Wedel). Die Blattrippe, der die Fiedern ansitzen, heißt Spindel. Die Fiederunterseite trägt viele kleine Häufchen von Sporenbehältern (Sporangien), die sog. Sori (Einzahl: Sorus), die oft von einem dünnen Häutchen, dem Schleier (Indusium), bedeckt und für die Bestimmung wichtig sind. Wie die Moose haben auch die Farne einen Generationswechsel: Aus der Spore keimt ein zartes, herzförmiges Prothallium (Vorkeim), an dessen Unterseite sich die ♀ und ♂ Geschlechtsorgane entwickeln. Nach der Befruchtung entsteht noch am Prothallium die Farnpflanze mit fruchtbaren (fertilen) und u. U. auch unfruchtbaren (sterilen) Wedeln.

Die Pflanzen der Bärlappe sind immer gabelig (dichotom) verzweigt und tragen schuppen- oder nadelförmige Blätter. Die sporenerzeugenden Blätter (Sporophylle) stehen meist in dichten ährigen Ständen oder flach angedrückt an oberen Triebteilen.

Die Schachtelhalme verdanken ihren Namen dem eigenartig verschachtelten Aufbau der oberirdischen Pflanzenteile. Man unterscheidet Knoten und Glieder. An den Knoten sitzt eine Hülle teilweise miteinander verwachsener Schuppenblättchen, zwischen denen in einem Quirl die Seitenäste entspringen. Die Sporenbildung erfolgt an braunen, chlorophyllfreien, später hinfälligen oder vergrünenden Trieben mit einer zapfenartigen Ähre aus Sporophyllen an der Spitze.

Bäume und Sträucher

Anders als die vorgenannten Pflanzengruppen gehören die heimischen Bäume und Sträucher – wie die Blütenpflanzen – zur großen Abteilung der Samenpflanzen (Spermatophyta). Wenn die Gehölze im vorliegenden Buch auch dem Erscheinungsbild

Blütentypen

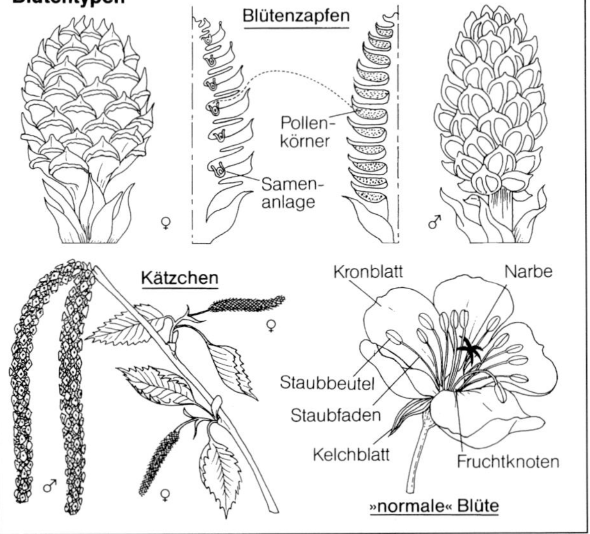

nach zusammengefaßt werden, so sind sie systematisch jedoch durchaus nicht einheitlich.
Die entwicklungsgeschichtlich primitiveren Nadelgehölze, deren Assimilationsgewebe als kleine, schmale Nadeln ausgebildet sind, tragen unscheinbare, 1geschlechtige Blüten ohne auffällige Blütenhülle. Die Blüten können auf einer Pflanze am selben Zweig bzw. an verschiedenen Trieben (1häusig) oder auf zwei verschiedene Pflanzen verteilt sein (vgl. Moose S. 6). Die Bestäubung erfolgt stets durch den Wind. Die Samenanlagen liegen nackt auf den Fruchtblättern (Zapfenschuppen) der später verholzenden Zapfen. Die Nadelgehölze werden daher

Blattformen

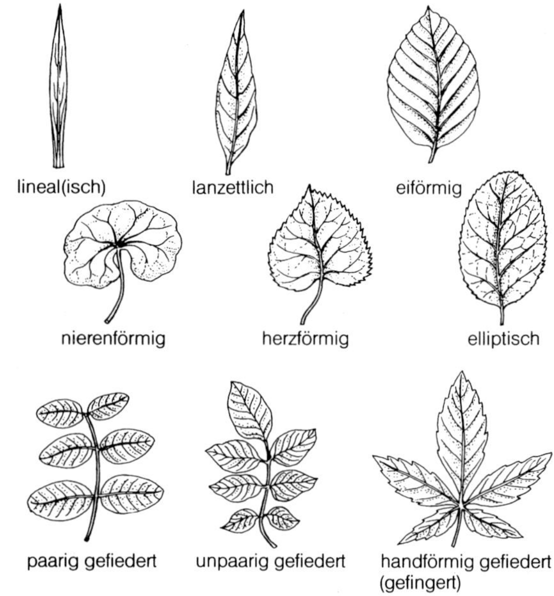

Blattrandformen

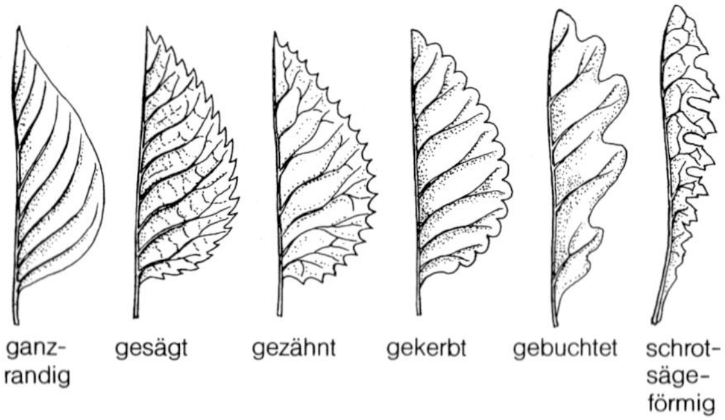

als »Nacktsamer« (Gymnospermae) den höher entwickelten »Bedecktsamern« (Angiospermae) gegenübergestellt.
Zur letztgenannten Gruppe zählen unsere Laubgehölze; sie tragen flächige, breitere Assimilationsorgane, die Blätter. Die Blüten sind entweder zwittrig oder 1geschlechtig und dann 1- oder 2häusig verteilt. Die 1geschlechtigen Blüten der Laubgehölze sind, ebenso wie die der Nadelgehölze, oft unscheinbar und zu biegsamen Ähren oder ähnlichen Blütenständen, den »Kätzchen« vereinigt, die nach der Blüte vielfach als Ganzes abfallen. Die Bestäubung erfolgt durch den Wind oder mittels Tieren, v.a. Insekten. Häufig sind auch auffallendere Blüten in einfachen oder zusammengesetzten Blütenständen angeordnet, die dann für die betreffenden Pflanzenfamilien charakteristisch sind. Die Samenanlagen der »Bedecktsamer« sind immer in einem Fruchtknoten eingeschlossen, der in den Blüten ober-, mittel- oder unterständig stehen kann.
Aus Gründen besserer Übersichtlichkeit sind die Gehölze in diesem Buch in 4 Gruppen unterteilt: Nadelgehölze, Laubbäume, Sträucher sowie Kleinsträucher.
Die Früchte der aufgeführten Gehölze werden in diesem Buch im Text mitbeschrieben, zur einfacheren Bestimmung jedoch (bis auf wenige Ausnahmen) in einem Extrabildteil (S. 90–97) einander gegenübergestellt, da sie – wie auch die Blüten – überwiegend in einer jahreszeitlichen Periode erscheinen.

Krautige Blütenpflanzen

Wie zuvor dargestellt, gehören Bäume und Sträucher ebenfalls zu den Blütenpflanzen; sie sind hier nur aus praktischen Gründen als eigene Gruppe abgetrennt. Demzufolge werden alle

Blütenstände

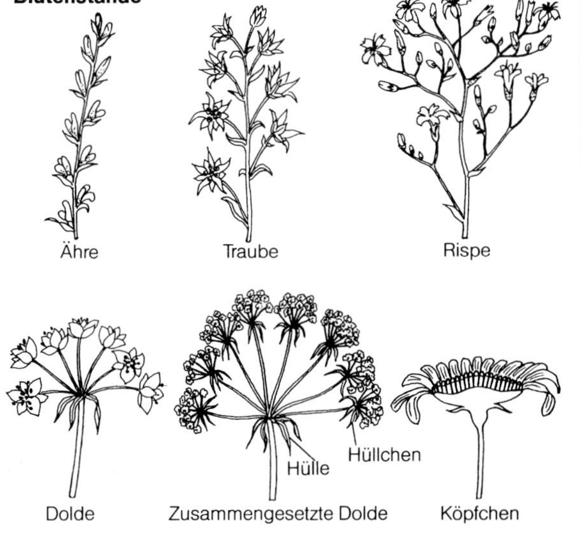

anderen – die man landläufig meist als »Blumen« bezeichnet – als »krautige Blütenpflanzen« zusammengefaßt. Sie besitzen, im Gegensatz zu den Gehölzen, (fast) keine verholzten Pflanzenteile. Damit diese große Gruppe leichter zu handhaben ist, wird sie nochmals nach Blütenfarben unterteilt.
Im Anschluß an diese Gruppe werden gesondert einige häufige, vom Menschen angebaute Kulturpflanzen (Getreide sowie andere Nutzpflanzen) vorgestellt (S. 292–297).

Tiere

Weichtiere (Mollusken)

Aus jener Gruppe sind in diesem Buch einige Vertreter der Schnecken und Muscheln ausgewählt. Gemeinsam ist allen Mollusken die Gliederung in Kopf-Fuß-Eingeweidesack.
Bei den im Meer oder Süßwasser lebenden Muscheln ist der Körper meist ganz von einer 2klappigen Kalkschale umgeben. Der Körper ist seitlich zusammengedrückt und besteht v. a. aus dem Eingeweidesack und dem muskulösen Fuß; der Kopf ist zurückgebildet. Zur Ernährung filtrieren die Muscheln kleinste Schwebteilchen aus dem Atemwasser, dem sie gleichzeitig mit den gut ausgebildeten Kiemen auch den notwendigen Sauerstoff entnehmen. Die Fortpflanzung erfolgt über eine, häufig parasitierende, Larve.
Die artenreichen Schnecken finden wir im Meer, Süßwasser und an Land. Sie alle besitzen einen muskulösen Fuß, einen Kopf mit Fühlern, an deren Basis oder Spitze Augen sitzen können, sowie einen rückseitigen, meist schalenbedeckten Eingeweidesack. Dieser erfährt bei den Schnecken eine charakteristische Drehung (Torsion) um die Längsachse, die in der spiralig aufgedrehten Kalkschale wiederholt wird. Von der Oberfläche des Eingeweidesackes reicht eine Hautfalte (Mantel) nach unten und umhüllt die Basis kragenartig. Dies führt zur Bildung einer Mantelhöhle, die die Atemorgane, häufig auch die Mündung der Ausscheidungs- und Geschlechtsorgane birgt. Die Schale wird vom Mantel abgeschieden. Bei Nacktschnecken ist sie bis auf einen winzigen Rest im eingeebneten Eingeweidesack (Mantelschild) zurückgebildet. Die Entwicklung der Meeresschnecken erfolgt über eine Larve, die der Süßwasser- und Landschnecken direkt.

Die Stammgruppe der Gliedertiere (Articulata) umfaßt mehr als Dreiviertel aller Tierarten.

Würmer (Ringelwürmer)

Aus dieser recht ursprünglichen Gliedertiergruppe werden drei Vertreter vorgestellt. Sie zeichnen sich, mit Ausnahme eines vorderen »Mundbereichs«, durch eine mehr oder weniger gleichmäßige (homonome) äußere und innere Gliederung (Segmentierung) des runden oder abgeplatteten Körpers aus.

Als Bewegungsorgane dienen meist verschiedenartige Borsten, Stummelfüßchen oder aber auch nur der Hautmuskelschlauch. Die Atmung erfolgt durch die Haut oder mittels Kiemen; der Lebensraum ist nicht mehr ausschließlich auf das Wasser (Meer-, Brack- und Süßwasser) beschränkt, auch das Festland wird erobert. Hier haben sich röhrenbauende Arten mit z.T. hoher bodenbiologischer und ökologischer Bedeutung entwickelt (Sandwurm, Regenwurm). Die Ernährung ist sehr vielseitig: neben Planktonfressern gibt es räuberisch lebende Arten und Parasiten (Egel). Die Entwicklung der getrenntgeschlechtigen oder zwittrigen Arten erfolgt direkt oder über Larvenstadien.

Aus der großen Gruppe der Gliederfüßer (Arthropoden) sind als Beispiele Vertreter der Spinnen, Tausendfüßer, Krebse und Insekten ausgewählt, wobei letztere nochmals in verschiedene Ordnungen unterteilt werden. Allen Arthropoden gemeinsam ist eine deutliche äußere, heteronome Segmentierung des Körpers, d.h. die Segmente sind – im Gegensatz zu den vorab beschriebenen Ringelwürmern – gruppenweise voneinander unterschieden, innerhalb der Gruppe jedoch gleichartig. Namensgebende Merkmale sind die gegliederten Extremitäten, die als Laufbeine, Mundwerkzeuge und Sinnesantennen (Fühler) dienen können.

Spinnen

Der Körper gliedert sich in einen Vorderkörper und einen, oft durch eine tiefe Einschnürung von diesem getrennten Hinterkörper. Der Vorderkörper trägt 6 Extremitätenpaare: vorne die Cheliceren als Greif- oder Stechorgane, meist zum Nahrungserwerb, und die Pedipalpen, die bein- oder taster-, auch scherenartig ausgebildet sein können. Ihnen folgen 4 (für Spinnen charakteristisch!) Laufbeinpaare. Die echten Webspinnen haben an der Unterseite des Hinterleibes einen Spinnapparat aus 6 Spinnwarzen, die mit Hilfe der vielen hundert Spinndrüsen im Körperinnern zur Herstellung der bekannten Netze dienen. Alle Spinnen sind getrenntgeschlechtig, die Entwicklung ist meist direkt. Einige Arten betreiben Brutfürsorge.

Tausendfüßer

Zu ihnen gehören einige Gruppen entwicklungsgeschichtlich sehr alter Tiere, die wie die Insekten Tracheenatmer sind und 1 Paar Antennen am Kopf tragen. Ihr Rumpf besteht aus sehr vielen, gleichartigen Segmenten, die bei den »Doppelfüßern« bis auf die 3 ersten (mit je 1 Extremitätenpaar) alle je 2 Laufbeinpaare tragen. Im Gegensatz hierzu sind die Segmente der »Hundertfüßer« (mit Ausnahme des ersten und der 3 letzten Segmente) mit nur je 1 Laufbeinpaar bestückt. Die Angehörigen dieser Gruppen sind Bodentiere mit z.T. sehr hoher bodenbiologischer Bedeutung.

Krebse

Gliederfüßer mit 2 Antennenpaaren und 3 Paaren kauender Mundgliedmaßen im Kopfbereich (Acron). Kopf und Brust können zu einer Einheit verschmelzen (Cephalothorax); am Hinterrand des Kopfes entspringt häufig rückenseits eine Hautduplikatur, der Carapax, der als 2klappige Schale den Körper völlig umhüllt (Entenmuschel), den Rücken als Schild lose bedeckt bzw. mit den bedeckten Thoraxsegmenten fest verwächst (Echte Krebse). Alle Körpersegmente, auch Brust und Hinterleib können Extremitäten tragen. Das letzte Körperglied ist das stets beinlose Telson, das aber oft eine Schwanzgabel (Furca) trägt. Auffallend sind die paarigen, häufig gestielten Komplexaugen und das unpaare Naupliusauge (die Augen können jedoch teilweise oder ganz fehlen). Krebse sind primär Wassertiere und daher Kiemenatmer, landlebende Arten besitzen Luftatmungsorgane. Sie ernähren sich als Filtrierer, Sand- und Schlickfresser, Pflanzen- und Aasfresser oder Räuber. Fast alle Krebse sind getrenntgeschlechtig, die meisten Arten betreiben Brutpflege. Das typische 1. Larvenstadium der Krebse ist die Nauplius-Larve, die sich über mehrere andere Larvenstadien zum fertigen Krebs entwickelt. Bei den »echten Krebsen« schlüpfen aus den Eiern meist bereits sehr weit entwickelte Larvenstadien oder sogar der fertig entwickelte Krebs.

Insekten

Als die bei weitem artenreichste Tierklasse weisen sie – trotz vielfältiger Abwandlungen – alle die gleiche Körperorganisation in Kopf-Brust-Hinterleib auf. Der Kopf trägt 4 umgebildete Extremitätenpaare: 1 Paar Antennen, 3 Paar Mundwerkzeuge; der Brust sitzen unten 3 Laufbeinpaare und oben die Flügel an. Der normalerweise extremitätenlose Hinterleib trägt höchstens Anhänge. Charakteristisch ist zudem das harte Außenskelett des Körpers aus Chitin.
Hervorzuheben sind die beiden unterschiedlichen Entwicklungswege der Insekten: In einem Fall (Heuschrecken, Wanzen, Zikaden) entwickelt sich das fertige Insekt (Imago) über Larvenstadien, die der Imago sehr ähnlich sehen (unvollständige oder hemimetabole Entwicklung). Im anderen Fall (Libellen,

Körperregionen eines Insekts (Schmetterling)

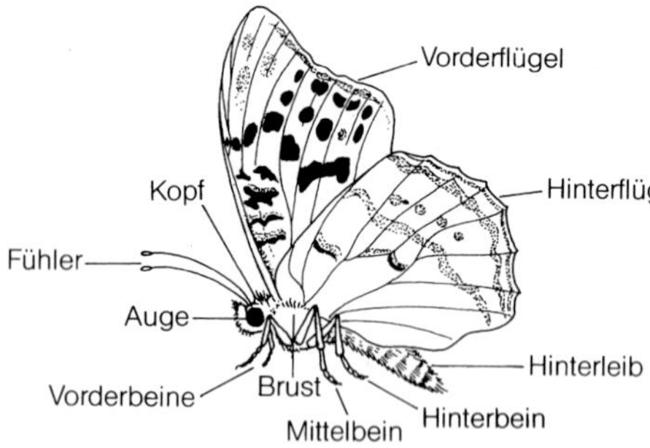

Entwicklung der Insekten

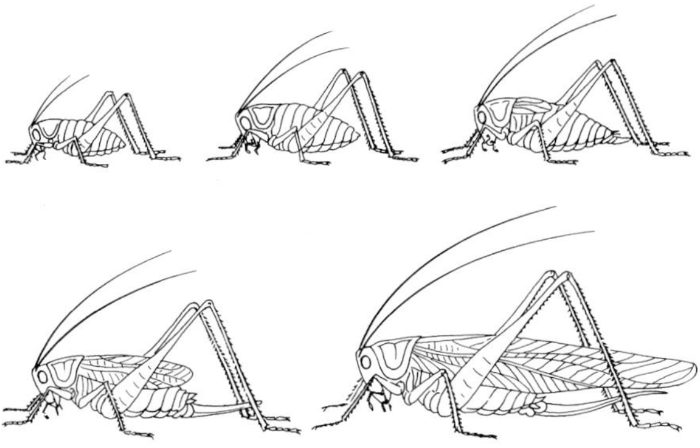

Beispiel für »unvollständig« (Grünes Heupferd)

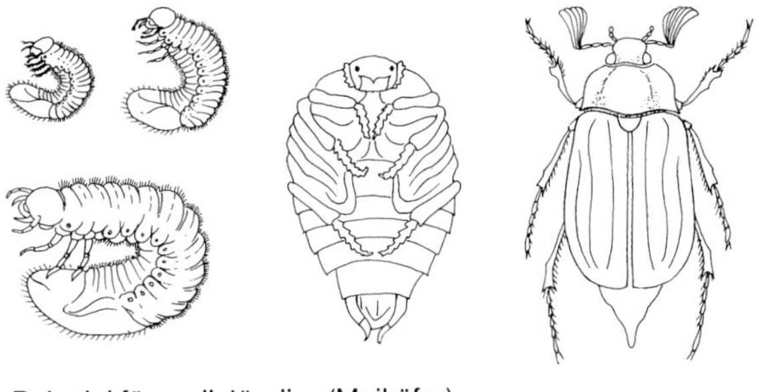

Beispiel für »vollständig« (Maikäfer)

Schmetterlinge, Käfer, Hautflügler, Zweiflügler) entwickelt sich die Imago über eine Larve (Made, Engerling, Raupe u. ä.), die völlig anders aussieht als die Imago und sich verpuppt. Aus dieser Puppe schlüpft dann die Imago (vollständige oder holometabole Entwicklung).
Bei vielen Insekten kommt es zur Brutpflege. Diese Brutfürsorge ist Ausgangspunkt für soziale Insektengemeinschaften, die mehrfach unabhängig voneinander entstanden sind (Bienen, Wespen, Hummeln, Ameisen, Termiten). Manche Staaten sind 1jährig (Wespen, Hummeln), kompliziertere ausdauernd (Bienen, Ameisen, Termiten). Bei Ameisen und Bienen kommt es zur Kastenbildung: die Arbeiter(innen) sind unfruchtbare Tiere, die Fortpflanzung ist auf einzelne Geschlechtstiere (Königinnen) beschränkt. Die Vermehrung der Staaten erfolgt durch Ausschwärmen geflügelter Geschlechtstiere oder durch Teilung sehr großer Staaten.

Die letzten 5 beschriebenen Tierklassen gehören den Wirbeltieren an. Ihnen sind folgende Charakteristika gemeinsam: Knöcherne oder knorpelige Schädel, Kiemenbögen und Wirbelsäule, 2 Extremitätenpaare, die allerdings sekundär zurückgebildet sein können (Schlangen). Der Körper gliedert sich im allgemeinen in Kopf-(Hals)-Rumpf-Schwanz (teilweise zurückgebildet!). Das Gehirn ist hochentwickelt.

Fische

Diese sehr alte Klasse besteht aus wasserlebenden Formen, die als erwachsene Tiere mit Kiemen atmen. Neben den Knorpelfischen stellen die Mehrzahl der heutigen Fischarten die Knochenfische, von denen einige Süßwasserarten hier vorgestellt werden. Außerhalb der Laichzeit sind ♀ und ♂ in Gestalt und Färbung meist sehr ähnlich. Bei vielen Arten kommt es jedoch zur Laichzeit zu Veränderungen der Färbung, auch der Körperform v.a. der ♂ sowie zum Auftreten einer eigenartigen Körnelung (Laichausschlag) des Kopfes und/oder Vorderkör-

Körperregionen eines Fisches

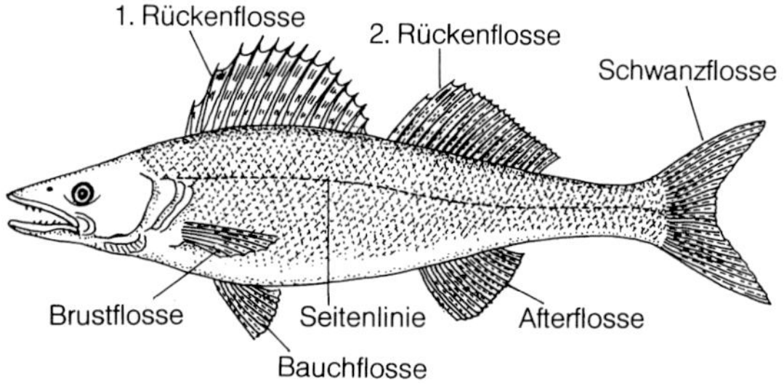

pers. Die Laichablage erfolgt entweder am Standort oder nach teils weiten Wanderungen in Schwärmen an bestimmten Laichplätzen. Die Befruchtung ist meist eine äußere. Einige Arten betreiben Brutpflege.

Lurche (Amphibien)

Im Gegensatz zu den meisten Wirbellosen gingen die Wirbeltiere nicht vom Meer aus sondern vom Süßwasser an Land. Die Amphibien bewohnen noch beide Lebensräume. Typische Schwanzlurche sind Salamander und Molche, deren Skelett noch teilweise knorpelig bleibt. Nur primitivere Arten haben noch eine äußere Befruchtung. Die Eier werden in Gallerthüllen an Wasserpflanzen abgelegt. Die wasserlebenden Larven ähneln weitgehend den erwachsenen Tieren und besitzen fädige, äußere Kiemen, die lange am Körper bleiben. Die Vorderbeine entwickeln sich zuerst. Der Feuersalamander ist larven-, der Alpensalamander lebendgebärend.
Das charakteristische Merkmal der Froschlurche (Frösche, Kröten, Unken) ist ihre lockere, drüsenreiche Haut und ihr

Entwicklung eines Froschlurchs (Grasfrosch)

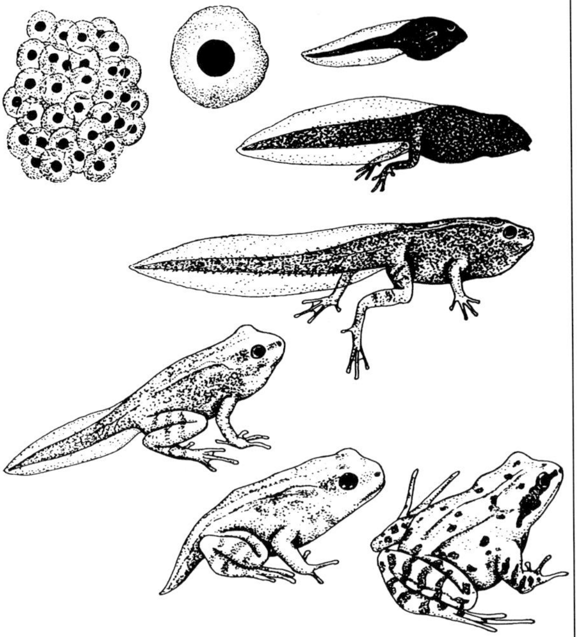

enormes Springvermögen, das durch Verlängerung der Hintergliedmaßen und den zurückgebildeten Schwanz begünstigt ist. Froschlurche findet man im Wasser, grabend in der Erde, auch auf Bäumen. Die Eier werden in einer Gallerthülle einzeln oder in Laichballen oder -schnüren (arttypisch!) abgelegt. Aus ihnen schlüpft die bekannte Kaulquappe mit plumpem Kopf, Flossensaum und Ruderschwanz. Die äußeren Kiemenanhänge verschwinden bald wieder, die Hinterbeine entwickeln sich zuerst, der Flossensaum und Ruderschwanz werden langsam zurückgebildet.

Kriechtiere (Reptilien)

Die Haut dieser Tiere, von denen einige Eidechsen und Schlangen vorgestellt werden, ist trocken, sehr drüsenarm, oft durch Hornschuppen oder -platten verstärkt, z. T. mit Knochenplatten unterlegt (Krokodile, Schildkröten). Kiemen treten, auch in der Embryonalentwicklung (nur noch Kiemenbögen!) nicht mehr auf, die Atmung erfolgt nur durch Lungen. Zur Begattung dienen paarige oder unpaare Begattungsorgane. Die meisten Reptilien legen dotterreiche, große Eier, die von einer pergamentartigen, häufig kalkinkrustierten Schale umgeben sind. Aus ihnen schlüpfen die jungen Reptilien. Einige Arten (Kreuzotter, Blindschleiche, Waldeidechse) sind lebendgebärend.

Vögel

Diese Klasse wird hier aufgrund ihrer unterschiedlichen Erscheinungsformen in mehrere, nicht unbedingt systematische Gruppen aufgespalten und mit jeweils einigen Vertretern vorgestellt: diverse »Wasservögel«, Greifvögel, Hühner, Rallen, Watvögel, Möwen und Seeschwalben, Tauben, Eulen, Spechte, Singvögel. Die Ordnung der Singvögel ist dabei die größte.

Körperregionen eines Vogels

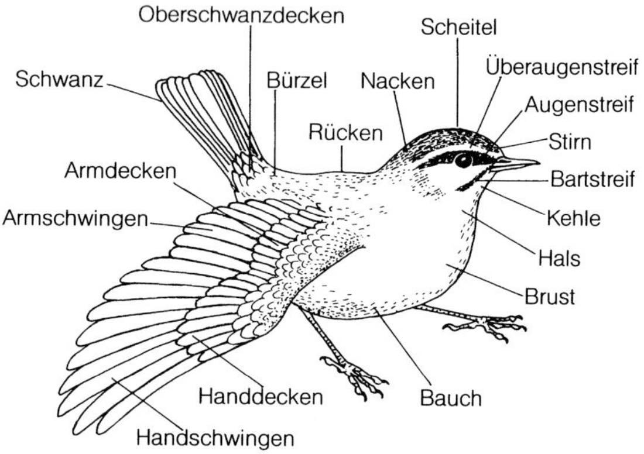

Allen Singvögeln gemeinsam ist ein komplizierter Stimmapparat, eine relativ geringe Größe, sieht man einmal von den zu den Singvögeln zählenden (!) Rabenvögeln ab. Alle Singvögel sind Nesthocker, im Gegensatz zu den nach dem Schlupf sofort selbständigen Nestflüchtern z. B. der Enten und Gänse.

Säugetiere

Sie sind durch eine Anzahl Merkmale von den übrigen Wirbeltieren unterschieden, von denen als augenfälligste die folgenden erwähnt sein sollen: feste und drüsenreiche Haut, echte Haare, der Besitz von Milchdrüsen, deren Sekret zum Säugen der Jungen dient. Weiterhin die 4 Zahntypen Schneide-, Eck-, Vorbacken-, Backenzähne mit einem natürlichen Zahnwechsel vom Milch- zum Dauergebiß. Wie die Vögel sind Säugetiere Warmblüter mit weitgehend konstanter Körpertemperatur, mit Ausnahme von Winterschläfern (z. B. Fledermäuse, Igel). Im einzelnen sind hier Vertreter der folgenden Gruppen beschrieben: Insektenfresser (das sind Spitzmäuse, Maulwurf und Igel), Fledermäuse, Nagetiere, Hasenartige, Raubtiere, Huftiere.

Hinweise zur Benutzung des Buches

Texte

Sie sind weitgehend nach gleichen Stichpunkten gegliedert.

Bei allen Gruppen bedeuten
M = Merkmale
V = Vorkommen

Hinzu kommen bei allen Pflanzen (S. 20–296)
B = Besonderheiten

bei den wirbellosen Tieren (S. 298–408)
L = Lebensweise, Entwicklung

bei den Wirbeltieren (S. 410–542)
L = Lebensweise
F = Fortpflanzung

Informationskästen

Sie stehen neben den Überschriften der Texte und enthalten Kurzinformationen, die bei der Bestimmung helfen, zusätzlich Wissenswertes vermitteln und das Nachschlagen erleichtern. Die Kästen sind daher von Gruppe zu Gruppe unterschiedlich aufgebaut.

Pilze

Höhe in cm	Zeit des Erscheinens	Genießbarkeit*

* dafür 3 Symbole:
 = eßbar  = ungenießbar  = giftig

Moose, Farnpflanzen

Wuchshöhe in cm	Zeit der Sporenreife

Bäume und Sträucher

Wuchshöhe in m	Blütengröße in mm oder* Blütenstandsgröße in cm	Blütezeit

* Der Laie hat bei manchen Pflanzengruppen Schwierigkeiten, die Einzelblüten als solche zu erkennen; was er sieht, ist der Blütenstand. Deshalb wird hier in der Größenangabe unterschieden (siehe auch folgende Gruppe).

Krautige Blütenpflanzen, Nutzpflanzen

Wuchshöhe in cm	Blütengröße in mm oder* Blütenstandsgröße in cm	Blütezeit

* siehe vorige Gruppe

Weichtiere, Würmer, Krebse

Größe (Länge bzw. Gehäusedurchmesser) in mm	bevorzugter Aufenthalt

Spinnen, Tausendfüßer, Insekten (ohne Schmetterlinge)

Körperlänge in mm*	Beobachtungszeitraum	bevorzugter Aufenthalt

* bei Libellen steht darunter die Flügelspannweite in mm

Schmetterlinge

Spannweite in mm	Flugzeit	Anzahl der Generationen pro Jahr

Fische, Lurche, Kriechtiere

Körperlänge (mit Schwanz) in cm	bevorzugter Aufenthalt	Fortpflanzungszeit

Vögel

Größe in Vergleichsform*	Zugverhalten** und Zeit der Anwesenheit	Anzahl der Bruten und Brutzeit

* Hier wird mit bekannten Größen verglichen, z. B.: Taube = so groß wie Taube; <Taube = kleiner als Taube; >Taube = größer als Taube

** Angabe, ob Zugvogel, Standvogel o. a. (siehe Abkürzungen)

Säugetiere

Größe in Vergleichsform*	bevorzugter Aufenthalt	Fortpflanzungszeit

* siehe vorige Gruppe

Gefährdung nach den Roten Listen

Die Roten Listen unterscheiden verschiedene Kategorien der Gefährdung:

0 = Ausgestorben
1 = Vom Aussterben bedroht
2 = Stark gefährdet
3 = Gefährdet
4 (P) = Potentiell gefährdet

Die Roten Listen sind von großem Wert, da sie nahezu das gesamte Expertenwissen über den Erhaltungszustand der heimischen Arten widerspiegeln und damit ein wichtiges Instrument für den Artenschutz bilden. Ihre Erstellung ist aber nicht einfach, da sich die Bestände von Arten ändern und regional z. T. sehr unterschiedlich sind. So taucht der Feldhase z. B. in der neuesten Roten Liste der gefährdeten Wirbeltiere in Deutschland (1994) erstmals auf und wird in Kategorie 3 geführt. Dem liegen folgende Kategorien in den Bundesländern zugrunde: Hessen 3, Sachsen-Anhalt 2, Brandenburg 2, Berlin 2, Mecklenburg-Vorpommern 3, in allen anderen Bundesländern nicht gefährdet.
Für den Laien ist dies aber nicht von großer Bedeutung, und deshalb wird im Buch weder nach Regionen noch nach Kategorien differenziert (Arten der Kategorie 0 sind ohnehin nicht enthalten). Ein **G** vor dem Informationskasten über dem Text heißt, daß die Art bedroht ist; der Hinweis ist gewissermaßen als Signal gedacht.
Geschützte Arten sind nicht eigens markiert. Denn einerseits sind auch die Schutzbestimmungen regional unterschiedlich, und anderseits sollte man mit der Natur immer rücksichtsvoll und behutsam umgehen.

Abkürzungen

Mit Abkürzungen wurde im Interesse einer leichten Benutzbarkeit sparsam umgegangen. Die wenigen sind hier erklärt:

♂ = Männchen, männlich
♀ = Weibchen, weiblich
S = Standvogel
Str = Strichvogel
Z = Zugvogel
TZ = Teilzieher
DZ = Durchzügler
Ø = Durchmesser
römische Zahlen für Monate (z. B. III–V = März bis Mai)

Gallenröhrling

Tylopilus felleus

8–15 cm	VI–X	

M Ein sehr typisches Merkmal ist die immer deutliche, braune Netzaderung der gesamten Oberfläche des bauchig verdickten, hellbraunen Stieles. Der Hut (5–15 cm) ist gelblich bis hellbraun, bei Trockenheit wird die Oberfläche rissig. Die Röhren sind anfangs weiß, später rosa (Unterschied zum Steinpilz!). **V** Die Art bevorzugt Nadelwälder mit sauren Böden. **B** Eine besondere Bedeutung dieses Pilzes liegt darin, daß er am häufigsten mit dem wohl beliebtesten Speisepilz, dem unten beschriebenen Steinpilz, verwechselt wird. Der Irrtum klärt sich allerdings sehr schnell beim Genuß des Pilzes auf. Der gallenbittere Geschmack (Name!), der selbst schon durch einen Pilz verursacht wird, macht die Pilzmahlzeit ungenießbar.

Steinpilz

Boletus edulis

5–14 cm	VII–X	

M Der anfangs halbkugelige, helle Hut wird mit zunehmendem Alter weiter ausladend und dunkelbraun (Ø bis 30 cm). Er sitzt auf einem keulenförmigen Stiel, der sich nach oben verjüngt und meist im oberen Bereich mit einer deutlichen Netzstruktur versehen ist. Die Röhren an der Hutunterseite sind im Jugendstadium rein weiß, werden aber später gelblich bis gelbgrün. Das recht feste Fleisch ist weiß und unter der Huthaut bräunlich. Es verändert sich an Schnittflächen nicht. **V** Man findet den Steinpilz in der angegebenen Zeit in all unseren Waldtypen. **B** Aufgrund seines ausgezeichneten, nußartigen Geschmacks ist der Steinpilz der wohl bekannteste und am häufigsten gesuchte Speisepilz. Verwechslung mit dem Gallenröhrling ist möglich. Pilzkenner unterscheiden mehrere Steinpilz-Arten, die auch in der Standortwahl verschieden sind.

Netzstieliger Hexenröhrling

Boletus luridus

4–20 cm	VI–X	

M Das Farbspektrum der Hutoberfläche (Ø bis 20 cm) dieser Art umfaßt gelbbraune, dunkelbraune und rotbraune Farbtöne. Die Hutform ist im Jugendstadium halbkugelig und wölbt sich später auf. Auch die Röhrenfärbung an der Hutunterseite muß differenziert betrachtet werden: während die Röhren selbst gelb bis gelbgrün gefärbt sind, ist die Röhrenmündung rot, so daß die Hutunterseite rot erscheint. Der Stiel ist ockerfarben bis gelblich und mit einem rotbraunen Netz überzogen. Beim Anschneiden erscheint das Fleisch gelblich, verfärbt sich dann aber sehr schnell bläulich. **V** Bevorzugt Buchenwälder, ist aber auch in anderen Laubwäldern, selten auch in Nadelwäldern anzutreffen. **B** Der Pilz sollte nur gekocht verzehrt werden. Man kann die Art mit dem giftigen Satansröhrling verwechseln, dessen Hut allerdings heller erscheint.

Maronenröhrling

Xerocomus badius

6–14 cm	VII–XI	

M Der Maronenröhrling wird immer wieder mit dem Steinpilz verwechselt, obwohl doch einige Merkmale eine sichere Unterscheidung erlauben. So genügt es schon, die gelbliche bis gelbgrüne Röhrenoberfläche an der Hutunterseite zu berühren. Die Druckstelle läuft im Gegensatz zum Steinpilz immer bläulich an. Der Hut des Pilzes ist kastanienbraun und erreicht 15 cm Ø. Der in der Dicke stark variierende Stiel ist gelblichbraun, oft faserig gestreift, aber niemals mit netzartiger Oberfläche. Das wohlschmeckende Fleisch (läuft beim Anschneiden bläulich an) riecht obstartig. **V** In Laub- und Nadelwäldern. **B** Der vorzügliche Speisepilz wird hin und wieder mit dem gallebitteren und netzstieligen Gallenröhrling verwechselt.

Birkenpilz

Leccinum scabrum

8–15 cm	VI–X	

M Der 8–12 cm breite Hut ist gelblich bis dunkelbraun, selten auch grau bis fast weißlich. Die Röhren sind weiß bis blaßgrau und ragen bei älteren Exemplaren deutlich unter dem Hutrand hervor. An der Einmündung des Stieles ist die Röhrenschicht eingesenkt. Der Stiel verjüngt sich nach oben, ist weißlich und mit dunkelgrauen bis schwärzlichen Schuppen übersät. Das Fleisch ist bei Jungpilzen fest und weiß, mit zunehmendem Alter wird es schwammig. Die Jungpilze zählen zu den guten Speisepilzen. **V** Entsprechend dem Namen ist diese Art häufig unter Birken – oftmals in Gruppen – anzutreffen. **B** Das Fleisch dieses guten Speisepilzes wird beim Kochen schwarz. Der Birkenpilz kann mit einigen anderen *Leccinum*-Arten verwechselt werden. Da diese aber ebenfalls eßbar sind, kommt der Verwechslung keine nachteilige Bedeutung zu.

Rotkappe

Leccinum testaceoscabrum

10–15 cm	VI–X	

M Der Stiel dieser Art ähnelt dem des oben beschriebenen Birkenpilzes sehr stark. Auch hier ist die weiße bis hellgraue Oberfläche mit schwarzen Schuppen bedeckt. Deutlich unterscheidet allerdings die Rotkappe der namengebende, orangerote Hut (Ø max. 15 cm); er läuft am Rand häutig aus. Die Röhren sind weißlich bis schmutzig grau und um die Stielmündung eingesenkt. Das Fleisch ist weiß und riecht sehr schwach. Beim Anschneiden verfärbt es sich deutlich blau. **V** Wie der Birkenpilz kommt auch die Rotkappe bevorzugt unter Birken vor. **B** Aufgrund des ausgezeichneten Geschmacks zählt die Rotkappe zu den gern gesammelten Speisepilzen. Bei der Zubereitung wird das Fleisch schwarz. Diese, auch Birken-Rotkappe genannte, Art wird leicht mit der Espen-Rotkappe *(L. aurantiacum)* verwechselt, die allerdings rotbraune Stielschuppen hat.

Kahler Krempling

Paxillus involutus

4–7 cm	VI–XI	

M Der umgebogene Hutrand ist namengebend für die Gruppe der Kremplinge. Diesen Vertreter charakterisiert eine feinfilzige, nach Regen glatt glänzende Hutoberfläche. Die Hutfarbe variiert von lederbraun bis oliv-bräunlich. In der Hutmitte befindet sich meist eine deutliche, trichterförmige Vertiefung. Die Lamellen sind gelblich, werden dann gelbbraun und dunkeln bei Berührung sehr schnell nach. Sie laufen am Stiel herab und sind leicht abzulösen. Der Stiel ist voll und zur Basis verjüngt, die Farbe variiert von gelblich bis bräunlich-gelb. **V** Man findet die Art in Laub- und Nadelwäldern. **B** Das gelbbraune, roh stark giftige Fleisch wird beim Kochen schwarz. Auch im gekochten Zustand wird vom Genuß abgeraten.

Wiesenchampignon

Agaricus campester

5–9 cm	V–X	

M Der dick fleischige bis 10 cm breite Hut ist weiß, zunächst halbkugelig, später gewölbt, und seine abziehbare Oberhaut ist manchmal fein geschuppt. Um Verwechslungen mit Giftpilzen zu vermeiden sollte man sich die Lamellenfärbung einprägen: sie sind bei Jungpilzen zunächst rosa, werden dann braun und letztlich schwarz. Der weiße Stiel ist voll fleischig, hat eine glatte Oberfläche und einen weißen, häutigen Ring. Das Fleisch ist weiß, evtl. leicht rosa, riecht angenehm und schmeckt mild. **V** Der hochgeschätzte Speisepilz ist bevorzugt auf gedüngten Wiesen anzutreffen. **B** Die Pilze erscheinen häufig nach ausgiebigen Regenfällen und sind dann meist in großen Massen zu finden. Sehr oft wachsen sie in Hexenringen oder verstreuten Gruppierungen. Die Art kann leicht mit anderen Champignon-Arten (z. B. *A. radicatus*, *A. vaporarius*) verwechselt werden.

Waldchampignon

Agaricus silvaticus

8–14 cm	VII–X	

M Die Lamellen sind bei diesem Pilz im Jugendstadium rosa bis blaßgrau, später kräftig schokoladenbraun. Der Stiel entspringt nie einer Scheide. Der Hut dieser Art wird bis 10 cm breit, ist anfangs gewölbt und flacht sich dann ab. Die Hutoberfläche ist zimtbraun faserig beschuppt. Der am Grunde verdickte Stiel ist leicht geschuppt und rötet beim Anschnitt deutlich. Ziemlich weit oben sitzt ein breiter, abstehender Ring. **V** Die Pilze gedeihen bevorzugt in Nadelwäldern und dort v. a. unter Fichten. Der Boden muß kalkhaltig sein. **B** Trotz deutlicher Unterschiede wird diese, wie andere Champignon-Arten, sehr häufig mit den tödlich giftigen Knollenblätterpilzen verwechselt, die im selben Lebensraum vorkommen. Eine Verwechslung ist v. a. durch die Beachtung der Lamellenfarbe und der fehlenden Stielscheide sicher zu vermeiden.

Parasolpilz

Macrolepiota procera

15–35 cm	VII–X	

M Die schirmartigen Hüte dieses Pilzes erreichen 30 cm Ø; er gehört damit zu den größten Schirmpilzen unseres Waldes. Im Gegensatz dazu sind die Hüte der Jungpilze eiförmig bis kugelig. Die Huthaut ist immer in deutliche hell- bis dunkelbraune Schuppen zerrissen. Nur das Hutzentrum bleibt glatt. Die Lamellen sind weiß und nicht mit dem Stiel verwachsen. Getragen wird der Hut von einem bis 40 cm hohen, ebenfalls braun geschuppten Stiel, der durch einen deutlichen, verschiebbaren Ring charakterisiert ist. **V** Man findet Parasolpilze an lichten Stellen unserer Wälder sowie an Waldrändern. **B** Das zarte Fleisch dieses ausgezeichneten Speisepilzes ist reinweiß; es riecht und schmeckt angenehm nach Nuß.

Grüner Knollenblätterpilz

Amanita phalloides

6–12 cm	VII–X	

M Jungpilze sind vollkommen von einer eischalähnlichen, häutigen Hülle umgeben. Der daraus durchbrechende, radialfaserige Hut ist anfangs glockig und schirmt dann bis zu 10 cm Breite auf. Die Farbe des Hutes variiert von olivgrün über gelblich bis weiß. Die Lamellen sind weiß, schimmern oft grünlich. Ihre Farbe ist ein wichtiges Unterscheidungsmerkmal zu Champignon-Arten, mit denen der Knollenblätterpilz oft verwechselt wird. Der Stiel ist schlank, weiß bis grünlich gebändert. Im oberen Bereich befindet sich eine häutige, herabhängende Manschette; das knollige (Name!) Unterende entspringt einer häutigen, weißen Hautscheide (oft unter der Erde), die bei Champignons ebenfalls nie vorkommt. **V** Man findet die Art meist in Laubwäldern, wo die Pilze bevorzugt unter Eichen, Buchen, Haseln und Kastanien gedeihen. **B** Der Pilz ist tödlich giftig.

Weißer Knollenblätterpilz

Amanita virosa

8–15 cm	VI–IX	

M Grundeigenschaft dieses tödlich giftigen Pilzes ist die reinweiße Farbe in allen seinen Teilen. Der Hut wird bis 8 cm breit, ist anfangs kugelig, schirmt sich dann auf, bleibt aber meist kegelig. Bei Feuchtigkeit wird die Oberfläche schmierig, bei trockenem Wetter seidig glänzend. Der schlanke Stiel entspringt einer häutigen, knolligen (Name!) Scheide und hat eine schuppig-filzige Oberfläche, die besonders deutlich unterhalb der häutigen Manschette ausgeprägt ist. Das Fleisch ist ziemlich weich und riecht unangenehm. **V** Der Pilz bevorzugt eindeutig den Nadelwald, wo er meist in kleineren Gruppen anzutreffen ist. Der Boden am Standort sollte sauer sein. **B** Die Gifte der Knollenblätterpilze sind stark lebertoxisch, d. h. ihr Wirkungsort ist die Leber. Sie wirken in kleinsten Mengen; die Giftmenge nur eines Pilzes ist bereits tödlich.

Fliegenpilz
Amanita muscaria

12–25 cm	VIII–X	

M Der allbekannte rote Hut (es gibt allerdings auch andersfarbige Varietäten!) ist bei Jungpilzen kugelig, schirmt dann auf und erreicht 20 cm Ø. Die Hutoberfläche ist meistens weiß beflockt. Die dicht stehenden Lamellen sind weiß und haben mit dem Stiel keinen Kontakt. Dieser ist ebenfalls weiß, unten knollig verdickt und ferner durch eine deutliche, hängende Manschette charakterisiert. Die Stielknolle hat bewarzte Gürtel. **V** Man kann die Art in allen Waldtypen antreffen, oft unter Birken oder Fichten. Meist stehen die Pilze in kleinen Trupps. **B** Der Fliegenpilz ist das Pilzsymbol schlechthin und deshalb wohl die bekannteste Pilzart. Er ist in jeder Zubereitungsform giftig und sollte deshalb auf jeden Fall gemieden werden.

Pantherpilz
Amanita pantherina

6–17 cm	VII–X	

M Der Hut dieses gefährlichen Giftpilzes erreicht 10 cm Ø, die Form ist zunächst halbkugelig, dann eben ausgebreitet. Die Farbpalette umfaßt die Töne grau über gelbbraun bis schokoladenbraun. Der Hut ist weiß beflockt, der Hutrand gerieft. Die Lamellen sind weiß und stehen sehr dicht. Der schlanke weiße Stiel hat eine ziemlich tief sitzende, ungeriefte Manschette und entspringt einer stulpenförmigen Knolle. Das weiße Fleisch riecht schwach nach Rettich. **V** Der Pantherpilz gedeiht vorwiegend auf Sandböden in Heiden, Laub- und Nadelwäldern. Teilweise kommt er recht häufig vor. **B** Die Art verursacht sehr ernste Vergiftungen, die allerdings nur beim Genuß größerer Mengen tödlich enden. Angriffsort dieses Giftes ist das Nervensystem. Hin und wieder wird der Pantherpilz mit dem nachfolgend beschriebenen, eßbaren Perlpilz verwechselt.

Perlpilz
Amanita rubescens

8–20 cm	VI–X	

M Auch der Hut dieses Pilzes hat Flocken, die allerdings fleischfarben getönt und leicht abwischbar sind; Hutfarbe fleischfarben bis braun. Da die Art leicht mit dem oben beschriebenen Pantherpilz verwechselt wird, sollte man den hier glatten Hutrand beachten (Pantherpilz gerieft!). Die Lamellen sind weiß, werden später und auch auf Druck rötlich. Der Stiel ist kräftig, meist hellrosa, mit knolliger Basis und hängender, deutlich geriefter Manschette. Ein sehr wichtiges Erkennungsmerkmal ist das nach Anschnitt immer stark rötende Fleisch. **V** Perlpilze kommen in Laub- und Nadelwäldern und auf allen Bodentypen vor. Meist ist die Art stark verbreitet und bildet größere Bestände. **B** Man sollte den Pilz nur gekocht verzehren, da er eine giftige Substanz enthält, die beim Kochen zerstört wird. Gekocht gilt er als ausgezeichneter Speisepilz.

Samtfußrübling
Flammulina velutipes

5–10 cm	VIII–IV	

M Der gewölbte oder abgeflachte, 3–5 cm breite Hut ist honiggelb, in der Mitte immer dunkler. Bei Feuchtigkeit ist die Oberfläche schmierig. Die gelblichen Lamellen dunkeln später nach. Der Stiel wird im Alter hohl, ist spitzenwärts gelblich, an der Basis dunkelbraun. Die Stieloberfläche ist samtig (Name!). Das gelbliche Fleisch ist geruchlos und auch wenig geschmacksintensiv. **V** Der Samtfußrübling wächst im Spätherbst oder Winter in ergiebigen Büscheln am Holz von Laubbäumen. **B** Diese Art gibt dem Pilzfeinschmecker die Möglichkeit, mitten im Winter ein frisches Pilzgericht zu genießen. Der Pilz übersteht tiefe Temperaturen im Schnee schadlos; diese Besonderheit macht ihn zu einer kaum verwechselbaren Art.

Nebelgrauer Trichterling
Lepista (Clitocybe) nebularis

8–18 cm	IX–XI	

M Im Gegensatz zu fast allen anderen Trichterlingen vertieft sich der Hut bei dieser Art auch im Alter nicht zu einem Trichter, sondern bleibt immer eben. Die Hutfarbe variiert in verschiedenen Grautönen von aschgrau bis weißlich. Die Huthaut ist bereift, der Hutrand eingerollt. Ø bis 18 cm. Die Lamellen sind fahlgelb, laufen am Stiel etwas herab und sind leicht ablösbar. Der weiße bis gräuliche Stiel wird im Alter hohl, seine Oberfläche ist längsfaserig, oft hat er eine etwas keulige Form. **V** Diese Art erscheint bei uns als typischer Spätherbstpilz. Charakteristisch ist auch das oft massenhafte Vorkommen in Laubwäldern an freien laubbedeckten Standorten. **B** Der Pilz riecht eigenartig und oft unangenehm süßlich. Er gilt als eßbar, wird jedoch nicht von jedermann vertragen. Er sollte aus diesem Grund auf jeden Fall längere Zeit gekocht werden.

Stockschwämmchen
Kuehneromyces mutabilis

4–8 cm	V–XI	

M Die bei Feuchtigkeit zimtbraunen, dichtstehenden Hüte bilden appetitlich aussehende Pilzterassen an Baumstrünken. Bei Trockenheit ist die Hutfarbe wesentlich heller. Das Hutzentrum und der Randbereich sind immer dunkler gefärbt. Der Hut erreicht 8 cm Ø. Die Lamellen sind hellgelb, später ebenfalls zimtbraun. Sie stehen dicht gedrängt und laufen etwas am Stiel herab. Dieser trägt einen deutlichen Ring und ist ähnlich wie der Hut gefärbt. Unterhalb des Ringes ist die Stieloberfläche sparrig-schuppig. Das Fleisch ist weißlich, es riecht und schmeckt angenehm. **V** Der Pilz ist ausschließlich an totem Holz, meist an Baumstrünken von Laubbäumen zu finden. **B** Die Art gilt als vorzüglicher Suppenpilz. Sie kann leicht mit anderen büschelig an Holz wachsenden Pilzen verwechselt werden (z. B. Hallimasch, *Armillariela mellea*, u. a.).

Hallimasch

Armillariella mellea

7–14 cm	X–XII	

M Der Hut ist honigfarben bis braun und mit dunklen Schuppen besetzt. Anfangs ist der Hutrand eingerollt, breitet sich dann aber aus und wird wellig. Die Lamellen sind zunächst weißlich, werden später bräunlich und schließlich braun gefleckt. Sie laufen am Stiel leicht herab. Dieser ist faserig, sehr zäh, oben heller braun als unten. Ein deutlicher, weißer Ring ist stets vorhanden. **V** Man findet die Art überwiegend in Laubwäldern. **B** Abgestorbenes Holz ist das bevorzugte Nährsubstrat dieses Herbstpilzes. Sehr häufig trifft man diesen Parasit aber auch am Holz noch lebender Bäume und Wurzeln. Er tritt immer in ausgeprägten Büscheln auf und schädigt das Holz. Das Fleisch schmeckt kratzend, ist nach Abbrühen aber eßbar.

Schopftintling

Coprinus comatus

12–18 cm	V–XI	

M Der Hut dieses häufigen Wiesenpilzes ist anfangs langgestreckt-eiförmig, schirmt dann bis zur Glockenform auf. Die Hutoberfläche ist weiß, zum Rand hin rosa, dann schwarz und sich auflösend. Farb- und Konsistenzveränderung der Lamellen entsprechen der des Hutes. Der weiße, hohle Stiel ist mit einem beweglichen Ring versehen. **V** Schopftintlinge bevorzugen gedüngte Wiesen, Waldränder, sind aber auch in Gärten und an Straßenrändern zu finden. **B** Für den Laien ist es schon verwunderlich, daß sich ein Pilz in eine tintenartige Flüssigkeit auflöst. Dabei ist diese Eigenart nur eine alternative Methode, Sporen zu verbreiten. Sie tropfen mit der Flüssigkeit ab, werden also nicht, wie meist üblich, als Staub verblasen. Die Pilze müssen deshalb zum Genuß jung, in geschlossenem Zustand, gesammelt werden, schmecken dann jedoch sehr gut.

Speisetäubling

Russula vesca

4–14 cm	VII–X	

M Im Vergleich zu rothütigen Speitäublingen, die ungenießbar sind, ist bei diesem Speisepilz die Huthaut immer fleischbräunlich. Sie reicht nicht bis zum Hutrand, so daß die erscheinenden Lamellenenden den Rand riefig strukturieren. Das Zentrum des Hutes ist meist etwas dunkler gefärbt. Die Lamellen sind weißlich, evtl. rostig gefleckt. Sie sind nicht so brüchig wie beim Speitäubling. Der weiße, feste Stiel verjüngt sich zur Basis. **V** Der Pilz gedeiht recht häufig in Laubwäldern, ist hin und wieder aber auch in Nadelwäldern anzutreffen. **B** Speisetäublinge haben weißes, sehr festes Fleisch. Es ist fast geruchlos, doch von nußartigem Geschmack. Die Art gilt deshalb als sehr guter Speisepilz. Die Täublinge sind eine sehr artenreiche und bei uns sehr verbreitete Gattung, die sich durch meist weißliche Sporen und brüchiges Fleisch auszeichnet.

Pfifferling

Cantharellus cibarius

3–9 cm	VI–X	

M Der fleischige Hut ist dotter- bis hellgelb, anfangs gewölbt, breitet sich dann aus und bildet eine Vertiefung im Zentrum (Ø bis 12 cm). Der Rand ist gewellt und gelappt. Die Fruchtschicht bildet hier Leisten, die, oft gegabelt, weit am Stiel herablaufen. Sie sind mit dem Hut gleichfarbig. Der sich aus dem Hut verjüngende Stiel ist fleischig und ebenfalls wie der Hut gefärbt. Das weißliche Fleisch riecht aromatisch und schmeckt pfefferähnlich scharf. **V** Gedeiht in Laub- und Nadelwäldern. Meist wächst er in kleinen Trupps mit recht unterschiedlich großen Exemplaren. **B** Gemeinsam mit dem Champignon ist der Pfifferling der wohl bekannteste bei uns heimische Speisepilz. Um so bedauerlicher, daß er z. T. schon sehr rar geworden ist.

Dreifarbige Koralle

Ramaria formosa

7–16 cm	VIII–IX	

M Der Name des Pilzes ergibt sich einerseits aus dem korallenähnlichen Aussehen des Fruchtkörpers, andererseits aus der Färbung der »Korallenäste«. Diese sind sehr zahlreich, rosa bis orangerosa gefärbt und zweigen aus bis 4 cm dicken, weiß gefärbten Basisstrünken ab. Die Äste verzweigen sich nochmals und bilden zitronengelb gefärbte Endspitzen. Bei älteren Pilzen verliert sich diese charakteristische Dreifärbung. Das Fleisch ist weiß bis rosa, geruchlos und schmeckt ekelhaft bitter. **V** Die Art wächst in Laubwäldern, bevorzugt Buchenwäldern mit kalkigen Böden. **B** Der Pilz kann leicht mit bedingt eßbaren Arten verwechselt werden. Er ist giftig und verursacht z. T. heftige Durchfälle. Auch die der Dreifarbigen Koralle ähnelnden Arten gelten nicht als gute Speisepilze, so daß man auf das Sammeln dieser Pilze verzichten sollte.

Schmetterlingstramete

Trametes versicolor

–	I–XII	

M Die meist in Gruppen auftretenden Hüte ergeben aufgrund ihrer variantenreichen Färbung insgesamt ein interessantes Bild. Der einzelne, fächerförmige und stiellose Hut ist sehr dünn, 2–6 cm breit und an der Oberfläche verschiedenfarbig zoniert. Es kommen beige, grünliche, bräunliche und schwärzliche Zonierungen vor. Die Farbbereiche sind teils glänzend, teils matt. Die Poren auf der Unterseite sind weißlich oder gelblich und sehr fein. Der gesamte Fruchtkörper des Pilzes ist sehr zäh. **V** An Strünken verschiedener Laubhölzer ist die Schmetterlingstramete sehr häufig zu finden. Deswegen ist sie ausschließlich in Laub- und Mischwäldern verbreitet. **B** Der Pilz parasitiert auf dem Holz seines Wirtsbaumes; das Mycel erzeugt dabei eine charakteristische Weißfäule des Holzes. Als Speisepilz ist diese Art nicht zu verwenden.

Kartoffelbovist

Scleroderma citrinum (Dickschaliger K.)

3–8 cm	VII–XI	

M Der bei diesem Pilz kugelige oder knollige Fruchtkörper kann als Sporenbehälter angesehen werden, in dessen Innerem die Sporen heranreifen und bei Zerfall des Behälters frei werden. Den Namen hat die Art durch die verblüffende Ähnlichkeit – in Form, Farbe und Gewicht – mit einer Kartoffel erhalten. Etwas abweichend ist die schuppig gefelderte Oberfläche. Hebt man die Knolle vom Boden ab, bleiben meist Mycelfäden hängen. Die Sporenmasse im Innern der dickwandigen (ca. 3 mm) Knolle ist zunächst weiß und wird bei der Reifung schwärzlich. Sie riecht unangenehm scharf. **V** Der giftige Pilz bevorzugt sandige, kalkfreie Böden in Laub- und Nadelwäldern. **B** Die Art wird häufig mit Stäublingen verwechselt, die z. T. eßbar sind.

Stinkmorchel

Phallus impudicus

10–20 cm	VII–XI	

M Der Fruchtkörper entstammt einer unterirdischen, hühnereigroßen, zunächst geschlossenen Scheide (»Hexenei«, nur dieses eßbar!), die im Längsschnitt schon die spätere Endform des Pilzes erkennen läßt. Ausgewachsen erreicht dieser 20 cm Höhe. Der glockige bis fingerhutförmige Hut mit gekammerter Oberfläche ist von einer olivgrünen Sporenmasse überzogen, die allmählich abtropft. Der Stiel ist weiß, hohl und von poröser Oberflächenstruktur. **V** Man findet die Art in Laub- und Mischwäldern, bevorzugt auf Lichtungen. **B** Der Gestank, den der reife Pilz verströmt, lockt Aasfliegen und Mistkäfer an, die, indem sie auf dem Pilz herumkriechen für die Sporenverbreitung sorgen. Der Name »Morchel« leitet sich von der wabigen, morchelähnlichen Hutoberfläche ab, die allerdings erst nach dem Abtropfen der Sporenmasse sichtbar wird.

Speisemorchel

Morchella esculenta

7–10 cm	IV–V	

M Der bis 5 cm breite Hut ist kugelig oder länglich-oval, und die gesamte Oberfläche weist unregelmäßige, wabenartige Vertiefungen auf. Die Farbe variiert von goldgelb bis dunkel ockerfarben. Der weiße, an der Basis verdickte Stiel ist, wie auch der Hut, innen hohl. Seine Oberfläche ist feinschuppig überstäubt. Das zerbrechliche, wachsartige, weiße Fleisch riecht angenehm würzig. **V** Der Pilz ist bereits früh im Jahr in Laubwäldern, v. a. unter Eschen, aber auch an grasigen Stellen zu finden. **B** Das Erscheinungsbild dieser Art ist sehr veränderlich, so daß diverse Varietäten unterschieden werden. Alle Formen sind eßbar. Sie gelten als sehr gute Speisepilze und eignen sich auch gut zum Trocknen. Exemplare, die schon länger stehen (nicht immer leicht zu erkennen!) und rohe Pilze sollten nicht verzehrt werden; sie sind nicht gut verträglich.

Torfmoos

Sphagnum palustre

10–25 cm	VI–VIII

M Rasen ausgedehnt, schwammig, blaßgrün bis weißlich. Stengel blaßgrün, an der Spitze schopfig, nach unten quirlästig verzweigt. Blätter spiralig angeordnet, dachziegelig übereinander, kapuzenförmig zugespitzt, hohl. Kapselstiel ca. 1 cm lang, entspringt aus dem Schopf und erstem Astquirl. Kapsel kugelig, schwarzbraun, Deckel flach kuppelförmig. **V** Verbreitetes, schattenliebendes Moos feuchter, saurer Wälder, Moore und Gräben. **B** Torfmoose sind wurzellose Pflanzen. Während sie an der Spitze weiterwachsen, sterben sie am unteren Ende ab, vertorfen. Alle Pflanzenteile – lebende und abgestorbene – sind stark wasserspeichernd. Torfmoose sind daher entscheidend an der Moorbildung (v. a. Hochmoore) beteiligt.

Frauenhaarmoos

Polytrichum commune

10–40 cm	IV–VIII

M Rasen locker, dunkel- bis blaugrün, meistens unverzweigt. Stengel aufrecht, Blätter spiralig, lineal-lanzettlich, lang zugespitzt. Spitze braun, ohne Stachel. Blattrand scharf gesägt. Blätter 8–12 mm lang, feucht fast waagrecht abstehend, trocken dem Stengel anliegend. Kapselstiel 6–12 cm lang, gelbrot, entspringt aus der Stengelspitze. Kapsel aufrecht oder leicht geneigt, länglich, scharf 4kantig, gelb- bis rotbraun. Deckel flach, mit kurzer, aufrechter Spitze. Haube filzig, goldgelb, bedeckt die Kapsel völlig. Sporen grün. **V** Feuchte Wald- und Heideböden, Bruchwälder, Sümpfe. Häufig und weit verbreitet. **B** Zeigt sauren Boden an. Bildet oft umfangreiche Polster. Wegen seiner Wuchshöhe eines der größten mitteleuropäischen Moose. Die goldgelbe Kapselhaube gab der Art auch den volkstümlichen Namen »Goldenes Frauenhaarmoos«.

Gabelzahnmoos

Dicranum scoparium

5–10 cm	IV–X

M Lockere, glänzend grüne bis gelblich- oder bräunlich-grüne Rasen. Stengel aufrecht, unverzweigt oder schwach gabelig, mit spärlichem braunem Wurzelfilz. Blätter spiralig angeordnet, schmal, flach, 5–8 mm lang, aus eiförmigem, scheidigem Grund in eine lange, pfriemförmige Spitze ausgezogen, von der Mitte ab scharf gesägt. Alle Blätter (selten nur die obersten) einseitswendig. Pflanze 2häusig. Kapselstiel 2–4 cm lang, braunrot, entspringt aus der Spitze des Stengels. Kapsel geneigt, länglich-zylindrisch, braun, glatt. Deckel geschnäbelt. **V** Formenreiches, anpassungsfähiges Wald- und Heidebodenmoos; bevorzugt sauren Humus. Auch an Baumstämmen und Fels. **B** Wegen der – zumindest in trockenem Zustand – deutlich einseitswendig gekrümmten Blätter trägt diese Art den deutschen Namen »Besen-Gabelzahnmoos«.

Weißmoos

Leucobryum glaucum

5–15 cm	IX–XI

M Polster dicht, halbkugelig gewölbt, weißlich bis bläulichgrün, innen weiß (Name!). Stengel aufrecht, gabelig bis büschelig verzweigt; ohne Wurzelfilz. Blätter spiralig angeordnet, etwas abstehend, aus eiförmigem Grund lanzettlich, an der Spitze eingerollt, 3–5 cm lang, hohl, nicht faltig. Fruchtet selten. Kapselstiel 3–7 cm lang, entspringt aus der Spitze des Stämmchens. Kapsel sehr klein, 1–2 mm lang, geneigt und gekrümmt, schwach dunkelbraun glänzend, mit 8 Längsfurchen. Deckel geschnäbelt. **V** Saure Buchen-, Eichen-, Nadelwälder, Heide, Torfböden. **B** Typischer Säurezeiger. Die häufig ausgebreiteten Polster können in besonderen, zu diesem Zweck versteiften »Wasserzellen« sehr viel Wasser speichern.

Sternmoos

Mnium undulatum

5–15 cm	IV–VIII

M Rasen locker, ausgedehnt, sattgrün, im Schatten gelbgrün. Sterile Stengel wedelartig übergebogen, unverzweigt. Fertile Stengel an der Spitze bäumchenartig verzweigt, schwach wurzelfilzig, mit vielen Ausläufern. Blätter zungenförmig, 10–15 mm lang, 1–2 mm breit, nach oben etwas größer werdend, an der Spitze etwas abgerundet oder mit kurzem, aufgesetztem Spitzchen, stark querwellig. 2häusig, fruchtet selten. Kapselstiel 2–4 cm lang, gelblichrot, oben hakig gekrümmt. Meist entspringen 2–10 Kapselstiele aus der Stengelspitze. Kapsel walzlich, grüngelb bis braun. Deckel fast halbkugelig, mit kurzem Spitzchen. **V** Verbreitetes Waldbodenmoos, schatten- und feuchtigkeitsliebend; auch in feuchten Wiesen, auf morschem Holz. Meidet sehr saure Standorte. **B** Bei dieser Art sind fertile und sterile Stengel unterschiedlich ausgebildet.

Etagenmoos

Hylocomium splendens

10–20 cm	IV–V

M Rasen locker, mehrschichtig, ausgedehnt, gelblich- bis olivgrün, glänzend. Stengel rot, 2–3fach gefiedert. Seitenäste 2zeilig angeordnet, aufsteigend, dann übergebogen. Aus der Mitte des Rückens entspringt der nächste Jahrestrieb. Blätter spiralig angeordnet, leicht dachziegelig. Stammblätter eilänglich mit langer, oft geschlängelter Spitze, längs-, in der Spitze querfaltig. Astblätter breit-eiförmig, kurzgespitzt, mit umgeschlagenem Rand, hohl, nicht faltig. Blattrand gesägt. Kapselstiel 2–3 cm lang, entspringt aus seitlichen Kurztrieben. Kapsel waagrecht, eiförmig, schwach gekrümmt, braun. Deckel kurz geschnäbelt. **V** Verbreitet in sauren Wäldern, Heiden, Mooren. Bildet im Hochgebirge oft große Polster! **B** Durch die aufeinanderfolgende Anordnung der Jahrestriebe ergibt sich ein etagenartiger Aufbau v. a. älterer Pflanzen (Name!).

Sprossender Bärlapp

Lycopodium annotinum

30–120 cm	VIII–IX

M Stengel kriechend, reich gabelig verzweigt. Äste aufsteigend, 10–30 cm hoch. Blätter nadelförmig, 3–9 mm lang, spiralig am Stengel angeordnet, waagrecht, steif von den aufrechten Sprossen abstehend. Spitze ohne weißes Glashaar, Rand fein gesägt. Sporenähre (Sporophyllstand) aufrecht, einzeln an der Spitze eines aufsteigenden Sprosses. Sporenbehälter (Sporangium) in der Achsel der kurzen, rundlich-eiförmigen, kurz zugespitzten, am Rand weißlich-trockenhäutigen Blättchen der Sporenähre. **V** Schatten- und feuchtigkeitsliebende Nadelwaldpflanze, insbesondere der Mittelgebirge und Alpenregion, auch auf mäßig feuchten Heideböden. **B** Typisch für Bärlappe ist die gabelige Verzweigung ober- und unterirdischer Pflanzenteile.

Waldschachtelhalm

Equisetum silvaticum

15–60 cm	IV–VI

M Stengel 0,4–0,8 cm dick, aufrecht, hellgrün, aus einzelnen, ineinandergeschachtelten Abschnitten aufgebaut. Jeder Abschnitt oben mit einer lockeren, glockigen, 1–2,5 cm langen Scheide aus 3–5 eiförmigen, anfangs hellgrünen, später rötlichbraunen Blättchen zusammengesetzt. Blättchen bis über die Mitte miteinander verwachsen. Stengel mit 7–12 feinen Rippen. Äste quirlig, 4–5rippig, bogig überhängend, nochmals quirlig verzweigt. Innerer zentraler Luftgang nimmt $\frac{1}{3}$–$\frac{2}{3}$ des Stengeldurchmessers ein. Sporenähre auf anfangs bleichen, astlosen, später vergrünenden Trieben. **V** Verbreitet und häufig in schattigen, feuchten Wäldern, Quellsümpfen, sickerfeuchten Stellen. Kalkmeidend. **B** Die Sporenähre der bleichen, astlosen Triebe fällt nach der Reife meist ab; die bleichen Teile ergrünen und verzweigen sich dann wie die sterilen Triebe.

Ackerschachtelhalm

Equisetum arvense

10–50 cm	III–IV

M Stengel 0,2–0,4 cm dick, aufrecht, hell- oder dunkelgraugrün, aus einzelnen, ineinandergeschachtelten Abschnitten aufgebaut. Jeder Abschnitt oben mit einer anliegenden Scheide aus 6–19 verwachsenen, lineal-lanzettlichen, 0,5–1 cm langen Blättchen. Stengel mit 6–8 tiefen Furchen. Äste quirlständig, 4–5kantig, ihre Scheiden mit 3–4 Zähnen. Zentraler Luftgang im Stengel mißt $\frac{1}{8}$–$\frac{1}{4}$ des Stengeldurchmessers. Sporophyllstände (Foto rechts) auf besonderen, vor den sterilen, grünen Trieben erscheinenden Stengeln. Fertile Triebe unverzweigt, braun, verwelken nach der Sporenreife. Ihre Scheiden bauchig, mit 6–12 schwarzbraunen Zähnen. **V** Weit verbreitet, häufig auf Äckern, Wiesen, an Wegrändern, auch auf Eisenbahnschotter. **B** Wegen seines Kieselsäuregehaltes früher zum Putzen von Zinngeräten (»Zinnkraut«), heute noch als Heilpflanze genutzt.

Adlerfarn

Pteridium aquilinum

50–200 cm	VII–X

[M] Blattwedel frischgrün bis gelbgrün, einzeln am unterirdisch kriechenden Wurzelstock stehend. Blattstiel bis 1 m lang, 2–3 mm dick, gelblich. Wedel im Umriß breit 3eckig, 2–4fach gefiedert. Fiederchen letzter Ordnung länglich-elliptisch, sitzen breit an der Spindel an, Rand schwach gekerbt. Sommergrün, bildet oft dichte Bestände. Fertile Wedel unterscheiden sich kaum von den sterilen. Sporangien bilden an der Unterseite der Fiederchen letzter Ordnung eine zusammenhängende Linie entlang dem umgeschlagenen, weißhäutigen Blattrand, der sie bedeckt. Sporangien ohne Schleier. [V] Weit verbreitet, sehr häufig. Wälder, Weiden und Waldränder. Bildet oft große Bestände. [B] Querschnitt des Blattstiels zeigt Doppeladler (Name!).

Rippenfarn

Blechnum spicant

15–50 cm	VII–VIII

[M] Wedel glänzend dunkelgrün, in Rosetten flach niederliegend oder schräg aufsteigend am gestauchten Wurzelstock. Derb, wintergrün. Blattstiel sehr kurz, bräunlichrot überlaufen. Spreite 1fach gefiedert, Fiedern beiderseits 30–60, gegen die Spitze und den Grund kleiner, meist wechselständig, lineal, zugespitzt, Basis verbreitert, Rand glatt, nach unten gebogen. Fertile Wedel von den sterilen deutlich unterschieden; sie stehen aufrecht in der Rosettenmitte, sind schmäler und rippenartig gefiedert (Name!). Sommergrün. Fiederunterseite mit je 2 strichförmigen, eng aneinanderliegenden, fast verschmolzenen Sporangienhäufchen (Sori). [V] Saure, frische bis nasse Wald- und Heideböden. Kalkfeindlich. Weit verbreitet und häufig. [B] Auffällig sind die unterschiedliche Form und Lebensdauer der sommergrünen, fertilen und der wintergrünen, sterilen Wedel.

Gemeiner Wurmfarn

Dryopteris filix-mas

30–120 cm	VII–IX

[M] Wedel dunkelgrün, stehen in Rosetten am gestauchten Wurzelstock; meist sommergrün. Blattstiel kurz, schwach spreuschuppig. Spreite doppelt gefiedert. Fiedern 1. Ordnung dicht wechselständig, mit 20–60 wechselständigen Fiederchen 2. Ordnung, Rand grob gezähnt. Fertile Wedel unterscheiden sich kaum von den sterilen. Sori rund, mit nierenförmigem Schleier, an der Unterseite der Fiederchen in 2 Reihen längs des Hauptnervs. [V] Weit verbreitet und häufig. Liebt schattige Wälder, Kalk, mäßig feuchte, nährstoffreiche Böden. [B] Die jungen, an der Spitze im Frühjahr noch eingerollten Wedel bilden – wie bei anderen Farn-Arten auch – die charakteristischen »Bischofsstäbe«. Wegen der im Wurzelstock enthaltenen Filixsäure und des Filmarons, wird der Wurmfarn als Arzneimittel gegen Bandwürmer (Name!) eingesetzt.

Frauenfarn

Athyrium filix-femina

30–100 cm	VII–IX

M Wedel hellgrün, stehen in Rosetten am gestauchten Wurzelstock; sommergrün. Blattstiel kurz, gelblich oder rötlich, mit schmalen Spreuschuppen. Spreite doppelt oder 3fach gefiedert, Fiedern 1. Ordnung meist wechselständig, beiderseits mit 30–60 linealischen, tief fiederspaltigen bis gesägten Fiederchen 2. Ordnung. Spreitengrund oft unsymmetrisch, der vordere Abschnitt verlängert, mit der Spindel gleichlaufend. Fertile Wedel unterscheiden sich kaum von den sterilen. Sori länglich oder hakenförmig mit zartem Schleier, an der Unterseite der Fiederchen in 2 Reihen längs des Hauptnervs. **V** In feuchten, schattigen, kalkarmen Wäldern weit verbreitet. **B** Sehr formenreich, in fertilem Zustand jedoch gut zu erkennen.

Buchenfarn

Thelypteris phegopteris

10–50 cm	VI–IX

M Wedel hell- bis bräunlichgrün, mit kurzen, weichen Haaren, stehen einzeln am kriechenden Wurzelstock; sommergrün. Blattstiel mindestens so lang wie die Spreite, unterseits hell spreuschuppig. Wedel im Umriß schmal 3eckig, doppelt gefiedert. Fiedern 1. Ordnung meist basal miteinander verwachsen, unterstes Fiederpaar gegenständig, von den übrigen leicht abgesetzt. Fiederchen 2. Ordnung stumpf, schwach gekerbt. Fertile und sterile Wedel nicht verschieden. Kleine, schleierlose, runde Sori, randständig an der Unterseite der Fiederchen. **V** Häufige, weit verbreitete Art feuchter, nährstoffreicher, mäßig saurer Wälder, insbesondere Buchenwälder (Name!). **B** Charakteristisch ist die Stellung des untersten Fiederpaares: im Schatten schwalbenschwanzartig abwärts gebogen, in voller Sonne steil nach oben gerichtet.

Eichenfarn

Gymnocarpium dryopteris

5–40 cm	VII–VIII

M Wedel zartgrün, kahl, stehen einzeln am kriechenden Wurzelstock; sommergrün. Blattstiel dunkel, doppelt so lang oder länger als die 3fach gefiederte Spreite. Fiedern 1. Ordnung meist gegenständig, die untersten fast so groß wie die restliche Spreite, im Umriß daher gleichseitig 3eckig. Fiederchen 2. Ordnung basal fiederschnittig, weiter oben wie die Fiederchen 3. Ordnung linealisch, abgerundet und ganzrandig. Durch waagrechtes Überbiegen der Spreite erscheinen die Wedel horizontal ausgerichtet. Fertile und sterile Wedel nicht verschieden. Rundliche, schleierlose Sori einzeln in Buchten oder in kurzen Reihen entlang dem Fiederchenrand. **V** In feuchten, kalkarmen oder -freien Wäldern; auch an Urgesteinfelsen. **B** Eindrucksvolles Erkennungsmerkmal ist die Ausbildung der waagrechten Blattspreite als gleichseitiges Dreieck.

Braunstieliger Streifenfarn

Asplenium trichomanes

10–30 cm	VII–IX

M Wedel grau- bis gelbgrün, stehen in Büscheln am gestauchten Wurzelstock. Wintergrün. Blattstiel kurz, wie die Spindel rotbraun bis schwarzglänzend, zäh. Spreite 1fach gefiedert. Fiedern gegenständig, kurz gestiefelt, aus keilförmigem Grund länglich-rund, grob gekerbt, 5–10 mm lang, nach unten kleiner werdend. Fertile Wedel nicht von den sterilen unterschieden. Sporangien in länglichen, gleichgerichteten Häufchen (Sori) auf der Unterseite der Fiedern, neben den Nerven. Anfangs von einem zarten, schmalen Schleier bedeckt. **V** Pflanze der Mauern und trockenen Felsen. **B** Die Fiederblättchen fallen oft vom Stiel ab, so daß neben beblätterten Wedeln die schwarzen Stiele als »struppige Haare« stehen bleiben.

Mauerraute

Asplenium ruta-muraria

5–30 cm	I–XII

M Wedel graugrün, stehen in Büscheln am gestauchten Wurzelstock. Derb, wintergrün. Blattstiel mindestens so lang wie die Spreite, wie die Spindel graugrün bis grün, höchstens am Grund braun. Spreite im Umriß 3eckig bis rautenförmig, 2–3fach gefiedert. Endfiedern breit-rautenförmig mit lang-keilförmigem Grund, wenigstens an der Spitze gekerbt. Fertile Wedel nicht von den sterilen unterschieden. Sporangien in länglichen, schmalen Häufchen (Sori) auf der Fiederunterseite, längs der Nerven. Anfangs von einem schmalen, zerschlitzten Schleier bedeckt. **V** Sonnige Kalkfelsen und Mauern. Weit verbreitet, sehr häufig. **B** Formenreiche Art; die einzelnen Varietäten unterscheiden sich v. a. in Größe, Zahl und Anordnung der Fiederblättchen. Auf deren Rautenform und den Standort der Pflanze bezieht sich der Name.

Tüpfelfarn

Polypodium vulgare

10–40 cm	VII–IX

M Wedel dunkelgrün, unten etwas heller, stehen einzeln am kriechenden Wurzelstock. Wintergrün. Blattstiel etwa so lang wie die 1fach fiederschnittige Spreite, hellgrün. Fiedern länglich, an der Spitze abgerundet, am Grund verbreitert, meist miteinander verschmolzen, ganzrandig oder schwach gesägt, nach oben zu kleiner. Fertile Wedel nicht von den sterilen unterschieden. Sporangien auf der Unterseite in großen (2,5 mm), runden, gelben Häufchen (Sori) ohne Schleier, in 2 Reihen neben den Seitennerven. **V** Kalkfreie Felsspalten, Moos, auf Baumstümpfen, gelegentlich in Astgabeln. Meist im Halbschatten. Verbreitet und häufig. **B** Die großen gelben Sori schimmern durch die Fiedern durch (»Tüpfelfarn«). Wegen des Zuckergehaltes des in der Erde kriechenden Wurzelstocks erhielt die Art auch den volkstümlichen Namen »Engelsüß«.

Eibe

Taxus baccata

G			
	10–18 m	♀ 1–1,5 mm ♂ 4 mm	III–IV

M Krone breit-kegelförmig bis rundlich, tieffurchiger Stamm, oft aus mehreren Stämmen verwachsen. Borke dünn, grau- bis rotbraun. Nadeln glänzend dunkelgrün mit erhabenem Mittelnerv, 1,5–3,5 cm lang, stehen an aufrechten Trieben allseits abgespreizt, sonst streng gescheitelt, fallen nach 3–8 Jahren einzeln ab. 2häusig. Blüht nach 15–30 Jahren. Blüten einzeln blattachselständig an Vorjahrestrieben. ♂ Blüten zahlreich, kugelig, gelblich; ♀ Blüten unscheinbar. Früchte (S. 96): Rundlicher bis 3kantiger, bläulicher Samen ist vom oben offenen, leuchtend roten Samenmantel (Arillus) umgeben. Samenreife IX/X. **V** Feuchte, nährstoffreiche Wälder. **B** Alle Pflanzenteile außer dem Arillus enthalten das sehr starke Gift Taxin!

Weißtanne

Abies alba

G			
	bis 60 m	♀ 2,5–3 cm ♂ 20–25 mm	V–VI

M Immergrüner Waldbaum mit kegelförmiger, später gerundeter, sog. »Storchennestkrone«. Stamm bis 3 m dick, Rinde weißgrau, blättert in harzigen Stücken ab. Nadeln flach, am Ende leicht gekerbt, scheinbar 2zeilig gescheitelt angeordnet, oberseits dunkelgrün mit eingesenkter Mittelrippe, unten mit 2 silbrigweißen (Name!) Längsstreifen; fallen nach 8–10 Jahren einzeln ab, hinterlassen glatte Zweige. 1häusig. Blütenstände nur im Wipfel an Vorjahrestrieben. ♂ Blüten gelblich, am Grund mit vielen bräunlichen Schuppen. ♀ Blütenzapfen stets aufrecht, erst rötlich-violett, später hellgrün. Reife Zapfen 8–15 cm lang, hell- bis rotbraun, zerfallen nach der Reife. Die verholzte Zapfenspindel bleibt noch Jahre stehen. Samenreife IX–X. **V** Nährstoffreiche, feuchte Mischwälder; bildet auch Reinbestände. **B** Wird bis 600 Jahre alt. Holz weich, elastisch.

Fichte, Rottanne

Picea abies

bis 60 m	♀ 5–6 cm ♂ 15–20 mm	V–VI

M Häufigster heimischer Waldbaum, bis 60 m hoch, bis 2 m dick. Die rötliche Rinde (Name!) blättert in unregelmäßigen Schuppen ab. Nadeln glänzend dunkelgrün, bis 2 cm lang, stechend spitz, um den ganzen Zweig herum angeordnet. 1häusig. Blüht nur alle 3–4 Jahre. ♂ Blüten blattachselständig, kugelig, 1,5–2 cm lang, nach unten gerichtet. Anfangs purpurn, dann gelb. ♀ Blütenstände endständig an vorjährigen Trieben der Krone, zapfenförmig, 5–6 cm lang, aufrecht. Anfangs gelbgrün, dann hellrot. Früchte (S. 90): Nach 1 Jahr Reife fallen die inzwischen 10–16 cm langen, 3–4 cm dicken, braunen, holzigen, nach unten hängenden Zapfen herab. **V** Lehmige, sandige Böden; liebt feuchtes Klima. In Mischwäldern oder Reinbeständen. **B** Wird bis 600 Jahre alt. Wegen ihrer Schnellwüchsigkeit und des weichen Holzes (Bau-/Möbelholz) vielfach angepflanzt.

Bergkiefer, Latsche
Pinus mugo

bis 25 m	♀ 0,5–1 cm ♂ 10–15 mm	VI–VII

M Meist strauchig niederliegend, mit aufrechten Ästen, seltener baumförmig mit breiter Krone. Borke schwarzgrau, längsrissig. Kurztriebe mit je 2 steif zugespitzten, 2–8 cm langen, am Rand fein gesägten Nadeln. 1häusig. ♂ Blüten gelb, walzlich, zu 3–10 am Grund junger Langtriebe; ♀ Blütenstände blaßrosa bis rot, aufrecht zu 1–4 am Ende junger Langtriebe; wachsen im 2. Jahr zu 3–7 cm langen, nach unten gebogenen, gelbbraunen Zapfen. Samenreife X/XI im 2. Jahr. **V** Gedeiht auf nahezu allen Böden, sowohl in sonnigen Hanglagen als auch an extrem schattigen, lange schneebedeckten Nordhängen. Bildet oft große Reinbestände. **B** Sehr vielgestaltiges Gehölz, trotzt v. a. im alpinen Latschengürtel extremen Witterungsbedingungen.

Waldkiefer, Föhre
Pinus silvestris

bis 50 m	♀ 0,5–0,6 cm ♂ 6–7 mm	V–VI

M Rinde junger Bäume fuchsrot, später graubraun, löst sich in dünnen Streifen. An den Kurztrieben sitzen je 2 blaugrüne, zugespitzte, 4–7 cm lange Nadeln. 1häusig. Blüht fast jährlich. ♂ Blüten gelblich, walzlich, 6–7 mm lang, am Grund junger Langtriebe. ♀ Blütenstände eiförmig-kugelig, hellrosa bis dunkelrot, zu je 1–2 am Ende junger Langtriebe. Blühreif mit 30–40 Jahren. Früchte (S. 90): Ende des ersten Jahres sind die gestielten, anfangs grünen Zapfen nach unten gebogen, reif graubraun, 5–7 cm lang und 2–4 cm breit. Die dicken, holzigen Samenschuppen werden im Alter oft weit gespreizt. Nach der Samenausstreuung bleiben die Zapfen meist noch einige Jahre am Baum. **V** Anspruchslos, widerstandsfähig; auf Sand, Fels, im Moor. **B** Wird bis 300 Jahre alt. Vielseitigster europäischer Forstbaum. Liefert v. a. Bau- und Möbelholz.

Weymouths Kiefer
Pinus strobus

bis 60 m	♀ 1–1,5 cm ♂ 6–7 mm	V–VI

M Krone anfangs locker kegelförmig, im Alter rundlich oder flach. Stamm bis 1,5 m dick mit bis 5 cm dicker, tief gefurchter, grauschwarzer Schuppenborke. Astquirle stehen entfernt etagiert. Kurztriebe mit je 5 anfangs hell- ab 2. Jahr dunkelgrünen, 7,5–12 cm langen, weichen Nadeln mit feingesägtem Rand. 1häusig. ♂ Blüten eiförmig, ♀ Blütenstände zu 1–4 am Ende von Langtrieben, hellrot, aufrecht. Zapfen 8–20 cm lang, bananenförmig gebogen, ledrig-holzig und harzig, zur Samenreife (VIII–IX) Zapfenschuppen stark abgespreizt. **V** Sehr feuchte Nadel- oder Laubmischwälder mit hoher Luftfeuchtigkeit. Bildet in geeigneten Tieflagen auch Reinbestände. **B** Im 16. Jh. aus Nordamerika eingeführt, pflanzte sie um 1705 v. a. Lord Weymouth (Name!) in England großflächig an und sorgte so für ihre Verbreitung in Europa als nutzbares Forstgehölz.

Arve
Pinus cembra

bis 25 m	♀ 1–1,5 cm ♂ 15 mm	V–VII

M Krone schmal kegelförmig bis zylindrisch, Stamm bis 1,7 m dick mit silbrig-rotbrauner, längsrissiger Schuppenborke. Sehr dicht stehende Kurztriebe mit je 5 dunkelgrünen, 5–12 cm langen, geraden, spitzen aber nicht stechenden, biegsamen, am Rand fein gesägten Nadeln mit 3eckigem Querschnitt. 1häusig. Blühreife ab 50–80 Jahre. Blüten nur im oberen Kronenbereich. ♂ Blüten eiförmig, gelb, sitzen am Grunde junger Langtriebe; ♀ Blütenzapfen zu 1–6 aufrecht am Ende junger Langtriebe; purpurfarben. Früchte (S. 90): Reife Zapfen 5–13 cm lang, mit eßbaren Samen (»Zirbelnüsse«). **V** Frische, saure Böden alpiner Hochlagen; auch in Reinbeständen. **B** Ausgesprochen frostunempfindlich. Holz sehr dauerhaft.

Lärche
Larix decidua

bis 40 m	♀ 1–1,5 cm ♂ 5–10 mm	III–V

M Sommergrün, Krone kegelförmig. Rinde glatt, graubraun, blättert längsrissig ab. Langtriebe dünn, gelblich, mit einzelnen, 2–3 cm langen Nadeln. Kurztriebe dunkel mit Büscheln von je 30–40 Nadeln. Nadeln weich, hellgrün, unten gekielt, färben sich im Herbst goldgelb und fallen ab. Blühreife ab 30–60 Jahre. 1häusig. Blüht alle 3–5 Jahre. ♂ Blüten eiförmig-kugelig, gelb, sitzen an unbeblätterten, mindestens 2jährigen Kurztrieben. ♀ Blütenstände aufrecht, von Nadelkranz umgeben, eiförmig, anfangs rosa bis tiefrot, vergrünen später, an 3jährigen, stets beblätterten Kurztrieben. Früchte (S. 90): Reifen zu 4 cm langen, braunen Zapfen heran; bleiben nach der Samenausschüttung noch 10 oder mehr Jahre an den Zweigen. **V** Lockere Ton- und Kalkböden, braucht viel Licht. **B** Holz besonders hart, daher als Bau- und Möbelholz sehr beliebt.

Wacholder
Juniperus communis

3–5 m	♀ 2 cm ♂ 4–5 mm	IV–VI

M Immergrüner Strauch, mehrstämmiger Baum oder niederliegende Gebirgsform (20–50 cm). Rinde glatt, graubraun, schuppt im Alter ab. Nadeln spitz, stechend, graugrün, stehen von den hellen Trieben in 3zähligen Quirlen rechtwinklig ab; bis 15 mm lang, 1–2 mm breit, oben mit weißem Mittelband, unten stumpf gekielt. Meist 2häusig. ♂ Blüten elliptisch, gelblich, einzeln in den Blattachseln vorjähriger Zweige. ♀ Blütenstände grünlich, achselständig an vorjährigen Zweigen. Früchte (S. 94): Anfangs grüne, ab Herbst des 2. oder 3. Jahres schwarzblau bereifte, fleischige Beerenzapfen (»Wacholderbeeren«). **V** Sandige, felsige Heiden, Moore, lichte Nadelwälder. Lichtbedürftig. **B** Wird bis 800 Jahre alt. Bekannte Gewürzpflanze. Die Beeren werden auch zur Herstellung von z. B. Genever, Gin verwendet; das Holz dient als Räuchermittel.

Schwarzpappel

Populus nigra

G

bis 30 m	♀ 10 cm ♂ bis 9 cm	III–IV

M Rinde anfangs weißgrau, geht bald in die schwarze, tiefrissige Borke (Name!) über. 1jährige Zweige glänzend gelbbraun, im 2. Jahr olivgrau. Blätter 2–6 cm lang gestielt, 3eckig-rautenförmig, zugespitzt, 5–8 cm lang, oben glänzend dunkelgrün; Blattrand gezähnt. 2häusig. Kätzchenblüten ohne Hülle, erscheinen vor dem Laubaustrieb. ♂ Kätzchen hängen schlaff herab, Staubbeutel der 6–30 Staubblätter erst purpurn, dann schwarz. ♀ Kätzchen mit deutlich gestieltem Fruchtknoten und 2 gelben Narben. Windbestäubung. Früchte (S. 93): Gestielte, eiförmig zugespitzte, grüne, 2klappige Kapsel, mit weißbüscheligen Samen (Windverbreitung, V/VI). **V** Auwälder, nährstoffreiche, lichte Orte. **B** Als »Pyramidenpappel« angepflanzt.

Silberweide

Salix alba

bis 20 m	♀ 5 cm ♂ 7 cm	IV–V

M Breitkroniger, ausladender Baum mit längsrissiger, graubrauner Borke. Zweige oft überhängend, sehr biegsam, gelbbraun. Blätter wechselständig, lanzettlich, 6–10 cm lang, bis 2 cm breit, oben dunkel- bis graugrün, unten blaugrau und stets anliegend silbrig (Name!) behaart; Blattrand fein gesägt. 2häusig. ♂ Kätzchen gebogen, aufrecht an Kurztrieben, erscheinen mit dem Laub. ♂ Blüten bestehen aus 2 Nektarien, 2 Staubblättern und 1 gelben Tragblatt. ♀ Kätzchen gebogen, aufrecht, dünner als die ♂, zur Reife deutlich gestreckt. Die ♀ Blüte besteht aus 1 kahlen, fast sitzenden Fruchtknoten und 1 Nektarium. Windbestäubung. Ab Juni entlassen die 2klappigen Kapseln viele weißpelzige Samen. **V** Nasse Böden der Auwälder, Ufer und Wiesen. **B** Wird bis 200 Jahre alt; als Kopf- (Rutengewinnung) und Trauerweide kultiviert.

Hainbuche, Weißbuche

Carpinus betulus

bis 25 m	♀ 3 cm ♂ 4–7 cm	VI

M Baum mit breiter, runder Krone. Rinde glatt, weißgrau, Zweige zottig. Blätter 2zeilig, länglich-eiförmig, zugespitzt, erscheinen durch deutlich hervortretende Nerven gefältelt. Blattgrund herzförmig, Blattrand doppelt gesägt. 1häusig. Die Blütenkätzchen erscheinen etwa mit dem Laub. ♂ Kätzchen gelblich, lockerblütig, hängen an wenigblättrigen Kurztrieben; ♀ Kätzchen gestielt, hängen am Ende junger, beblätterter Kurztriebe. Windbestäubung. Früchte (S. 92): Bis 14 cm lange Fruchtstände mit 4–10 Paar 1samiger Nüßchen, die jeweils von einem grünen, später gelben, 3lappigen Flugorgan umgeben sind (Windverbreitung). Fruchtreife IX/X. **V** Laubmischwälder, Bachränder, bildet auch kleine Bestände. Häufig. **B** Wird bis 150 Jahre alt. Das weißgelbe Holz (Name!) ist sehr hart, gut biegsam und dient zur Werkzeugherstellung. Beliebtes Gartengehölz.

Hängebirke
Betula pendula

bis 25 m	♀ 2–4 cm ♂ 2,5–10 cm	IV–V

M Krone anfangs schmal kegelförmig, dann rund, überhängend. Rinde weiß, horizontal abblätternd, geht bald in eine schwarze, harte Borke über. Blätter rhombisch-3eckig, lang zugespitzt, scharf doppelt gesägt, klebrig, kahl, 2–3 cm lang gestielt. 1häusig. ♂ Kätzchen hängen schlaff zu 1–3 am Ende vorjähriger Triebe. ♀ Kätzchen blühen aufrecht in grünen, walzenförmigen, geschlossenen Blütenzäpfchen. Windbestäubung. Früchte (S. 90): Die Blütenzäpfchen krümmen sich nach der Befruchtung abwärts und werden zu – ab VII/VIII reifen – Fruchtzäpfchen. **V** Einzeln in Laub- und Nadelwäldern, auf Wiesen, trockenen Mooren. **B** Sehr raschwüchsig. Holz weiß, weich; brennt auch in frischem Zustand gut.

Grauerle
Alnus incana

bis 25 m	♀ 0,3–0,5 cm ♂ 7–10 cm	III–IV

M Reichverzweigter, mehrstämmiger Baum mit glatter, weißgrauer (Name!) Rinde, die auch im Alter keine Borke bildet. Blätter wechselständig, eiförmig-elliptisch, zugespitzt, 4–10 cm lang, oben dunkelgrün, kahl, unten graugrün, erst dicht graufilzig, später verkahlend. Blattrand grob doppelt gesägt, Blattstiel 2–3 cm lang. 1häusig. Die 1geschlechtigen Blütenstände erscheinen vor dem Laub. Windbestäubung. ♂ Kätzchen überwintern ohne Hülle, hängen zu 3–5 schlaff herab; ♀ Blütenstände überwintern ebenso nackt in den Blattachseln. Zur Fruchtreife (IX/X) sind sie zu 1–1,3 cm langen, eiförmigen, verholzten Zäpfchen herangewachsen. **V** Ufer, Auwälder, feuchte Hänge. Gewässerbegleitend, meidet aber im Gegensatz zur Schwarzerle Staunässe. **B** Schnellwüchsiges Pioniergehölz, wird zur Hangbefestigung (Straßenbau) angepflanzt.

Schwarzerle
Alnus glutinosa

bis 25 m	♀ 0,4–0,6 cm ♂ 6–12 cm	III–IV

M Krone locker, breit verzweigt. Baum oft mehrstämmig mit glatter, glänzend grünlichbrauner Rinde, die in eine zerklüftete, schwarze (Name!) Borke übergeht. Triebe kahl, klebrig. Blätter rundlich, kahl, dunkelgrün, unten heller, in den Nervenwinkeln rostfarben bärtig. Blattrand grob doppelt gesägt. 1häusig. Blüht vor der Laubentfaltung. ♂ Kätzchen bräunlich, hängen zu 2–5 endständig an vorjährigen Trieben. ♀ Kätzchen violett, stehen zu 3–5 blattachselständig zusammen. Windbestäubung. Früchte (S. 90): Grüne, fest geschlossene Blütenzäpfchen wachsen während der Reife zu 1,5 cm langen, eiförmigen, dunkelschwarzbraunen Fruchtzäpfchen heran. **V** Graben-, Bach-, Flußränder; bildet in feuchten Niederungen und Mooren auch kleine, lockere Bestände. **B** Holz im Wasser lange haltbar, wird daher oft zum Bau von Bootsstegen verwendet.

Rotbuche
Fagus silvatica

bis 30 m	♀ 2,5 cm ♂ 2 cm	IV–V

M Stamm schlank, gerade; Krone dicht, gewölbt. Rinde glatt, grau, Äste braungrau, Blätter 2zeilig, eiförmig, zugespitzt, am Grund abgerundet, mit welligem, glattem oder schwach gezähntem Rand; anfangs lichtgrün, seidig behaart, später dunkelgrün, kahl; färben sich im Herbst von Gelb nach Rot bis Rotbraun um. 1häusig. Blüht während des Laubaustriebs. ♂ Blütenstände rundlich, gelbgrün, hängen an bis zu 2 cm langen Stielen an jungen Trieben. ♀ Blütenstände kugelig, gestielt, je 2 Blüten in einer filzigen, später holzigen, 6zipfeligen Fruchthülle. Windbestäubung. <u>Früchte (S. 91):</u> Reifen IX/X zu 3kantigen, glänzend braunen Bucheckern. **V** Buchen-, Mischwald. **B** Holz rötlich (Name!). Wichtigster heimischer Laubbaum.

Traubeneiche
Quercus petraea

bis 40 m	♀ 3 mm ♂ 3–6 cm	IV–V

M Schlanker Stamm; breite, regelmäßige Krone. Blätter symmetrisch gelappt und gebuchtet, stehen spiralig an gelblichen, meist 1–3 cm langen Stielen. 1häusig. ♂ Kätzchen gelblich, hängen schlaff vom Grund der Jungtriebe herab. ♀ Blüten stehen zu 1–5 in fast ungestielten, traubigen Blütenständen (Name!) im Spitzenbereich junger Triebe. Windbestäubung. <u>Früchte (S. 91):</u> Grünbraune Eicheln, die im unteren Drittel von einem holzigen, flaumig geschuppten Fruchtbecher (Cupula) umgeben sind. **V** Trockene, steinige Böden; verträgt keine Nässe. **B** Wird bis 600 (1000) Jahre alt. Eichen liefern sehr hartes, wertvolles und wegen seines hohen Gerbstoffgehaltes gegen Fäulnis sehr widerstandsfähiges Holz, z. B. für Fußböden, Fässer und v. a. Möbel. Die ebenfalls gerbstoffhaltigen Eicheln finden in der Homöopathie Verwendung.

Stieleiche
Quercus robur

bis 40 m	♀ 3 mm ♂ 2–4 cm	IV–V

M Kurzstämmiger, breitkroniger Baum mit dunkelgrauer, netzig-längsrissiger, tief gefurchter Borke. Blätter wechselständig, verkehrt-eiförmig, symmetrisch gelappt bis gebuchtet, nur 2–7 mm lang gestielt; ledrig, oberseits glänzend dunkelgrün, unten heller, an den Adern behaart, 1häusig. ♂ Kätzchen gelbgrün, hängen büschelig gehäuft am Grunde von Jungtrieben schlaff herab. ♀ Blüten stehen in langgestielten (Name!), 1–5blütigen Ähren an der Spitze der Jungtriebe. Windbestäubung. <u>Früchte (S. 91):</u> Ab IX/X reifen die 2–3,5 cm langen, erst olivgrünen dann glänzend hellbraunen, länglich-eiförmigen Eicheln, deren unteres Drittel von verholzendem Achsengewebe, dem Fruchtbecher (Cupula), umgeben ist. **V** Nährstoffreiche, feuchte Waldböden, in Laubmischwäldern oder in Reinbeständen. **B** Die stärkereichen Eicheln dienen vielen Waldtieren als Nahrung.

Feldulme, Feldrüster

Ulmus minor

G

bis 40 m	1–1,5 cm	III–IV

M Stamm konisch; Rinde glatt, bräunlichgrau, geht in eine korkreiche, zerklüftete Borke über. Zweige kahl, rotbraun bis olivgrün. Blätter 2zeilig, kurz gestielt, elliptisch bis verkehrt-eiförmig, unsymmetrisch, vorne zugespitzt, meist doppelt gesägt; oben glatt, glänzend hellgrün, unten in den Winkeln des Hauptnervs bärtig. Zwitterblüten unscheinbar, ungestielt, blühen vor dem Laubaustrieb im oberen Kronenbereich, zu 15–30 in einem büscheligen Blütenstand. Windbestäubung. Früchte (S. 92): Reifen bereits während des Laubaustriebs (V/VI) zu kleinen, geflügelten Nüßchen. **V** Frische, nährstoffreiche Böden, sonnenexponierte Lagen, da sehr wärmebedürftig. **B** Liefert wertvolles, rötliches Holz (Rüster). Durch »Ulmensterben« gefährdet.

Eberesche

Sorbus aucuparia

bis 16 m	8–10 mm	V–VI

M Verzweigter Baum, auch Strauch. Rinde glatt, glänzend hellgrau, schuppt in Blättchen als schwärzliche Borke ab. Junge Zweige locker filzig behaart, dann kahl, braun. Laubblätter eschenähnlich (Name!), wechselständig, unpaarig gefiedert, bis 20 cm lang, mit 9–15 länglich-elliptischen, 2–6 cm langen, ungleich stachelspitzig gesägt-gezähnten Blättchen; oberseits anliegend behaart, unterseits filzig. Blüten weiß, in filzig behaarten, reichblütigen, flachen, 7–12 cm großen Rispen, am Ende junger Triebe. Insektenbestäubung. Früchte (S. 97): Ab VIII/IX leuchten korallenrote, kugelige Scheinbeeren mit meist 3 Samen in üppigen Doldenrispen. **V** Weiden, Felshänge, Schuttfelder, Gebüsche, Hochmoore. **B** Blüten duften unangenehm nach Trimethylamin, bilden aber viel Pollen und Nektar und sind daher eine gute Bienenweide. Die Beeren dienen v. a. Vögeln als Nahrung.

Robinie

Robinia pseudacacia

bis 25 m	10–25 mm	V–VI

M Krone meist rundlich, häufig mit abgestorbenen Ästen. Borke netzig-längsrissig, tiefgefurcht, grau- bis dunkelbraun. Zweige olivgrün bis rotbraun, spröde, brüchig; Triebe junger Bäume durch bis zu 3 cm langen Nebenblattdornen stark dornig. Blätter wechselständig, unpaarig gefiedert, 20–30 cm lang; erscheinen erst sehr spät im Frühjahr. Blattstiel 3–4 cm lang, basal knotig verdickt; 4–11 Paar Fiederchen, sehr kurz gestielt, 3–6 cm lang, länglich-elliptisch. Blüten weiß, stark duftend, hängen zu 10–25 in 3 cm lang gestielten, 10–25 cm langen Trauben an jungen Trieben. Staubblätter 10, zu einer Röhre verwachsen. Insektenbestäubung. Zur Fruchtreife (X) wächst der Fruchtknoten zu einer flachen, 5–10 cm langen, ledrig braunen Hülse, die weit ins nächste Jahr am Baum verbleibt. **V** Nährstoffarme Böden, auch Sand, Schotter. Lichtbedürftig. **B** Sehr gute Bienenweide!

Bergahorn

Acer pseudoplatanus

bis 40 m	5–10 mm	IV–V

M Krone breit, gewölbt. Borke glatt, graugelb, abblätternd. Blattstiele 5–15 cm lang, ohne Milchsaft. Blätter gegenständig, oben dunkel-, unten graugrün, 10–20 cm lang und ebenso breit, 5lappig mit spitzen Buchten und ungleich gesägtem Rand. Während des Laubaustriebs erscheinen die hängenden Traubenrispen mit 1geschlechtigen und zwittrigen, gelbgrünen Blüten. Insektenbestäubung. Früchte (S. 92): Spaltfrüchte aus 2 kugeligen, gelblich bis rötlich geflügelten Nüßchen. Die kräftig geäderten Flügel stehen spitz- oder fast rechtwinklig zueinander. Fruchtreife ab IX/X. **V** Feuchte, tiefgründige, nährstoffreiche Böden. **B** Holz glänzend weiß, sehr hart. Unser stattlichster Ahorn ähnelt der Platane (botanischer Name!).

Spitzahorn

Acer platanoides

bis 30 m	10–12 mm	IV–V

M Krone eiförmig. Borke schwärzlichbraun, längsrissig. Zweige kahl, glänzend braun, führen in der Jugend Milchsaft. Blätter gegenständig, glattrandig, meist 5lappig, rund ausgebuchtet, die Zähne zu langen Spitzen (Name!) ausgezogen. Stiel 8–12 cm lang, rötlich. Vor dem Laubaustrieb erscheinen die gelblichgrünen, 1geschlechtigen und Zwitterblüten nebeneinander in 4–8 cm langen, endständigen Rispen. Insektenbestäubung. Früchte (S. 92): Die grünlichen Spaltfrüchte hängen in Doldentrauben und zerfallen nach der Reife in 2 Teilfrüchte mit je einem runden, flachen, kahlen, 3–5 cm lang geflügelten Nüßchen. Die häutigen Flügel bilden gegeneinander einen stumpfen Winkel und sind leicht nach oben gebogen. **V** Alleen, Parks. **B** Holz glänzend weiß, sehr hart. Bestens geeignet für Drechslerarbeiten und Kunsttischlerei.

Feldahorn

Acer campestre

bis 15 m	6–8 mm	V

M Stamm knorrig, mit rundlicher Krone. Borke dick, braun, durch Längs- und Querrisse gefeldert, oft mit Korkleisten. Zweige oliv-gelbbraun, milchsaftführend. Blätter derb, stumpfkerbig gelappt, unterseits meist weichhaarig, an 5–10 cm langen, oft rötlichen Stielen. Zusammen mit dem Laub erscheinen die gelbgrünen, 1geschlechtigen und Zwitterblüten nebeneinander in 10–20blütigen Rispen. Insektenbestäubung. Früchte (S. 92): Im Gegensatz zu den beiden oben beschriebenen Ahorn-Arten stehen bei diesem die Flügel der Teilfrüchte waagrecht ab und färben sich während der Fruchtreife (IX) rötlich. **V** Lichte Laubgehölze, Waldränder, Hecken, sonnige Abhänge. **B** Kleine, langsamwüchsige Ahornart, die oft strauchig bleibt. Wird bis 150 Jahre alt. Ihr rötliches, schön gemasertes, sehr hartes, elastisches Holz ist bei Schnitzern sehr beliebt.

Roßkastanie
Aesculus hippocastanum

bis 30 m	20–30 mm	IV–V

M Eingebürgerter Zierbaum mit graubrauner, glatter Rinde. Krone dicht, hochgewölbt. Zweige gelblich-rotbraun, anfangs braunfilzig. Blätter gegenständig, 5–7zählig gefingert, mit sitzenden, bis 25 cm langen, verkehrt-eiförmigen, ungleich gesägten Teilblättern. Blüten (nur ♂ oder zwittrig!) weiß, in 20–30 cm hohen, aufrechten, kegelförmigen, reichblütigen Scheinrispen (»Kerzen«). Insektenbestäubung. <u>Früchte (S. 91):</u> In der weichstacheligen, grünen, bis 6 cm dicken, 3klappig aufspringenden Fruchtkapsel reift ab IX/X meist nur 1 glänzend brauner Same mit hellem Nabelfleck, die Kastanie. **V** Parks, Alleen, oft angepflanzt. **B** Kastanienextrakt wird in der Homöopathie gegen Venenerkrankungen (Krampfadern, Hämorrhoiden) eingesetzt.

Sommerlinde
Tilia platyphyllos

20–40 cm	12–16 mm	VI

M Mächtiger Baum mit tief angesetzter, regelmäßiger Krone. Rinde grau, senkrecht gefurcht. Blätter herzförmig, zugespitzt, meist unsymmetrisch, 2zeilig an den rötlichen, flaumig behaarten Trieben angeordnet. Weiße »Milbenhäuschen« in den Adern der Blattunterseiten. Blätter häufig klebrig durch Blattlausausscheidungen (»Honigtau«). Erst nach vollständiger Belaubung erscheinen die gelblichen Zwitterblüten. Insektenbestäubung. <u>Früchte (S. 91):</u> Ab VIII/IX reifen die kugeligen, deutlich 4–5kantigen, graufilzigen Früchte. Meist bilden 3 der sehr harten Nüßchen einen Fruchtstand. Der Stiel ist mit einem flügelig vergrößerten, 5–7 mm langen, gelblichen Tragblatt verwachsen (Flugorgan). **V** Laubwälder, Alleen, Einzelbäume. **B** Wird bis 1000 Jahre alt. Das weiche, gelblichweiße bis rötliche Holz eignet sich ausgezeichnet als Schnitzholz.

Esche
Fraxinus excelsior

bis 40 m	3–4 cm	V

M Stattlicher Baum mit eiförmiger Krone. Rinde graugelb, Borke längs- und feiner querrissig. 1jährige Zweige rundlich, glänzend hellgrau. Blätter lang gestielt, gegenständig, unpaar gefiedert mit meist 11 länglich-lanzettlichen, zugespitzten, 7–11 cm langen Teilblättchen, unterseits am Mittelnerv behaart. Laubaustrieb nach der Blüte (VI). Blütenrispen seitenständig, Einzelblüten unscheinbar, 1geschlechtig oder zwittrig. Windbestäubung. <u>Früchte (S. 92):</u> Reifen ab IX; 1samige, braune, flachgedrückte Nüßchen, die in je einen, bis 4 cm langen, 1 cm breiten, zungenförmigen Flügel eingebettet sind. Sie fallen v. a. im Winter am sonst kahlen Baum auf. **V** Tiefgründige, nährstoffreiche, feuchte bis anmoorige Böden; oft angepflanzt. **B** Das Holz ist sehr hart und elastisch; es wird zur Herstellung von Möbeln, Turngeräten und Skiern verwendet.

Salweide
Salix caprea

bis 3 m	3 cm	III–V

M Ansehnlicher Strauch mit glatter, netzartig aufreißender Rinde. Zweige glänzend braun, kahl. Blätter breitelliptisch, 2 cm lang gestielt, ganzrandig oder wellig gezähnt; anfangs beidseitig weißfilzig, später oben dunkelgrün, kahl, unten graugrün, dicht flaumig, oft mit vortretendem, gelbem Adernetz. Laubaustrieb nach der Blüte. 2häusig. Blüten 1geschlechtig, ohne Hülle, in eiförmigen Kätzchen. Insektenbestäubung. Früchte (S. 93): Ab IV/V reifen die für Weiden typischen grünen, trockenen Kapselfrüchte mit langen, seidig-weißen Haarbüscheln. **V** Gräben, Auen, Moore, Gebüsche und Wiesen, häufigste »Waldweide«. **B** Eines der ersten heimischen Blühgehölze, gute Bienenweide! Beliebter Osterschmuck. Holz rötlich, brennt sehr gut.

Hasel, Haselnuß
Corylus avellana

1–4 m	♀ 7 mm ♂ 8–10 cm	II–IV

M Strauch mit rötlich- oder weißlichgrauer, glatter, glänzender, von braunen Korkwarzen durchsetzter Rinde, die leicht abschuppt. Zweige grau, in der Jugend drüsig-rauhhaarig. Blätter gestielt, eirundlich bis verkehrt-eiförmig, Grund herzförmig, vorne zugespitzt, unten weichhaarig, Rand doppelt gesägt. 2zeilig oder spiralig an den Zweigen angeordnet. 1häusig. Blüht bereits im Februar, lange vor dem Laubaustrieb. Die ♂ Kätzchen (Foto) hängen zu 1–4 am Ende oder in den Blattachseln vorjähriger Triebe. Die ♀ Blüten stehen einzeln am Ende junger Triebe; sie sind klein, »knospenartig« mit roten Narbenfäden und fallen kaum auf. Früchte (S. 91): Bis IX/X färbt sich die 1samige, anfangs bleich-gelblichweiße Nuß zur bekannten rosabraunen Haselnuß. **V** Laubmischwald, Hecken, Bachufer. **B** Gute Bienenweide, dennoch Windbestäubung.

Grünerle
Alnus viridis

bis 3 m	♀ 1–1,3 cm ♂ bis 6 cm	IV–V

M Vielstämmiger, reichverzweigter Strauch mit graubrauner Rinde. Junge Zweige olivgrün bis rötlich. Blätter wechselständig, 1–2 cm lang gestielt, eiförmig-zugespitzt, 5–8 cm lang, anfangs klebrig; oben dunkelgrün, unten heller, glänzend, mit braunen Achselbärten; Blattrand doppelt gesägt. 1häusig. Die 1geschlechtigen Blütenkätzchen erscheinen mit dem Laub. Windbestäubung. ♂ Kätzchen sitzen zu 2–3 am Sproßende, hängen zur Blüte schlaff herab. ♀ Blütenzäpfchen verholzen zur Reifezeit (X/XI) nur schwach, entlassen ca. 3 mm lange, geflügelte Nüßchen. **V** Waldränder, Bachufer, Steilhänge, auf feuchten bis nassen, auch steinigen Böden. V. a. im Bereich der Waldgrenze bestandsbildend. **B** Wird in den Alpen zur Befestigung von Lawinenhängen angepflanzt, kann wie die Latsche (S. 52) große Schneelasten tragen, ohne zu brechen.

Berberitze, Sauerdorn

Berberis vulgaris

bis 3 m	7 mm	IV–VI

M Strauch mit glatter, hellgrüner Rinde. Zweige kantig, erst grünlich, dann bräunlich bis weißgrau. Blätter eiförmig bis länglich verkehrt-eiförmig, spiralig an Kurztrieben gebüschelt. Unmittelbar an den Kurztrieben steht ein 3(5)teiliger, aus einem Blatt hervorgegangener Dorn. Blütentrauben 2–4 cm lang, am Ende von Kurztrieben hängend. Zwitterblüten gelb, langgestielt, stark duftend. Die seitlichen Blüten der Traube haben meist je 6, die Endblüte hat 5 halbkugelig zusammengeneigte, goldgelbe Kelch- und Kronblätter. Bestäuber v. a. Bienen. Früchte (S. 97): Längliche, rote, fleischige Beeren, 8–11 mm lang, reifen VIII–X. **V** Waldränder, Hecken, Gebüsche, sonnige, trockene Hänge, Flußauen. **B** Treibt als erstes Laubgehölz im Frühjahr aus.

Gewöhnliche Waldrebe

Clematis vitalba

bis 30 m	20 mm	VI–IX

M In Büsche und Bäume kletternde, sommergrüne Liane mit bis zu 3 cm dicken Stämmchen. Borke graubraun, löst sich in langen Streifen. Junge Triebe kantig gerieft, erst grün, dann braun, hohl. Blätter gegenständig, 4–6 cm lang gestielt, unpaarig gefiedert; Fiedern 3–5 cm lang, 2–5 cm breit, ganzrandig oder grob gesägt bzw. die untersten gelappt. Blattstiel, -spindel und Stiele der Fiederchen ranken! Zwitterblüten lang gestielt, in reichblütigen Rispen blattachselständig oder am Ende junger Triebe. 4 gelblichweiße, filzig behaarte Blütenblätter sind mit 7–8 mm etwas länger als die zahlreichen Staubblätter. Fruchtblätter nicht verwachsen, silbrig behaart. Insektenbestäubung. Früchte (S. 93): Zur Fruchtreife (X) wachsen die Griffel zu behaarten Flugorganen. **V** Auwälder, feuchte Waldränder, Gebüsche; lichtbedürftig. **B** Häufigste heimische Liane; bildet viel Pollen.

Efeu

Hedera helix

bis 20 m	9 mm	IX–XI

M Weit kriechender oder hoch aufsteigender Kletterstrauch mit zweierlei Sprossen: Kriech- und Klettersprosse, unter- bzw. allseits mit 5 mm langen Haftwurzeln; blühende Sprosse stets wurzellos. Blätter der Klettersprosse 2zeilig, 1,5–10 cm lang gestielt, 3eckig, 3–5lappig, am Grund herzförmig, oben dunkelgrün mit heller Aderung. Blühende Sprosse grün, rundlich, Blätter hier wechselständig, ungelappt, rauten- oder herzförmig, lang zugespitzt, oben glänzend dunkelgrün, unten heller (Verschiedenblättrigkeit = Heterophyllie). 5zählige, gelbgrüne Zwitterblüten in endständigen, 6–10 cm langen zusammengesetzten Dolden. Früchte (S. 94): Kugelige, 8–10 mm große, blauschwarze Steinfrüchte, reifen II–IV. **V** Feuchte, nährstoffreiche Wälder. **B** Einziger heimischer Wurzelkletterer. Wird von Insekten bestäubt, die gerne den reichlich gebildeten Nektar nutzen.

Mehlbeere
Sorbus aria

bis 15 m	6–8 mm	V–VI

[M] Strauch oder vielstämmiger Baum mit dicht belaubter Krone. Rinde schwarzgrau, weißfleckig, bleibt lange glatt, später längsrissig. Zweige glänzend braunrot, anfangs weißfilzig. Blätter 1–2 cm lang gestielt, breit-elliptisch bis eiförmig, unterseits weißfilzig. Zwitterblüten weiß, wohlriechend, gestielt, in 5–10 cm großen, schirmartig ausgebreiteten Trugdolden am Ende junger Triebe. Insektenbestäubung. Früchte (S. 97): Ab X erscheinen die leuchtend orangeroten, eikugeligen Scheinbeeren, deren mehliges, gelbes Fruchtfleisch der Art den Namen gab. [V] Trockene, sonnige Hänge, Laub- und Mischwälder, Gebüsche. Lichtbedürftig. [B] Das zähe, gelbweiße Holz wird für Drechslerarbeiten genutzt, die Beeren werden von Vögeln verbreitet.

Eingriffeliger Weißdorn
Crataegus monogyna

3–6 m	10–16 mm	V–VI

[M] Sommergrüner Strauch mit stark verzweigten Ästen und verdornenden Zweigen. Stamm oft mit tiefen Längsfurchen. Junge Zweige kahl, braungrün bis rotbraun, ältere graubraun. Dornen 1 cm lang, fallen ab. Blätter breit ei- bis rautenförmig, tief 3–5spaltig oder -teilig, oben dunkel-, unten bläulichgrün, in den Nervenwinkeln behaart. Zwitterblüten weiß, lang gestielt, zu 5–10 in Doldenrispen am Ende junger Kurztriebe. 1 Griffel pro Blüte (Name!). Insektenbestäubung. Früchte (S. 97): Ab IX leuchten die roten Schließfrüchte in reichen Doldentrauben. Spitze deutlich von Kelchzipfeln gekrönt. Fruchtfleisch mehlig, gelb, mit 1 Steinkern. [V] Lichte Laubwälder, Hecken, Waldränder, Zäune. [B] Der sehr ähnliche Zweigriffelige Weißdorn weist 2 Griffel pro Blüte auf und die Schließfrüchte dieser Art enthalten 2 Steinkerne. Beliebte Heckenpflanze.

Heckenrose, Hundsrose
Rosa canina

bis 3 m	40–50 mm	V–VI

[M] Sehr formenreiche Rosenart mit bogig überhängenden Ästen, reich mit kräftigen, hakenförmigen Stacheln besetzt. Blätter spiralig angeordnet, unpaar gefiedert; meist mit gut entwikkelten Nebenblättern am kahlen oder bestachelten, drüsigen Blattstiel. Die 5–7 eiförmig-elliptischen, 2–4 cm langen Blättchen sind am Rand einfach oder doppelt gesägt. Blaßrosa bis weiße, 4–5 cm große Zwitterblüten einzeln oder in Doldenrispen am Ende beblätterter Kurztriebe, 1–2 cm lang gestielt, sehr kurzlebig. Insektenbestäubung. Früchte (S. 96): Ab IX reifen die bekannten, korallenroten Hagebutten; in ihrem Innern sind viele, kleine harte, kantige Nüßchen. [V] Hecken, magere Weiden, Waldränder. [B] Die Hagebutten gehören zu den Sammelfrüchten, da in die fleischig gewordene Blütenachse die Nüßchen, die eigentlichen Früchte, eingebettet sind.

Schlehe, Schwarzdorn

Prunus spinosa

bis 4 m	10–15 mm	III–IV

M Sparriger, dicht verzweigter, sehr dorniger Strauch. Rinde dunkelgrau, leicht rissig. Triebe rotbraun, feinbehaart bis filzig; die Kurztriebe verdornen. Blätter spiralig angeordnet, länglich-elliptisch bis breit-lanzettlich, am Rand fein gesägt. Laubaustrieb nach der Blüte. Zwitterblüten weiß, kurzgestielt, meist einzeln an schuppig beblätterten Kurztrieben; sehr kurzlebig. Insektenbestäubung. Früchte (S. 95): Kugelig, bis 1 cm groß, reifen ab X von grünen zu schwarzblauen, hell bereiften, 1samigen Steinfrüchten. **V** Laubgehölze, Wald-, Feld-, Wegränder, Fels-, Schutthänge, trockene Flußauen. **B** Bildet dichte Hecken. Früchte roh sehr herb, nach dem ersten Frost gesammelt, wegen ihres hohen Vitamingehaltes sehr heilkräftig.

Traubenkirsche

Prunus padus

bis 15 m	5–10 mm	V–VI

M Strauch oder mehrstämmiger Baum mit aufrechten oder überhängenden, glänzend rotbraunen Ästen. Rinde schwarzgrau, wird später dünn, flachrissig und borkig. Die mit 2 grünen Drüsen besetzten Blattstiele tragen verkehrt-eiförmige bis lanzettlich zugespitzte Blätter mit fein scharf gesägtem Rand. Unten in den Nervenwinkeln weißlich oder bräunlich bärtig (»Milbenhäuschen«). Gleichzeitig mit dem Laub erscheinen die auffälligen, weißen, überhängenden, vielblütigen Blütentrauben (Name!), die 8–15 cm lang werden können. Insektenbestäubung. Früchte (S. 94): Ab VI reifen die erbsengroßen, glänzend schwarzroten Steinfrüchte mit 1 runzeligen, oval-zugespitzten Stein. **V** Meist einzeln in feuchten Schluchten, Flachmooren, Gebüschen, Laubwäldern, an Flußufern. **B** Die Laubblätter wachsen meistens nach der Blüte weiter.

Felsenbirne

Amelanchier ovalis

bis 3 m	30–40 mm	IV–VI

M Reichverzweigter Strauch mit rundlicher Krone, graubrauner, längsrissiger Rinde und schwärzlicher Borke. Junge Triebe erst weißwollig, später kahl, glänzend olivgrün. Blätter wechselständig, 8–15 mm lang gestielt, eiförmig bis oval, an beiden Enden gerundet, 2,5–4 cm lang, bis 3 cm breit; oberseits mattgrün, unterseits gelblich mit Achselbärten. Zwitterblüten weiß, zu 3–6 in endständigen Rispen am Ende junger Triebe. Blütenhülle frei, 5zählig, Kelchblätter schmal 3eckig. Insektenbestäubung. Früchte (S. 95): Kugelig, 8–10 mm groß, blauschwarz bereift, vom bleibenden Kelch gekrönt; reifen ab VIII/IX. **V** Kalkreiche, auch saure Böden, trockene, felsige Hänge, lichte Gebüsche, vollsonnige Standorte. Bildet Mischbestände mit der umseitig beschriebenen Mehlbeere. **B** Die süßlichen, eßbaren Früchte werden von Vögeln verbreitet.

Himbeere
Rubus idaeus

1–2 m	10 mm	V–VII

M Strauch mit stielrunden, bereiften Schößlingen, die wie die Blattstiele mit zahlreichen schwachen, kegelförmigen, meist schwarzroten Stacheln besetzt sind. Blätter 3–5zählig gefiedert, oben kahl, unten weißfilzig, am Rand ungleich scharf gesägt. Zwitterblüten weiß, nickend an beblätterten Seitensprossen vorjähriger Schößlinge. Insektenbestäubung. Früchte (S. 95): Ab VII reifen die aromatischen roten Früchte. Obwohl der Volksmund sie als Beeren bezeichnet, handelt es sich hierbei um eine Sammelfrucht, die aus vielen kleinen Steinfrüchtchen mit je 1 Stein besteht. **V** Waldränder, -lichtungen, Wege, Gebüsche, Bahndämme. **B** Vermehrt sich hauptsächlich durch Wurzelsprosse. Häufig als Obstpflanze kultiviert.

Brombeere
Rubus fruticosus

2–3 m	15–30 mm	V–VIII

M Sommergrüner Strauch mit bogig überhängenden, stark stacheligen Zweigen. Blätter wechselständig, meist handförmig geteilt, sitzen an Blattstielen mit sehr scharfen Stacheln, die – je nach Unterart – in Form und Größe variieren. Die 3–5 spitz-eiförmigen, gesägten Blättchen sind unten weißfilzig. Zwitterblüten in vielblütigen, endständigen Rispen an Seitentrieben vorjähriger Sprosse. Insektenbestäubung. Früchte (S. 93). Von VIII–X reifen die Sammelfrüchte, die wie die oben beschriebenen Früchte der Himbeere aus kleinen Steinfrüchtchen zusammengesetzt sind. Anfangs grün, färben sie sich über Rot nach tief Schwarzblau um. **V** Wege, Bahndämme, Gebüsche, Waldränder, -lichtungen. **B** Bildet kriechende, sich leicht bewurzelnde Triebe, was schnell zu Dickichtbildung führen kann. Sog. Sammelart mit vielen schwierig unterscheidbaren Kleinarten.

Besenginster
Sarothamnus scoparius

bis 3 m	bis 25 mm	V–VI

M Reich verzweigter Rutenstrauch; junge Triebe sehr biegsam, 5kantig bis schwach geflügelt, grün, fein behaart, später bräunlich, Rinde an den Stämmchen schwarzbraun. Blätter an den Langtrieben wechselständig, 6–7 mm lang, lanzettlich, ungeteilt, kurz gestielt; Blätter der Kurztriebe rosettig. Blätter am Grunde von Lang- und Kurztrieben kleeblattähnlich 3teilig, 5–20 mm lang, bis 5 mm lang gestielt. Blättchen bis 20 mm lang, beidseitig behaart. Blüten zu 1–2 an Kurztrieben, 1 cm lang gestielt, doppelte Blütenhülle, monosymmetrisch, 5zählig. Kelch grün, verwachsen, 5 mm, Krone leuchtend gelb, mit 10 Staubblättern. Insektenbestäubung. Ab VIII/IX reift die schwarze, bis 5 cm lange, flache, bewimperte Hülse. **V** Lichte Laubwälder, Böschungen, Wegränder, Kahlschläge. **B** Die Zweige wurden früher zur Besenherstellung (Name!) genutzt.

Sanddorn

Hippophaë rhamnoides

bis 10 m	♀ 3 mm ♂ 5 mm	III–IV

M Reichverzweigter Strauch mit graubrauner, längsrissiger Borke. Äste dornig-sparrig, junge Triebe enden in Dornen. Blätter wechselständig, sehr kurz gestielt, bis 6 cm lang, anfangs dicht weißsilbrig behaart, oberseits später etwas verkahlend. 1 häusig. ♂ Blüten grünlich, sitzen zu 4–6 in kurzen Trauben. ♀ Blüten sehr unscheinbar. Wind- und Insektenbestäubung. Früchte (S. 96): Ab IX reifen die orangeroten, kugeligen, 7–8 mm großen, saftreichen Früchte. **V** An der Küste auf Sand, im Binnenland auf kalkreichem Kies oder Sand; Flußufer, Kiesgruben, lichte Kieferwälder. Lichtbedürftig. **B** Durch weitkriechende Wurzelsprosse oft in dichten Beständen. Früchte sauer, enthalten sehr viel Vitamin C und Apfelsäure.

Kornelkirsche

Cornus mas

bis 8 m	5 mm	III–IV

M Sparrig verzweigter Strauch mit überhängenden Zweigen. Borke graubraun, blättert schuppig ab. Junge Triebe schwach 4kantig, grün, fein anliegend behaart. Blätter gegenständig, 5–10 mm lang gestielt, eiförmig-elliptisch, zugespitzt, 8–10 cm lang, 4–5 cm breit, ganzrandig; oberseits dunkelgrün, fein behaart, unten heller, stärker behaart und achselbärtig. Lange vor dem Laubaustrieb erscheinen die gelben Dolden mit kleinen, 4zähligen, 5 mm lang gestielten Zwitterblüten. Insektenbestäubung. Ab VIII/IX reifen die glänzend roten, 2 cm großen, elliptischen Steinfrüchte. **V** Lichte Laubwälder, Waldränder, Gebüsche und trockene, sonnige Hänge. **B** Eines der ersten Blühgehölze; der reichlich gebotene Nektar und Pollen wird v. a. von Bienen und Fliegen gesammelt. Die säuerlichen Früchte lassen sich zu Marmelade, Saft oder Gelee verarbeiten.

Hartriegel

Cornus sanguinea

bis 5 m	10–12 mm	V–VI

M Reichverzweigter Strauch mit graubrauner, längsrissiger, dünner Borke. 1jährige Zweige rot überlaufen, später olivbraun. Im Spätherbst und Winter sind alle Zweige blutrot gefärbt. Blätter gegenständig, breit-elliptisch bis eiförmig, zugespitzt, oberseits lebhaft grün, unten etwas heller, locker behaart, bis 10 cm lang; im Herbst leuchtend rot. Nach dem Laubaustrieb erscheinen die weißen Zwitterblüten zu 20–50 in 2–4 cm lang gestielten, 5–7 cm großen Schirmrispen am Ende beblätterter Jungtriebe. Insektenbestäubung. Früchte (S. 94): Ab IX/X färben sich die erbsengroßen, anfänglich grünen, beerenartigen Steinfrüchte blauschwarz; die Fruchtstiele sind rot gefärbt. **V** Ufer, Auen, Moore, Waldränder, Gebüsche, Trockenhänge. **B** Das Holz, wie auch das der oben beschriebenen Kornelkirsche ist sehr hart und wird zur Werkzeugherstellung genutzt.

Pfaffenhütchen
Euonymus europaeus

bis 6 m	6–10 mm	V–VI

M Sparriger Strauch. Äste grau bis rotbraun, tragen junge, grüne, durch schmale Korkleisten 4kantige Zweige. Blätter gegenständig, elliptisch bis lanzettlich, zugespitzt, am Rand fein kerbig gesägt, oben sattgrün, unten blaugrün, im Herbst prächtig rot. Blüten gelblichgrün, meist zwittrig, 1,5–2,5 cm lang gestielt, in 2–9blütigen, blattachselständigen Trugdolden; erscheinen zusammen mit den Laubblättern. Insektenbestäubung. Früchte (S. 95): Ab IX/X reifen die rosa- und karminroten, giftigen Früchte, auf Grund deren Ähnlichkeit mit einem Pfarrer-Barett die Pflanze ihren Namen erhielt. **V** Wege, Waldränder, Feldgehölze. **B** Holz hart, gelblich, wurde früher zur Herstellung von Spindeln genutzt (»Spindelstrauch«).

Faulbaum, Pulverholz
Rhamnus frangula

bis 3 m	2–6 mm	V–VIII

M Rinde glatt, graubraun. Äste fast glatt, wechselständig; tragen v. a. an den Enden gehäufte, waagrecht abstehende, locker belaubte, grauviolette Zweige. Blätter spiralig angeordnet, breitelliptisch, zugespitzt, ganzrandig, mit 9–12 Nervenpaaren, unten wenigstens in der Jugend behaart. Weiße Zwitterblüten, 5–10 mm lang gestielt, zu 3–7 blattachselständig, erscheinen zusammen mit dem Laub. Insektenbestäubung. Im Sommer oft Blüten und Früchte (S. 94) jeden Reifestadiums zusammen an demselben Zweig: unreife grüne, halbreife rote und reife schwarze Scheinbeeren mit 2–3 linsenförmigen bis 3eckigen, giftigen Samen. **V** Gebüsch, Laub-, Nadel-, Misch-, Auwälder, Flachmoore. **B** Rindengeruch unangenehm faulig (Name!). Rinde wird zur Herstellung von Abführtees genommen. Mit Faulbaumkohle stellte man früher Schießpulver her (»Pulverholz«).

Echter Kreuzdorn
Rhamnus cathartica

bis 3 m	10–12 mm	V–VI

M Zweige kreuzgegenständig (Name!), kahl, glänzend; Kurztriebe verdornt. Rinde dunkelbraun, glatt, im Alter schwärzlich, leicht rissig. Blätter gegenständig, länglich-rund bis elliptisch, mit leicht herzförmigem Grund, zugespitzt, am Rand fein kerbig gesägt, beiderseits mit je 3–5 bogigen Nerven. Blüten unauffällig, gelbgrün, 1geschlechtig, in 2–8blütigen, 10 mm lang gestielten Scheindolden, blattachselständig an jungen Trieben. Insektenbestäubung. Früchte (S. 94): Zu Beginn des Herbstes erscheinen die erbsengroßen, erst grünen, dann dunkelblauschwarzen, beerenartigen Steinfrüchte. Fruchtfleisch grün, mit 1 Stein. **V** Gebüsche, Laubwälder, trockene, steinige, sonnige Hänge, Auwälder, Moore, Gräben. **B** Aus dem grünen Fruchtfleisch gewann man früher das »Saftgrün« der Maler. Tee aus getrockneten Früchten wirkt abführend.

Schwarzer Holunder
Sambucus nigra

5–7 m	5–8 mm	VI

M Sommergrüner Strauch. Rinde hellgrau bis braun, an jungen Zweigen graugrün, von zahlreichen, auffälligen Rindenporen durchsetzt. Borke tiefgefurcht, korkig. Typisch ist das weiche, weiße, junge Mark. Blätter unpaar gefiedert, mit (3–)5(–7) eiförmig-elliptischen, zugespitzten Blättchen. Laubaustrieb vor der Blüte (III/IV). Charakteristisch duftende, 10–15 cm große, endständige, weiße Schirmrispen mit vielen, 5zähligen Zwitterblüten. Insektenbestäubung. Früchte (S. 93): Ab IX/X reifen in Trugdolden kleine, kugelige, glänzend schwarze, beerenartige Steinfrüchte mit 3 bräunlichen Steinkernen. Fruchtstiele rotviolett. **V** Laub-, Auwälder, Hecken, Ortschaften. **B** Blütentee und gekochte Früchte sind gut gegen Erkältung!

Traubenholunder
Sambucus racemosa

bis 4 m	4–5 mm	IV–V

M Wenig verzweigter Strauch mit grau- bis rotbrauner Rinde. Junge Zweige hellbraun, kahl; im Gegensatz zur oben beschriebenen Art ist das junge Mark hier gelbbraun. Blätter gegenständig, unpaarig gefiedert, 10–25 cm lang. Die 5 lanzettlichen, lang zugespitzten Fiederblättchen werden 5–8 cm lang, sind oberseits dunkelgrün, kahl, unterseits hellgrün, flaumig behaart; Blattrand scharf gesägt. Zwitterblüten 5zählig, gelbgrün, stehen zu vielen in 5–10 cm langen, kegelförmig aufrechten Blütenrispen am Ende junger Kurztriebe. Insektenbestäubung. Früchte (S. 95): Ab VII/VIII reifen die 4–5 mm großen, runden, scharlachroten Steinfrüchte in überhängenden, »traubigen« Fruchtständen (Name!). **V** Artenreiche Laubmischwälder, Lichtungen, Waldränder des Hügel- und Berglandes. **B** Die vitaminreichen Früchte sind gekocht genießbar, der Steinkern ist jedoch giftig.

Rote Heckenkirsche
Lonicera xylosteum

1–3 m	10–15 mm	V–VI

M Stark verzweigter Strauch mit dunkelgraubraunen, hohlen Ästen und kurz-weichhaarigen, jungen Zweigen. Rinde im Alter längsrissig, blättert in Streifen ab. Blätter gegenständig, eirundlich bis breit-elliptisch, zugespitzt, gestielt, ganzrandig, unterseits weichhaarig, graugrün, oben lebhaft grün. Zwitterblüten schwach duftend, weiß, außen oft rötlich überlaufen, färben sich später häufig blaßgelb. Bestäubung durch Hummeln. Früchte (S. 96): Ab VIII–X reifen glänzend scharlachrote, erbsengroße, glasige Beeren; sie sitzen je paarweise auf einem gemeinsamen Fruchtstiel, sind häufig an der Basis miteinander verwachsen. Giftig! **V** Hecken, Parks, Gebüsche, Waldränder. **B** Die Früchte sind für Menschen giftig, werden jedoch von Vögeln gerne verzehrt, die Samen somit verbreitet. Das sehr harte Holz wurde früher zur Herstellung von Weberschiffchen genutzt.

Gemeiner Schneeball

Viburnum opulus

bis 4 m	6–20 mm	V–VI

M Strauch mit kahlen Zweigen. Rinde hellgrau, schuppt im Alter ab. Blätter 3–5lappig, gegenständig; die eiförmig-buchtig gezähnten, spitzen Lappen sind glatt, oben kahl, unten flaumig; Blattrand grob gezähnt. Im Herbst ist der Strauch weinrot. Blütenstände bis 10 cm große, weiße, gestielte Schirmrispen. Sterile (unfruchtbare) Randblüten vergrößert (»Schauapparat« zur Insektenanlockung). Insektenbestäubung. Früchte (S. 97): Ab VIII/IX reifen die erbsengroßen, glasigen, glänzend roten, saftreichen Steinfrüchte. Sie sind schwach giftig, verbleiben oft bis in den Winter am Strauch. **V** Laub-, Auwälder, feuchte Gebüsche, Wiesen, auch Erlenbrüche. **B** Aus Stockschößlingen wurden früher Pfeifenrohre und Spazierstöcke geschnitzt.

Wolliger Schneeball

Viburnum lantana

bis 5 m	6–8 mm	V–VI

M Aufrechter, buschiger Strauch, trägt v. a. in der Jugend sternfilzige Zweige. Blätter gegenständig, kurz gestielt, elliptisch bis länglich-eiförmig, kurz zugespitzt, am Rand scharf oder stumpf gezähnt, oben runzelig, dunkelgrün, unten sternhaarig-filzig bis weißgrau-wollig (Name!). Zwitterblüten intensiv duftend, in 5–10 cm großen, weißen Schirmrispen. Im Gegensatz zur oben beschriebenen Art sind hier alle Blüten gleichgestaltet. Insekten- und Selbstbestäubung. Früchte (S. 97): Beerenartige, schwach giftige Steinfrüchte, reifen bereits ab VII; oft sind in einer Trugdolde unreife grüne, halbreife rote und reife glänzend schwarze Früchte nebeneinander. **V** Waldränder, Auen, Gebüsch, steinige, sonnige Abhänge. **B** Die biegsamen Zweige wurden früher zum Flechten von Körben und insbesondere zum Binden von Korngarben genommen.

Liguster

Ligustrum vulgare

bis 5 m	3–5 mm	VI–VII

M Strauch mit aufrechten, grauberindeten Ästen. Jüngere Zweige kahl, oliv oder bräunlich, gegen die Spitze fein behaart. Kurztriebe stehen häufig quirlig. Treibt aus reich verzweigtem Wurzelstock viele Ausläufer (gute Heckenpflanze!). Blätter kurz gestielt, gegenständig, länglich-lanzettlich, spitz oder leicht ausgerandet, oben dunkelgrün, unten heller. Blüten gelblichweiß, zwittrig, in 6–8 cm langen, endständigen, pyramidalen, fein behaarten Rispen. Insektenbestäubung. Früchte (S. 93): Reifen ab VIII/IX; kugelige, 5–10 mm dicke, schwarze, fleischige Beeren in traubigen Fruchtständen, mit 2–4 ölhaltigen Samen. Die giftigen Beeren bleiben oft den ganzen Winter am Strauch. **V** Lichte Laubwälder, Gebüsche, Hecken, Mauern; oft angepflanzt. **B** Der schwarzviolette Beerensaft wurde früher zum Färben von Stoffen und Leder genutzt.

Seidelbast

Daphne mezereum

0,4–1,5 m	10–14 mm	II–IV

M Wenig verzweigter Strauch mit graubrauner Rinde. Blätter wechselständig, verkehrt eilänglich-lanzettlich, 4–9 cm lang, kahl, oben frischgrün, unten blaugrün, erscheinen erst nach der Blüte, nur am Zweigende. Zwitterblüten rosa, sitzen meist zu 3 an vorjährigen Zweigen, stark duftend. Krone fehlt, Kelchblätter bilden eine 4–10 mm lange Röhre, deren 5 mm lange Kelchzipfel den Anschein einer »Blüte« erwecken. Früchte (S. 96): Ab VIII/IX reifen die kugeligen, 8 mm großen, glänzend roten Steinfrüchte. Giftig! **V** Wälder mit nährstoffreichen, kalkigen Böden. **B** Bestäuber sind langrüsselige Insekten (z. B. Schmetterlinge). Alle Pflanzenteile sind auf Grund ihres Gehaltes an Mezerin, Daphnin und Daphnetoxin äußerst giftig!

Rostblättrige Alpenrose

Rhododendron ferrugineum

bis 1 m	10–15 mm	VI–VII

M Reichverzweigter, rundlicher Strauch mit anfangs grüner, später brauner Rinde. Blätter wechselständig, ledrig, glänzend dunkelgrün, 2–5 cm lang, verkehrt-eiförmig, ganzrandig. Namensgebend sind die dunkelroten bis schwärzlichen Drüsenschuppen der Blattunterseite. Blüten dunkelrot, doppelt 5zählig, in endständigen, 6–10blütigen Trauben. Insektenbestäubung. Die 5klappige Fruchtkapsel öffnet sich ab IX/X. **V** Latschenregion der Alpen, auch oberhalb der Baumgrenze; häufig in großen Reinbeständen. Bevorzugt saure, meidet kalkige Böden! **B** Die sehr ähnliche Behaarte Alpenrose *(Rh. hirsutum)*, deren Name sich von der Behaarung des Blattrandes und -stiels ableitet, gedeiht dagegen v. a. auf lehmig-tonigen Kalkverwitterungsböden. Beide Arten können bis 100 Jahre alt werden und sind geschützt!

Gemeines Heidekraut

Calluna vulgaris

0,2–0,5 m	3–5 mm	VII–X

M Dicht verzweigter, immergrüner Kleinstrauch mit aufrechten oder liegend-aufsteigenden Zweigen; Rinde rötlich- bis graubraun. Blätter gegenständig, deutlich in 4 Zeilen am Sproß angeordnet, 1–3 mm lang, 1 mm breit, grün. Die rosa oder weißen, nickenden Blüten mit doppelter, 4teiliger Blütenhülle sind in einer einseitswendigen, reichblütigen Doppeltraube angeordnet, die häufig durchwachsen wird. Insektenbestäubung. Fruchtreife: IX/X. **V** Mäßig feuchte, nährstoffarme, saure Böden der Heiden; lichte Kiefern- und Eichenwälder, Böschungen, Wegränder, Felshänge, Moore. **B** Das Heidekraut bildet oft großflächige Reinbestände oder ist mit Birke, Kiefer und Wacholder vergesellschaftet. Ausgezeichnete Bienenweide; Heidehonig ist dunkel gefärbt. Früher fand Heidekraut als Mittel gegen Gicht, Rheuma und Nierensteine Verwendung.

Heidelbeere
Vaccinium myrtillus

0,1–0,5 m	4–7 mm	V–VI

M Reich verzweigter Strauch, der durch seine weitkriechende, unterirdische Sproßachse ausgedehnte Bestände bilden kann. Junge Triebe kantig gerieft, grün. Laubblätter wechselständig, sehr kurz gestielt, 1,5–2 cm lang, 1–1,5 cm breit, zugespitzt-eiförmig, kahl, Blattrand gesägt. Blüten krugförmig, grün-rosa überlaufen, einzeln blattachselständig am Grund junger Sprosse. Insektenbestäubung. Früchte (S. 95): Zwischen VII und IX reifen die kugeligen, dunkelblauen, bereiften, 7–8 mm großen Früchte. **V** Laub- und Nadelwälder mit saurem Boden, Moore, Heiden. **B** Die vitamin- und gerbstoffreichen Früchte werden getrocknet v. a. als Mittel gegen Durchfall empfohlen; der Beerenrohsaft kann bei Zahnfleischbluten helfen.

Rauschbeere
Vaccinium uliginosum

0,2–0,9 m	4–5 mm	V–VII

M Buschiger Kleinstrauch, dessen junge Triebe rund und mit einer grau-rotbraunen Rinde versehen sind. Blätter wechselständig, kurz gestielt, verkehrt-eiförmig bis elliptisch, 1,5–2 cm lang, 8–15 mm breit, oberseits mattgrün, unterseits hell grünblau, kahl. Die weiß-rosafarbenen, krugförmigen Blüten weisen 4–5 zurückgebogene Kronzipfel auf. Aus ihnen reifen zwischen VII und IX schwarzblaue, bereifte, 8–10 mm große, kugelige Beeren, deren Fruchtsaft im Gegensatz zum stark gefärbten Saft der oben beschriebenen Heidelbeere farblos ist. **V** Moorige Wälder, Torfmoore, Zwergstrauchheiden mit sauren Böden. **B** Wie bei der Heidelbeere erfolgt die Bestäubung durch Bienen und Hummeln, die Verbreitung der Früchte durch Vögel. Die säuerlichen Früchte führen, in größeren Mengen verzehrt, zu rauschartigen Zuständen (Name!), Schwindel und Erbrechen.

Preiselbeere
Vaccinium vitis-idaea

0,1–0,3 m	6–10 mm	V–IX

M Aus einer schuppig beblätterten, am Boden kriechenden Grundachse entsprießen zahlreiche, aufrechte Sprosse. Laubblätter wechselständig, ledrig, 1–2,5 cm lang, verkehrt-eiförmig bis elliptisch, oberseits glänzend dunkelgrün, unterseits graugrün, drüsig punktiert, zerstreuthaarig. Blüten weiß, rosa überlaufen, glockig, 6–10 mm lang mit zurückgeschlagenen Kronblattzipfeln; in endständigen, nickenden Trauben. Insektenbestäubung. Früchte (S. 96): Die glänzend roten, kugeligen, 5–8 mm großen Beeren mit mehligem Fruchtfleisch reifen VIII–X. **V** Trockene Kiefernwälder, Heiden, nicht zu nasse Moore, auch Zwergstrauchheiden. **B** Die säuerlich-herben, vitaminreichen Beeren schmecken gekocht sehr aromatisch (Beigabe zu Wildgerichten). Die Blätter enthalten das Glycosid Arbutin, das bei Harnwegsinfektionen helfen soll.

Fichte S. 50

Hängebirke S. 58

Lärche S. 54

Schwarzerle S. 58

Waldkiefer S. 52

Arve S. 54

Rotbuche S. 60

Roßkastanie S. 66

Traubeneiche S. 60

Hasel S. 68

Stieleiche S. 60

Sommerlinde S. 66

Esche S. 66

Bergahorn S. 64

Hainbuche S. 56

Spitzahorn S. 64

Feldulme S. 62

Feldahorn S. 64

Salweide S. 68

Schwarzer Holunder S. 82

Schwarzpappel S. 56

Liguster S. 84

Gewöhnliche Waldrebe S. 70

Brombeere S. 76

Traubenkirsche S. 74

Hartriegel S. 78

Faulbaum S. 80

Efeu S. 70

Echter Kreuzdorn S. 80

Wacholder S. 54

Felsenbirne S. 74

Pfaffenhütchen S. 80

Schlehe S. 74

Traubenholunder S. 82

Heidelbeere S. 88

Himbeere S. 76

Sanddorn S. 78

Heckenrose S. 72

Eibe S. 50

Preiselbeere S. 88

Seidelbast S. 86

Rote Heckenkirsche S. 82

Weißdorn S. 72

Eberesche S. 62

Wolliger Schneeball S. 84

Gemeiner Schneeball S. 84

Mehlbeere S. 72

Berberitze S. 70

Weiße Seerose

Nymphaea alba

bis 3 m	100–120 mm	VI–IX

M Über 4 grünen Kelchblättern sind ca. 20 weiße Kronblätter spiralig angeordnet, die allmählich in viele gelbe Staubblätter übergehen. Wie die Blüten sind auch die ovalen, tief eingeschnittenen, lederartigen Schwimmblätter mit langen, elastischen Stielen am dicken, im Schlamm kriechenden Wurzelstock befestigt. Daneben findet man noch »salatartige« Unterwasserblätter. **V** Gehört dem Schwimmpflanzengürtel der Weiher, Teiche, Seen und Flußaltwässer an und reicht bis in eine Tiefe von max. 3 m. **B** Die hübschen Blüten der Weißen Seerose sind tagsüber von etwa 7–16 Uhr geöffnet; sie schließen sich dann sehr rasch, trotz noch intensivsten Sonnenlichts. Die Pflanze bietet für Fische einen guten Laichschutz.

Schneerose

Helleborus niger

G	10–30 cm	50–80 mm	II–IV

M Blüten weiß bis rosa, mit tütenförmigen, gelbgrünen Honigblättern; zum Ende der Blütezeit verfärben sich die Blütenblätter purpurn oder grünlich, bleiben aber bis zur Fruchtreife erhalten. Blütenschaft einblütig, dick, fleischig, mit verkümmerten schuppenförmigen Hochblättern besetzt. Die wintergrünen Blätter sind dunkelgrün, ledrig, 7–9teilig, fußförmig. Namensgebend (*niger* = schwarz) der ausdauernde, schwarze Wurzelstock. **V** In den Alpen bis 1800 m Höhe in lichten Bergwäldern, Gebüschen, an steinigen Abhängen und im Tiefland auch in Fichten- und Buchenwäldern. Bevorzugt humusreiche Kalkböden. **B** Das Hahnenfußgewächs, das in milden Wintern schon ab Dezember seine Blüten (Christrose) öffnet, ist sehr giftig und enthält Glykoside, die in der Naturheilkunde als Brech- oder Abführmittel verwendet wurden.

Alpen-Kuhschelle

Pulsatilla alpina

G	10–30 cm	40–60 mm	VI–VIII

M Blüten schneeweiß, mit ausgebreiteten, außen zottig behaarten und blau überlaufenen Blütenkronblättern. 3 gestielte, laubblattähnliche Hüllblätter umgeben die Blüte; Stiele der Hochblätter kurz und breit. Oft steht das Hahnenfußgewächs in vielblütigen Büscheln. Grundblätter 3zählig, zerstreut behaart, doppelt fiederschnittig; Endabschnitte der Laubblätter sind nicht bis zur Mittelrippe geteilt. **V** Wächst auf steinigen Matten, in Geröllbändern und der Latschenregion in 1500–2800 m Höhe. **B** Recht lange nach der Blütezeit findet man noch die federigen, haarschopfartigen Fruchtstände an der Pflanze. Diese Gebilde sind verlängerte und behaarte Griffel, an deren unterem Ende die für diese Gattung typischen Nußfrüchte zu erkennen sind. Neben der hier beschriebenen gibt es noch die gelbblühende Unterart *apiifolia* (S. 144).

Buschwindröschen

Anemone nemorosa

10–25 cm	20–40 mm	III–IV

M Das Hahnenfußgewächs hat weiße, manchmal außen rötlich überlaufende Blüten. 6–8 Blütenblätter umgeben die zahlreichen gelben Staubblätter der meist 1blütigen Pflanze. Am Stengel findet man 3 handförmig geteilte Hochblätter. Der Blattrand ist – wie auch bei den Grundblättern – grob und ungleich gesägt. **V** Die Pflanze wächst in Laub- und Nadelwäldern, in Gebüschen und auf Bergwiesen. **B** Die recht verbreitet vorkommende Art ist aufgrund ihres großen Lichtbedürfnisses ein typischer Frühblüher unserer Wälder. Meist bildet sie ausgedehnte Bestände. Sie wird von verschiedenen Insekten bestäubt (reichliches Pollenangebot); die Verbreitung der Nußfrüchte wird von Ameisen übernommen.

Alpen-Hahnenfuß

Ranunculus alpestris

5–10 cm	20–30 mm	V–IX

M Die leuchtend weißen Blüten stehen am Ende der meist blattlosen, gefurchten Stengel. Sie sind von einem 5blättrigen Kelch umgeben. Kelchblätter grün, kahl und kürzer als die 5 verkehrtherzförmigen, reinweißen Honigblätter. Blätter lang gestielt, 3–5lappig mit herzförmigem Grund sowie gekerbtem Rand, fett glänzend. Die Pflanze bildet meist vielblütige Büschel. **V** Feuchtigkeitsliebend, deshalb in feuchten Triften und von Schmelzwasser überspülten Weiden, in der Nähe von Schneewächten; 1500–2700 m. **B** Das Hahnenfußgewächs entwickelt bereits unter Schnee seine Laubblätter, um gleich nach der Schneeschmelze – in Anpassung an die kurze Vegetationsperiode – die Blüten auszubilden. Diese werden durch Fliegen bestäubt. Die scharf schmeckenden Blätter werden sehr gerne von Gemsen gefressen (Gamskreß).

Flutender Hahnenfuß

Ranunculus fluitans

bis 6 m	10–20 mm	VI–VIII

M Die langgestielten, weißen Blüten dieser Wasserpflanze werden 1–2 cm groß und setzen sich aus 5 grünen Kelch- sowie 5–12 weißen, am Grunde gelben Kronblättern zusammen. Die Staubblätter sind höchstens so lang wie der Fruchtknoten. Die im Wasser flutenden, stielrunden, kahlen Stengel werden bis zu 6 m lang und tragen ans Fließwasser angepaßte, gestielte Blätter. Ihre Oberfläche ist in 7–15 cm lange, parallele Blattzipfel fein gegliedert, die an der Luft aber pinselartig zusammenfallen. Schwimmblätter dagegen bildet die ausdauernde Pflanze nur sehr selten aus. **V** Die Art gedeiht bevorzugt in schnell fließenden, sauerstoffreichen Bächen und Flüssen und bildet meist größere Bestände. **B** Bestäubung und Fruchtbildung werden durch Überflutung der Blüten häufig verhindert. Die Fruchtverbreitung erfolgt oft durch Wasservögel.

Weißer Alpenmohn

Papaver sendtneri

5–20 cm	30–40 mm	VII–VIII

M Stengel steif gelb behaart, entspringt einer grundständigen Blattrosette aus blaugrünen Blättern. Diese sind einfach bis doppelt gefiedert und borstig behaart, mit 1–2 Paar oval-lanzettlicher, zugespitzter Fiedern. Am Stengelende sitzt bei diesem Mohngewächs eine weiße, bis 4 cm große, duftende Blüte mit zahlreichen Staubblättern. Zum Blattgrund hin sind die Blüten gelblich. **V** Die Art gedeiht meist gesellig auf Schutthalden und Geröllfeldern; nur auf Kalk und Dolomit der nördlichen Alpen. Zerstreut, an idealen Standorten größere Bestände bildend. **B** Wie der nah verwandte Gelbe Alpenmohn gilt die Art als typischer Schuttstauer, der mit langer Pfahlwurzel im Schutt verankert ist. Die Seitenwurzeln dienen als Nährwurzeln.

Trauben-Steinbrech

Saxifraga paniculata

5–30 cm	10–15 mm	V–VIII

M Die im oberen Bereich drüsigen Blütenstiele entspringen einer dichten Grundblattrosette aus fleischigen, scharf gesägten, bis 5 cm langen Blättern, die am Grunde steif bewimpert und ringsum mit punktförmigen, weißen Kalkporen besetzt sind. Im oberen Bereich ist der Blütenstiel drüsig; die weißen bis gelblichen, oft rot gepunkteten, 10–15 mm großen Blüten stehen in lockeren, rispigen Trauben. **V** Gedeiht an sonnigen Stellen in trockenen Felsspalten, Felsschutt, auf Mauern und in Steinrasen. Bevorzugt wird kalkiges Gestein in 500–3400 m Höhe. **B** Die Art gilt als sehr frosthart und genügsam und kommt deshalb als Pionierpflanze an Extremstandorten vor. Selbst im Winter kann sie an schneefreien Standorten bei niedrigen Temperaturen noch Photosynthese betreiben. Die kleinen, ledrigen Blätter stellen einen hervorragenden Verdunstungsschutz dar.

Sumpf-Herzblatt

Parnassia palustris

G	10–30 cm	10–30 mm	VII–IX

M 5zählige, weiße Blüten mit deutlicher Nervatur der Kronblätter. Im Blütenzentrum wechseln sich 5 Staubblätter mit 5 gelbgrünen Honigblättern ab, die in gelben Drüsenköpfchen enden. Jede Blüte wird von einem 10–30 cm hohen kantigen Stengel getragen; im unteren Drittel des Stengels befindet sich ein sitzendes, kahles, ganzrandiges, herzförmiges (Name!) Blatt. Zahlreiche Grundblätter bilden eine Rosette; sie sind lang gestielt, herz-eiförmig, ganzrandig und kahl. **V** Die Art gedeiht in Sumpfwiesen, Flachmooren; im Gebirge auf Trockenrasen mit kalkhaltigen Böden oder auf sickerfeuchten Schutthängen. Kommt nur zerstreut vor, an geeignetem Standort dann aber meist in Trupps. **B** Auffallend ist die stark klima- und feuchtigkeitsabhängige Größenvarianz. An trockenen bzw. an kalten Standorten werden die Blüten meist nur 10 mm groß.

Mädesüß

Filipendula ulmaria

50–150 cm	5–10 mm	VI–VIII

M Der kahle, kantige Stengel trägt in vielstrahligen Trugdolden kleine, gelblichweise Blüten, die einen starken, mandelartigen Geruch verströmen. Die unpaarig gefiederten, dunkelgrünen Laubblätter sind oberseits kahl, unterseits weißfilzig. Die Endfieder ist handförmig, 3–5spaltig, die kleineren, 3–5 cm langen, gesägten Seitenfiedern stehen in 2–5 Paaren am Blattstiel. **V** Die Mädesüß-Stauden bilden charakteristische Bestände auf Streuwiesen, Flach- und Zwischenmooren, an kleineren Gräben und im Röhricht. **B** Die Art enthält schwach giftige Glykoside und wurde früher als Heilpflanze genutzt. Wegen des ätherischen Öls der Blüten wurde sie früher als Getränkezusatz, v. a. des bierähnlichen »Met« verwendet (Name!).

Silberwurz

Dryas octopetala

2–10 cm	20–40 mm	V–VIII

M Die weißen Blüten des Rosengewächses stehen einzeln am Ende drüsig behaarter Stengel. Kelch und Blütenkrone sind meist 8blättrig; die Kronblätter fallen rasch ab. Blätter immergrün, elliptisch, gekerbt, ledrig, unterseits weißfilzig, am Rand oft eingerollt. Zur Fruchtzeit verlängert sich der Blütenstiel und trägt dann eine weißzottig behaarte »Perücke« aus einem Büschel geschwänzter Nüßchen. Die Perücke entsteht aus verlängerten, anfangs schraubig gedrehten, fedrig behaarten Griffeln. **V** Meist gesellig auf Felsen, in Schutt, in Zwergstrauchheiden mit kalkigem, etwas feuchtem Boden; in unseren Alpen in 1200–2500 m Höhe. **B** Sehr anspruchslose, wetterfeste Pflanze, die ein Alter bis 100 Jahre (!) erreichen kann. Breitet sich mit bis 2 m langen, später verholzenden Trieben aus und ist demnach ein Zwergstrauch mit Pionierqualitäten.

Wald-Erdbeere

Fragaria vesca

5–20 cm	10–15 mm	IV–VI

M An blattlosen, behaarten Blütenstielen stehen weiße Blüten, deren 5 rundliche Kronblätter die kräftig gelben Staubblätter umgeben. Die 3zähligen Blätter sind am Rand gesägt, unterseits seidenhaarig. Auf dem zur Fruchtzeit waagrecht abstehenden oder nach unten geschlagenen Kelch entwickelt sich die bekannte, leuchtend rote Erdbeere. **V** Das Rosengewächs gedeiht an lichten Waldrändern, auf Lichtungen und an Gebüsch- und Heckenrändern. **B** Die Erdbeere ist keine einzelne Frucht, sondern eine Sammelfrucht: auf der zur Anlockung fleischig gewordenen Blütenachse sitzen zahlreiche sog. Nüßchen. Die Vermehrung erfolgt auch durch Ausläufer. Die Pflanze kann mit der verwandten Knack-Erdbeere verwechselt werden, deren Beeren jedoch meist gelblich bleiben und beim Pflücken mit dem Kelch abgehen.

Weiß-Klee

Trifolium repens

15–45 cm	8–12 mm	V–IX

M In Unkenntnis der großen Vielfalt an Klee-Arten werden fast alle lediglich als Klee bezeichnet. Die weißen, kugeligen Blütenköpfchen dieser Art bestehen aus 2–5 mm langen, gestielten Einzelblüten mit 10nervigen Kelchen. Nach der Blüte werden die Blüten hellbraun und hängen herab. Das Blütenköpfchen erreicht einen Durchmesser von 8–12 mm. Die Blätter setzen sich aus 3 eiförmigen, fein gezähnten Fiederblättchen zusammen. Auffallend sind die trockenhäutigen, rotvioletten Nebenblättchen am kriechenden (lat. Artname!), bis 45 cm langen Stengel. **V** Der Weiß-Klee gedeiht auf Wiesen, Äckern, in Parks und an Wegrändern. **B** Der hohe Eiweißgehalt dieser Stickstoffzeiger-Art macht sie zu einer wichtigen Futterpflanze.

Weißer Steinklee

Melilotus albus

30–120 cm	4–5 mm	VI–IX

M Die 4–5 mm großen, weißen Blüten stehen in 4–6 cm langen Blütentrauben an den Enden der 30–120 cm hohen Stengel. Die gestielten Einzelfiedern der 3zähligen Blätter haben 6–12 Paar Seitennerven und ebenso viele Zähne. Als Frucht entwickelt sich eine bis 5 mm lange, schwarze Hülse mit deutlicher Netznervatur und stumpfem Ende. **V** Nicht nur Wegränder, auch Schuttplätze, Bahndämme und andere typische »Unkraut«-Biotope werden von diesem Schmetterlingsblütler besiedelt. **B** Wie alle Steinklee-Arten duftet auch der Weiße Steinklee beim Trocknen nach Waldmeister, da sich Cumarin, der Duftstoff des Waldmeisters, bildet. Die Pflanze wird wegen ihres Stickstoffgehaltes, der für alle Schmetterlingsblütler typisch ist, zur Gründüngung benutzt. Als Bienenweide hat sie ebenfalls eine gewisse Bedeutung.

Wald-Sauerklee

Oxalis acetosella

5–15 cm	10–15 mm	IV–V

M Die 5 weißen Kronblätter dieses Sauerkleegewächses (eigene Familie, die nicht mit dem eigentlichen Klee verwandt ist) sind deutlich purpurn geadert und von länglich-eiförmigen Kelchblättern umgeben. Jede Blüte steht einzeln an einem mit 2 schuppigen Vorblättern besetzten Stiel. Die grundständigen Blätter sind lang gestielt und 3zählig kleeblattartig gefiedert. **V** Sauerklee gedeiht an schattigen Stellen von Mischwäldern mit feuchten, humosen Böden. **B** Die Art entspringt einem verzweigten Erdsproß (Rhizom). Bei starker Besonnung senken sich die Teilblättchen dieser Schattenpflanze ab, um die Verdunstung zu vermindern. Der saure Geschmack der Blätter wird durch die enthaltene Oxalsäure (lat. Name!) verursacht. Früher wurde die Pflanze als Salatgewürz benutzt. In größeren Mengen wirkt Oxalsäure jedoch giftig.

Wald-Sanikel

Sanicula europaea

20–50 cm	3 mm	V–VII

M Die lang gestielten Grundblätter des Doldengewächses sind immergrün, 5eckig und 3–5teilig handförmig. Die Stengelblätter sind fast sitzend und immer kleiner. In einer endständigen Dolde stehen weißliche oder gelbliche Blüten. Sie sind jeweils zu kleinen kopfartigen Döldchen zusammengefaßt. V Diese Art ist in Laub- und Nadelmischwäldern recht häufig anzutreffen. B Die Pflanze enthält viel Kieselsäure, Saponine, Gerb- und Bitterstoffe und wurde deshalb früher als Heilpflanze bei äußerlichen Verletzungen und inneren Blutungen eingesetzt. Die 4–5 mm großen, kugeligen Früchte sind dicht mit hakigen Borsten besetzt, die am Fell verschiedener Tierarten haften und die Verbreitung gewährleisten.

Große Sterndolde

Astrantia major

30–100 cm	2–4 cm	VI–IX

M Die weißen, rosaroten oder grünlichen Blüten stehen bei diesem Doldengewächs in charakteristischen runden Dolden, die von lanzettlichen, 10–30 mm langen, weißen oder rötlichen Hüllblättern umgeben sind. Die Einzelblüten sind lang gestielt. Die gestielten, grundständigen Blätter sind 10–20 cm breit und 5–7teilig tief handförmig. Die 2–3teiligen Einzelabschnitte sind grob gezähnt und die seitlichen sind teilweise verwachsen. V Die Art gedeiht in Auwäldern, Gebüschen, Nadelwäldern und auf Bergwiesen. B Durch die vergrößerten Hüllblätter der Dolden entsteht der Eindruck großer Blüten, was der Anlockung von bestäubenden Insekten dient. Zur Verhinderung einer Selbstbestäubung ist die Art durch Vorweiblichkeit (Proterogynie) gekennzeichnet, d. h. die weiblichen Blüten entwickeln sich vor den männlichen Blüten.

Wiesen-Kerbel

Anthriscus silvestris

60–150 cm	6–12 cm	IV–VIII

M Die Pflanzen sind 60–150 cm hoch. Der Stengel ist gerieft, innen hohl und nur im unteren Bereich behaart, die Blätter doppelt bis dreifach gefiedert. Die weißblütige Dolde setzt sich aus 8–15 Strahlen zusammen. Eine Hülle fehlt, doch sind die Döldchen mit 4–8blättrigen Hüllchen versehen. Die Hüllchenblätter sind am Rand bewimpert. Die an der Oberfläche glatten und glänzenden Früchte werden 5–10 mm lang. Dabei bleibt der Fruchtstiel jeweils kürzer als die Frucht. V Man findet den Wiesen-Kerbel v. a. in Fettwiesen, d. h. gut gedüngten Wiesen, an Weg- und Waldrändern und in Gebüschen. B Die Pflanze ist ein Stickstoffzeiger und meist in großen Massen anzutreffen. Der als Gewürzpflanze verwendete Garten-Kerbel *(A. cerefolium cerefolium)* unterscheidet sich vom Wiesen-Kerbel durch die nur 2–6strahlige Dolde und den schwach gerillten Stengel.

Geißfuß

Aegopodium podagraria

50–100 cm	5–12 cm	V–IX

M Am 3kantigen, markigen Stengel dieses Doldengewächses stehen doppelt 3zählige Grundblätter. Die ei-länglichen Fiederblättchen sind 5–10 cm lang und gezähnt. In der 12–20strahligen Dolde stehen kleine weiße Blüten; Hüllblätter und Hüllchenblätter fehlen bei dieser Art. Die länglich-eiförmigen Früchte sind kümmelähnlich und ca. 3 mm lang. Die Triebe entspringen einem unterirdischen Ausläufer. **V** Diese recht verbreitete Pflanze ist in Auen- und Schluchtwäldern, Hecken, Gärten, an Wegrändern und Ufern anzutreffen. **B** Der Name der Art leitet sich von der ziegenfußähnlichen Form der Fiederblättchen ab. Früher wurde die Pflanze als Heilmittel bei Gicht und rheumatischen Erkrankungen verwendet.

Wiesen-Bärenklau

Heracleum sphondyleum

30–180 cm	10–15 cm	VI–X

M Die kräftigen, hohlen Stengel dieser Pflanze werden bis 20 mm dick und 180 cm hoch. Sie sind kantig, deutlich gefurcht und steif beborstet. Die einfach gefiederten Blätter werden bis 40 cm groß. Während die unteren rinnig gestielt sind, fallen die oberen, sitzenden Blätter durch aufgeblasene Blattscheiden auf. Die weißblütige Dolde ist 15–30strahlig und sehr groß (bis 15 cm). Eine Hülle fehlt, die Hüllchenblätter sind lanzettlich. Die Früchte dieses von Juni bis in den Oktober hinein blühenden Doldengewächses sind bis 11 mm lang und geflügelt. **V** Die Pflanze ist auf nährstoffreichen Wiesen, in Gräben, Auenwäldern, Gebüschen und an Ufern anzutreffen. **B** Wie bei den meisten Doldengewächsen, werden die Blüten von Fliegen und Käfern bestäubt. Früher wurde die Art als Heilpflanze verwendet. In unserer Flora sind 2 Unterarten heimisch.

Wilde Möhre

Daucus carota

50–80 cm	3–7 cm	V–VIII

M Die Pflanze wird 80 cm hoch und blüht von Mai bis August. Am borstig behaarten Stengel sitzen die 2–4fach gefiederten Blätter. Die weißblühende Dolde ist flach gewölbt, verändert ihre Form allerdings im Reifezustand; sie bildet dann eine nestartige Mulde, da sich die Doldenstrahlen zum Zentrum krümmen. Fiederteilige Hüllblätter umgeben die Dolde, die Hüllchenblätter sind einfach linealisch. **V** Die Wilde Möhre findet man auf Wiesen, Äckern, an Wegrainen, in Unkrautbeständen und in Steinbrüchen. **B** Dieses häufige Doldengewächs ist die Stammform der Gartenmöhre. Die verdickte Wurzel riecht deutlich nach Möhren und kennzeichnend ist die oft in der Doldenmitte sitzende schwarzpurpurne »Mohrenblüte«. Die Art wird als Heilpflanze angebaut, ist sehr vitaminreich und wird deshalb auch als Gemüsepflanze genutzt.

Knoblauchsrauke

Alliaria petiolata

20–100 cm	5–8 mm	V–VII

M Der kantige, im unteren Bereich behaarte Stengel wird bei dieser Pflanze 20–100 cm hoch; die Grundblätter sind gestielt, herzförmig mit kerbig gesägtem Rand, die kurzgestielten Blätter im oberen Stengelbereich sind hingegen dreieckig und unregelmäßig gezähnt. Von Mai bis Juli findet man die endständige Blütentraube dieses Kreuzblütlers, die von 6 mm langen, weißen Blüten gebildet wird. Aus ihnen entwickeln sich 3–7 cm lange Schoten, die an abstehenden Stielen sitzen. **V** Die Knoblauchsrauke ist in fast allen Unkrautfluren anzutreffen. **B** Der Name dieser wenig beachteten, unscheinbaren Pflanze rührt von dem Knoblauchduft her, den sie beim Zerreiben verströmt; früher wurde die Art auch zu Heilzwecken verwendet.

Brunnenkresse

Nasturtium officinale

10–90 cm	8–10 mm	VI–IX

M Die ausdauernde Pflanze entspringt einer waagrecht kriechenden Grundachse. Ihre Blätter sind gefiedert, Seitenblättchen breit herzförmig, mit größerem Endblättchen. Die kleinen, weißen Blüten stehen in lockeren Trauben; Staubbeutel gelb. **V** Man findet die Brunnenkresse in sauberen Bächen, Quellen und Quellsümpfen mit fließendem, bevorzugt sehr kühlem Wasser. **B** Die in der Pflanze enthaltenen Senfölglykoside, das Jod und verschiedene Vitamine machen sie zu einer wichtigen Heilpflanze, die bei Nieren- und Blasenleiden, bei Gicht, Zuckerkrankheit und Vitaminmangelerkrankungen verwendet werden kann. Die vor der Blüte gesammelten jungen Sprosse werden roh als Salat zubereitet, z. B. zusammen mit jungen Löwenzahn- und Brennesselblättern. Neben dieser Art gibt es bei uns auch die Kleinblättrige Brunnenkresse *(N. microphyllum)*.

Wiesen-Schaumkraut

Cardamine pratensis

10–40 cm	15–25 mm	IV–VI

M Die Blüten sind weiß, rosa oder zart violett mit gelben Staubgefäßen. Es sind 4 Kelch- und 4 Kronblätter vorhanden. Die Einzelblüten bilden eine Traube. Die gefiederten Blätter sitzen an einem bis 40 cm hohen, runden und hohlen Stiel. Charakteristisch ist, daß die in einer Rosette stehenden Grundblätter rundliche Fiederblätter, die Stengelblätter hingegen linealische Fiederblätter haben. Aus den Blüten entwickeln sich 2–4 cm lange Schoten, die ihre Samen durch eine Schleudereinrichtung verbreiten. **V** Die Art ist in feuchten Wiesen, Mooren, in Auenwäldern und an Gewässerufern verbreitet anzutreffen. **B** Ende April dominiert die Pflanze in vielen Wiesen und gibt ihnen damit den sog. Frühjahrsaspekt. Die Gattung *Cardamine* ist in unserer Flora mit 9 Arten vertreten, die allerdings z. T. auf spezielle Verbreitungsgebiete beschränkt sind.

Hirtentäschelkraut

Capsella bursa-pastoris

10–50 cm	4–5 mm	II–XI

[M] Schon bei Kindern sind die Früchte – herzförmige, kleine Schötchen – dieser weltweit verbreiteten Pflanze sehr bekannt. Sie stehen an dünnen Stielchen, meist zusammen mit Blüten, am 10–50 cm hohen Stengel. Die 4–5 mm breiten Blüten bilden eine endständige Traube. Die Blütenkronblätter sind länger als der Kelch. Im Stengelverlauf variiert das Aussehen der Blätter: Die rosettigen, buchtig gelappten bis fiederteiligen Grundblätter werden im oberen Stengelbereich von ungeteilten, stengelumfassenden Blättern mit pfeilförmigem Blattgrund abgelöst. [V] Man findet die Art an Wegrändern, auf Äckern und Schuttplätzen. [B] Die Pflanze ist eine typische kulturbegleitende Pionierpflanze mit großem Formenreichtum.

Acker-Hellerkraut

Thlaspi arvense

10–40 cm	4–6 mm	IV–X

[M] Ihren Namen verdankt die Art den ringsum geflügelten, bis 15 mm langen Schötchen, die mit ihrem Aussehen an Münzen erinnern. Dabei sind die Flügel an der Oberseite U-förmig eingekerbt. Das Acker-Hellerkraut erreicht eine Sproßhöhe von 10–40 cm; die hellgrünen Grundblätter sind gestielt und verkehrt-eiförmig, die lanzettlichen Stengelblätter hingegen sitzen stiellos am kantigen Sproß. Ihr Blattgrund ist pfeilförmig. Beim Zerreiben der Blätter entsteht Lauchgeruch. In endständigen Trauben erscheinen von April bis Oktober weiße, 4–6 mm breite Blüten. [V] Man findet den Kreuzblütler ziemlich häufig auf Schuttplätzen und Äckern. [B] Wie das oben beschriebene Hirtentäschelkraut ist auch diese Art ein sog. Kulturbegleiter. Die Samen werden durch einen Schleudermechanismus aus den Schötchen geworfen.

Hederich

Raphanus raphanistrum

20–60 cm	20–30 mm	V–IX

[M] Die weißen oder gelben Blüten dieser Pflanze sind violett geadert. Ihre Kelchblätter stehen aufrecht. Meist sind im Blütenstand auch reifende Schoten zu finden, die – perlschnurartig gegliedert – 10 cm lang werden und in ein schnabelförmiges, samenloses Endstück auslaufen. Die gestielten Blätter sind im oberen Bereich des 20–60 cm hohen Stengels ungeteilt und unregelmäßig gezähnt; unten stehende Blätter sind fiederlappig bis fiederteilig. [V] Besonders häufig findet man den Hederich an Wegen, die unmittelbar an Getreidefeldern vorbeiführen, aber auch an anderen typischen Unkrautstandorten. [B] Verschiedene nah verwandte Varietäten dieses Kreuzblütlers mit verdickter, z. T. gefärbter Wurzel werden in unseren Gärten als Rettiche oder Radieschen kultiviert; daher auch sein Name Acker-Rettich. Die Pflanze ist ein alter Kulturbegleiter.

Einblütiges Wintergrün

Moneses uniflora

3–10 cm	15–20 mm	V–VII

M Die nickenden Blüten stehen einzeln am Ende eines blattlosen Stieles. Ihre weißen Kronblätter sind flach ausgebreitet, schwach nickend; der gerade und recht große Griffel ist von gehörnten Staubgefäßen umgeben. Die Blüten duften intensiv. Die immergrünen Blätter stehen in einer grundständigen Rosette, sind rundlich-spatelförmig, bis 20 mm lang, am Rand fein gezähnt und gehen am Grund keilförmig in den Blattstiel über. **V** Man findet diese Art in Nadelwäldern und bevorzugt in Eichenwäldern mit sauren, humosen Böden. **B** Kennzeichnend für alle Wintergrüngewächse ist ihre enge Lebensgemeinschaft mit bestimmten Pilzarten, die die Wurzel der Pflanze umspinnen und die Wasser- und Nährstoffversorgung übernehmen.

Vogelmiere

Stellaria media

10–40 cm	6–10 mm	I–XII

M Diese Pflanze bildet mit ihren niederliegenden Stengeln meist kleinere Rasen. Die Sprosse sind im Querschnitt rund, einreihig behaart und erreichen eine Länge von 2–40 cm. Die eiförmigen, spitzen Blätter sind im unteren Stengelbereich gestielt, die oberen sitzen dem Stengel an. Die weißen Blüten dieses Nelkengewächses sind durch tief 2teilige Kronblätter gekennzeichnet, die die Kelchblätter nicht oder nur knapp überragen. 3–10 Staubblätter mit violetten Staubbeuteln stehen im Zentrum der Blüten. Als Frucht wird eine Kapsel ausgebildet, die den Kelch nur knapp überragt. **V** Die Vogelmiere gedeiht auf Äckern, in Gärten, an Ufern und auch in Wäldern. Typisch ist auch ihr Vorkommen auf Schutthalden. **B** Die weltweit verbreitete Pflanze gilt als Kulturfolger und bevorzugt stickstoffreiche Böden. Sie wird z. T. als Heilpflanze verwendet.

Große Sternmiere

Stellaria holostea

10–40 cm	20–30 mm	IV–VI

M Besonders auffallend an den weißen Blüten sind die bis zur Mitte gespaltenen Kronblätter. Sie sind doppelt so lang wie die Kelchblätter. Die sich entwickelnde Fruchtkapsel ist kugelig und öffnet sich mit 6 Klappen. Die immergrünen Blätter sind schmallanzettlich, sehr steif und sitzen dem 4kantigen Stengel an. Dieser ist im oberen Bereich zerstreut behaart. Die Pflanze gehört zu den Nelkengewächsen. **V** Krautreiche Laubwälder, Gebüsche und Hecken sind Lebensräume dieser verbreiteten Pflanze. Lehmige und sandige Böden werden bevorzugt. **B** Die Blüten dieser Art stehen in einem als Dichasium bezeichneten Blütenstand, der dadurch gekennzeichnet ist, daß jeweils zwei Seitenzweige weiterwachsen, während die Hauptachse ihr Wachstum einstellt. Neben dieser Art und der oben beschriebenen Vogelmiere gibt es bei uns 6 weitere *Stellaria*-Arten.

Taubenkropf-Leimkraut

Silene vulgaris

10–50 cm	10–20 mm	V–IX

M Die Pflanze wird 10–50 cm hoch und fällt durch die weißen, mit kugeligem Kelch versehenen Blüten auf (Name!). Der Kelch ist auffallend netzadrig mit 20 Nerven, die weißen Blütenblätter sind tief 2teilig. Die Blüten stehen in einer Rispe an einem aufrechten Stengel. Die elliptischen bis lanzettlichen Blätter stehen gegenständig und sind blaugrün gefärbt. **V** Das Leimkraut gedeiht bevorzugt auf Magerrasen, an Wegrändern, Böschungen und anderem steinigen Untergrund. **B** Früher wurde die Pflanze zu Heilzwecken verwendet. Die Blüten dieses Nelkengewächses sind sehr nektarreich und werden vorwiegend von verschiedenen Nachtfalter-Arten bestäubt. Viele verschiedene Formen sind in dieser Sammelart vereinigt.

Weiße Lichtnelke

Silene alba

30–100 cm	20–30 mm	VI–IX

M Die Blüten dieser kräftigen, bis 1 m hohen Pflanze öffnen sich erst am Nachmittag. Aus einer 15–30 mm langen Kelchröhre, die in einem glockig aufgeblasenen Kelch steckt, entströmt dabei ein schwacher Duft. Die weißen Kronblätter des Nelkengewächses sind tief 2lappig, die Blütenkrone ist 20–30 mm breit. Auf ♂ und ♀ Pflanzen entwickeln sich jeweils eingeschlechtige Blüten im lockeren, kurzhaarig-drüsigen Blütenstand. Der aufrechte, mehrfach verzweigte Stengel trägt breitlanzettliche bis eiförmige Blätter, die im unteren Stengelbereich gestielt sind und oben dem drüsigen, weichhaarigen Stengel ansitzen. Frucht ist eine 10zähnige, eiförmige Kapsel. **V** Die Art gedeiht an Wegrändern, auf Äckern, Schuttplätzen und auf anderen Ruderalstandorten. **B** Die Bestäubung dieser Pflanze erfolgt in erster Linie durch Nachtfalter.

Acker-Hornkraut

Cerastium arvense

5–30 cm	15–20 mm	IV–VIII

M Die 11–14 mm langen, weißen, tief 2teiligen Blütenkronblätter sind etwa doppelt so lang wie der Kelch; die Blüten enthalten 5 Griffel und bilden eine lockere, zweigabelige Trugdolde. Kelch und Blütenstiele sind stark drüsig behaart, nicht weißfilzig. Man kann sterile Triebe und Triebe mit Blüten unterscheiden; erstere sind nur wenig kürzer als die blühenden und bilden lockere Rasen. Blätter sehr verschieden gestaltet, länglich-lanzettlich bis linealisch; Hochblätter an der Spitze breithautrandig. **V** Die Pflanze gedeiht an Weg- und Wiesenrändern, an Feldrainen, Bahndämmen, in Unkrautbeständen von Äckern, in Mauernischen und in Dünen. Bevorzugt kalkhaltige, lockere Böden. Ziemlich häufig. **B** Das Nelkengewächs gilt als sehr formenreich. Die Bestäubung erfolgt durch Insekten, die Samenverbreitung übernehmen Ameisen.

Fieberklee

Menyanthes trifoliata

G

10–40 cm	15 mm	IV–VI

M Einer verzweigten, meist unter Wasser kriechenden Grundachse entspringen langgestielte, 3zählig gefingerte Blätter mit verkehrt-eiförmigen, am Rand gekerbten Blattfiedern. Blüten in aufrechter, endständiger, pyramidenartigen Blütentraube; weiß, selten rosafarben. Krone trichterförmig, die 5 Kronblattzipfel sind bärtig behaart und zurückgerollt, der Rand ist bewimpert; die Staubgefäße sind violett. **V** Das Fieberkleegewächs ist typisch für Moore, Gräben und Verlandungszonen von Weihern, Tümpeln und Teichen. **B** Der Name ist auf die fiebersenkende Wirkung einiger Inhaltsstoffe dieser Pflanze zurückzuführen, die früher auch bei Lebererkrankungen und als Blutreinigungsmittel angewendet wurde.

Weiße Schwalbenwurz

Vincetoxicum hirundinaria

30–120 cm	4–7 mm	V–VIII

M Am aufrechten Stengel stehen 8–12 cm lange, länglich, herz-eiförmige dunkel- bis bläulichgrüne Blätter. Blüten weiß bis gelblich, stehen in einem aus knäuelig gehäuften Teilblütenständen zusammengesetzten Blütenstand; Blütenkrone trichterförmig, 5zählig radiärsymmetrisch, mit kleiner Nebenkrone. **V** Das Schwalbenwurzgewächs gedeiht in lichten Laub- und Nadelwäldern, in Gebüschen und auch auf Trockenrasen. **B** Die Blüten besitzen einen Klemmfallenmechanismus: Nektarsuchende Insekten, meist größere Fliegen, verfangen sich in einem Klemmkörper, der die Pollenmasse zweier benachbarter Staubbeutel verbindet. Eine Befreiung ist nur möglich, wenn die Pollenmasse herausgezogen wird. Auf diese Weise werden die Pollen auf andere Pflanzen übertragen. Wegen ihres Gehalts an Vincetoxin in allen Organen ist die Pflanze stark giftig.

Gemeine Zaunwinde

Calystegia sepium

1–3 m	30–60 mm	VI–IX

M Mit seinen 1–3 m langen Stengeln windet sich dieses Windengewächs an anderen Pflanzen empor. Die 8–15 cm langen Blätter sind tief herzförmig. In den Blattachseln stehen trichterförmige, weiße Blüten, die einen Durchmesser von 6 cm erreichen. Auffallend sind die unten dicht drüsenhaarigen Staubfäden. Der kahle Blütenkelch ist von 2 herzförmigen Vorblättern eingeschlossen, die die Kelchblätter weit überragen. Unterirdische Stengel kriechen sehr weit durch den Erdboden und sorgen für eine beachtliche Ausbreitung der Art. **V** Zaunwinden findet man in Gärten und Hecken. Die bevorzugten Standorte sind Wegraine an Gewässerufern. **B** Die Bestäubung der Blüten erfolgt durch Nachtschmetterlinge, die mit ihrem langen Rüssel leicht in den Blütentrichter gelangen. Die Pflanze kommt bei uns in 2 Unterarten vor.

Wiesen-Labkraut

Galium mollugo

30–100 cm	2–5 mm	V–IX

M Die Pflanze wird durchschnittlich 30–70 cm hoch, hat einen aufsteigenden, 4kantigen Stengel mit lanzettlichen Blättern, die meist zu 8 im Quirl stehen. Das Einzelblatt ist 2–8 mm breit und läuft mit einer Stachelspitze aus. Die 4 Kronblätter der rispenartig beieinanderstehenden Blüten tragen jeweils eine feine Grannenspitze. Die Blütenstiele sind länger als die Blüten. Das Wiesen-Labkraut ist eines der häufigsten Labkräuter und gehört zur Familie der Rötegewächse, die bei uns mit vielen Arten vertreten sind. **V** Die Art ist bevorzugt in nährstoffreichen Wiesen anzutreffen. **B** Die Pflanze enthält das Labferment, welches früher zur Käseherstellung benutzt wurde. Aus den Wurzeln kann ein roter Farbstoff gewonnen werden.

Waldmeister

Galium odoratum

10–30 cm	5 mm	IV–VI

M Die weißen Blüten dieser bekannten Pflanze stehen in einem rispigen Blütenstand. Die trichterige Krone ist 4zipfelig ausgebreitet. Am 4kantigen Stengel des Rötegewächses stehen lanzettlich-stachelspitze Blätter jeweils zu 6–9 in einem Quirl. Die Art hat unterirdisch kriechende Ausläufer und hakig-borstige Früchte. **V** Waldmeister kommt meist in größeren Beständen in lichten Laubmischwäldern und v. a. in Buchenwäldern vor. **B** Der typische Waldmeistergeruch entsteht beim Trocknen der Pflanze und wird durch Cumarin verursacht. Er wird in der Parfümerie und als Geschmacksstoff verwendet, entsteht allerdings erst beim Trocknen oder beim Zerquetschen der Pflanze. Wegen des Geschmackstoffes setzt man die Blätter auch der bekannten Waldmeisterbowle zu. Daneben benutzt man die Pflanze als Heilmittel.

Wiesen-Augentrost

Euphrasia rostkoviana

5–25 cm	10–15 mm	VI–X

M Die Pflanze wird bis 25 cm hoch und ist überwiegend auf Magerrasen anzutreffen. Die Einzelblüte besteht aus einer violett angehauchten Oberlippe und einer weißen, 3gelappten Unterlippe. Diese ist violett gestreift und gelb gefleckt. Die eiförmigen Blätter sind ungestielt und – wie auch der Blütenstand – durch Drüsenhaare charakterisiert. Sie sitzen an einem verzweigten, aufsteigenden Stengel. **V** Die Art ist v. a. auf kargen Magerrasen, wie Schafweiden und Trockenrasenhängen anzutreffen. **B** Die Pflanze entzieht anderen Pflanzen Wasser und Nährsalze (Halbschmarotzer). Wie der Name sagt, wird dieses Braunwurzgewächs (auch heute noch) bei Augenkrankheiten verwendet, da es verschiedene Gerbstoffe und ätherische Öle enthält. Die vielen anderen Arten der Gattung *Euphrasia* sind bei uns auf den verschiedensten Standorten verbreitet.

Alpen-Fettkraut

Pinguicula alpina

G	5–15 cm	8–10 mm	VI–VIII

M Die Krone der weißen Blüten ist in eine 2spaltige Ober- und eine 3lappige Unterlippe geteilt und zeigt 1–2 gelbe, behaarte Schlundflecken. Sporn stumpf, ca. ein Viertel so lang wie die Blüte, kegelig nach vorne gebogen. Blütenstiel drüsig behaart. Blätter fleischig, länglich-lanzettlich, drüsig-klebrig behaart, rollen sich vom Rande her ein; bilden eine dem Boden anliegende Grundrosette. **V** Alpine Rasen, Flachmoore, feuchte Felsspalten mit wenig Bodenunterlage und quellige Stellen; kalkliebend. **B** Das Wasserschlauchgewächs gehört zu den »fleischfressenden« Pflanzen: Insekten oder andere kleine Tiere haften an den klebrigen Drüsenköpfchen der Blattoberseite, werden von Enzymen verdaut und von Absorptionshaaren aufgenommen.

Weiße Taubnessel

Lamium album

20–50 cm	20–25 mm	IV–X

M Die Taubnessel wird oftmals mit der Brennessel verwechselt. Sie hat jedoch, wie der Name schon sagt, keine Brennhaare und gehört auch in eine ganz andere Familie, zu den Lippenblütlern. Die gestielten Blätter sind scharf gesägt und stehen kreuzgegenständig an einem 20–50 cm hohen, 4kantigen Stengel. Die 2lippigen Blüten haben eine helmartige, behaarte Oberlippe, die einer gekrümmten Kronröhre entspringt. Im Inneren der Röhre ist ein Haarring erkennbar. **V** Taubnesseln findet man an jedem Weg- und Wiesenrand, in Gräben, Hecken und auf Schuttplätzen. **B** Die sehr nektarreichen Blüten der Pflanze werden von Hummeln bestäubt. Sie gilt als Stickstoffanzeiger und wurde früher wegen ihres Gehaltes an Gerbstoffen, ätherischen Ölen und Saponinen zu Heilzwecken bei entzündlichen Erkrankungen, Blutarmut und Lungenkrankheiten verwendet.

Ährige Teufelskralle

Phyteuma spicatum

20–80 cm	4–10 cm	V–VII

M Die gelblich-weißen Blüten dieses Glockenblumengewächses stehen in einem anfangs eiförmigen, dann ährigen Blütenstand. An der Spitze sind die Kronblätter der Einzelblüten verwachsen. Die herzförmigen, doppelt gesägten Grundblätter sind lang gestielt, die schmäleren Stengelblätter haben nach oben hin immer kürzere Stiele, die obersten sitzen dem Stengel letztlich an. **V** Man findet die Pflanze in allen krautreichen Waldtypen. **B** Die Ährige Teufelskralle hat eine fleischige, rübenförmig verdickte Wurzel. Die sehr samenreiche Kapsel besitzt Öffnungen, aus denen die Samen austreten und vom Wind verbreitet werden. Die Bestäubung der Blüten erfolgt durch Insekten. Der Name dieser Art leitet sich von den krallenförmig gebogenen Blüten der nah verwandten Kugeligen Teufelskralle, *P. orbiculare* (S. 260) ab.

Edelweiß
Leontopodium alpinum

G			
	5–10 cm	5–6 mm	VII–IX

M Der üblicherweise als Blüte angesprochene weißgraue Stern ist eine Scheinblüte, die aus winzigen Röhrenblüten – zusammengefaßt zu 4–5 etwa 5 mm großen Blütenköpfen – besteht. Umgeben werden diese Blütenköpfe von einem Kranz weißwolliger Hochblätter, die fälschlicherweise für Blütenblätter gehalten werden. Die länglichen, lanzettlichen Laubblätter des Korbblütlers sind auf der Unterseite dicht filzig behaart. **V** Das Edelweiß gedeiht auf nährstoffreichen Böden an sonnigen Hängen, besiedelt Felsspalten, gelegentlich Felsschutt; in 1800–3400 m Höhe. Kalkliebend. **B** Die Art kann ihrer dichten Behaarung wegen – das entstehende Luftpolster vermindert die Wasserdampfabgabe – Trockenzeiten gut überdauern.

Weiße Pestwurz
Petasites albus

15–35 cm	0,8–1 cm	III–V

M Im zusammengesetzten Blütenstand des Korbblütlers stehen dicht traubig angeordnet 8–10 mm große Blütenkörbchen, bestehend aus weißlichen, unscheinbaren Einzelblüten. Unterhalb der Blüte bleiche Schuppenblätter. Die bis 40 cm breiten, grundständigen Blätter erscheinen erst nach der Blüte; Blattspreite am Grund ohne Lappen, rundlich-herzförmig, unterseits weißlich, mit engmaschiger Nervatur; Blattrand doppelt gezähnt. Blattstiel seitlich zusammengedrückt, oberseits breit gefurcht. **V** Die Pflanze bevorzugt feuchte, quellige Standorte der Gebirge, wie Bachufer, Schluchtwälder, aber auch in alpinen Zwergstrauchheiden und Matten. Der Boden muß nährstoffreich und lehmig sein. Zerstreut, an passendem Standort aber meist in großen Beständen. **B** Die Pestwurz wird von Insekten bestäubt, die Verbreitung der behaarten Früchte erfolgt durch den Wind.

Schafgarbe
Achillea millefolium

15–80 cm	3–6 mm	V–X

M Die Blüten werden von 15–80 cm hohen, kräftigen Stengeln getragen und sind doldenartig angeordnet. Die randlichen Zungenblüten sind rosa oder weiß, die zentralen Röhrenblüten weiß bis gelblich, die Blütenhüllblätter braun umrandet. Die Blätter sind länglich und doppelt fiederteilig und stehen wechselständig am aufrechten Stengel. **V** Auf Schafweiden, Wiesen, Halbtrockenrasen und an Wegrändern ist dieser Korbblütler häufig zu finden. **B** Der Tee dieser aromatisch riechenden Pflanze wird in der Naturheilkunde bei verschiedenen Erkrankungen, vor allem des Magens und des Darms eingesetzt. Die enthaltenen ätherischen Öle wirken schleimlösend und fördern die Verdauung. Daneben dient die Pflanze als bewährtes Wundheilungsmittel. Schafgarbensaft kann bei Benetzung der Haut eine Lichtempfindlichkeit verursachen.

Gänseblümchen

Bellis perennis

3–20 cm	1–2,5 cm	II–XI

M Die Einzelblüten dieses Korbblütlers bilden ein Körbchen, welches fälschlicherweise als »die Blüte« angesprochen wird. Das Körbchen sitzt auf einem blattlosen, bis 20 cm hohen Stengel. Während die Randblüten (Zungenblüten) weiß bis rosa gefärbt sind, zeigen die Röhrenblüten im Zentrum eine dottergelbe Farbe. Die spatelförmigen Blätter sind am Rand gekerbt und bilden mit ihren kurzen Stielen eine grundständige Rosette. **V** Die verbreitete Pflanze wächst auf Weiden, Wiesen in Gärten und an Wegrändern. **B** Aufgrund seines Lichtbedürfnisses tritt das Gänseblümchen v. a. in kurzgeschorenen Rasen oder regelmäßig abgefressenen Schafweiden auf. Die Art erscheint bereits auf schneefeuchten Wiesen und ist dann ganzjährig zu finden.

Margerite

Leucanthemum vulgare

20–80 cm	3–5 cm	V–IX

M Das Blütenkörbchen ähnelt dem des oben beschriebenen Gänseblümchens, nur erreicht es einen größeren Durchmesser. Es setzt sich aus randlichen Zungenblüten, die immer weiß gefärbt sind, und aus zentralen, gelben Röhrenblüten zusammen. Der aufrechte, bis 80 cm hohe Stengel ist im oberen Bereich durch länglich-lanzettliche, am Rand gesägte Blätter gekennzeichnet. Sie sind ungestielt. Im Gegensatz dazu findet man im unteren Abschnitt gestielte und am Rand gekerbte Blätter. Auffallend ist der zähe Stengel. **V** In hochstehenden Wiesen ist diese charaktergebundene Art meist in großen Massen zu finden. Im Gebirge kommt sie oft auch zwischen Felsen an sonnigen Abhängen vor. **B** Die tiefwurzelnde Pflanze wird von Insekten bestäubt. Die Samenverbreitung erfolgt durch den Wind, z. T. auch durch Pflanzenfresser.

Zottiges Franzosenkraut

Galinsoga ciliata

10–80 cm	0,3–0,8 cm	V–X

M Der Name der Pflanze leitet sich von der im oberen Stengelbereich grauzottigen Behaarung ab. Die grob gezähnten Blätter stehen gegenständig; die kleinen Blütenköpfe werden von anliegend behaarten, rotdrüsigen Stielen getragen. Jedes Blütenköpfchen besitzt 4–5 weiße Zungenblüten. Die schuppenförmigen Tragblätter des Köpfchens, Spreublätter genannt, sind ungeteilt und lineallanzettlich. **V** Man findet die Art als typisches »Unkraut« zerstreut auf Äckern, in Gärten, Weinbergen und an anderen Standorten mit stickstoffreichen Böden. **B** Die einjährige Pflanze ist ursprünglich in Südamerika heimisch und breitet sich seit Mitte des letzten Jahrhunderts in Mitteleuropa aus. Die Art wird sehr häufig mit dem Kleinblütigen Knopfkraut *(Galinsoga parviflora)* verwechselt. Bei diesem sind die Spreublätter des Köpfchens jedoch 3spaltig.

Echte Kamille

Chamomilla recutita

15–40 cm	1–2,5 cm	V–VIII

M Das wichtigste Unterscheidungsmerkmal dieser Art zur ähnlichen Geruchlosen Kamille ist der innen hohle Blütenboden und der bekannte, aromatische Duft. Weiße, bald herabhängende Zungenblüten umringen die goldgelben, 5zähnigen Röhrenblüten und der Durchmesser des Blütenköpfchens beträgt 10–25 mm. Am 15–40 cm hohen Stengel sitzen 2–3fach fiederteilige Blätter mit schmallinealischen Zipfeln. **V** Man findet die Echte Kamille auf Äckern, Getreidefeldern, an Wegen und auf Ruderalstellen. **B** Ihre allbekannte Bedeutung als Heilpflanze verdankt die Art einer Reihe entzündungshemmender und krampfstillender Inhaltsstoffe. Zur Heilanwendung werden meist die Blütenköpfe gesammelt und als Tee verwendet.

Geruchlose Kamille

Matricaria inodora

10–50 cm	3–4 cm	VI–X

M Im Gegensatz zur oben beschriebenen Echten Kamille ist diese Art, wie der Name sagt, geruchlos. Der halbkugelige Blütenboden ist markig und mit gelben Röhrenblüten besetzt. Die 12–20 weißen Zungenblüten stehen waagrecht ab. Insgesamt wird der Blütenkopf dieses Korbblütlers 30–40 mm breit. Die 2–3fach fiederteiligen Blätter mit langen, fädigen Abschnitten entspringen einem bis 50 cm hohen Stengel, der sich nur oben verzweigt. **V** Man findet die nährstoffliebende Pflanze auf gedüngten Äckern, an Wegrändern, auf Schuttplätzen und in anderen Unkrautgesellschaften. **B** Im Gegensatz zu der Echten Kamille enthält diese Art kaum ätherische Öle und hat als Heilpflanze nie die Bedeutung der Echten Kamille erlangt, obwohl auch sie wirksame Inhaltsstoffe besitzt. Neben der hier beschriebenen gibt es bei uns 2 weitere *Matricaria*-Arten.

Silberdistel

Carlina acaulis

G	3–30 cm	3–8 cm	VII–IX

M Das 3–8 cm breite Blütenköpfchen dieses Korbblütengewächses besteht nur aus weißlichen oder rosafarbenen Röhrenblüten. Die inneren Hüllblätter werden 3–4 cm lang und geben mit ihrem silberweißen Schimmer der Pflanze den Namen. 8–25 cm lange Laubblätter bilden eine bodennahe Rosette. Sie sind fiederteilig und stark bedornt. **V** Die Silberdistel wächst auf kalkigen Halbtrocken- und Trockenrasen. Bevorzugt werden sonnige Hänge und Waldränder, evtl. lichte Wälder. **B** Die ausdauernde Pflanze kommt in 2 Unterarten vor, die sich im Verbreitungsgebiet unterscheiden. Sie wird durch Insekten bestäubt, die Fruchtverbreitung erfolgt durch den Wind mit Hilfe 10–15 mm langer »Flughaare«. Die silberweißen Hüllblätter bewegen sich bei Befeuchtung, in der Regel abends, nach innen. Bei trockener Luft spreizen sie sich weit nach außen.

Gemeiner Froschlöffel

Alisma plantago-aquatica

20–100 cm	5–8 mm	VI–IX

M 10–90 cm ragt die pyramidenförmige Blütenrispe mit der grundständigen Rosette langgestielter Luftblätter aus dem Wasser. Die zwittrigen Einzelblüten stehen an 2 cm langen, schlanken Stielen, die 3 äußeren Blütenblätter sind grün, breiteiförmig, die 3 inneren 2–3mal so groß, weiß oder rötlich, am Grunde mit einem gelben Nagel. Neben den löffelartig geformten (Name!) Luftblättern treten v. a. bei jungen Pflanzen langflutende, linealische, sitzende Wasserblätter auf. **V** Der Gemeine Froschlöffel gedeiht im Röhricht nährstoffreicher Gewässer an Ufern, Gräben, in Sümpfen und Großseggengesellschaften. **B** Die Pflanze enthält einige schwach giftige Verbindungen, die vom Weidevieh z. T. nicht vertragen werden.

Krebsschere

Stratiotes aloides

G	15–40 cm	30–40 mm	V–VII

M Im Frühsommer taucht die trichterförmige, dichte Blattrosette der Krebsschere vom Schlammboden auf, wo sie überwinterte. Sie schwimmt halb untergetaucht frei auf der Wasseroberfläche. Am Grunde der schwertförmigen, gesägten, dunkelgrünen, bis 40 cm langen Blätter entwickelt sich ein Wurzelbüschel. Aus den Blattachseln entwickeln sich zwischen Mai und Juli lang gestielte Blütenstände. Die 3–4 cm großen, geruchlosen Blüten entspringen einem Hochblatt, bestehen aus 3 grünen Kelch- und 3 weißen Kronblättern. ♂ Blüten gestielt, ♀ sitzend. **V** Die Krebsschere oder Wasseraloe findet man in den Verlandungszonen stehender oder langsam fließender Gewässer. Sie bevorzugt nährstoffreiches Wasser. **B** Meist bildet die Pflanze größere Bestände. Die wuchernde Ausbreitung geschieht über zahlreiche Ausläufer.

Weißer Germer

Veratrum album

50–150 cm	12–15 mm	VI–VIII

M Die Blüten des Liliengewächses sind innen weiß, außen grünlich, oft auch insgesamt grünlich; sie stehen in einer bis 50 cm langen Rispe am Oberende des aufrechten, unverzweigten, behaarten Stengels. Blätter stehen wechselständig; sie sind breit-eiförmig, ganzrandig, längs gefaltet, unten flaumig behaart und sitzen dem Stengel an. Der Blattgrund umhüllt den Stengel scheidig. Blätter und geöffnete Blüten duften stark. **V** Die stickstoff- und kalkliebende Pflanze gedeiht auf feuchten Weiden, Lägerfluren, gedüngten Flachmooren und gelegentlich auch in Auwäldern. Sie ist in 800–2700 m Höhe überall anzutreffen. **B** Die Pflanze enthält stark giftige Alkaloide. Man kann sie bei Nichtbeachtung der Blattstellung vor der Blütezeit mit dem Gelben Enzian (S. 168) verwechseln. In der Volksheilkunde wurde sie z. B. bei Ausschlägen verwendet.

Schattenblume

Maianthemum bifolium

5–15 cm	3–5 mm	IV–VI

M Das Stengelende dieses zierlichen Liliengewächses trägt einen 8–15blütigen, traubigen Blütenstand. Die weißen Blüten sind kurz gestielt, 4zählig und recht klein. Die beiden Stengelblätter sind kurzgestielt und herz-eiförmig. Die Pflanze entspringt einem kriechenden Erdsproß (Rhizom). Vor der Blütezeit sind langgestielte Grundblätter ausgebildet, die bis zur Blüte verwelken. **V** Die Schattenblume bevorzugt schattige Standorte in humusreichen Laub- und Nadelwäldern. **B** Die Art kommt meist vereinzelt an sauren Bodenstandorten vor und gilt deshalb als Säurezeiger. Im Herbst entwickeln sich rote Beeren, deren Samen von verschiedenen Tieren verbreitet werden. Die Pflanze gilt als leicht giftig.

Maiglöckchen

Convallaria majalis

10–25 cm	5–8 mm	V–VI

M Die nickenden, glockenförmigen Blüten der allbekannten Pflanze stehen in einer einseitswendigen Blütentraube. Am Grunde sind die Blütenblätter verwachsen, das Vorderende ist zipfelig nach außen gebogen. Den blattlosen Blütenstengel umhüllen 2–3 breit-lanzettliche Laubblätter. Der Duft der Blüten ist recht intensiv und kann auch über größere Distanz wahrgenommen werden. **V** Lichte Laubwälder, aber auch Kiefernwälder mit kalkreichen Böden sind Standorte dieses Liliengewächses. **B** Die Pflanze ist wegen ihres Gehaltes an herzwirksamen Glykosiden giftig und kommt deshalb für die Eigentherapie nicht in Frage. Schwere Vergiftungen durch die Anwendung als »Hausmittel« sind bekanntgeworden. Als Früchte entwickeln sich blutrote Beeren, die blaue Samen enthalten. Sie werden von Tieren verbreitet; die Bestäubung übernehmen Insekten.

Bär-Lauch

Allium ursinum

20–50 cm	15 mm	IV–VI

M Das Liliengewächs hat meist 2 grundständige, eiförmig bis lanzettliche Blätter mit langen Stielen. An der Spitze des 3kantigen Stengels sitzt der doldige, 5–20blütige Blütenstand. 6 freie, weiße Blütenblätter von ausgeprägt spitzer, lanzettlicher Gestalt bilden die Blütenhülle. Brutzwiebeln im Blütenstand sind nicht vorhanden. **V** Bär-Lauch ist meist in größeren Beständen in Auenwäldern und anderen schattig-feuchten Mischwäldern zu finden. **B** Die Pflanze riecht stark nach Knoblauch, was bei üppigem Bestand auch in der Luft wahrgenommen werden kann. Ihre Inhaltsstoffe, u.a. ätherische Öle und Vitamin C, werden heilkundlich angewendet; v.a. die normalisierende Wirkung auf Darmflora und Kreislauf wird geschätzt. Die Art zeigt in der Regel Grundwassernähe an. Die Verbreitung der Samen erfolgt durch den Wind oder wird von Ameisen übernommen.

Wohlriechende Weißwurz

Polygonatum odoratum

15–40 cm	15–20 mm	V–VI

M Am leicht übergebogenen, kantigen Stengel stehen bei diesem Liliengewächs in 2 Zeilen breit-elliptische, etwas aufgerichtete Blätter; der Blattgrund umfaßt leicht den Stengel. In den Blattachseln meist 1, selten 2 weiße Blüten. Die 6 Blütenblätter laufen in grünen Spitzen aus und bilden eine 5–7 mm dicke, leicht bauchige Blütenkronröhre; im Gegensatz zur Vielblütigen Weißwurz sind hier die Staubfäden unbehaart. **V** Auf kalkhaltigen oder sandigen Böden in lichten, trockenen Laubmischwäldern, an Waldrändern, an steinigen, buschigen Abhängen, auch in Kiefernwäldern. **B** Wie die unten beschriebene Art giftig; man hat beide früher in der Heilkunde bei Quetschungen, Blutergüssen und Diabetes angewendet.

Vielblütige Weißwurz

Polygonatum multiflorum

30–70 cm	10 mm	IV–VI

M In einem einseitswendigen Blütenstand hängen bei der meist bogig wachsenden Pflanze die röhrig-glockigen Blüten. Sie sind weiß, grünlich überhaucht und stehen zu 3–5 in den Blattachseln. Die eiförmigen Blätter des Liliengewächses stehen wechselständig-2zeilig am runden Stengel. **V** Man findet die Art an schattigen Stellen von Laubwäldern, sowie in Nadelmischwäldern und Gebüschen. **B** Der Beiname »Salomonssiegel« bezieht sich auf die siegelringähnlichen Narben der abgestorbenen Triebe am kriechenden Erdsproß. Dieses Rhizom der giftigen Pflanze wird in der Naturheilkunde bei verschiedenen Anzeigen verwendet. Die Blüten können nur von sehr langrüsseligen Hummeln bestäubt werden; die Fruchtverbreitung erfolgt durch Tiere. Verwandte Arten sind die oben beschriebene und die Quirlblättrige Weißwurz *(P. verticillatum).*

Frühlings-Krokus

Crocus albiflorus

8–15 cm	20–30 mm	III–IV

M Blüten trichterförmig, weiß (seltener violett oder weiß-violett gestreift), 6zählig. Blütenblätter 4–5mal länger als breit, unten zu einer Röhre verwachsen. Im Schlund sind die Blüten leicht behaart, die Narben sind kürzer als die Staubblätter. Die Blüten des Schwertliliengewächses erscheinen vor den Blättern. Diese sind grundständig, kahl, grasartig, schmal-linealisch, mit weißem Mittelstreifen. Die Pflanze entspringt keiner Zwiebel, sondern einer Sproßknolle. **V** Die Art liebt nährstoffreichen, kalkhaltigen und stark durchfeuchteten Boden mit hohem Kalkgehalt. Man findet sie auf Bergwiesen und -weiden. Meist bilden die Pflanzen größere Bestände. **B** Die Sproßknolle der Pflanze wird jedes Jahr aus der alten Knolle neu gebildet. Bestäubt wird die Art durch Insekten. Selbstbestäubung, wenn sich die Blüten wegen schlechtem Wetter nicht öffnen.

Schneeglöckchen

Galanthus nivalis

G

8–25 cm	20–25 mm	II–IV

M Die nickenden Blüten dieser allbekannten Pflanze stehen einzeln am Stengelende. Sie bestehen aus 6 Blütenhüllblättern, die sich v. a. in der Länge unterscheiden. Die 3 äußeren Perigonblätter sind doppelt so lang wie die inneren; letztere sind tief ausgerandet und an der Spitze grün gefleckt. Die 2 Laubblätter des allbekannten Amaryllisgewächses sind grundständig, lineal, blaugrün bereift und ca. 4 mm breit. **V** Auenwälder, feuchte Laubwälder und Wiesen sind bevorzugte Standorte der Pflanze. **B** Häufig handelt es sich bei den gefundenen Exemplaren um verwilderte Gartenpflanzen. Echte Wildpflanzen sind selten. Für bestäubende Insekten stellt die Art die erste Nahrungsquelle im Jahr dar.

Frühlings-Knotenblume

Leucojum vernum

G

10–30 cm	15–25 mm	II–IV

M Im Gegensatz zum oben beschriebenen Schneeglöckchen sind bei dieser nah verwandten Art die 6 Blütenhüllblätter nahezu gleichlang. Sie laufen in eine stumpfe, gelbgrüne Spitze aus. Auch hier hat die glockenförmige bis 25 mm große Blüte eine nickende Stellung. Hin und wieder kommen 2 Blüten an einem Stengel vor; eine häutige Blattscheide überragt den Blütenstengel um 3–4 cm. Die Blätter sind linealisch, 20–30 cm lang und 1 cm breit. **V** Das Amaryllisgewächs ist in Auenwäldern, Schluchtwäldern und in feuchten Wiesen zu finden. Bevorzugt werden recht kalkhaltige Böden. Meist kommt die Art in größeren Beständen vor. **B** Die Blüten der giftigen Pflanze (auch Märzenbecher genannt) duften intensiv. Sie werden von Insekten bestäubt. Neben dieser Art gibt es bei uns noch die Sommer-Knotenblume *(L. aestivum)* mit etwas späterer Blütezeit.

Sumpf-Schlangenwurz

Calla palustris

G

15–30 cm	3–7 cm	V–IX

M Die herzförmigen, glänzenden Blätter der Pflanze sind lang gestielt und wirken recht ledrig. Sie entspringen einem ausdauernden Wurzelstock. Kennzeichnend für die ganze Familie der Aronstabgewächse ist der vielblütige Kolben. Er ist bei dieser Art 2–4 cm lang, eiförmig-rundlich und bis zur Spitze mit Blüten besetzt. Im Basisbereich handelt es sich um zwittrige Blüten, oben kommen nur ♂ Blüten vor. Kennzeichnend ist auch die den Kolben umhüllende weißliche Scheide, die bis 7 cm Länge erreicht. **V** Ufer von Teichen und Tümpeln, Waldsümpfe, Erlenbrüche und Torfstiche sind bevorzugte Standorte, an denen die Art meist dichte Bestände bildet. **B** Die Blüten werden von Schnecken bestäubt. Die roten Früchte ähneln denen des verwandten Aronstabes (S. 282). Früher wurde die giftige Pflanze bei Schlangenbissen eingesetzt (Name!).

Weißes Waldvögelein
Cephalanthera damasonium

20–60 cm	15–20 mm	V–VI

M Am Oberende des aufrechten Stengels stehen in einer lockeren Traube 3–10 Blüten. Die Blütenblätter sind cremeweiß, stumpf und dicht zusammenneigend. Die Lippe ist innen orangegelb; die Tragblätter sind länger als der Fruchtknoten. Die 5–10nervigen Blätter weisen eine ei-lanzettliche Form auf. **V** Das Weiße Waldvögelein gedeiht auf kalkigen Böden in Buchenwäldern, seltener in anderen Laubwäldern oder Nadelwäldern. **B** Die Blüten dieser Orchidee öffnen sich nur sehr wenig und werden von Insekten bestäubt; Selbstbestäubung ist aber ebenfalls üblich. Als Überwinterungsorgan dient der verzweigte Wurzelstock, das Rhizom. Die Art gilt als typische Schattenpflanze in unseren Wäldern.

Sumpf-Stendelwurz
Epipactis palustris

G	20–50 cm	10–20 mm	VI–VIII

M Am kantigen Stengel des Knabenkrautgewächses stehen länglich-lanzettliche, 1–2 cm breite, graugrüne Laubblätter. Der 8–15blütige Blütenstand ist fast einseitswendig. Die äußeren 3 Blütenblätter der einzelnen Blüten sind bräunlich, die inneren sind weiß. Kennzeichnend ist die deutlich 2teilige Lippe. Der bewegliche, vordere Lippenteil ist rundlich und oft rosa geadert. Ein tiefer Einschnitt trennt ihn vom basalen Lippenteil; dieser ist weiß und rot geadert. **V** Die Pflanze ist in Sumpf- und Moorwiesen, meist mit Kalkböden, anzutreffen. Typisch ist das Vorkommen in Pfeifengrasbeständen. **B** Der vordere Lippenteil dient den bestäubenden Insekten, v. a. Bienen und Wespen, als Landeplatz. Neben Insektenbestäubung kommt es auch häufig zur Selbstbestäubung. Die Art ist schon sehr selten geworden und nur noch an wenigen Standorten anzutreffen.

Weiße Waldhyazinthe
Platanthera bifolia

G	20–40 cm	10–18 mm	V–VII

M Der Blütenstengel des Knabenkrautgewächses ist nur mit sehr kleinen, lanzettlichen Blättern besetzt. Er endet in einem zylindrischen, oft 5–10 cm langen, lockerblütigen Blütenstand. Die äußeren 3 Blütenblätter der duftenden Blüten stehen ab, die inneren bilden einen Helm; die ungeteilte Lippe ist linealisch und viel länger als breit. Kennzeichnend sind auch die parallelen Staubbeutelfächer und der fadenförmige, 15–22 mm lange Sporn. Meist sind 2 (selten 3) eiförmige Grundblätter an der Stengelbasis entwickelt. **V** Die Art gedeiht in lichten Laub- und in Nadelwäldern und auf Magerrasen. **B** Die Bestäubung erfolgt durch Nachtfalter, die duftgelenkt die Blüten anfliegen; als Frucht bildet sich eine sehr samenreiche Kapsel. Im Gegensatz zum oben beschriebenen Weißen Waldvögelein ist diese Art deutlich lichtbedürftiger.

Gelbe Teichrose
Nuphar luteum

bis 4 m	40–60 mm	VI–IX

M Die auch Mummel genannte Wasserpflanze entspringt einem verzweigten Rhizom. Die breit-eiförmigen Schwimmblätter am Ende der bis zu 4 m langen Blattstiele haben dreifach gegabelte Nerven, wobei die Seitennerven nie miteinander verbunden sind. Die 5 gelben Blütenblätter umgeben 7–24 gelbe Nektarblätter, letztere eine vielstrahlige Narbenscheibe. Zur Anlockung der Bestäuber strömen die Blüten einen sehr intensiven, alkoholähnlichen Duft aus. **V** Teichrosen findet man in stehenden und langsam fließenden Gewässern. Bevorzugt wird nährstoffreiches Wasser. **B** Im Gegensatz zur Seerose sind die Blütenblätter hier keine echten Kronblätter, sondern gefärbte Kelchblätter. Die Kronblätter sind zu Nektarblättern umgewandelt.

Sumpfdotterblume
Caltha palustris

15–35 cm	15–45 mm	III–VI

M Es gibt nur wenige Pflanzen, die ein solch sattes, leuchtendes Gelb der Blüten aufweisen können. Die Blüten erreichen bis 45 mm Durchmesser und bestehen aus glänzenden Blütenblättern. Die tief dunkelgrünen Blätter sind herz- bis nierenförmig, werden bis 15 cm breit und haben einen gekerbten Rand. Sie entspringen einem hohlen Stengel. Die typischen Balgfrüchte sind sternförmig ausgebreitet. Die Pflanze gehört zu den Hahnenfußgewächsen. **V** In ihren Ansprüchen an den Lebensraum ist diese Art sehr spezialisiert: Sie gedeiht nur an grundwasserfeuchten Standorten, d. h. man findet sie in Sumpfwiesen, am Teich- und Flußufer oder in Auenwäldern. **B** Die schwach giftige Pflanze wird von Insekten bestäubt. Ihre Samen sind schwimmfähig und werden auf diese Weise verbreitet. Die Art kann in verschiedene Formen unterteilt werden.

Trollblume
Trollius europaeus

G	10–60 cm	20–30 mm	V–VII

M An der Spitze der unverzweigten Stengel stehen einzeln goldgelbe, kugelig geschlossene Blüten; sie duften schwach. Die 10 Kronblätter umgeben 5–10 löffelförmig verbreiterte Honigblätter, diese wiederum eine Vielzahl von Staubblättern. Die Blätter sind handförmig geteilt, mit lappig gesägten Zipfeln. Am Stengel sitzen sie direkt an, die Grundblätter sind lang gestielt. **V** Das Hahnenfußgewächs kommt zerstreut auf nassen, moorigen Wiesen, in Hochstaudenfluren, seltener an Waldrändern vor. Bildet am Standort oft ausgedehnte Bestände und bevorzugt humöse Böden; in Höhen bis 3000 m. **B** Die Pflanze ist schwach giftig. Bei starker Sonnenbestrahlung öffnen sich die Blüten ein wenig; kleine Insekten nutzen sie als Versteck und bestäuben sie dabei. Der Name der Pflanze leitet sich aus der kugeligen Blütenform (gr. trulla = Kuppel) ab.

Gelber Eisenhut

Aconitum vulparia

50–150 cm	15–22 mm	VI–VIII

M Am Oberende des aufrechten, unten spärlich, oben dichter behaarten Stengels stehen in einfacher, abstehend ästiger Traube blaßgelbe Blüten. Das oberste Blütenblatt bildet einen Helm, der 2–3fach so hoch wie breit ist und die gespornten, gerade gestielten Honigblätter einschließt. Blätter des Hahnenfußgewächses handförmig, 5–7spaltig, mit breiten, nochmals geteilten oder tief gezähnten Abschnitten. **V** Im Gebirge in feuchten Laubwäldern, Schlucht- und Auwäldern, Gebüschen und Hochstaudenfluren bis 2400 m. Der Boden muß nährstoffreich sein. **B** Die Art ist wegen ihres Gehaltes an Aconitin eine unserer giftigsten Pflanzen. Im Altertum wurde das Gift als Ködergift für Raubwild, z. B. Wölfe und Füchse verwendet.

Schwefel-Kuhschelle

Pulsatilla apiifolia

15–40 cm	30–70 mm	V–VI

M Hahnenfußgewächs mit auffallend großen, schwefelgelben Blüten. Unterhalb der Blüte befindet sich ein Quirl aus 3fiedrig zerteilten Blättern. Der Blütenstiel ist zottig behaart. Grundblätter langgestielt, ebenfalls 3geteilt mit 2fach gefiederten Abschnitten; die Endabschnitte sind nicht bis zur Mittelrippe geteilt. Nach der Blüte verlängert sich der Blütenstiel und trägt dann den typisch buschig-zottigen Fruchtstand. Die Art wird auch als Unterart der auf S. 98 beschriebenen Alpen-Kuhschelle angesehen. Da sie aber Kalk meidet, kommt sie kaum mit ihr zusammen vor. **V** Bevorzugt kalkfreie, saure Böden auf Magerrasen, Zwergstrauchheiden, seltener an Gebüschstandorten in 1500–2700 m Höhe. **B** Die Pflanze ist giftig; ein Auszug wird in der Homöopathie verwendet, wobei die verschiedensten Heilanzeigen genannt werden.

Frühlings-Adonisröschen G

Adonis vernalis

10–30 cm	30–70 mm	IV–V

M Die einzeln am Stengelende stehenden, goldgelben Blüten erreichen 3–7 cm Ø. 10–20 Kronblätter bilden die Blütenkrone. Sie werden von weichhaarigen, eiförmigen Kelchblättern umgeben. Am Stengel des Hahnenfußgewächses stehen dicht unterhalb der Blüte 3 quirlständige Blätter, die anderen Blätter sind grundständig. Alle Blätter sind mehrfach fiederteilig und fast ungestielt. **V** Die Art ist v. a. auf sonnigen Trockenrasen, auf Heidewiesen, Wiesensteppen und in lichten Kiefernwäldern zu finden. Der Boden sollte sandig und kalkreich sein. **B** Zur Verhinderung der Selbstbestäubung findet man bei den Blüten eine sog. Vorweiblichkeit, d. h. die Samenanlagen reifen vor den Staubgefäßen. Wie das rotblühende Sommer-Adonisröschen enthält die Pflanze ebenfalls giftige Glykoside, die man medizinisch als herzwirksames Medikament einsetzen kann.

Scharfer Hahnenfuß

Ranunculus acris

30–100 cm	15–25 mm	IV–X

M Die Pflanze wird bis 100 cm hoch und fällt durch die goldgelben, bis 25 mm breiten Blüten auf, die glatten Blütenstielen aufsitzen. Kelchblätter und Stiel sind anliegend behaart. Die Grundblätter sind 5–7teilig und langgestielt, die oberen Blätter 3–5teilig und kürzer gestielt oder dem runden, ungefurchten Stiel direkt ansitzend. **V** Das Hahnenfußgewächs gedeiht auf Wiesen, Weiden und an Wegrändern. **B** Das Gift der frischen Pflanze verursacht einen scharfen Geschmack, so daß die Art vom Weidevieh weitgehend gemieden wird. Zu Heu getrocknet verliert sich allerdings ihre Giftigkeit. Aufgrund seiner Häufigkeit gibt der Scharfe Hahnenfuß von April bis Mai unseren Wiesen und Weiden eine charakteristische Prägung.

Kriechender Hahnenfuß

Ranunculus repens

10–50 cm	20–30 mm	V–IX

M In der großen Palette der heimischen Hahnenfußgewächse gehört diese Pflanze zu den häufigeren Arten. Die glänzend goldgelben, 20–30 mm breiten Blüten erscheinen von Mai bis September. Sie stehen am Ende von 10–50 cm langen, aufsteigenden Stengeln und sind von aufrechten, den Blütenblättern anliegenden Kelchblättern eingefaßt. An den Knoten des Stengels bilden sich oberirdische, wurzelnde Ausläufer. Die 3zähligen Grundblätter bestehen aus gestielten, 3spaltig gezähnten Fiedern. Die oberen Blätter ähneln den Grundblättern, sind jedoch sitzend. Der Schnabel der Früchte ist kurz und gerade. **V** Die Art gedeiht in feuchten Wiesen, an Wegen und Ufern. Sie kommt auch in alpinen Regionen vor. **B** Die Pflanze gilt als Stickstoffzeiger und ist schwach giftig. Die Gattung *Ranunculus* umfaßt in unserer heimischen Flora ca. 30 Arten.

Scharbockskraut

Ranunculus ficaria

5–20 cm	20–30 mm	III–V

M Die Blütenkrone dieses Frühblühers wird von 3 äußeren Hüllblättern und 8–12 glänzend gelben Honigblättern gebildet. Am niederliegenden Stengel stehen rundlich-herzförmige, glänzende Laubblätter, deren Rand stumpf gezähnt ist. **V** Das Hahnenfußgewächs findet man in Auenwäldern, Mischwäldern und auch in feuchten Parks. **B** Mit ihren an den Knoten wurzelnden Stengeln bildet die Pflanze meist kleine Rasen. Der vegetativen Vermehrung dienen kleine Brutknöllchen (Bulbillen), die sich in den Achseln der Laubblätter entwickeln. Die Bestäubung der giftigen Pflanze erfolgt durch verschiedene Insekten, die Fruchtverbreitung durch Ameisen. Der Name der Art deutet auf die früher übliche Anwendung als Heilmittel gegen die Vitamin-C-Mangelerkrankung Skorbut. Auch verschiedene andere Heilanwendungen waren üblich.

Großes Schöllkraut

Chelidonium majus

30–70 cm	10–20 mm	V–IX

M Die 10–20 mm breiten, goldgelben Blüten bilden 2–8blütige Dolden. Die 4 Kronblätter fallen sehr schnell ab. Am verzweigten, bis 70 cm hohen Stengel sitzen gefiederte Blätter. Die Fiedern sind lappig gekerbt, an der Unterseite graugrün. Aus den Blüten entwickeln sich 2–5 cm lange Schoten, die meist senkrecht nach oben stehen. **V** Man findet das Schöllkraut außer an Wegrändern auch auf Schuttplätzen, auf Mauern und zwischen Hecken. **B** Wurzelextrakte dieses Mohngewächses waren früher ein häufig verwendetes Heilmittel bei Leber- und Gallenleiden. Der giftige, gelborange Milchsaft bringt angeblich Warzen zum Verschwinden. Die Pflanze ist Kulturbegleiter und gilt als Stickstoffanzeiger.

Scharfer Mauerpfeffer

Sedum acre

5–15 cm	12–15 mm	VI–VII

M In einer Trugdolde stehen bei diesem Dickblattgewächs 5zählige sternförmige Blüten. Die hellgelben Kronblätter werden 6–8 mm lang. Am kriechenden oder aufsteigenden Stengel sitzen dickfleischige, eiförmige Blätter, die maximal 5 mm lang werden. **V** Der Scharfe Mauerpfeffer ist in Mauerspalten, auf Schotterhalden, in Felsfluren, an Bahndämmen und anderen Standorten mit flachgründigen, steinigen Böden anzutreffen. Meist kommt er nur zerstreut vor. **B** Der Artname bezieht sich auf Standort und Geschmack der Pflanze. Die dickfleischigen Blätter enthalten ein giftiges Alkaloid, welches früher zu Heilzwecken eingesetzt wurde. Daneben sind die Blätter für die Pflanze selbst wichtige Wasserspeicher, die das Überleben an den extrem trockenen Standorten ermöglichen. Die Bestäubung der Art wird durch verschiedene Insekten gewährleistet.

Wechselblättriges Milzkraut

Chrysosplenium alternifolium

5–20 cm	5–6 mm	IV–VI

M In endständiger mehrfach gegabelter Trugdolde stehen flach angeordnete gelbgrüne Blüten mit je 4 Blütenhüllblättern und 8 Staubblättern. Am 3kantigen, leicht brechenden Stengel findet man herz-nierenförmige, grob gekerbte Blätter in wechselständiger Anordnung. Die Grundblätter sind größer und mehr nierenförmig. Die Stengel entspringen langen, dünnen Ausläufern, die eine lockerrasige Ausbreitung der Pflanze zur Folge haben. **V** Man findet das Steinbrechgewächs in schattigen, feuchten Bergwäldern, Auen- und Schluchtwäldern, an Quellaustritten und in Schneemulden. **B** Die Blüten zeigen Vorweiblichkeit, d. h. die die Samenanlagen enthaltenden Fruchtknoten mit Stempel und Narbe reifen vor den pollenbildenden Staubgefäßen. Bestäubt wird die Art vorwiegend von Insekten, daneben gibt es auch Selbstbestäubung.

Gewöhnlicher Odermennig

Agrimonia eupatoria

30–100 cm	5–8 mm	VI–IX

M In vielblütiger, langgestreckter Traube stehen gelbe Blüten mit charakteristisch behaarten Kelchblättern. Die 5 eiförmigen Kronblätter fallen bald ab. Kelchblätter verkehrt-eiförmig, dicht beborstet und durch 10 tiefe Furchen gekennzeichnet, die fast bis zum Stielansatz ziehen. Am nur im oberen Bereich spärlich verzweigten Stengel des Rosengewächses sitzen 10–15 cm lange, unpaarig gefiederte Blätter, die aus länglichen, gezähnten Einzelfiedern bestehen. Unterseite der Blätter graufilzig behaart. **V** In Hecken, Gebüschen, an Weg- und Waldrändern, auf Mager- und Halbtrockenrasen zu finden. Der Boden sollte kalkreich sein. **B** In der Antike galt der Odermennig als Heilpflanze bei Geschwüren. Er hat heute keine Bedeutung mehr.

Echte Nelkenwurz

Geum urbanum

20–60 cm	6–15 mm	V–IX

M In lockerer Rispe stehen bei diesem Rosengewächs goldgelbe Blüten. Ihr Griffel ist durch eine hakige Krümmung gegliedert, wobei am oberen Glied die Behaarung auffällt. Der grüne Kelch ist zur Fruchtzeit immer zurückgeschlagen. Am stark verästelten Stengel stehen 3zählige Blätter mit laubblattartigen Nebenblättern. **V** Die Pflanze liebt stickstoffhaltige, feuchte Böden. Man findet sie in Laub- und Mischwäldern, Auenwäldern, auf Schuttplätzen, an Wegen und in Gebüschen. Meist ist sie gehäuft anzutreffen. **B** Der Wurzelstock enthält ein schwach giftiges ätherisches Öl. Die Pflanze wurde deswegen früher als Gewürznelkenersatz verwendet. Daneben kommen in der Wurzel Gerbstoffe vor. In der Naturheilkunde verwendet man Tee der Pflanze bei Entzündungen, Durchfällen und bei Leber- und Gallenkrankheiten sowie bei Erschöpfungszuständen.

Kriechende Nelkenwurz

Geum reptans

5–15 cm	30–40 mm	VII–VIII

M Blüten leuchtend goldgelb, einzeln am Ende behaarter, oft rotgefärbter Stengel; Kelch rotbraun, behaart. Pro Blüte 6–8 breit-eiförmige bis herzförmige Blütenblätter. Die Grundblätter bilden eine Rosette; sie sind gefiedert, wobei das gelappte Endblättchen nur etwas größer ist als die Seitenfiedern. Aus den Blattachseln entspringen die bis 1 m langen Ausläufer (Name!), an deren Ende Tochterpflanzen wurzeln. Die Früchte dieses Rosengewächses stehen in einem Köpfchen, über dem die verlängerten, fedrig behaarten Griffel einen zottigen Haarschopf bilden. **V** In den Alpen in 2100–3400 m Höhe anzutreffen, selten in tieferen Lagen. Gedeiht auf lockeren, kalkarmen Schuttböden ohne Humusauflage. **B** Typische Pionierpflanze in sog. Fließschutt. Mit ihrem kräftigen Wurzelstock kann sie sich sehr gut im Untergrund verankern.

Gänse-Fingerkraut

Potentilla anserina

10–50 cm	18–25 mm	V–VIII

M Rötliche, oberirdische Ausläufer ziehen vom Blätterbüschel der Mutterpflanze in alle Richtungen. Sie wurzeln an den Knoten und dienen somit der Verbreitung dieses Rosengewächses. Die bis 25 cm langen Blätter sind unterbrochen vielpaarig gefiedert. Unterseits sind die Einzelfiedern weiß-seidenhaarig, der Blattrand ist tief gesägt. Von Mai bis August entwickeln sich an langen Stielen bis 25 mm breite, gelbe Blüten. Die 5 rundlichen Kronblätter sind doppelt so lang wie der Kelch. **V** Bevorzugte Standorte des Gänse-Fingerkrauts sind nährstoffreiche, feuchte Böden. **B** Der Name der Pflanze bezieht sich auf die handförmig geteilten Blätter. In der Naturheilkunde wurde die Art früher bei verschiedenen Krankheiten eingesetzt.

Kriechendes Fingerkraut

Potentilla reptans

30–100 cm	15–25 mm	V–VIII

M Das Kriechende Fingerkraut ist mit dem oben beschriebenen Gänse-Fingerkraut nah verwandt und demnach auch in die Familie der Rosengewächse einzuordnen. Der Name leitet sich von dem bei dieser Art bis 1 m langen, kriechenden Stengel ab, der jeweils an den Knoten wurzelt. Die Blätter sind lang gestielt und 5–7fiedrig. Die Fiedern sind fingerförmig angeordnet und am Rand grob gesägt. In den Blattachseln stehen einzelne, 5zählige Blüten, die von Mai bis August erscheinen und goldgelb gefärbt sind. Ihr Durchmesser erreicht 25 mm. **V** Das Kriechende Fingerkraut kann man an Wegrändern, auf Äckern, Wiesen, an Ufern und auf Schuttplätzen antreffen. **B** Die Pflanze kommt oft mit dem Gänse-Fingerkraut vergesellschaftet vor. Sie gilt als Pionierpflanze an freien Standorten. Die bei uns recht zahlreichen *Potentilla*-Arten neigen zur Bastardbildung.

Gewöhnl. Frauenmantel

Alchemilla vulgaris

10–50 cm	2–4 mm	V–IX

M Die gelbgrünen Blüten sind sehr unscheinbar und stehen in lockeren, knäueligen Rispen. Die 2–4 mm breiten Einzelblüten bestehen nur aus Kelchblättern; 4 Staubblätter sind die Regel. Die Blätter sind rundlich-nierenförmig und in 7–11 trapezförmige Lappen geteilt. Dabei erreicht die Teilung ca. ein Drittel der Blattbreite. Der Blattrand ist gezähnt. Die Behaarung der Pflanze ist sehr variabel, sie kann sowohl am Stengel als auch am Blütenstand ausgeprägt sein. **V** Dieses sehr formenreiche Rosengewächs ist in unseren Wiesen, an Waldrändern und anderen, meist etwas feucht-lehmigen Standorten zu finden. **B** In den frühen Morgenstunden werden an den Blatträndern von sog. Wasserspalten aktiv Wassertropfen ausgepreßt. Wissenschaftlich wird dieser Vorgang als Guttation bezeichnet. Die Pflanze wurde früher in der Geburtshilfe verwendet.

Echter Steinklee
Melilotus officinalis

30–100 cm	5–7 mm	V–IX

M Die 2jährige Pflanze hat am kantigen, verzweigten Stengel 3teilige Blätter mit länglichen, gesägten Fiederblättchen. Kleine gelbe, nach Honig duftende Blüten (deshalb auch Honigklee genannt) bilden lange Trauben. **V** Man findet diesen Schmetterlingsblütler an Wegrändern, Ackerrändern, auf Mauern und Schuttplätzen. **B** Echter Steinklee enthält das Glykosid Melilotosid, das beim Trocknen in das aromatisch duftende Cumarin übergeht. Dieses wirkt entzündungshemmend. Die Pflanze wird deshalb v. a. zur Behandlung von Geschwüren und Beulen verwendet. Innerlich wird sie jedoch kaum noch angewandt, weil verschiedene Inhaltstoffe zu Erbrechen führen können. Die Art ist wichtige Bienenweide und Futterpflanze.

Hopfenklee
Medicago lupulina

10–60 cm	2–5 mm	IV–IX

M Namensgebend bei dieser anspruchslosen und häufigen Pflanze ist die Ähnlichkeit der Blüte mit der des Hopfens. Die Einzelblüten sind nur 2–5 mm lang, stehen aber zur Verbesserung ihrer optischen Wirkung in 10–50blütigen, kugeligen Blütenköpfen. Die Blätter sind 3zählig gefingert, jede Blattfieder ist verkehrt eiförmig, an der Spitze oft ausgerandet und mit einem kleinen Zahn versehen. Auf der Unterseite sind die Blätter anliegend behaart. Der Blattrand ist fein gesägt. Aus den Blüten entwickeln sich gekrümmte bis eingerollte Hülsen, die auch nur 2–3 mm lang werden. Der Hopfenklee gehört zu den Schmetterlingsblütlern. **V** Die Art ist auf Magerrasen, an Wegrändern, auf Äckern, Bahndämmen und anderen nährstoffarmen Standorten anzutreffen. **B** Die Pflanze ist ein Rohbodenpionier mit großer Ausbreitungstendenz.

Gewöhnlicher Hornklee
Lotus corniculatus

10–45 cm	15 mm	V–IX

M Der Name dieses recht häufigen Schmetterlingsblütlers leitet sich von den hornähnlich gekrümmten Früchten (Hülsen) ab. Diese gehen aus gelben, 8–15 mm langen Blüten hervor, die zu 5–10 zu einem doldigen Köpfchen vereinigt sind. Das für diese Familie charakteristische Blütenschiffchen ist rechtwinkelig nach oben gebogen und an der Spitze oft rötlich überlaufen. Der kantige Stengel ist niederliegend bis aufsteigend und mit 5teiligen Fiederblättern versehen. 2 der ovalen Fiederblättchen stehen direkt am Stengel, die anderen sind deutlich abgesetzt. **V** Hornklee gedeiht auf verschiedenen Wiesentypen, in Gebüschen, Steinbrüchen, auf Geröllhalden und an Wegrainen. **B** Aufgrund ihrer tiefreichenden Wurzeln kann die Pflanze auch an sehr trockenen Standorten gedeihen. 2 Unterarten mit unterschiedlichem Verbreitungsgebiet sind bei uns heimisch.

Wundklee

Anthyllis vulneraria

10–30 cm	10–20 mm	V–VIII

M Der Wundklee wird 10–30 cm hoch, der Stengel ist aufsteigend bis niederliegend. Die Blätter sind gefiedert, wobei jeweils die Endfieder in der Größe dominiert. Bei den unteren Blättern ist oftmals nur eine Endfieder vorhanden. Alle Fiedern sind länglich-oval. Die gelben Blüten stehen in einem Köpfchen, dessen Durchmesser 4 cm erreicht. **V** Da die Pflanze lockeren, sandigen oder steinigen Boden bevorzugt, verankert sie sich auf Magerrasen, an Wegrändern und in Steinbrüchen mit einer tiefreichenden Pfahlwurzel. **B** Wie der Name der Art besagt, wurden Extrakte der Pflanze früher zur Wund- und Geschwürheilung eingesetzt. Der Schmetterlingsblütler wird überwiegend von Hummeln bestäubt.

Wiesen-Platterbse

Lathyrus pratensis

20–100 cm	10–20 mm	VI–VIII

M Die Pflanze wird 20–100 cm hoch und am Ende des kantigen Stengels sitzen die gelben Blüten in 3–10blütigen Trauben. Jede Einzelblüte ist 10–20 mm lang. Die Blätter bestehen aus 2 lanzettlichen Fiederblättern und einer Endranke. Am Grunde des Blattstieles sitzen 2 spitz zulaufende Nebenblätter, die etwa die Größe der Fiederblätter erreichen. **V** Überwiegend auf Fettwiesen, Moorwiesen und anderen feuchten, nährstoffreichen Standorten ist dieser Schmetterlingsblütler verstreut anzutreffen. **B** Die Pflanze enthält Bitterstoffe und wird deshalb vom Weidevieh auf Wiesen in der Regel gemieden. Wie alle Schmetterlingsblütler kann die Art mit Hilfe spezieller Wurzelpilze Stickstoff anreichern und erzielt damit einen hohen Eiweißgehalt. Bemerkenswert dabei ist, daß als Stickstoffquelle der Luftstickstoff dient und keine im Boden gelösten Mineralien.

Gewöhnliche Nachtkerze

Oenothera biennis

50–100 cm	25–30 mm	VI–IX

M Die aus Nordamerika eingeschleppte Pflanze gehört in die nach ihr benannte Familie der Nachtkerzengewächse. Am aufrechten und normalerweise unverzweigten Stengel bilden gelbe, bis 3 cm breite Blüten einen endständigen, traubigen Blütenstand. Verkehrt-eiförmige, oft 15 cm lange Blätter stehen in einer Grundrosette, die dem Boden dicht anliegt. Die Stengelblätter sind deutlich kleiner und fein gesägt. Als Frucht entwikkelt sich eine ca. 3 cm lange, linealische Kapsel mit kahlen Samen und auffallend filziger Behaarung. **V** Die Pflanze wächst bevorzugt auf sandigen Böden, auch an Gewässerufern und in Steinbrüchen. **B** Die Art gilt als Pionierpflanze auf Schutt- und Rohböden. Sie ist sehr wärmeliebend und hat einen hohen Lichtbedarf. Die Bestäubung der Blüten, die sich gegen 18 Uhr öffnen, wird von Nachtfaltern übernommen.

Kleinblütiges Springkraut

Impatiens parviflora

20–60 cm	8–10 mm	IV–X

M Die aufrecht stehenden Blüten der Pflanze sind relativ klein, hellgelb, ungefleckt mit geradem, kegelförmigem Sporn. Sie stehen in 4–10blütigen Trauben, die die Tragblätter meist überragen. Am glasigen, an den Gelenken verdickten Stengel sitzen ovale, langspitzige Blätter, die sich in den geflügelten Blattstiel verschmälern. Am Blattrand zahlreiche nach vorne gerichtete Zähne. **V** Das Balsaminengewächs bildet in Laub- und Nadelwäldern meist größere Bestände, auch an Flußufern, Wegrändern, und auf Schutthalden. Der Boden am Standort muß locker, feucht und stickstoffhaltig sein. **B** Bei uns im letzten Jahrhundert über Botanische Gärten eingeschleppt; stammt aus Zentralasien. Zur Samenverbreitung s. u.

Echtes Springkraut

Impatiens noli-tangere

30–80 cm	20–30 mm	VII–IX

M Die gelben Blüten des Balsaminengewächses stehen in 2–4blütigen Trauben. Die Kronblätter sind paarweise verbunden, innen rötlich punktiert; auffallend der lange, nach unten gekrümmte Sporn. Am ästigen, glasig-durchscheinenden Stengel stehen wechselständig eiförmige, stumpf gezähnte Blätter. **V** Die Pflanze bevorzugt feuchte Auen-, Laub- und Nadelwälder. Häufig ist sie auch unmittelbar an Gewässerufern anzutreffen. **B** Der Name der Art (Beiname »Rühr-mich-nicht-an«) leitet sich von der eigenartigen Verbreitung der Samen ab. Diese werden aus der unter hoher Spannung stehenden Kapsel bei Berührung bis zu 2 m weit herausgeschleudert. Die Schleuderbewegung entsteht durch die Trennung der Fruchtblätter, die sich dann blitzartig aufrollen und die Samen freigeben. Die Pflanze enthält einen schwach giftigen Bitterstoff.

Zypressen-Wolfsmilch

Euphorbia cyparissias

15–50 cm	5–8 cm	IV–VII

M In der Familie der Wolfsmilchgewächse ist die Zypressen-Wolfsmilch eine der verbreitetsten Arten. Vertreter der Gattung *Euphorbia* sind allesamt durch giftigen Milchsaft charakterisiert. Die bei der Zypressen-Wolfsmilch bis 50 cm hohen Stengel tragen schmal-linealische, meist hellgrüne Blätter, die v. a. an nicht blühenden Stengeln sehr dicht stehen. An den Spitzen der 9–15strahligen Scheindolde sitzen Blüten mit auffälligen, 2hörnigen Drüsen, die gelb gefärbt sind. Jeder Einzelblütenstand hat eine hellgelbe Hochblatthülle, die nicht verwachsen ist. Als Frucht entwickelt sich eine feinwarzige Kapsel. **V** Die Art gedeiht auf Magerrasen, an Wegen, Böschungen und an Felshängen. **B** Die Pflanze ist sehr oft von Rostpilzen *(Uromyces pisi)* befallen, die zu einer Veränderung des gesamten Erscheinungsbildes der Pflanze führen.

Echtes Johanniskraut

Hypericum perforatum

30–100 cm	20–30 mm	VI–VIII

M Am aufrechten, ästigen Stengel dieses Hartheugewächses stehen gegenständig ei-längliche Blätter. Sie sind durchscheinend punktiert, am Blattrand fallen schwarze Drüsen auf. Die gelben Blüten stehen in reichen Trugdolden. Die Kronblätter sind asymmetrisch und schwarz punktiert. Als Frucht wird eine Kapselfrucht ausgebildet. **V** Johanniskraut ist in lichten Wäldern, auf Magerrasen, in Gebüschen und an Wegrändern anzutreffen. **B** Die Pflanze enthält in den Blättern in speziellen Sekretbehältern Gerbstoffe und ätherische Öle. In der Naturheilkunde wird sie seit altersher bei Verdauungsstörungen, als Wund- und Beruhigungsmittel verwendet. Der Name der Pflanze geht auf verschiedene Mythen und Sagen zurück.

Acker-Stiefmütterchen

Viola arvensis

5–20 cm	10–15 mm	IV–X

M Das unscheinbare Pflänzchen erstaunt durch große Variabilität. Nur 5–20 cm hoch, fällt das Veilchengewächs mit seinen 10–15 mm großen Blüten zwischen den anderen Kräutern des Wegrandes oft gar nicht auf. Die gelblichen, meist violett gestreiften Kronblätter sind im Gegensatz zu denen des ebenso häufigen Gewöhnlichen Stiefmütterchens *(Viola tricolor)* kürzer oder ebensolang wie die Kelchblätter, niemals länger. Der stark verzweigte, kahle oder schwach behaarte Stengel trägt länglich-spatelförmige Blätter. Die Nebenblätter haben ei-lanzettliche bis linealische Endfiedern. **V** Man findet das Veilchengewächs auf Äckern, an Wegrändern und auf Schutthalden. **B** Ein Absud blühender Pflanzen wird in der Naturheilkunde bei Magen- und Darmerkrankungen und bei Erkältungskrankheiten angewendet. Die vielen *Viola*-Arten sind z. T. recht schwer zu unterscheiden.

Zweiblütiges Veilchen

Viola biflora

10–20 cm	10–15 mm	VI–VIII

M Blüten zitronengelb, oft bräunlich gestreift, meist zu 2 (selten 1 oder 3) in einer Blattachsel; Sporn höchstens halb so lang wie die Blütenkronblätter. Die beiden seitlichen Blütenkronblätter sind nach oben gerichtet und decken die beiden oberen mit den Rändern ab. Kelchblätter spitz. Am Griffel fällt der abgeflachte, 2lappige Narbenkopf auf. Der kriechende Stengel trägt wechselständig nierenförmige Blätter; sie sind deutlich breiter als lang, kräftig grün und am Rand gekerbt. Nebenblätter meist ganzrandig und eiförmig. **V** Im Alpen- und Voralpengebiet in feuchten Laub- und Mischwäldern, in Hochstaudenfluren, auf Weiden und Matten mit kalkhaltigem, nährstoffreichem Boden. Höhenlage 1500–2500 m. **B** Das Veilchengewächs gilt als extreme Schattenpflanze und kann deshalb selbst in dunklen Felsnischen mit minimalem Lichtangebot gedeihen.

Sonnenröschen

Helianthemum nummularium

10–30 cm	8–20 mm	V–IX

M Die verholzte, als Halbstrauch wachsende Pflanze ist durch ledrige, am Rand nach unten umgerollte Blätter gekennzeichnet. An der Unterseite sind sie graufilzig. Die lanzettlichen Nebenblätter sind länger als der Blattstiel. Die goldgelben Blüten stehen in einseitswendigen Blütenständen. Ihre Kelchblätter sind oft rötlich gestreift. **V** Die wärmeliebende Pflanze gedeiht auf Kalkmagerrasen, auf Heiden, an Waldrändern und in Kiefernwäldern. Die Böden müssen flachgründig und evtl. steinig sein. **B** Die Staubblätter dieses Cistrosengewächses sind reizempfindlich; bei Sonnenschein spreizen sie in der Regel nach außen, bei schlechtem Wetter stehen sie aufrecht. Das Sonnenröschen kommt bei uns in 3 Unterarten vor.

Barbarakraut

Barbarea vulgaris

30–60 cm	7–9 mm	IV–VII

M Die gelben Blüten der kahlen, hellgrünen Pflanze stehen in dichter, tragblattloser Blütentraube; Blütenkronblätter doppelt so lang wie der Kelch. Aus den Blüten entwickeln sich – in der Traube von unten nach oben – aufrecht abstehende Schoten. Diese sind 15–25 mm lang und stumpf 4kantig. Grundblätter mit 5–9 Paar länglich ausgeschweiften und gezähnten Seitenfiedern; Endfieder rundlich-eiförmig und am Grund herzförmig. Stengelblätter sitzend, verkehrt-eiförmig, tief gezähnt oder eingeschnitten. **V** Der Kreuzblütler gedeiht an Wegrändern, an Böschungen, Gewässerufern, auf feuchten Äckern und verschiedensten Ruderalstandorten. **B** Die Pflanze wird manchmal als Salat gegessen; der Name leitet sich aus der Möglichkeit ab, sie noch nach dem Barbaratag (4. 12.) sammeln zu können. Die Bestäubung der Blüten erfolgt durch Insekten.

Immergr. Felsenblümchen

Draba aizoides

5–10 cm	4–5 mm	IV–VIII

M Blüten der kahlen Rosettenstauden goldgelb, in doldentraubigem Blütenstand mit 3–18 Blüten. 4 Kronblätter, Staubblätter so lang wie die Kronblätter. Der Stengel ist blattlos. Die dichte Grundrosette wird von ledrigen, hellgrünen, schmal-lanzettlichen, am Rande borstig bewimperten Blättchen gebildet. Als Frucht bildet der Kreuzblütler ein 5–15 mm langes, gestieltes schmal-elliptisches Schötchen. **V** Häufig vorkommende Pionierpflanze offener Rasengesellschaften, in Felsspalten, auf exponierten Graten, in Schutt- und Geröllfeldern; v. a. auf Kalk. Höhenlage 1600–3400 m. **B** An extreme Standorte gut angepaßt. Die ledrigen, immergrünen Blätter trotzen stärkstem Wind und können auch ohne Schneeschutz überwintern, wie die bereits im Herbst vorgebildeten Blütenknospen. Bei Regenwetter kommt es zu Selbstbestäubung.

Weg-Rauke

Sisymbrium officinale

20–80 cm	3–5 mm	V–IX

M Die gelben Blüten der Weg-Rauke werden nur 3–5 mm breit und fallen deshalb – obwohl sie in einem traubigen Blütenstand stehen – kaum auf. Die Blütentraube ist zum Zeitpunkt der Blüte sehr kurz; sie wächst aber nach dem Verblühen in die Länge. Früchte sind 1–2 cm lange Schoten. Im unteren Bereich des 20–80 cm hohen Stengels sitzen tief fiederteilige Blätter, oben bestehen die Blätter aus einem pfriemlich-linealischen Endzipfel und meist 2 länglichen Seitenlappen. Die Weg-Rauke gehört zu den Kreuzblütlern. **V** Die Pflanze ist auf Äckern, an Wegrändern und anderen stickstoffreichen Standorten anzutreffen. **B** Die Art gilt als Kulturbegleiter und Pionierpflanze mit hohem Anpassungsvermögen.

Acker-Senf

Sinapis arvensis

30–80 cm	8–12 mm	V–IX

M Die Pflanze wird 30–80 cm hoch, Stengel und Blätter sind rauh behaart. Die Blüten werden 8–12 mm breit, die Kelchblätter stehen waagrecht ab. Im unteren Stengelbereich sind die Blätter gestielt, tief fiederteilig und buchtig gezähnt; sie werden 20 cm lang. Die oberen Blätter sind ganzrandig, von lanzettlicher Gestalt und sitzen dem Stengel direkt an. Kennzeichnend ist die Frucht, eine 2–4 cm lange, kahle Schote mit einem 10–15 mm langen Schnabel, die die schwarzen Samen enthält. **V** Das Kreuzblütengewächs ist auf Äckern, an Wegrändern, auf Schuttplätzen, gelegentlich auch in Gärten zu finden. Bevorzugt werden kalkhaltige, nährstoffreiche Lehmböden. **B** Die Pflanze gilt als alte Arzneipflanze; für die Senfherstellung, wozu man die Samen benötigt, hat sie nicht die Bedeutung wie der Weiße Senf *(Sinapis alba)*.

Wilde Resede

Reseda lutea

20–50 cm	8–12 mm	V–IX

M Am aufrechten Stengel stehen bei diesem Resedengewächs 1–2fach fiederteilige Blätter. Ihr Rand ist wellig, einzelne Abschnitte sind knorpelig gezähnt. Der Blattstiel ist schmal geflügelt. Die hellgelben, dorsiventralen Blüten stehen in ährenförmigen Trauben. Die oberen 2 der 6 Kronblätter sind länger als die unteren. **V** Die Wilde Resede findet man an Bahngleisen, an Wegrändern, auf Schutthalden, in Steinbrüchen oder auf anderen steinigen, aber nährstoffreichen Böden. Sie kommt zerstreut vor. **B** Die Pflanze hat aufgrund ihres Gehalts an Senfölen Heilwirkung. Sie wird auch Gelber Wau genannt. Neben dieser Art gibt es bei uns auch die Färber-Resede *(Reseda luteola)*, die ihrem Namen entsprechend als Färbepflanze verwendet wurde und die Wohlriechende Resede *(Reseda odorata)*, die manche Gärten mit ihren gelblich-weißen Blüten ziert.

Wiesen-Schlüsselblume

Primula veris

10–20 cm	8–12 mm	IV–V

M Trotz ihres hohen Bekanntheitsgrades wissen nur wenige, daß es in unserer Flora zwei Schlüsselblumen-Arten, die Wiesen- und die unten beschriebene Wald-Schlüsselblume gibt. Im direkten Vergleich fallen die bei dieser Art intensiver gelben und duftenden Blüten auf. Sie stehen in einer einseitswendigen Dolde und haben einen bauchigen Kelch. Der Blütenschlund ist rot gefleckt und geht in einen glockigen Saum über. Der Blütenstiel erreicht 10–20 cm Höhe. Die in einer grundständigen Rosette stehenden Blätter sind länglich-eiförmig und haben einen gekerbten Rand. **V** Die Pflanze gedeiht auf Wiesen, in lichten Wäldern und auf Kalkmagerrasen. **B** Die Bestäubung erfolgt durch Bienen und Hummeln, die Samenverbreitung durch den Wind.

Wald-Schlüsselblume

Primula elatior

10–30 cm	15–20 mm	III–V

M Der Kronsaum der schwefelgelben Blüten ist bei dieser Schlüsselblumen-Art flach ausgebreitet. Auffallend ist die dunklere Gelbfärbung des Blütenschlundes. Der Kelch liegt den Kronblättern eng an und läuft in lanzettliche Kelchzähne aus. Die Blüten duften nur sehr schwach. Die Blätter dieses Primelgewächses stehen grundständig, sind 10–20 cm lang und unregelmäßig gezähnt. Sie verschmälern sich allmählich in den geflügelten Stiel. **V** Die Art kommt in Laubwäldern, besonders in Auen- und in Schluchtwäldern vor. **B** Die durch Bienen und Hummeln bestäubte Pflanze entwickelt als Frucht eine Kapsel, deren Samen durch den Wind verbreitet werden. Zur Verhinderung der Selbstbestäubung gibt es bei den hier beschriebenen *Primula*-Arten langgriffelige Individuen mit kurzgestielten Staubgefäßen und umgekehrt.

Aurikel

Primula auricula

G	5–25 cm	15–25 mm	IV–VII

M Die Blüten des Primelgewächses sind leuchtend gelb, am Schlund mehlig, stark duftend; sie stehen in einer vielblütigen, meist einseitswendigen Dolde. Die 5 trichterig ausgebreiteten Kronzipfel sind kaum eingekerbt. Der Kelch ist kahl, mit stumpfen Zipfeln, viel kürzer als die Kronröhre. Die hellgrünen, kahlen, verkehrt-eiförmigen, »ohrförmigen« (= *auriculum*) Blätter sind sehr fleischig und bilden eine grundständige Rosette. Der Blattrand ist glatt oder leicht gezähnt. Junge Blätter sind oft mehlig bestäubt. **V** Die Art kommt ausschließlich auf kalkreichem Gestein vor. Man findet sie in Felsspalten, auf Schutthalden und Geröll in 1600–2500 m Höhe. **B** Die Pflanze hat mit den fleischigen Blättern einen idealen Wasserspeicher entwickelt, der bei Regenfällen eine enorme Flüssigkeitsaufnahme ermöglicht. Alte Heilpflanze; in der Volksmedizin als »Bruderkraut« bekannt.

Gewöhnl. Gilbweiderich

Lysimachia vulgaris

50–150 cm	10–15 mm	VI–VIII

M Trotz erheblicher Unterschiede im Erscheinungsbild ist diese Art mit dem unten folgend beschriebenen Pfennigkraut nah verwandt. Die gelben Blüten stehen in einer endständigen, unten beblätterten Rispe. Die am Rande kahlen Kronblätter werden von rotzipfeligen Kelchblättern umfaßt. Der kurz behaarte Stengel trägt gegenständig, oder zu 3–4 quirlständig, eiförmig-längliche Blätter. Sie erreichen 14 cm Länge und sind drüsig punktiert. **V** Man findet die Art an Ufern, in Flachmooren, in Gräben und Bruchwäldern. Sie meidet Kalk, bevorzugt hingegen nasse, torfige Böden. **B** Die Bestäubung der Pflanze erfolgt durch Fliegen und andere Insekten. Wie bei allen Primelgewächsen entwickelt sich als Frucht eine Kapsel.

Pfennigkraut

Lysimachia nummularia

10–50 cm	12–15 mm	V–VII

M Am kriechenden Stengel befinden sich bei diesem Primelgewächs in gegenständiger Anordnung rundliche bis elliptische Blätter. In den Blattachseln stehen einzeln oder zu zweit zitronengelbe, langgestielte Blüten. Die Innenseite der Kronblätter ist dunkelrot-drüsig punktiert. **V** Man findet die stickstoffliebende Art auf nassen, gut gedüngten Wiesen, an Ufern, in Gräben, an Wegrändern und auch in Wäldern mit feuchten Böden. An geeigneten Standorten gedeiht die Pflanze oft recht üppig. **B** Der Name der Pflanze bezieht sich auf die Form der Blätter. Das Pfennigkraut enthält in den Blättern Saponine, denen eine gewisse Heilwirkung zugeschrieben wird. Die Blütenbestäubung erfolgt durch Fliegen, die Verbreitung in erster Linie durch Ausläufer. Nah verwandt ist der zerstreut vorkommende und oben beschriebene Gewöhnliche Gilbweiderich.

Gelber Enzian

Gentiana lutea

G	50–140 cm	20–25 mm	VI–VIII

M In den Achseln der oberen Blätter stehen in 3–10blütiger Trugdolde große gelbe, gestielte Blüten. Sie sind fast bis zum Grund in meist 5–6 Kronzipfel geteilt, nie punktiert oder gefleckt. Der Stengel ist rund, innen hohl; er trägt blaugrüne, kahle, breit-eiförmige Blätter mit deutlicher Bogennervatur. Blattstellung kreuzgegenständig. **V** Das Enziangewächs gedeiht auf nährstoffreichen, aber ungedüngten Bergwiesen, Matten, Zwergstrauchheiden in 1500–2500 m Höhe. Der Boden muß kalkhaltig sein. **B** Die Pflanze enthält in allen Organen Bitterstoffe, besonders in der sehr kräftigen Wurzel. In der Heilkunde werden diese zur Verstärkung der Magensekretion verwendet. Aus der vergorenen Wurzel wird Enzianschnaps gebrannt, wobei eigens dafür angebaute Pflanzen verwendet werden, da Wildpflanzen unter Schutz stehen.

Echtes Labkraut

Galium verum

10–100 cm	2–4 mm	V–IX

M Die Blüten dieses Rötegewächses stehen in vielblütigen, rispenartigen Blütenständen. Sie sind gold- bis zitronengelb, haben kurz bespitzte Kronzipfel und duften intensiv nach Honig. Die nadelförmigen Blätter sind nur 1 mm breit, am Rand umgerollt und unterseits weichhaarig. Sie stehen in 6–12blättrigen Quirlen. Der Stengel ist aufrecht oder aufsteigend und weist 4 erhabene Linien auf. **V** Das Echte Labkraut gedeiht auf Magerrasen, an Wegrändern, in Lärchenwäldern, Moorwiesen und in Gebüschen. **B** Seinem Namen entsprechend enthält dieses Rötegewächs in den Blättern ein Labferment, das die Milch zum Gerinnen bringt. Früher wurde die Pflanze deshalb bei der Käseherstellung verwendet. Gewisse Bedeutung als Heilpflanze.

Kleinblütige Königskerze

Verbascum thapsus

10–170 cm	20–25 mm	VII–IX

M Ihrer Größe wegen gehört diese Pflanze zu den bekannteren Arten unserer Flora. Die hellgelben, bis 25 mm breiten Blüten stehen in einem langen, traubigen Blütenstand. Auffallend ist die unterschiedliche Gestalt der Staubgefäße: Die 2 unten stehenden sind kahl, die 3 oberen sind wollig behaart. Bis 40 cm lange, ei-längliche Blätter bilden eine Grundrosette; am Stengel laufen die eiförmig-lanzettlichen Blätter bis zum nächstunteren Blatt herab. Blätter und Stengel sind dicht filzig behaart. Die Frucht ist eine Kapsel. **V** Schutthalden, Dämme, Ufer, Wegränder und andere Ruderalstandorte werden von der Pflanze bevorzugt. Das Braunwurzgewächs kommt noch recht häufig vor. **B** Die Art gilt als Stickstoffanzeiger. Früher wurde sie zur Wund- und Geschwürheilung verwendet, innerlich wird sie bei Leber- und Gallenleiden angewandt.

Großblütiger Fingerhut **G**

Digitalis grandiflora

40–120 cm	30–40 mm	VI–IX

M Die Blüten stehen in einer einseitswendigen, langgezogenen Traube am Oberende des drüsig-flaumig behaarten Stengels. Sie sind 3–4 cm lang, hell- bis ockergelb, glockig-bauchig, innen braun gefleckt, am Rand mit 5 undeutlichen Zipfeln. Kelchzipfel linealisch bis lanzettlich, drüsenhaarig, mit zurückgekrümmten Spitzen. Blätter lanzettlich, Rand fein gesägt, Oberseite glänzend, fast kahl, Unterseite und Blattrand flaumig behaart. **V** In lichten Laub- oder Mischwäldern, an buschigen Hängen, auf Kahlschlägen, Lichtungen und Steinhalden; in den Alpen selten, bis 2000 m. Braucht kalkhaltigen, steinigen Boden. **B** Das Braunwurzgewächs wird von Hummeln bestäubt. Die in der Pflanze enthaltenen *Digitalis*-Glykoside sind sehr giftige Substanzen, die als Herz- und Kreislaufmittel Verwendung finden. Man stellt diese Substanzen heute synthetisch her.

Gemeines Leinkraut

Linaria vulgaris

20–60 cm	15–30 mm	VI–IX

M Das Leinkraut ist ein Braunwurzgewächs, das blühend bis September anzutreffen ist. Die schwefelgelben Blüten bilden einen traubigen Blütenstand. Auffallend an den 15–30 mm großen Einzelblüten ist der lange, gerade Sporn und der orangefarbene Schlund. Am 20–60 cm hohen, gewöhnlich unverzweigten Stengel sitzen lineal-lanzettliche, blaugrüne Blätter (3–8 cm). **V** Die Pflanze ist in Gräben, an Wegen, auf Schuttplätzen und in Steinbrüchen zu finden. **B** Der Name der Pflanze leitet sich von dem im Mittelalter üblichen Brauch ab, der Wäschestärke (»Leinenstärke«) einen Absud des Leinkrauts zuzusetzen, um einen damals üblichen Gelbton zu erreichen. Die Blüten dieser Art werden von Hummeln bestäubt.

Zottiger Klappertopf

Rhinanthus alectorolophus

20–60 cm	15–20 mm	V–IX

M Der Name dieser Art leitet sich einerseits von der zottigen Behaarung im oberen Stengelbereich und andererseits von den in den reifen Kapseln klappernden Samen ab. Die Einzelblüten stehen am Ende des 20–60 cm hohen Stengels in den Blattachseln von Tragblättern. Die Oberlippe dieses Braunwurzgewächses ist durch einen violetten Zahn charakterisiert. Die behaarten Blätter sind länglich-lanzettlich, gesägt und gegenständig angeordnet. **V** Die Art blüht von Mai bis September auf Fettwiesen, Halbtrockenrasen und Äckern. **B** Alle Klappertopf-Arten sind Halbschmarotzer und entziehen ihren Wirtspflanzen (überwiegend Gräser) Wasser und Nährsalze an der Wurzel. Dies wird durch spezielle Saugorgane, die an den Wurzeln der Wirtspflanzen ansetzen, ermöglicht. Die Blütenbestäubung erfolgt überwiegend durch Hummeln.

Wiesen-Wachtelweizen

Melampyrum pratense

10–50 cm	12–20 mm	V–IX

M In einer einseitswendigen, lockeren Ähre stehen bei diesem Braunwurzgewächs gelblichweiße Blüten. Ihre Kronröhre ist gerade und steht rechtwinkelig von der Blütenachse ab. Die Kelchzähne sind lanzettlich-pfriemlich und kürzer als die halbe Kronröhre. Die rauhen Blätter sind lineal-lanzettlich. **V** Die Pflanze ist in Laubwäldern, Nadelwäldern, Gebüschen, auf Heiden und an anderen Standorten mit sauren, humushaltigen Böden anzutreffen. Sie kommt dort meist recht häufig vor. **B** Wie der oben beschriebene Zottige Klappertopf ist auch diese Art ein Halbschmarotzer, der mit sogenannten Haustorien die Wurzeln seiner Wirtspflanzen anzapft und dabei Wasser und Nährsalze entzieht. Der Name leitet sich von der irrtümlichen Annahme ab, daß v. a. Wachteln die Samen der Pflanze fressen. Da die Samen recht giftig sind, kann dies nicht bestätigt werden.

Wasserschlauch

Utricularia vulgaris (Gewöhnlicher W.) **G**

15–35 cm	15–20 mm	VI–VIII

M Die untergetaucht lebende Wasserpflanze schwimmt frei. An den haarfein gezähnten Blattzipfeln der zerteilten Blätter finden sich 10–150 »Schläuche« (s. u.). Die leuchtend gelben Blüten stehen zu 3–15 in Trauben über Wasser; sie haben eine auffallend sattelförmig gebogene Unterlippe, deren seitliche Ränder nach unten geschlagen sind. Blütenstiele mit bis 15 mm Länge 2–3 mal so lang wie das Tragblatt. **V** Das Wasserschlauchgewächs gedeiht in nährstoffreichen Tümpeln, Gräben und anderen stehenden Gewässern. **B** Die Pflanze fängt mit Hilfe der »Schläuche« kleine Wassertiere, die durch einen Klappmechanismus in deren Innenraum gesogen werden. Dort werden sie verdaut und die Verdauungsprodukte resorbiert.

Goldnessel

Lamiastrum galeobdolon

20–60 cm	15–25 mm	IV–VII

M Die Blüten dieses Lippenblütengewächses stehen zu mehreren in den Achseln der oberen Blätter. Sie sind goldgelb, die 3zipfelige Unterlippe rotbraun gefleckt. Außen ist die Blütenkrone behaart. Die gestielten Blätter sind eiförmig, spitz, am Rand unregelmäßig kerbig gesägt und nur schwach behaart. Sie sitzen einem 4kantigen Stengel kreuzgegenständig an. **V** Die Art liebt schattige Standorte in verschiedenen Waldtypen und Gebüschen. Der Boden muß nährstoffreich, locker und steinig sein. Sie ist recht verbreitet. **B** Goldnesseln bilden lange, oberirdisch bogenförmig dem Boden zuwachsende Ausläufer, die an der Spitze einwurzeln. Die Pflanze hat – obwohl sie der Brennessel ähnelt – keine Brennhaare. Sie gehört zur Gruppe der Taubnesseln und wurde früher wie diese in der Gattung *Lamium* geführt. Ihre Blüten werden v. a. von Bienen bestäubt.

Klebriger Salbei

Salvia glutinosa

40–80 cm	30–40 mm	VII–IX

M Der Blütenstand des Lippenblütlers setzt sich aus 6–10 quirligen Teilblütenständen zusammen. In jedem Quirl findet man 4–8 hellgelbe Blüten mit braunroter Punktierung; die Blütenkrone ist 3mal so lang wie der drüsig-klebrige glockenförmige Kelch. Oberlippe helmartig; Unterlippe ungeteilt, leicht 3lappig. Drüsig-klebrige (Name!) Behaarung des Stengels und der großen ovalen, lang-zugespitzten Blätter. Sie sind lang gestielt; Blattrand grob gesägt, Blattgrund mit breiten, abstehenden Lappen. **V** In Laub- und Mischwäldern, Hochstaudenfluren, auf Kahlschlägen, an buschigen Ufern. Der Standort sollte schattig sein, der Boden nährstoffreich. **B** Wie bei allen Salbei-Arten bewirkt ein Hebelmechanismus in der Blüte, daß die Pollen auf dem Rücken von Insekten abgestreift werden bzw. auf die Narbe geraten.

Echte Goldrute

Solidago virgaurea

20–70 cm	0,7–1,2 cm	VII–IX

M In einer aufrechten Rispe oder Traube stehen zahlreiche gelbe Blütenköpfchen. Die 5–12 außen stehenden Zungenblüten überragen die zentralen Röhrenblüten deutlich. Am kaum verzweigten, kahlen Stengel des Korbblütlers sitzen im oberen Bereich lanzettliche, ganzrandige Blätter; im unteren Stengelbereich sind die Blätter gestielt, verkehrt-eiförmig bis elliptisch und am Rande gezähnt. **V** Ist in krautreichen Laub- und Mischwäldern, Nadelwäldern, auf Kahlschlägen, Lichtungen und an Waldrändern anzutreffen. Der Boden muß locker und kalkhaltig sein. **B** Seit dem Mittelalter wird die Pflanze wegen ihrer harntreibenden und entzündungshemmenden Wirkung bei Blasen- und Nierenerkrankungen verwendet.

Kanadische Goldrute

Solidago canadensis

50–250 cm	0,5–0,6 cm	VIII–X

M Die kräftige, mehrjährige Pflanze trägt auf der Oberseite ihrer bogig gekrümmten Rispenzweige zahlreiche, deutlich gestielte Blütenköpfchen. Im Gegensatz zur Echten Goldrute sind die randständigen Zungenblüten der Köpfchen bei diesem Korbblütler etwa so lang wie die zentralen Röhrenblüten. Hüllblätter dachziegelig angeordnet und ungleich lang. Die Blätter sind 10–15 cm lang, lanzettlich, zugespitzt, am Rande gesägt und unterseits rauh behaart. Sie stehen wechselständig. **V** Diese Art wächst auf nährstoffreichen Böden in Auwäldern, Ufergebüschen, auf Kahlschlägen und verschiedenen anderen Unkrautfluren. **B** Die Heimat der Pflanze ist Nordamerika. Sie wurde im letzten Jahrhundert bei uns in Gärten eingebürgert und hat sich mittlerweile verwildert über ganz Europa ausgebreitet. Verschiedene Fliegen und Falter sind die Bestäuber.

Ochsenauge

Buphthalmum salicifolium

20–60 cm	3–6 cm	VII–VIII

M Die steif aufrecht stehende Pflanze ist kaum verzweigt. Am Ende der langen, beblätterten Triebe stehen einzeln die großen gelben Blütenköpfchen. Randliche Blüten zungenförmig, 2–3 mm breit; im Zentrum zahlreiche Röhrenblüten. Hüllblätter dachziegelig angeordnet. Die Blätter stehen wechselständig, sind ungeteilt, ei-lanzettlich, seidig behaart, bis 2 cm breit, entfernt gezähnt oder ganzrandig. Die Früchte sind 4 mm lang und 3kantig geflügelt. **V** Gedeiht auf kalkhaltigen, etwas steinigen Böden an Waldrändern, in lichten Eichen- und Kiefernwäldern, auf Kalkmagerrasen, Heidewiesen, an Felsen und anderen steinigen Plätzen. **B** Die Pflanze gilt in ihren ökologischen Ansprüchen als extrem lichtbedürftig, nicht sehr wärmeliebend, sehr stark kalkanzeigend und stickstoffmeidend. Eigenständige Korbblütler-Gattung mit nur dieser einen Art.

Arnika

Arnica montana

G

20–60 cm	4–6 cm	V–VIII

M Korbblütler mit charakteristischen, kräftig orangegelben Blütenkörbchen. Stengel und Blütenboden sind drüsig behaart. Im oberen Stengelbereich findet man in der Regel 2–3 gegenständige, sitzende Blattpaare. Die rosettigen Grundblätter sind verkehrt-eiförmig, ganzrandig, mit 5–7 Längsnerven. **V** Die Arnika gedeiht auf trockenen, mageren und sauren Böden; in Wiesen und Weiden, Zwergstrauchheiden und Mooren bis 2800 m. **B** Die Art ist eine der bekanntesten und ältesten Heilpflanzen. Sie ist jedoch geschützt und darf deshalb nicht mehr gesammelt werden. In der Volksmedizin gilt sie als Allheilmittel. Die enthaltenen Bitterstoffe, ätherischen Öle, Gerbsäure und ein Alkaloid wirken wundheilend und entzündungshemmend.

Großblütige Gemswurz

Doronicum grandiflorum

10–50 cm	4–6 cm	VII–VIII

M Der Stengel dieses Korbblütlers ist hohl, drüsig behaart; er trägt meist 1 gelben Blütenkopf, selten ist er verzweigt und endet dann in max. 5 Blütenköpfchen. Die Blütenköpfe bestehen aus 20–30 Zungenblüten, die die ebenfalls gelben, röhrigen Scheibenblüten strahlig umgeben. Grundblätter breit-eiförmig, gestielt, grob buchtig gezähnt und behaart. Stengelblätter mit herzförmigem Grund, deutlich stengelumfassend, eiförmig-lanzettlich, ebenfalls gezähnt, am Rand behaart. **V** Besiedelt Felsschutt, Geröll und Felsspalten in 1800–3100 m Höhe. Der Boden muß kalkhaltig, locker und feucht sein. **B** Die Pflanze gilt als typische Art der Schuttflora, ist aber etwas kälteempfindlich. Sie wird hin und wieder mit der Arnika verwechselt, unterscheidet sich von dieser aber durch die fehlende Grundblattrosette und den gezähnten Blattrand.

Huflattich

Tussilago farfara

5–20 cm	2–3 cm	III–IV

M Die kleinen Gruppen dieses Korbblütlers erscheinen bereits bei erster Frühlingssonne. Das 20–30 mm breite Blütenkörbchen ist durch mehrreihig stehende Strahlenblüten gekennzeichnet und von einer Reihe grüner Hüllblätter eingefaßt. Bei bedecktem Himmel schließen sich die Blütenköpfe und geben den Blick frei auf den mit rötlichen Schuppenblättern besetzten Stengel. Nach dem Verblühen neigen sie sich abwärts und erst dann beginnt die Entwicklung der grundständigen, 10–30 cm breiten Blätter. Diese sind rundlich-herzförmig, am Rande schwärzlich gezähnt, unterseits weißfilzig. **V** Huflattich wächst auf Schutthalden, an Weg- und Straßenrändern, Bahndämmen und anderen Ruderalstandorten. **B** Die Art gilt seit altersher als wichtige Heilpflanze. Äußerlich wird sie bei Entzündungen, innerlich bei Husten und Bronchialleiden verwendet.

Rainfarn

Tanacetum vulgare

60–100 cm	0,7–1,2 cm	VII–IX

M Die Ähnlichkeit der austreibenden Blätter mit denen der Farne hat zum Namen dieses Korbblütlers geführt. Am 60–100 cm hohen, zähen Stengel stehen in dichter Folge tief gefiederte, bis 25 cm lange Blätter. Die Blattspreite wird dabei von 16–24 lanzettlichen, am Rand gesägten Fiedern gebildet. In reichblütigen Schirmrispen stehen 7–12 mm große, goldgelbe Blütenkörbchen. Strahlenblüten am Rand des Blütenkörbchens fehlen. Blätter und Blüten duften stark aromatisch. **V** Der Rainfarn gedeiht auf typischen Unkrautfluren, auf Schuttplätzen, an Waldrändern und auf Kahlschlägen. **B** Die Pflanze enthält ätherische Öle und Bitterstoffe. In der Naturheilkunde wird sie als Wurmmittel und gegen Verdauungsstörungen verwendet.

Fuchs-Greiskraut

Senecio fuchsii

60–180 cm	2–3 cm	VII–IX

M Die gelben Blüten des Korbblütengewächses stehen in einer doldenartigen Rispe. Sie setzen sich aus 6–15 Röhrenblüten und 5 Zungenblüten zusammen. Die walzenförmige Hülle besteht aus meist 8 kahlen Hüllblättern. Am aufrechten und kahlen Stengel stehen lanzettliche Blätter, die fein gesägt und in den leicht geflügelten Stiel verschmälert sind. **V** Die Pflanze ist auf Kahlschlägen, an Bachufern und in krautreichen Mischwäldern heimisch. **B** In den Alpen ist die Art bis in Höhen über 2000 m anzutreffen. Ähnlich ist das Hain-Greiskraut *(Senecio nemorensis)*, dessen Blätter allerdings am Grund deutlich verbreitert sind. Die Gattung *Senecio* ist eine sehr artenreiche Verwandtschaftsgruppe, der eine ganze Reihe sog. Unkräuter verschiedener Standorte angehören. Bastardbildung ist sehr häufig, üblich ist jedoch Selbstbestäubung.

Jakobs-Greiskraut

Senecio jacobaea

30–100 cm	1–2,5 cm	VI–X

M Diese kräftige, verzweigte Pflanze trägt dichte Schirmrispen mit zahlreichen goldgelben Blütenköpfen. Die äußeren Hüllblätter der Blütenköpfe sind viel kürzer als die dunkelspitzigen inneren. Die Grundblätter des Korbblütlers sind leierförmig-fiederspaltig und bilden eine Rosette, die allerdings zur Blütezeit meist schon verwelkt ist. Stengelblätter unterseits kahl oder spinnwebig-wollig behaart, 1–2fach fiederteilig mit rundlichen und gezähnelten Fiederlappen, Endlappen größer, an der Basis tief zerschlitzte Öhrchen. Stengel kantig gerillt, oft bräunlich überlaufen. **V** Kommt an Weg- und Waldrändern, auf Halbtrockenrasen, in lichten Wäldern, an buschigen Hängen und Rainen vor. **B** Unter den vielen *Senecio*-Arten (s. o. und Gemeines Greiskraut, S. 182) eine sehr häufige. Sie wurde früher in der Frauenheilkunde bei Blutungen verwendet.

Gemeines Greiskraut

Senecio vulgaris

10–30 cm	0,8–1 cm	II–XI

M Das Gemeine Greiskraut zählt zu unseren häufigsten Ackerunkräutern und ist weltweit verbreitet. Die gelben Blütenköpfe erreichen eine Länge von 10 mm. Auffallendstes Merkmal sind die fehlenden Zungenblüten. 8–12 schwärzliche Außenhüllblätter und 21 grüne, spitz zulaufende Hüllblätter umschließen das Köpfchen. Die Blüten bilden einen rispigen Blütenstand am Ende des bis 50 cm hohen Stengels. Buchtig gelappte bis fiederteilige Blätter sitzen diesem an. Sie sind gezähnt, im oberen Stengelbereich deutlich geöhrt. Die Früchte (2 mm) sind flaumig behaart. **V** Die Pflanze gedeiht auf allen typischen Unkrautfluren. **B** Der Name dieser Art bezieht sich auf die weißhaarigen Früchte. Die Pflanze enthält giftige Alkaloide.

Kohl-Kratzdistel

Cirsium oleraceum

50–150 cm	1–2,5 cm	VI–IX

M Die unverwechselbare Pflanze ist weichdornig, am Stengel locker beblättert. Die Blätter sind weich, im unteren Stengelbereich lanzettlich und fiederteilig, im oberen Stengelbereich ungeteilt, eiförmig und stengelumfassend. Gelblichweiße Blüten stehen gehäuft an der Stengelspitze; sie sind von bleichgrünen, ebenfalls weichstacheligen Hochblättern umgeben. Die Früchte haben federige Pappushaare. **V** Kohl-Kratzdisteln gedeihen auf nassen Wiesen, in Auenwäldern, Flachmooren, an Gewässerufern, Gräben und anderen Standorten mit grundwasserfeuchten Lehmböden. Die Pflanze ist ein Nässe- und Nährstoffanzeiger. **B** Die Blütenbestäubung wird von Faltern und Bienen übernommen. Die Fruchtverbreitung geschieht durch den Wind, wobei die Pappushaare wichtige Dienste leisten. In manchen Gegenden wird die Art als Gemüsepflanze genutzt.

Alpen-Kratzdistel

Cirsium spinosissimum

20–120 cm	2–4 cm	VII–IX

M Sehr auffallende Art, die meist kräftige Stauden bildet. Oft stehen mehrere bleichgelbe Blütenköpfe am Ende der kaum verzweigten Stengel. Sie sind von grüngelben, dornig gezähnten Hochblättern umgeben. Auch die stengelumfassenden Laubblätter sind dornig gezähnt, tief fiederspaltig, gelbgrün und leicht wellig. Die Haarkrone der Früchte ist gefiedert. **V** Braucht nährstoffreichen Boden; in der Lägerflur, auf tiefgründigen Weiden und feinem Schutt; in 1400–3100 m Höhe. **B** Kommt wegen ihres hohen Stickstoffbedarfs auf Viehweiden vor, wo sie als lästiges Unkraut gilt. Sie ist allerdings ein echtes Symbol unserer Alpen. Bei den Korbblütlern, zu denen auch die Disteln gehören, unterscheidet man Röhren- und Zungenblüten, wobei alle *Cirsium*-Arten (s. auch oben) ausschließlich Röhrenblüten im Köpfchen enthalten.

Wiesen-Bocksbart

Tragopogon pratensis

30–70 cm	4–6 cm	V–VII

M Der Wiesen-Bocksbart erreicht eine Höhe von 30–70 cm und fällt durch seine 4–6 cm breiten, kräftig gelben Blütenköpfchen auf. Das Köpfchen besteht hier nur aus Zungenblüten und ist von 5–8 Hüllblättern umgeben. Die ungestielten Blätter umfassen den Stengel, sind schmal-lanzettlich und laufen in langen Spitzen aus. Der Name der Pflanze leitet sich von den sog. Pappushaaren ab, die nach Verblühen des Körbchens als Anhängsel der Hüllblätter erscheinen. **V** Dieser Korbblütler bevorzugt als Standort nährstoffreiche Wiesen und auch Halbtrockenrasen. **B** Die Blüten sind bei dieser Pflanze nur von ca. 8 Uhr bis max. 14 Uhr geöffnet. Früher wurde der Bocksbart als Gemüsepflanze verwendet.

Gemeiner Löwenzahn

Taraxacum officinale

10–50 cm	3–5 cm	IV–X

M Die Blüten sitzen auf einem blattlosen, röhrigen Stengel, der beim Abbrechen einen weißen Milchsaft freisetzt. Das Blütenköpfchen besteht ausschließlich aus Zungenblüten, erreicht 5 cm Durchmesser und ist von umgeschlagenen Hüllblättern umgeben. Die Blätter bilden eine grundständige Rosette. Sie sind länglich und tief fiederspaltig gelappt. Je nach Standort erreichen sie 10–30 cm Länge. Den Fruchtstand bildet die allbekannte »Pusteblume«. **V** Es gibt fast keinen Lebensraum, wo dieser Korbblütler nicht zu finden wäre. **B** Der Löwenzahn wurzelt z. T. sehr tief (bis 2 m) und gilt als Pionierpflanze. Im Mai bildet das flächendeckende Gelb seiner Blüten einen typischen Wiesenaspekt. In der Naturheilkunde wird die Pflanze ihrer vielen Inhaltsstoffe wegen bei Leber- und Nierenleiden und gegen Rheuma verwendet.

Kohl-Gänsedistel

Sonchus oleraceus

30–100 cm	2–2,5 cm	VI–X

M Der Stengel dieses Korbblütlers ist ästig und mit weichen, glanzlosen, blaugrünen Blättern besetzt. Diese sind buchtig-fiederschnittig und gezähnt. Am Blattgrund fallen die zugespitzten, abstehenden Öhrchen auf. Die Blütenköpfe werden 25 mm lang und bestehen nur aus Zungenblüten. Die Blütenhülle ist kahl und macht zwei Drittel der Blütenlänge aus. **V** Unkrautfluren, Schuttplätze, Gärten, Äcker und Mauern sind die häufigsten Standorte dieser weitverbreiteten Pflanze. **B** Wie der oben beschriebene Löwenzahn hat auch diese Art sehr tiefgehende Wurzeln und gilt deshalb als besonders widerstandsfähig. Verwechslungsmöglichkeit besteht mit der Rauhen Gänsedistel *(Sonchus asper)*, deren Blätter jedoch stacheliger gezähnt sind und abgerundete, anliegende Öhrchen haben. Daneben gibt es bei uns noch 2 weitere *Sonchus* -Arten.

Acker-Gänsedistel

Sonchus arvensis

50–150 cm	4–5 cm	VII–X

M In lockerer Doldenrispe stehen zahlreiche goldgelbe Blütenköpfchen; auffallend die dichten gelben Borsten am Köpfchenstiel und an der glockenförmigen Hülle. Stengel des Korbblütlers nur im oberen Rispenbereich verzweigt, im unteren Bereich auch nicht beborstet. Blätter kahl, am Grund herzförmig abgerundet, lanzettlich, buchtig gezähnt oder fiederteilig und glänzend grün. Obere Blätter mit am Grund abgerundeten, angedrückten Öhrchen; sitzend. **V** Häufige Pflanze auf Äckern, Schutt, in Gräben, Weinbergen und an Wegrändern. Bevorzugt nährstoffreichen, stickstoffhaltigen Boden. **B** Die Blüten öffnen sich nur bei starker Besonnung am Vormittag. Bereits am frühen Nachmittag werden sie wieder geschlossen.

Kleines Habichtskraut

Hieracium pilosella

5–30 cm	1–1,5 cm	V–X

M Der Stengel des Korbblütlers ist blattlos und trägt immer nur ein Blütenköpfchen. Die Pflanze bildet dünne Ausläufer mit zur Spitze hin kleiner werdenden Blättern. Das Blütenköpfchen besteht nur aus hellgelben Zungenblüten; die randlichen Blüten sind außen oft rötlich überlaufen. Hüllblätter 1–2 mm breit, linealisch und graufilzig. In grundständiger Rosette schmal eiförmige, ganzrandige Blätter, oberseits einzelne weiße Haare, unterseits dicht graugrün- bis weißfilzig. **V** Wächst auf trockenen Grasplätzen, Magerrasen, Heiden, auf Waldlichtungen, an Wegrändern und in Kiefernwäldern. Die Bodenansprüche sind sehr variabel; Sonne sollte ausreichend vorhanden sein. **B** Die Art ist sehr formenreich und leicht mit anderen Habichtskräutern zu verwechseln. Früher wurde sie als Heilpflanze bei Lungenkrankheiten und Katarrhen verwendet.

Wald-Gelbstern

Gagea lutea

10–30 cm	20–25 mm	III–V

M Der Blütenstand dieser zierlichen Pflanze besteht aus 2–7 gelben Blüten, die eine Scheindolde bilden und zwischen 2 schmalen Hochblättern entspringen. Die an der Spitze stumpfen Blütenblätter sind außen grünlich streifig und stehen sternförmig ab. Die Spitze des einzigen, breit-linealischen Grundblattes ist bei diesem Liliengewächs kapuzenartig zusammengezogen. Die 6–10 mm breite Blattspreite ist schwach kielig bis flach. **V** Der Wald-Gelbstern gedeiht in lichten Auen- und Laubwäldern, in Gebüschen, an Bachufern und in Obstgärten. Der Boden muß kalkhaltig und humusreich sein. **B** Die Pflanze entspringt einer einzigen Zwiebel, die keine Nebenzwiebeln ausbildet. Die Bestäubung der Schatten und Feuchtigkeit liebenden Pflanze erfolgt durch Insekten. Die Art kommt sehr häufig mit dem Bärlauch (S. 134) vergesellschaftet vor.

Gelbe Narzisse

Narcissus pseudonarcissus

G

15–40 cm	50–80 mm	III–IV

M Die Blüten des aus unseren Gärten allbekannten Narzissengewächses sind bei der Wildform etwas blasser gelb. Die becherförmige Nebenkrone der nickenden Blüten ist allerdings auch hier dottergelb. Der Blütenschaft ist etwas flachgedrückt. Laubblätter fleischig, blaugrün, grundständig und von linealer Form; sie werden 7–15 mm breit. **V** Als Standort bevorzugt die Pflanze feuchte Wiesen und lichte Wälder. Der Boden sollte kalkarm sein. **B** Die Gelbe Narzisse ist mehrjährig, überwintert als Zwiebel und enthält giftige Alkaloide. Bestäuber sind Hummeln. Hin und wieder findet man ehemals kultivierte und dann verwilderte Pflanzen. Die kultivierten Gartenhybriden gibt es mittlerweile in sehr vielen Farbvarianten.

Gelbe Schwertlilie

Iris pseudacorus

50–120 cm	100 mm	V–VII

M Die gelben Blüten dieses Schwertliliengewächses bestehen aus breiten, ovalen bis rundlichen Blütenhüllblättern und schmal-linealischen, inneren Blütenhüllblättern. Die äußeren Blütenblätter sind an der Basis braun geadert und haben keinen Haarkamm. Die Blüten sind von grünen Hochblättern umgeben. Der Name der Pflanze leitet sich von den schwertförmigen, 10–30 mm breiten Blättern ab. Sie erreichen eine Länge von 1 m. **V** Man findet diese Schwertlilien-Art im Röhricht stehender und fließender Gewässer, in Auenwäldern, Gräben und an anderen teilweise überschwemmten Standorten. Sie kommt nur zerstreut vor. **B** Das horstartige Wachstum der Pflanze ist in einem stark verzweigten Wurzelstock begründet. Entsprechend dem Standort werden die Früchte schwimmend verbreitet. Die Pflanze enthält Giftstoffe und wird vom Weidevieh gemieden.

Frauenschuh

Cypripedium calceolus

G

20–50 cm	60–90 mm	V–VI

M Kennzeichnendes Merkmal der wohl bekanntesten heimischen Orchidee ist die schuhförmig aufgeblasene, 3–4 cm lange, gelbe Lippe. 4 rotbraune, lanzettliche Perigonblätter umgeben den »Schuh«. Meist sind 1–2 Blüten an einem Stengel zu finden. Die Laubblätter sind breit-elliptisch, hellgrün und stengelumfassend. Die deutliche Nervatur ist fein behaart. **V** Lichte Laub- und Nadelwälder mit kalkhaltigem Boden sind bevorzugte Standorte der Pflanze. **B** Die Lippe dieser Art stellt für Insekten eine sog. »Gleitfalle« dar. Ein Entkommen aus der Falle ist nur über einen bestimmten Weg möglich, der die Bestäubung der Blüte gewährleistet. Andere Wege sind ausgeschlossen, da die öligen, glatten Innenwände selbst für Insekten nicht begehbar sind. Interessanterweise bietet die Blume für die bestäubenden Insekten kein Futter als Lockmittel an.

Klatschmohn

Papaver rhoeas

20–80 cm	40–80 mm	V–VIII

M Die scharlachroten Blüten dieses Mohngewächses bieten, wenn sie in größerer Anzahl am Wegrand blühen, einen reizenden Anblick. Sie stehen am Ende eines aufrechten, spärlich verzweigten und behaarten Stengels, der eine Höhe von 80 cm erreichen kann. Die Kronblätter werden 20–40 mm lang; am Grunde ist oft ein schwarzer Fleck zu finden. Sie umgeben eine Vielzahl dunkelvioletter Staubfäden und den im Zentrum der Blüte stehenden Fruchtknoten mit 8–12strahliger, scheibenförmiger Narbe. Aus ihm entwickelt sich die charakteristische Mohnkapsel. Die behaarten Blätter sind fiederteilig mit tieflappig gezähnten Abschnitten. **V** Äcker, Wegränder, Ruderalstellen. **B** Die Pflanze wurde früher in der Naturheilkunde verwendet.

Hohler Lerchensporn

Corydalis cava

10–30 cm	18–28 mm	III–V

M Am aufrechten Stengel stehen 6–20 purpurrote oder weiße Blüten in einem traubigen Blütenstand. Die beiden inneren Kronblätter sind an der Spitze verwachsen; das obere äußere Kronblatt ist nach hinten gespornt, nach vorn verbreitert; das untere äußere Kronblatt bildet die verbreiterte Unterlippe. Die blaugrünen Blätter sind doppelt 3zählig. **V** Das Erdrauchgewächs kann man in verschiedenen Laubwäldern, in Auenwäldern, Gebüschen und Gärten finden. **B** Die Pflanze entspringt einer hohlen, unterirdischen Knolle, die verschiedene giftige Alkaloide enthält. Sie wurden früher bei verschiedenen Anzeigen zu Heilzwecken genützt. Aus den von Bienen und Hummeln bestäubten Blüten entwickeln sich schnabelförmige Kapseln. Da die Art nur auf sehr nährstoffreichen Böden vorkommt, gilt sie als sog. Nährstoffzeiger.

Erdrauch

Fumaria officinalis

10–30 cm	6–9 mm	V–X

M Wie der oben beschriebene Klatschmohn gehört auch der Erdrauch in die Familie der Mohngewächse, wird aber oftmals auch einer eigenen Familie, den Erdrauchgewächsen, zugeordnet. Es handelt sich um eine zierliche, aufrecht stehende Pflanze mit bis 40 cm hohem Stengel, der reich mit doppelt gefiederten, blaugrünen Blättern besetzt ist. In einer reichblütigen Traube stehen 6–9 mm lange, rosarote Blüten mit rot-schwarzen Spitzen. Die Kelchblätter erreichen nur ca. ein Drittel der Länge der Blütenkronröhre. Nach der Blüte entwickeln sich nierenförmige, am Scheitel eingedrückte Früchte, die an aufsteigenden Stielen stehen. **V** Die Art gedeiht auf Äckern, in Gärten und an anderen Standorten mit sehr lehmigem Boden. **B** In der Naturheilkunde wurde die Pflanze bei Hautkrankheiten und Störungen des Verdauungssystems eingesetzt.

Berg-Hauswurz
Sempervivum montanum

5–15 cm	20–30 mm	VII–VIII

M Die Blätter des Dickblattgewächses bilden 1–2 cm breite, mehr oder weniger geschlossene Rosetten, sind hellgrün, oft mit rötlicher Spitze, dickfleischig, dicht drüsig-zottig behaart, jedoch nicht mit spinnwebigen Wollhaaren. Die purpurroten, 20–30 mm großen Blüten haben meist 12–16 lineal-lanzettliche Kronblätter mit dunklerem Mittelstreif. Die Staubfäden sind blaß. Stengel und Stengelblätter oft rötlich und drüsig klebrig. **V** Gedeiht auf kalkarmen, mageren Matten, auf Schutt und Felsen; in 1700–3400 m Höhe. **B** Hin und wieder bildet die Art auch gelbliche Blüten aus. Die fleischigen Blätter dienen der Pflanze als Wasserspeicher und ermöglichen damit, wie bei vielen Pflanzen der montanen Region, die Überdauerung von Trockenzeiten.

Großer Wiesenknopf
Sanguisorba officinalis

30–100 cm	10–30 mm	VII–IX

M Die bis 100 cm hohen Stengel dieses Rosengewächses tragen an der Spitze die eiförmigen, dunkelroten Blütenköpfchen. Es handelt sich dabei um zwittrige Blüten mit 4 Staubbeuteln und 1 Griffel. Die Blätter bilden eine grundständige Rosette. Das Einzelblatt ist unpaarig gefiedert, jede Fieder ist 2–4 cm lang und gestielt, der länglich-herzförmige Umriß deutlich gezähnt (beiderseits ca. 12 Zähne) und die Unterseite blaugrün. **V** Die Pflanze bevorzugt feuchtere Standorte, wie Moorwiesen und Feuchtstellen in Fettwiesen, ist aber auch an Wegrändern anzutreffen. **B** Die Art ist verwandt mit dem Kleinen Wiesenknopf *(Sanguisorba minor)*, der bei uns auch als Gewürzpflanze verwendet wird (nicht zu verwechseln mit der Bibernelle). In der Naturheilkunde hat man die Pflanze früher zur Blutstillung, bei Durchfall und Nierenleiden angewendet.

Bach-Nelkenwurz
Geum rivale

20–60 cm	12–15 mm	V–VI

M Namensgebend bei diesem Rosengewächs sind hier einerseits der nach Nelkenöl riechende Wurzelstock, andererseits ein häufiger Standort der Pflanze. Die nickenden Blüten sitzen in Mehrzahl am verzweigten, drüsig behaarten Stengel. Die Kronblätter sind an der Außenseite rötlich, innen gelb und werden von rotbraunen, lanzettlichen Kelchblättern umgeben. Die unteren Blätter sind langstielig, 3teilig mit grob gezähntem Rand. Im oberen Stengelbereich der 20–60 cm hohen Pflanze sind sie nur leicht gelappt. **V** Man findet die Art ausschließlich in Naßwiesen, am Ufer von Bächen und in Auwäldern mit grundwasserfeuchtem Boden. **B** Die Pflanze wird vorwiegend von Hummeln bestäubt. Um an den Nektar zu gelangen, beißen sie oftmals die Blüten von oben an. Im Wurzelstock der ehemaligen Heilpflanze findet sich ein ätherisches Öl.

Wiesen-Klee
Trifolium pratense

10–30 cm	10–20 mm	V–IX

M Die rosa bis roten, duftenden, kugeligen Blütenköpfe stehen meist zu zweit mit 2 Tragblättern. Der Kelch der Einzelblüten ist 10nervig und behaart. Typisch sind die 3zählig gefiederten Blätter, wobei die eiförmigen Fiederblättchen gefleckt und ganzrandig, die Nebenblätter spitz sind. Die Pflanze wird 10–30 cm hoch. **V** Man findet die Art auf Fettwiesen, an Wegrändern und in lichten Wäldern. **B** Der hohe Eiweißgehalt macht diesen Schmetterlingsblütler zu einer der wichtigsten Futterpflanzen unserer Landwirtschaft, und er gilt aufgrund seiner Fähigkeit, mit symbiontischen Bakterien Luftstickstoff zu binden, als wichtiger Gründünger. Die Bestäubung erfolgt in erster Linie durch Hummeln; Ameisen verbreiten die Samen.

Dornige Hauhechel
Ononis spinosa

20–60 cm	8–25 mm	VI–VIII

M Die verzweigte, unten oft verholzte Staude entspringt einer langen Pfahlwurzel und hat bedornte Seitentriebe sowie drüsig-zottig behaarte Sproßachsen. Die unten stehenden Blätter sind bei diesem Schmetterlingsblütengewächs 3zählig, die oberen ungeteilt. Die Fiedern sind eiförmig, am Rand fein gezähnt. In den Blattachseln und besonders an den Zweigspitzen stehen einzelne (oder bis zu 3) Blüten. Sie sind rosa bis purpurn, kurz gestielt mit wenig behaarten Blütenkelchen. Sie duften süßlich. **V** Die Dornige Hauhechel findet man auf Magerrasen, Weiden, an Wegrainen, auf Brachland und an verschiedenen Ruderalstellen. Bevorzugt werden Standorte mit Kalkböden. **B** Die naturheilkundlich genutzte Pflanze enthält ätherische Öle, Säuren, Glykoside und andere Wirkstoffe. Sie wird bei Nieren- und Blasenleiden, Rheuma und Gicht verwendet.

Bunte Kronwicke
Coronilla varia

30–100 cm	8–15 mm	V–IX

M Der niederliegende bis aufsteigende Stengel trägt gefiederte Blätter. Sie sind kurz gestielt und setzen sich in der Regel aus 4–12 Paaren von ovalen Fiederblättchen zusammen. In der 10–20blütigen Dolde stehen die typischen Schmetterlingsblüten, die Fahne und Schiffchen aufweisen; letzteres ist von den beiden Flügeln eingehüllt. Die Fahne ist bei dieser Art rosa, das Schiffchen weiß mit violetter Spitze, die Flügel sind weiß. Als Frucht entwickelt sich eine aufrecht abstehende, gerade Hülse. Sie ist 2–8 cm lang, 4kantig, mit hakig gebogenem Schnabel. Typisch sind 3–6 deutliche Einschnürungen. **V** Der Schmetterlingsblütler gedeiht auf Halbtrockenrasen, an Waldrändern, Böschungen und in Steinbrüchen. Kalkböden werden bevorzugt. **B** Die Pflanze ist aufgrund ihres Gehalts an Glykosiden schwach giftig, wird dennoch z. T. als Futterpflanze kultiviert.

Futter-Esparsette

Onobrychis viciifolia

30–60 cm	10–14 mm	V–VII

M Der 30–60 cm lange Stengel dieses Schmetterlingsblütlers ist aufsteigend bis aufrecht und endet in der traubigen Anordnung der Blüten. Diese sind rot bis dunkelrosa, sehr kurz gestielt und purpurn geadert. Anfangs ist der Blütenstand eiförmig, verlängert sich dann später. In einem Blütenstand sind bis zu 50 Blüten anzutreffen. Der Kelch läuft in sehr langen Kelchzähnen aus, ist 5–8 mm lang und wollig behaart. Die Blätter setzen sich aus 13–25 lineal-länglichen Fiederblättchen zusammen; sie sind maximal 8 mm breit, unterseits behaart. **V** Die Pflanze gedeiht auf Kalkmagerrasen aber auch auf anderen Wiesentypen. **B** Wird als Futterpflanze bereits seit dem 16. Jahrhundert angebaut, kommt mittlerweile aber häufig verwildert vor.

Knollen-Platterbse

Lathyrus tuberosus

20–100 cm	12–16 mm	VI–VIII

M Die 2–5 Blüten sind leuchtend karminrot und wohlriechend. Der kantige, aber nicht geflügelte Stengel des Schmetterlingsblütlers entspringt unterirdischen Ausläufern mit Wurzelknollen (Name!). Er ist niederliegend oder klettert mit den verzweigten Endranken der Blätter, die als umgewandelte Fiedern zu betrachten sind. Die Blätter bestehen aus einem Paar laubiger, elliptischer bis verkehrt-eiförmiger Fiedern mit Netznervatur und feiner Spitze. Die Nebenblätter sind schmal und halbpfeilförmig. **V** Man findet die Knollen-Platterbse in Unkrautbeständen von Getreideäckern, auf Schutt, Wiesen, in Weinbergen, an Wegrändern und Bahndämmen. Der Boden am Standort muß nährstoffreich, kalkhaltig, lehmig-tonig sein. **B** Die Wurzelknollen dieser auch als Futterpflanze angebauten Art sind eßbar. Die Gattung besteht aus vielen Arten (s. auch S. 156 und S. 228).

Blutweiderich

Lythrum salicaria

50–150 cm	8–12 mm	VI–IX

M Der aufrechte, leicht flaumige Stengel ist je nach Stellung der sitzenden Laubblätter 4- bis mehrkantig. Die lanzettlich-spitzen, am Grunde herzförmig abgerundeten Blätter werden bis 12 cm lang. Die Blüten stehen quirlig, in langer Ähre und bilden 3 verschiedene Typen aus, die Selbstbestäubung verhindern. Sie unterscheiden sich in der Griffellänge und der Staubblattlänge. Die 6 Kronblätter sind purpurrot; die Blütenähre weist häufig blütenlose Lücken auf. Die Pflanze gehört in die Familie der Weiderichgewächse. **V** Auf schweren, nassen, etwas stickstoffhaltigen Böden der Gräben, Ufer, Röhrichte, Naßwiesen und Flachmoore bildet die Pflanze dichte, große Büsche bis zu 1,50 m Höhe. **B** Ihren Namen verdankt die Art nicht nur ihren purpurroten Blüten, sondern auch der früheren Verwendung als blutstillendes Mittel aufgrund ihres Gerbstoffgehalts.

Schmalbl. Weidenröschen

Epilobium angustifolium

20–150 cm	20–30 mm	VI–VIII

M Am Ende des stumpfkantigen Stengels stehen bei dieser weitverbreiteten Art rosa oder purpurrote Blüten in aufrechten Trauben. Ihre Kornblätter sind kurz genagelt; dabei sind die oberen Kronblätter breiter als die anderen. Die lineal-lanzettlichen, schmalen Blätter (Name!) des Nachtkerzengewächses sind am Rand häufig leicht gewellt. **V** Diese Weidenröschen-Art ist eine typische Pflanze auf Kahlschlägen, an Waldrändern und Waldwegen. **B** Die Bestäubung der Pflanzen geschieht v. a. durch Bienen. Die Samen haben einen langen, federigen Haarschopf, der zur Fruchtzeit den ganzen ehemaligen Blütenstand als wolligen Bausch erscheinen läßt. Die Pflanze wurde früher naturheilkundlich verwendet, z. T. auch als Gemüse gegessen.

Zottiges Weidenröschen

Epilobium hirsutum

50–150 cm	15–25 mm	VI–IX

M An der aufrechten, behaarten Pflanze stehen in beblätterter Blütentraube purpurrote Blüten mit 4 verkehrt-eiförmigen Kronblättern in trichterförmiger Blütenkrone; der Griffel ist länger als die 8 Staubblätter, die Narbe 4spaltig, sternförmig ausgebreitet. Am ästigen, runden Stengel stehen 6–12 cm lange, länglich-lanzettliche Blätter mit stark gesägtem bis gezähntem Rand; sie sind weichhaarig, der Blattrand läuft halb stengelumfassend herab. Im unteren Stengelbereich stehen die Blätter gekreuzt-gegenständig. Im Blütenstand dieses Nachtkerzengewächses stehen meist auch lange, schmale 4klappige Kapselfrüchte. **V** In Gräben, an Flüssen, Bächen und in feuchten Wiesen anzutreffen, auch in Unkrautbeständen an nassen Wegrändern. Bevorzugt lehmige Böden. **B** Wie oben beschrieben, Samen auch hier mit federigen Haarschöpfen.

Stinkender Storchschnabel

Geranium robertianum

20–50 cm	5–12 mm	V–IX

M Am drüsig behaarten, oft karminroten Stengel stehen 3–5 zählig – fast bis zum Mittelnerv gefiederte – Blätter mit doppelt fiederspaltigen, abstehend behaarten Fiedern. Im Blütenstand des Storchschnabelgewächses meist 2 Blüten mit rosa, nicht ausgerandeten Blütenkronblättern; auf jedem Blütenkronblatt 3 weißliche Längsstreifen. Kelchblätter 6–7 mm, halb so lang wie die Blütenkrone, drüsenhaarig. Beim Zerreiben riecht die ganze Pflanze unangenehm. **V** Die Art gedeiht in Laub- und Nadelwäldern, Schluchten, Hecken, an schattigen Mauern und in Felsnischen. Der Standort muß stickstoffreich und schattig sein, die Luftfeuchtigkeit hoch. **B** Früher wurde die Pflanze in der Naturheilkunde bei Gelbsucht, Geschwüren und bei Hautkrankheiten verwendet. Die schnabelförmigen Springfrüchte schleudern nach der Reife die Samen bei Berührung aus.

Drüsiges Springkraut
Impatiens glandulifera

150–200 cm	25–40 mm	VII–IX

M Der Stengel des Balsaminengewächses ist sehr kräftig, glasig und an den Knoten verdickt. Blätter im oberen Stengelbereich quirlständig, unten wechselständig, ei-lanzettlich, gezähnt, an den basalen Zähnen und am Blattstiel mit Drüsen (Name!). In langgestielten Trauben findet man 25–40 mm große, rote bis hellpurpurne Blüten mit dickem, zurückgekrümmtem Sporn; im Blütenstand 2–14 Blüten. Das untere Kelchblatt ist fingerhutförmig. **V** Meist in Auwäldern, in Gräben und an Bachufern; gedeiht nur an feuchten Bodenstellen. **B** Die Art ist heimisch im Himalaya, wurde bei uns als Gartenpflanze eingebürgert und tritt seit etwa 50 Jahren verwildert auf. Frucht eine bei Berührung aufspringende Kapsel (s. S. 158).

Weg-Malve
Malva neglecta

10–50 cm	15–25 mm	VI–X

M In den Blattachseln des niederliegenden bis aufrechten und ca. 40 cm langen Stengels stehen die zartrosafarbenen, manchmal fast weißlichen Blüten. Die Kronblätter sind 8–10 mm lang und überragen den Kelch um das 2–3fache. Nach dem Verblühen neigen sich die Blütenstiele nach unten und es entwickeln sich die glatten oder schwachrunzeligen Teilfrüchte. Die Blätter dieses Malvengewächses sind langgestielt, rundlich und handförmig gelappt. Der Blattrand ist deutlich gekerbt, die Blattunterseite behaart. **V** Man findet die Weg-Malve in unseren Breiten sehr häufig auf Schuttplätzen, an Ackerrändern, in Gärten, Weinbergen, an Bahndämmen und an Mauern. Als Stickstoffzeiger kommt sie aber auch an anderen Ruderalstellen vor. **B** Die Art enthält verschiedene Schleimstoffe und gilt als alte Heilpflanze. Im Volksmund wird sie auch Käsepappel genannt.

Wilde Malve
Malva sylvestris

40–120 cm	25–40 mm	VI–X

M Mit 25–30 mm Länge sind die Blütenkronblätter bei diesem Malvengewächs etwa 3–4 mal so lang wie der Kelch; sie sind am Grund dicht bewimpert, tief ausgerandet, purpurrot mit 3 dunklen Längsstreifen. Die Blüten stehen meist zu 2–6 in den Blattachseln; Blütenstiele unterschiedlich lang. Die 3 Außenkelchblätter sind frei, 4–8 mm lang, länglich-lanzettlich, deutlich kürzer als die ovalen Kelchblätter. Stengelblätter 5–7lappig, nicht tief geteilt, herzförmig bis rundlich; Lappen gesägt, spitz zulaufend. **V** Man findet diese Malve an Wegrändern, Mauern, Zäunen, in Hecken und auf Schuttstandorten. Liebt lockere, nährstoffreiche Böden, gilt als Stickstoffzeiger. **B** Wurde bereits in der Antike als Gemüse gegessen und zählt damit zu den ältesten Nutzpflanzen. Auch in der Volksmedizin fand sie breite Verwendung wegen ihres Schleimgehalts.

Acker-Gauchheil
Anagallis arvensis

5–30 cm	8–10 mm	VI–X

M Die ziegelroten – selten blauen, rosaroten oder weißen – Blüten des Primelgewächses stehen blattachselständig; sie sind lang gestielt, Blütenkronblätter verkehrt eiförmig, bis 6 mm breit und etwa 7 mm lang, am Rand mit Drüsenhaaren. Kelchblätter schmal-lanzettlich, fast so lang wie die Kronblätter. Am 4kantigen Stengel sitzen gegenständig stumpflich-eiförmige Blätter mit schwarzen Drüsenpunkten auf der Unterseite. Die Pflanze wächst meist niederliegend, kriechend. **V** Gedeiht auf Hackfruchtäckern, in Gärten, auf Schuttplätzen, in Weingärten und an Ruderalstandorten. Der Boden sollte nährstoffreich und lehmig sein. **B** Der Gauchheil wurde früher heilkundlich genutzt. Heute findet er keine Verwendung mehr.

Mehl-Primel
Primula farinosa

G	5–30 cm	8–16 mm	IV–VII

M In einer allseitswendigen, vielstrahligen Dolde am Ende des dünnen Blütenschaftes bildet die Pflanze 8–16 mm große, hell- bis purpurrote Blüten aus. Die Blütenkronröhre ist etwa so lang wie der Kelch und am Schlund intensiv gelb gefärbt. Die rosettig stehenden Blätter sind verkehrt-eiförmig bis länglich, am Rand gekerbt bis gesägt, sehr schwach runzelig bis glatt; Oberseite dunkelgrün, Unterseite wie Kelch und Blütenschaftende mehlig weiß bestäubt (Name!). **V** Das Primelgewächs gedeiht auf kalkhaltigen Böden in sumpfigen Wiesen, Flachmooren, selten auch an trockenen Standorten; von der Ebene bis 2900 m Höhe. **B** Der »Mehlstaub« ist ein Sekret, welches in speziellen Drüsenhaaren gebildet wird. Bei Allergikern kann es zu Hautreaktionen führen. Der Gattungsname weist auf die frühe Blütezeit im Jahr hin (*primus* = der erste), die für alle Primeln typisch ist.

Behaarte Primel
Primula hirsuta

1–7 cm	10–20 mm	IV–VII

M Auf dem 1–7 cm hohen Stiel des Primelgewächses bilden meist 1–3, manchmal bis zu 20 Blüten eine Dolde. Sie sind 1–2 cm groß, rosarot mit weißem Schlund und duften. Kronblätter flach ausgebreitet und ca. ein Viertel ihrer Länge eingekerbt. Der Kelch steht von der Kronröhre ab. Die Laubblätter sind länger als der Blütenstiel, oval, etwas fleischig, mit grob gezähntem Rand und verschmälern sich rasch in den geflügelten Blattstiel. Auch bei dieser Art sind alle grünen Pflanzenteile mit sehr kleinen Drüsenhaaren besetzt, die hier allerdings ein haariges Aussehen ergeben (Name!). **V** Kommt auf Schutthalden, in Felsspalten oder auf steinigen Matten mit kalkarmen Böden vor; in 1500–3600 m Höhe. **B** Die Pflanze bevorzugt die Zentralalpen. In einigen Überschneidungsgebieten bildet sie sehr farbvariable Bastarde mit der Aurikel (S. 166).

Karthäuser-Nelke

Dianthus carthusianorum

15–40 cm	20–25 mm	VI–IX

M Die Pflanze wird 15–40 cm hoch, gehört zu den Nelkengewächsen und gilt als sehr wärmeliebend. Die dunkelpurpurnen Blüten stehen zu 4–10 gedrängt und sind von trockenen, braunen Kelchschuppen umgeben. Aus ihnen ragt der rotbraune Kelch hervor. Die Kronblätter sind an der Spitze gezähnt. Die linealischen, nur 2–4 mm breiten Blätter stehen gegenständig und sind am Grunde scheidig verwachsen, der Blattrand ist rauh. Blühende Stengel sind deutlich länger als nicht blühende. **V** Die Art findet man auf Kalkmagerrasen, auf Heiden und in lichten Wäldern. **B** Der Name der Pflanze läßt sich wahrscheinlich darauf zurückführen, daß sie früher oft in Karthäuserklöstern angebaut wurde.

Zwerg-Seifenkraut

Saponaria pumila

3–10 cm	10–20 mm	VII–IX

M Die Blüten dieser Polsterpflanze sind kräftig hellrot, einzeln kurz gestielt, bis 2 cm groß, tief in das Blattpolster eingesenkt. Der Kelch ist verwachsen, aufgeblasen, meist rötlich überlaufen und kurzzottig behaart. Die Blütenblätter sind herzförmig, ausgerandet, mit schmalem Stiel; am Schlundeingang steht je ein 2spitziges Krönchen. Die Laubblätter des Nelkengewächses sind linealisch, schwach fleischig und stehen in dichten Rosetten. **V** Die Art meidet kalkhaltige Böden. Sie gedeiht auf trockenen oder auch mäßig feuchten Rasen, in Zwergstrauchheiden und seltener auch in Gebüschen von Grünerlen. In 1700–2600 m Höhe; überwiegend in den Ostalpen. **B** Die Polsterbildung ist eine hervorragende Anpassung an die Witterungsverhältnisse in größeren Höhen. Die Pflanze schützt sich so vor verstärkter Verdunstung bei Wind und vor Extremfrösten.

Echtes Seifenkraut

Saponaria officinalis

30–70 cm	25–30 mm	VI–IX

M Am verlängerten, aufrechten und fein flaumig behaarten Stengel des Nelkengewächses stehen, büschelig gehäuft, bis 30 mm große, blaßrosa bis weiße Blüten. Die Kronblätter sind ausgerandet, am Schlund mit 2 Schuppen. Der Kelch ist röhrig, kahl, oft rötlich überlaufen. Blätter gegenständig, elliptisch bis länglich-lanzettlich, 3nervig, bis 10 cm lang, spitz auslaufend. Die Pflanze bildet kriechende Ausläufer. **V** Die Art bevorzugt feuchte lockere Böden und ist deshalb in Flußauen, auf Kiesbänken in Flußtälern und an feuchten Stellen von Wegrändern, Schuttplätzen und typischen Ruderalstandorten anzutreffen. **B** Die v. a. in der Wurzel enthaltenen Saponine wurden wegen ihrer schäumenden Wirkung früher als Waschmittel eingesetzt. Daneben nutzte man die schleimlösende Wirkung der Saponine bei Lungenerkrankungen.

Stengelloses Leimkraut

Silene acaulis

1–5 cm	15–25 mm	VI–IX

M Große Flachpolster bildende Pflanze mit dunkelrosa, selten weißen, 15–25 mm großen Blüten, die einzeln an deutlich ausgeprägten Stielen stehen; Kelch verwachsen, 10nervig. Die Stengel sind mit lineal-pfriemlichen, bis 12 mm langen Blättern besetzt. Diese sind ledrig und am Rand stachelig bewimpert. Nelkengewächs. **V** Liebt kalkhaltigen, lockeren Boden auf Weiden, an Felshängen und auf ungefestigtem Schutt; in 1500–3600 m Höhe. **B** Die Pflanze wurzelt sehr tief und kann deshalb kärglichste Standorte besiedeln. Zudem sorgt sie innerhalb des Polsters für eine „Selbstdüngung", da die Blättchen im Polsterinneren absterben und nach der Verrottung wieder als Nährstofflieferant zur Verfügung stehen.

Rote Lichtnelke

Silene dioica

30–80 cm	20–30 mm	IV–IX

M Die roten, eingeschlechtlichen Blüten stehen bei diesem Nelkengewächs in einer lockeren Trugdolde. Die 5 Kronblätter sind tief 2lappig; kennzeichnend sind 5 Griffel. Ein bauchiger, stark behaarter Kelch umgibt die Blütenkrone; er ist von 10 Nerven durchzogen. Die eiförmig-spitzen Blätter sitzen an einem schlaffen, im oberen Bereich ästigen Stengel. Die kugelige Fruchtkapsel kennzeichnen 10 nach außen gekrümmte Zähne. Die ganze Pflanze ist drüsig behaart. **V** Man findet die Art in Auwäldern, auf feuchten Wiesen, in feuchten Misch- und Nadelwäldern und in Hecken. Die Pflanze gilt als Nässezeiger. **B** Im Gegensatz zu den verwandten Arten (Taubenkropf-Leimkraut, *Silene vulgaris* und Weiße Lichtnelke, *Silene alba*) sind die Blüten bei der Roten Lichtnelke nur tagsüber geöffnet. Sie werden von Tagfaltern oder Hummeln bestäubt.

Kuckucks-Lichtnelke

Lychnis flos-cuculi

30–80 cm	30–40 mm	V–VIII

M Charakteristisch sind die tief in 4 Zipfel gespaltenen, rosafarbenen Kronblätter der in einem locker verzweigten Blütenstand stehenden Blüten. Der Blütenkelch ist 10nervig und meist rötlich. Die Pflanze wird 30–80 cm hoch und hat in der Form unterschiedliche Grund- bzw. Stengelblätter. Erstere sind spatelig, gewimpert und gestielt, letztere lanzettlich. **V** Als typischer Feuchtigkeitszeiger ist die Kuckucks-Lichtnelke nur an feuchten Stellen von humusreichen Wiesen oder in Sumpf- und Moorwiesen zu finden. Bei Erfüllung der Standortansprüche kommt das Nelkengewächs meist in großer Zahl vor. **B** Die Blütenform entspricht bei fast allen Nelkengewächsen dem »Stielteller-Typ«. Der Nektar ist in der Blütenröhre so tief deponiert, daß er nur von langrüsseligen Tagfaltern erreicht werden kann, die demnach die Bestäubung übernehmen.

Kornrade

Agrostemma githago

G	30–100 cm	30–50 cm	IV–VI

M Die Pflanze ist graufilzig-zottig behaart, aufrecht, mit gegenständig stehenden, linealischen Blättern; Blattgrund etwas verwachsen. Blütenkrone purpurrot, selten weiß; die 5 Kelchblätter sind röhrig verwachsen und laufen in langen Kelchzipfeln aus, die die Blütenkrone deutlich überragen. Die Samenkapsel ist 5zähnig und länger als die Kelchröhre. **V** Man findet das Nelkengewächs auf Getreideäckern (Name!) mit nährstoffreichen, lehmigen Böden. **B** Die Kronrade gehört heute zu den vom Aussterben bedrohten Pflanzen. Wegen ihrer durch Saponingehalt giftigen Samen war sie früher ein gefürchtetes Ackerunkraut. Heute ist sie allerdings durch die intensive Saatgutreinigung von unseren Getreidefeldern fast verschwunden.

Schlangen-Knöterich

Polygonum bistorta

30–80 cm	3–5 cm	V–VII

M Der Name dieses Knöterichgewächses leitet sich vom schlangenähnlich gewundenen Wurzelstock ab. Diesem entspringt der 30–80 cm hohe Stengel, an dessen Oberende die 3–5 cm lange Scheinähre aus 4–5 mm großen, hellrosa Blüten sitzt. Die Blätter sind länglich-eiförmig und 10–20 cm lang. Am unteren Bereich des Stengels sind sie flügelig gestielt, oben sitzen sie direkt am Stiel. **V** Der Schlangen-Knöterich ist ein Feuchtigkeitszeiger, der überwiegend auf feuchten Wiesen, in Auwäldern und von Quellwasser durchzogenen Bergwiesen zu finden ist. Er tritt dort oft in großen Massen auf. **B** Im Wurzelstock der Pflanze sind Gerbstoffe enthalten, die bei unterschiedlichen Heilanzeigen Verwendung finden. So galt sie früher als bewährtes Mittel gegen Durchfall. Auch als Bienenweide und als Futterpflanze hat sie eine gewisse Bedeutung.

Wasser-Knöterich

Polygonum amphibium

30–100 cm	3–5 cm	VI–IX

M Von Juni bis September ragen die rosa Blütenstände des Wasser-Knöterich über die Wasseroberfläche. Die 4 mm großen Blüten bilden eine endständige, 3–5 cm lange Scheintraube auf einem bis zu 1 m langen, von Luftkanälen durchzogenen Stengel. Die langgestielten Schwimmblätter sind länglich-elliptisch, dunkelgrün und lederartig. Neben der beschriebenen Wasserform gibt es noch eine Landform dieser Art. Sie ist kleiner, und ihre Blätter sind kürzer gestielt und behaart. **V** Das Knöterichgewächs findet man in stehenden und langsam fließenden Gewässern, die Landform in Naßwiesen und an kiesigen Ufern. **B** Die Landform dieser Art weist immer auf einen Unterboden mit Nässestau hin. Beide Formen bilden oft größere Bestände. Sie überwintern mit ihrer runden, kriechenden Grundachse. Die Verbreitung der Früchte erfolgt in der Regel durch das Wasser.

Grasnelke

Armeria maritima

G			
G	5–40 cm	1,5–2,5 cm	V–X

M Die linealisch-fleischigen, ganzrandigen Blätter sind bei diesem Grasnelkengewächs meist 1nervig und bilden eine grundständige Rosette. Der Stengel ist blattlos und trägt einen köpfchenförmigen Blütenstand mit rosafarbenen Blüten. Die äußeren, bleichen, ei-länglichen Blütenhüllblätter überragen den Blütenkopf meist nicht. Der Blütenschaft ist von einer bräunlichen Scheide umgeben. **V** Salzwiesen, Graudünen, saure Weiden und Heidewiesen der Nord- und Ostsee; auch an sauren Wiesen des Binnenlandes. **B** Die Wuchshöhe der Pflanze wird durch die Umgebung bestimmt: In Dünentälern wird sie bis 30 cm (selten sogar bis 50 cm) hoch, an stark windexponierten Stellen nur wenige Zentimeter.

Echter Baldrian

Valeriana officinalis

50–150 cm	3–6 mm	VI–VIII

M Der aufrechte, hohle, gefurchte Stengel, der bis zu 1,50 m hoch werden kann, trägt mehrere Paare unpaarig gefiederter Laubblätter mit 9–21 lanzettlichen, ganzrandigen bis grobgezähnten Fiedern. Die unteren Blätter sind gestielt, die oberen sitzend. Der trugdoldige Blütenstand hat sehr viele, 3–6 mm große hellrot-lila bis weiße, stark duftende Blüten. Ihr Geruch zieht Katzen an. **V** Baldrian findet man an Waldrändern, in Moorwiesen, an Ufern, in Gräben und auf Hochstaudenfluren. **B** Von alters her ist Baldrian als Heilpflanze bekannt. Auch heute sammelt man v. a. vor der Blüte insbesondere den Wurzelstock, der neben ätherischen Ölen (Geruch!) Alkaloide, Gerbsäure und Polysaccharide enthält. Baldrian wirkt beruhigend, entkrampfend und schlaffördernd. Es gibt in unserer Flora noch andere Arten dieser Gattung der Baldriangewächse.

Acker-Winde

Convolvulus arvensis

30–60 cm	25–30 mm	V–X

M Die bis ca. 1 m langen, kriechenden und windenden Triebe der Pflanze sind mit pfeil- bis spießförmigen, 3–4 cm langen Blättern besetzt. In den Blattachseln stehen die auffälligen, gestielten rosaroten Blüten. Sie erreichen einen Durchmesser von 30 mm, sind trichterförmig und am Rand nur schwach gelappt. Mehr oder weniger deutlich erkennt man 5 purpurfarbene Streifen. Die Narbe ist 2teilig, der Fruchtknoten und die daraus hervorgehende, kahle Kapsel ist 2fächrig. Am Blütenstiel sitzen 2 fadenförmige Vorblätter. Die Acker-Winde gehört der Familie der Windengewächse an. **V** Die Art gedeiht in Weinbergen, Gärten, an Wegrändern und als Ackerunkraut auf stickstoffreichen Böden. **B** Die Blühdauer beträgt nur 1 Tag. Die Blüten öffnen sich morgens gegen 8 Uhr und schließen sich bereits am frühen Nachmittag gegen 14 Uhr wieder.

Schuppenwurz

Lathraea squamaria

10–25 cm	10–15 mm	III–IV

M In einer einseitswendigen, nickenden Traube stehen rötliche Blüten. Die Blütenkrone überragt nur knapp den glockenförmigen, 4spaltigen Kelch. Am blaßrosa Stengel des Braunwurzgewächses sitzen schuppenförmige Blätter. **V** Die Schuppenwurz bevorzugt krautreiche Auen- und Schluchtwälder und ist in ihrem Vorkommen an bestimmte Baumarten gebunden. **B** Die parasitische Lebensweise ermöglicht es der Pflanze, ohne Blattgrün und ohne ausgeprägte Laubblätter zu leben. Ihre Nährstoffe entzieht sie den Wurzeln verschiedener Wirtsbäume, wie Erle, Ulme, Buche und Hasel. Die Pflanze entspringt einem schuppigen, kriechenden Wurzelstock, der ein Gewicht von 5 kg erreichen kann.

Roter Fingerhut

Digitalis purpurea

40–150 cm	30–50 mm	VI–VIII

M Am Ende des graufilzigen Stengels stehen in einem einseitswendigen, traubigen Blütenstand purpurrote Blüten. Die glockige Blütenkrone hat einen 4spaltigen Saum; innen ist sie mit dunkelroten, weiß umrandeten Flecken gezeichnet. Die Laubblätter sind ei-lanzettlich, gekerbt und unterseits graufilzig; die unteren sind gestielt, oben sitzen sie dem Stengel an. **V** Man findet das Braunwurzgewächs auf Kahlschlägen, an Wegrändern und in Bergwäldern. **B** Wie der gelbblühende Großblütige Fingerhut, *D. grandiflora* (S. 170), ist auch diese Art durch den Gehalt an *Digitalis* -Glykosiden sehr giftig. Die Pflanze wird v. a. von Hummeln bestäubt, die Samenverbreitung erfolgt durch den Wind. Auf Lichtungen bildet die Pflanze oft große Bestände, die ein hübscher Anblick sind. Recht häufig kommen auch Exemplare mit weißen Blüten vor.

Weicher Hohlzahn

Galeopsis pubescens

20–60 cm	18–25 mm	VI–X

M Ein wichtiges Kennzeichen bei diesem Lippenblütengewächs sind die nur wenig verdickten Stengelknoten, die weiche Behaarung und langgestielte Drüsen zeigen. Die Blätter sind auf der Oberseite anliegend, unterseits abstehend behaart. Die dunkelrote Blütenkrone besteht aus einer Kronröhre, die mehr als doppelt so lang ist wie der Kelch. Der Schlund ist gelb. An der Basis der Unterlippe erkennt man 2 kegelförmige Ausstülpungen, die der Art den Namen geben. **V** Äcker, Kahlschläge, Gebüsche, Wegränder sind bevorzugte Standorte der Pflanze. Der Boden muß nährstoffreich und lehmig sein. **B** Neben dieser gibt es in unserer Flora noch eine Reihe anderer Hohlzahn-Arten. Bastardbildung zwischen den verschiedenen Arten ist häufig. Alle sind durch den hohlen, zahnförmigen Höcker an der Basis der Unterlippe gekennzeichnet.

Gefleckte Taubnessel

Lamium maculatum

20–80 cm	20–30 mm	IV–XI

M Im Vergleich zur unten beschriebenen Roten Taubnessel ist das gesamte Erscheinungsbild dieser Art größer und kräftiger. Die Gefleckte Taubnessel erreicht eine Höhe von 80 cm, die ebenfalls purpurfarbenen Blüten werden 30 mm lang. Auffallend ist hier die Fleckung der Blütenunterlippe (Name!) und die Aufwärtskrümmung der Kronröhre, in deren Innern ebenfalls ein Haarring zu erkennen ist. Lang gestielte, bis 8 cm lange Blätter sitzen am spärlich behaarten Stengel. Sie sind eiförmig-3eckig, am Rande gezähnt und spitz zulaufend. **V** Halbschattige Standorte wie Gebüsche und Hecken werden bevorzugt. **B** Der Lippenblütler wird von verschiedenen Insekten bestäubt; die Samenverbreitung erfolgt durch Ameisen.

Rote Taubnessel

Lamium purpureum

10–30 cm	10–15 mm	III–XI

M Die Blüten dieser unangenehm riechenden Pflanze bilden einen pyramidenförmigen Blütenstand und erreichen eine Länge von 15 mm. Sie sind purpurfarben, die Kronblätter überragen den Kelch um das 2fache. In der Kronröhre ist ein deutlicher, querverlaufender Haarring zu erkennen. Die Tragblätter sind dreieckig-eiförmig und am Rande gekerbt. Die Laubblätter hingegen sind rundlich, aber ebenfalls gekerbt. Beide Blattypen sind weich behaart und oft rötlich überlaufen. Der Blütenbau weist eindeutig auf die Zugehörigkeit zur Familie der Lippenblütler hin. **V** Die Rote Taubnessel findet man in allen Unkrautfluren, an Waldrändern, auf Schuttplätzen, an Wegen, in Gärten und Weinbergen. Die Art liebt nährstoffreiche Lehmböden. **B** Die sehr häufige Pflanze gilt als Stickstoffanzeiger und ist ein typischer Kulturbegleiter.

Wald-Ziest

Stachys sylvatica

30–100 cm	4–7 mm	VI–IX

M Die beim Zerreiben unangenehm riechende Pflanze gehört zu den Lippenblütengewächsen. Ihre dunkelpurpurnen Blüten stehen jeweils zu 4–10 in Scheinquirlen, die zusammen eine blattlose Scheinähre bilden. Der dicht behaarte Kelch ist halb so lang wie die Blüten. Die gestielten Blätter sind herzförmig, grob und spitz gezähnt und – wie auch der Stengel – abstehend behaart. **V** Die Art wächst in feuchten Laub- und Auenwäldern, an Gewässerufern, an Waldrändern und Waldwegen. **B** Die Pflanze bildet einen kriechenden Wurzelstock (Rhizom). Ihr Lichtanspruch ist äußerst gering, so daß sie selbst in dichtem Unterholz gedeihen kann. Es gibt bei uns in den verschiedenen Lebensräumen eine ganze Reihe von Ziest-Arten. Eine davon, der Heil-Ziest *(Stachys officinalis)* ist seit dem Altertum als Heilpflanze bekannt.

Feld-Thymian
Thymus pulegioides

5–20 cm	3–6 mm	VI–X

M Die Stengel der 5–20 cm hohen Pflanze sind scharf 4kantig, die Kanten behaart. Die ovalen Blätter sind kahl, allenfalls an der Oberseite leicht behaart. Die purpurnen Blüten stehen in einem kugeligen Quirl beieinander. Der Durchmesser der einzelnen Blütenkrone beträgt max. 6 mm, die oberen Kronzähne sind bewimpert. **V** Man findet diese formenreiche Lippenblütler-Art überwiegend auf Magerwiesen, an Waldrändern und auf Heiden. **B** Die Pflanze wird von Bienen und anderen Insekten bestäubt; die Fruchtverbreitung übernehmen Ameisen. Der aromatische Duft, der beim Zerreiben des Feld-Thymians entsteht, verrät die Art als Würz- und Heilpflanze. Als Küchengewürz wird jedoch vorwiegend eine südeuropäische Art verwendet.

Gemeiner Dost
Origanum vulgare

30–60 cm	3–5 mm	VII–IX

M Die in lockeren Rispen und Doldenrispen stehenden Blüten duften sehr aromatisch. Die hellpurpurne Blütenkrone besteht aus einer aufrechten, ausgerandeten Oberlippe und einer 3teiligen Unterlippe. Die rundlichen Tragblätter sowie die Kelchzähne sind oft purpurn überlaufen. Die kurz gestielten Blätter sind länglich-eiförmig, ganzrandig oder leicht gezähnt. Die Blattunterseite ist drüsig punktiert. **V** Die Pflanze ist auf Trockenrasen, in Eichen- und Kiefernwäldern, in Hecken und an Böschungen anzutreffen. **B** Der auch als Wilder Majoran bezeichnete Dost wird als Gewürz- und Heilpflanze verwendet. Die ätherischen Öle und Gerbstoffe wirken krampflösend, magenstärkend, hustenstillend und auswurffördernd. Demnach wird die Art bei Luftwegserkrankungen, Verdauungsstörungen und auch bei Harnwegsinfekten eingesetzt.

Wasser-Minze
Mentha aquatica

20–80 cm	5–7 mm	VII–IX

M In einem endständigen, kugeligen, bis 2 cm breiten Blütenstand stehen bei diesem Lippenblütengewächs in einem Scheinquirl eine Vielzahl lila bis rosa Blüten mit 5–7 mm langer Krone; Blütenkrone innen behaart, Staubbeutel herausragend. Unter dem endständigen Blütenkopf meist noch 1–2 kleinere Scheinquirle. Kelch und Blütenstiel sind behaart; Kelchzähne lanzettlich, deutlich länger als breit. Am aufrechten, bis 80 cm hohen, kantigen Stengel stehen kreuz-gegenständig eiförmige bis ei-lanzettliche, sehr variable Blätter; Rand gezähnt bis gesägt. **V** Wasser-Minze gedeiht in Gräben, Sumpfwiesen, an Gewässerufern und im Röhricht stehender und fließender Gewässer. Der Boden muß kalkarm sein. **B** Alle *Mentha*-Arten riechen wegen ihres Gehalts an ätherischen Ölen intensiv. Sie werden schon seit frühester Zeit als Heilpflanzen verwendet.

Filzige Klette
Arctium tomentosum

50–120 cm	1,5–3 cm	VII–IX

M Dieses Korbblütengewächs trägt kugelige, dicht spinnwebig behaarte Blütenköpfe, die rispig angeordnet sind. Die äußeren Hüllblätter haben eine hakenförmige Spitze, die inneren Hüllblätter hingegen sind stumpflich mit kurzer, gerader Stachelspitze; die äußeren Hüllblätter sind grün, die inneren dagegen rötlich überlaufen. Die Blütenstände bestehen nur aus purpurnen Scheibenblüten. Die ei-herzförmigen Blätter sind gestielt, unterseits weißwollig. **V** Unkrautbestände an Wegrändern, auf Schuttplätzen und an Ufern sind bevorzugte Standorte der Pflanze. **B** Die Fruchtverbreitung erfolgt durch Tiere, da die »Kletten« sich im Fell festhaken. Die Pflanze bildet Bastarde mit anderen Klettenarten.

Gemeiner Wasserdost
Eupatorium cannabinum

50–150 cm	0,8–1 cm	VII–IX

M Am rötlichen Stengel stehen bei diesem Korbblütengewächs eine große Zahl gegenständiger Blätter. Sie sind handförmig 3–5teilig mit lanzettlichen, grob gezähnten Lappen. In dichten Schirmrispen stehen die Bütenköpfchen; sie sind 4–6blütig, rosa und haben nur Röhrenblüten. Kennzeichnend ist die weit aus der Blütenkrone herausragende Narbe. **V** Der Gemeine Wasserdost ist an Ufern, in Gräben, auf Kahlschlägen, an Waldrändern und in Auenwäldern anzutreffen. Er gilt als Feuchtigkeitsanzeiger und liebt nährstoffreichen, kalkhaltigen Boden. **B** Die Pflanze wird wegen der Ähnlichkeit der Blätter mit Hanfblättern auch als Wasserhanf bezeichnet. Sie wird v. a. von Tagfaltern bestäubt, die man meist in großer Zahl auf den Blüten findet. Verschiedene Inhaltsstoffe, unter anderen ein Bitterstoff, machen die Art zu einer begehrten Heilpflanze.

Gemeine Pestwurz
Petasites hybridus

30–120 cm	0,4–1,2 cm	III–V

M Die ausdauernde Pflanze entspringt einem walzlichen Wurzelstock und bildet bis 1,50 m lange Ausläufer. Ihre grundständigen Blätter werden bis 1 m lang und 60 cm breit! Sie sind nierenförmig, haben abgerundete basale Lappen und einen gezähnten Rand. Vor den Blättern erscheinen im Frühjahr die traubigen, eiförmigen Blütenstände. Sie bestehen aus sehr vielen, rötlichweißen Teilblütenständen, die ausschließlich Röhrenblüten haben. Die ♂ Blütenköpfe sind etwa doppelt so groß wie die ♀. **V** Dieser Korbblütler gedeiht in nassen Wiesen, am Ufer schnell fließender Gebirgsbäche, in feuchten Wäldern und Schluchten. Der Boden muß steinig und kalkhaltig sein. **B** Früher wurde die Pflanze als Heilmittel gegen die Pest verwendet (Name!). Die Bestäubung erfolgt durch Bienen, die Samenverbreitung durch den Wind.

Schwanenblume

Butomus umbellatus

50–150 cm	15–25 mm	VI–VIII

M Am Ende des blattlosen, runden Blütenstieles stehen in einer Scheindolde rosarote Blüten; sie sind ungleich lang gestielt; Blütenkrone aus 6 kronblattartigen Blütenhüllblättern mit dunklem Mittelnerv auf der Außenseite. Im Zentrum 9 rötliche Staubblätter und 6 Fruchtblätter, jedes mit vielen Samenanlagen. Die steif aufrechten, bis 10 mm breiten Blätter stehen in grundständiger Rosette; sie sind linealisch, 3kantig, am Grund scheidig und entspringen einem fleischigen Rhizom. Einzige Art der Schwanenblumengewächse. **V** Kommt in schlammigen Bodenarealen von stehenden und langsam fließenden Gewässern vor. **B** Die Schwanenblume gilt als typischer Schlammanzeiger, ist aber nur noch selten anzutreffen.

Türkenbund-Lilie

Lilium martagon

30–120 cm	30–50 mm	VI–VIII

M Die in einer lockeren Traube hängenden Blüten sind fleischrot und dunkel gefleckt. Ihre 6 dicken Blütenblätter sind stets zurückgerollt; Griffel und Staubblätter ragen weit aus dem Blütenzentrum heraus. Die ei-lanzettlichen Blätter des Liliengewächses bilden 3–10blättrige Quirle, im oberen Stengelbereich stehen sie wechselständig. **V** Der Türkenbund ist in Laub- und Nadelmischwäldern, auf Bergwiesen und Hochstaudenfluren anzutreffen. Er bevorzugt kalk- und nährstoffreichen Boden mit hohem Humusgehalt und ausreichender Feuchtigkeit. **B** Die Pflanze entspringt einer Zwiebel. Die Blüten dieser Art sind v. a. bei Rehen als Leckerbissen sehr begehrt, so daß häufig stark verbissene Blütenstände angetroffen werden. Verschiedene Insekten, v. a. bestimmte Schmetterlinge, besonders Schwärmer, übernehmen die Bestäubung der Blüten.

Schachblume

Fritillaria meleagris

G	15–30 cm	30–40 mm	IV–V

M Der Name leitet sich von der schachbrettartigen Musterung der Blütenblätter ab. Die Gesamtfärbung der nickenden Blüte variiert von purpurrot bis purpurbraun; die stumpfen Blütenblätter sind an der Spitze umgebogen. Meist stehen die Blüten einzeln, selten zu 2–3. Die 4–5 Laubblätter sind graugrün, linealisch und rinnig. Sie werden nur 5 mm breit. **V** Das Liliengewächs gedeiht v. a. in feuchten Wiesen und in bodennassen Auenwäldern mit nährstoffreichen Böden. **B** Die Pflanze enthält giftige Alkaloide, die sich v. a. in der kugeligen Zwiebel konzentrieren. Am Blütengrund befinden sich Nektardrüsen, die v. a. Bienen als Bestäuber anlocken. Aufgrund ihres bevorzugten Gedeihens an feuchten Standorten gilt die Art als sog. Nässezeiger. Die Schachblume ist bei uns bereits sehr selten geworden und gehört deshalb zu den stark gefährdeten Pflanzen.

Rotes Waldvögelein

Cephalanthera rubra

20–50 cm	15–20 mm	V–VII

M In einer lockeren Ähre stehen bei diesem Knabenkrautgewächs die rosa und purpurnen Blüten. Die spitzen Blütenblätter neigen sich glockenförmig zusammen und verbergen dabei die spitze Lippe. Diese hat am Vorderglied einen rötlichen Rand, ihre Spitze ist meist violett; gelbliche gekräuselte Längsleisten bilden ein weiteres Kennzeichen der Lippe. Spitze, ei-lanzettliche Blätter stehen am oberwärts dicht drüsenhaarigen Stengel. Die Pflanze entspringt einem verzweigten Rhizom. **V** Die Art ist in verschiedenen lichten Laubwäldern, aber auch in Fichten- und Kiefernwäldern zu finden. Der Boden muß kalkig-lehmig sein. **B** Die Orchidee begnügt sich mit einem relativ knappen Lichtangebot. Sie wird v. a. von Bienen bestäubt.

Fliegen-Ragwurz

Ophrys insectifera

G

15–40 cm	10–15 mm	IV–VI

M Der Name dieser Orchidee leitet sich von der Fliegenähnlichkeit der Blüten ab. 2–10 Blüten bilden einen Blütenstand; die Einzelblüte ist bis 2 cm lang. Die 3spaltige Lippe ist braunrot, ihr Mittelzipfel 2lappig. In ihrem Zentrum fällt ein 4eckiger, blaugrauer Fleck auf. Die inneren Blütenhüllblätter sind fadenförmig (Insektenfühler!), die äußeren 3 Blütenblätter sind oval und grünlich. Am Stengel sitzen lanzettliche Blätter. **V** Die Art ist auf sonnigen, kalkhaltigen Magerrasen zu finden. **B** Die Blüten imitieren ♀ Insekten und werden demzufolge von ♂ angeflogen, die bei ihren Begattungsversuchen für die Bestäubung sorgen. Aus diesem Grunde produzieren die Blüten Duftstoffe, die den Sexuallockstoffen der ♀ sehr ähnlich sind. Der in diesem Fall funktionierende Bestäubungsmechanismus gilt als beeindruckende Symbiose zwischen Pflanze und Tier.

Schwarzes Kohlröschen

Nigritella nigra

G

5–25 cm	4–6 mm	V–IX

M In einem zunächst kegelförmigen, später kugeligen Blütenstand stehen bei diesem Knabenkrautgewächs dicht zusammengelagert purpurschwarze Blüten. Die Blütenhüllblätter sind lanzettlich, die äußeren doppelt so breit wie die inneren. Die Lippe weist nach oben, ist ungeteilt und 3 eckig spitz zulaufend; der Sporn ist kurz sackförmig, kürzer als der Fruchtknoten. Der Blütenstand duftet intensiv nach Vanille. Tragblätter ebenfalls lanzettlich und so lang wie die Blüten. Der schwach kantige Stengel ist mit linealischen, spitz zulaufenden Blättern besetzt. **V** Die Orchidee kommt in unseren Alpen zwischen 1000 und 2800 m vor. Sie wächst auf trockenen Wiesen und Matten mit nährstoffarmen aber kalkhaltigen Böden. **B** Man kennt beim Schwarzen Kohlröschen gebietsabhängig mehrere Farbvarianten mit hellroten und auch weißen Blüten.

Kleines Knabenkraut

Orchis morio

G	8–30 cm	12–20 mm	IV–VII

M Der gesamte Blütenstand der hellrosa bis dunkelvioletten Orchidee erscheint sehr kurz und kompakt. Alle Perigonblätter neigen sich helmförmig zusammen; die 3lappige Lippe kennzeichnen sehr breite, abgerundete Seitenlappen. Der Mittellappen ist meist rot gepunktet oder gefleckt. Ein keulig-verdickter Sporn steht horizontal ab oder ragt leicht aufwärts. Am kantigen Stengel stehen ungefleckte, breit- bis länglich-lanzettliche Blätter. **V** Dieses Knabenkraut ist in trockenen und feuchten, aber nährstoffarmen Wiesen zu finden. **B** Die Art heißt auch Salep-Knabenkraut; der Name bezieht sich dabei auf die in den Wurzelknollen enthaltene Droge. Die Pflanze ist die im Jahresablauf am frühesten blühende Orchidee.

Helm-Knabenkraut

Orchis militaris

G	20–50 cm	12–20 mm	V–VI

M Der hier besonders deutlich ausgeprägte »Helm« der Blüte ist außen blaßrosa und von länglich-eiförmiger Gestalt. Die purpurne Lippe ist in der Mitte weißlich und violett bis dunkelrot punktiert. Ihr Mittellappen ist doppelt so breit wie die Seitenzipfel, vorne stark verbreitert und tief geteilt. Anfangs ist der Blütenstand dieser Orchidee pyramidenförmig, später langgestreckt und sehr lockerblütig. Die elliptischen Laubblätter laufen an der Spitze zusammen. **V** Man findet die Art an Hängen, Waldrändern und auf anderen Magerrasenstandorten. Die Pflanze gilt als Kalkanzeiger, d. h. der Standort besteht aus sehr kalkhaltigem Boden. **B** Wie beim oben beschriebenen Kleinen Knabenkraut sind auch hier in der Wurzelknolle Schleimstoffe enthalten, die naturheilkundlich angewendet wurden. Da die Art geschützt ist, darf sie aber auf keinen Fall gesammelt werden.

Brand-Knabenkraut

Orchis ustulata

G	20–30 cm	8–10 mm	V–VI

M Die obersten Blüten der Blütenähre sind vor dem Öffnen dunkel gefärbt und geben dem Blütenstand ein »angebranntes« Aussehen. Jede Blüte besteht aus dunkelpurpurnen und etwas helleren Blütenhüllblättern, die sich helmartig zusammenneigen, und einer 3lappigen Lippe. Letztere ist weiß, rot gepunktet; der Mittellappen teilt sich unten in 2 Zipfel. Der sehr kurze Sporn ist abwärts gerichtet. Innerhalb der Gattung *Orchis* sind die Blüten bei dieser Art am kleinsten. Die länglich-lanzettlichen Blätter sind ungefleckt und gekielt. **V** Die Orchidee tritt auf Trockenrasen und Bergwiesen mit kalkhaltigen Böden auf. **B** Die Blüten duften angenehm nach Honig und locken damit Tagfalter zur Bestäubung an. In klimatisch günstigen Jahren bringt die Pflanze in tieferen Lagen noch eine zweite Blüte. Die Art gilt als stark gefährdet und tritt nur noch sehr zerstreut auf.

Gewöhnl. Kuhschelle

Pulsatilla vulgaris

G

5–10 cm	40–50 mm	III–V

M Die 4–5 cm langen Blüten sind bei diesem Hahnenfußgewächs nicht in Kelch- und Kronblätter unterteilt. 6 violette, an der Rückseite zottig behaarte Blütenblätter umgeben die leuchtend gelben Staubblätter. Letztere werden ca. halb so lang wie die Blütenblätter. Am zottig weißhaarigen Stengel sitzen unterhalb der Blüte 3 Hochblätter, die die Blüte umhüllen. Die erst nach der Blüte erscheinenden Grundblätter sind 2–3fach gefiedert. V Die Art wächst auf sonnigen und kalkhaltigen Trockenrasen. B Nach der Befruchtung kommt es bei der Fruchtbildung zu einer starken Verlängerung des Blütenstengels; am Ende bildet sich der zottige Fruchtstand. Extrakte der Pflanze werden naturheilkundlich verwendet.

Zaun-Wicke

Vicia sepium

30–60 cm	12–15 mm	V–VIII

M Mit Hilfe ihrer Ranken ist diese Art in der Lage, an anderen Pflanzen emporzuklettern, der Stengel steht aber häufig auch selbständig aufrecht. Die Zaun-Wicke gehört zu den Schmetterlingsblütlern, wird ca. 60 cm hoch und hat bräunlich-violette Blüten. Diese stehen zu 2–5 in Trauben. Die Einzelblüte wird 15 mm lang und hat ungleich lange Kelchzähne. Die Blätter sind in 8–14 eiförmige Fiederblättchen unterteilt und laufen an der Spitze in einer geteilten Ranke aus. V Man findet die Pflanze auf Wiesen, in Gebüschen und an lichten Waldstandorten. B Auf der Unterseite der Nebenblätter trägt die Zaun-Wicke sog. Nebenblattnektarien, die einen bei Ameisen begehrten Nektar ausscheiden. Man findet auf der Pflanze deshalb in der Regel immer Ameisen. Die verwandte Futter-Wicke wird als eiweißreiche Futterpflanze angebaut.

Vogel-Wicke

Vicia cracca

20–150 cm	8–12 mm	VI–VIII

M Wie die oben beschriebene Zaun-Wicke klettert auch diese Art mit Hilfe der an den Blattspitzen sitzenden, verzweigten Blattranken an anderen Pflanzen empor. Sie wird bis 1,50 m hoch und gehört zu den Schmetterlingsblütlern. Die blauvioletten Blüten werden 8–12 mm lang und stehen in einer 10–30blütigen Traube. Dabei ist das Tragblatt des Blütenstandes etwa so lang wie die Traube. Am kantigen Stengel sitzen gefiederte Blätter, die sich aus 15–20 lanzettlichen, 2–6 mm breiten Teilblättchen zusammensetzen. V Die Vogel-Wicke ist sehr verbreitet, man findet sie auf Wiesen, in Gebüschen, an Waldrändern und als Ackerunkraut. B Die Pflanze ist eine beliebte Bienenweide. Sie gilt als sehr alter Kulturbegleiter und bevorzugt etwas stickstoffhaltigen, lehmigen Boden. Die Samen werden durch einen Schleudermechanismus verbreitet.

Frühlings-Platterbse

Lathyrus vernus

20–40 cm	15–20 mm	IV–V

M In den 3–8blütigen Trauben des Schmetterlingsblütlers sind meist verschieden gefärbte Blüten zu finden, da diese altersabhängig ihre Farbe ändern: Anfangs sind sie rot-, später blauviolett bis grünblau. Am aufrechten, unverzweigten Stengel stehen 4–6fiedrige Blätter mit breit-eiförmigen, lang zugespitzten Fiederblättchen. **V** Man findet die Art in Laub(Buchen)- und Nadelmischwäldern. Sie ist bei uns noch sehr verbreitet. **B** Der oben beschriebene Farbwechsel der Blüte hängt mit dem Stoffwechsel der Pflanze zusammen. Der Blütenfarbstoff hat Indikatoreigenschaft, d. h. er wechselt seine Farbe in Abhängigkeit vom Säuregrad des Zellsaftes. Der Name der Pflanze bezieht sich auf die abgeplatteten Samen.

Saat-Luzerne

Medicago sativa

20–80 cm	8–12 mm	VI–IX

M Die aufrechte, fast kahle Pflanze trägt 3zählige Blätter mit an der Spitze gezähnten und stachelspitzen Fiederblättchen. In kopfigen Trauben stehen die violetten oder blauen Blüten dieses Schmetterlingsblütengewächses. Als Frucht entwickelt sich eine 2–3mal locker gewundene Hülse. **V** Die Saat-Luzerne findet sich auf Magerrasen, an Wegrändern, Böschungen und anderen nährstoffarmen Standorten. Sehr häufig wird die Art als Futterpflanze angebaut. **B** Der hohe Nährstoffgehalt, v. a. der Eiweißgehalt, läßt sich auf die Fähigkeit der Schmetterlingsblütler zur Stickstoffanreicherung zurückführen. Mit Hilfe symbiontischer Stickstoffbakterien in sog. Wurzelknöllchen kann der Luftstickstoff gebunden und zum Aufbau körpereigener Eiweiße verwendet werden. Die Saat-Luzerne hat hohe Lichtansprüche und gilt als Trockenanzeiger.

Wiesen-Storchschnabel

Geranium pratense

20–60 cm	20–40 mm	V–VIII

M Die storchschnabelähnlichen Früchte, die bei dieser Art nach dem Verblühen nach unten gebogen sind, haben der Familie der Storchschnabelgewächse den Namen gegeben. Einer der häufigsten Vertreter dieser Familie ist der blauviolett blühende Wiesen-Storchschnabel. Die Blüten stehen meist paarweise, wobei die Einzelblüte 2–4 cm groß wird. Der aufrechte Stengel ist im oberen Bereich drüsig behaart und mit meist 7lappigen, doppelt fiederspaltigen Blättern besetzt. Der Blattrand ist lanzettlich bezahnt. **V** Der Wiesen-Storchschnabel gedeiht auf allen Wiesentypen, an Wegrändern und in Gräben. **B** Die Bestäubung erfolgt durch Bienen; nach der Bestäubung krümmen sich die Blütenstiele abwärts. Die Samen werden durch einen Schleudermechanismus verbreitet. Der hohe Nährstoffbedarf macht die Pflanze zu einem typischen Nährstoffzeiger.

Wohlriechendes Veilchen

Viola odorata

5–10 cm	15 mm	III–V

M Die Blüten dieses Veilchengewächses sind dunkelviolett, gerade gespornt und stark duftend. Die herzförmigen Blätter bilden eine grundständige Rosette, sind fein behaart und glänzen an der Unterseite. Die Nebenblätter sind 4–5 mm breit, eiförmig zugespitzt und meist ganzrandig. Die Pflanze bildet oberirdische Ausläufer. **V** Das Wohlriechende Veilchen kommt bevorzugt an Waldrändern von Laub- und Nadelmischwäldern, an Bachufern und in Obstgärten vor. **B** Die duftenden Inhaltstoffe werden in der Parfümindustrie verwendet. Daneben hat die Art aber auch als Heilpflanze bei Bronchialerkrankungen einen gewissen Stellenwert. Im Altertum hatte die Pflanze schon immer eine kultische Bedeutung.

Wald-Veilchen

Viola reichenbachiana

10–30 cm	12–15 mm	IV–VI

M Die rötlich-violetten Blüten sind mit einem 5–6 mm langen, nach abwärts gebogenen, dunkelvioletten Sporn versehen. Die Kronblätter überdecken sich nicht. Die Grundblätter sind herzeiförmig, oberseits zerstreut behaart, unterseits meist violett; die Nebenblätter sind schmal lanzettlich und lang gefranst. **V** Das Wald-Veilchen ist in Laub- und Nadelmischwäldern anzutreffen. **B** Die Gattung *Viola* ist äußerst artenreich und neigt stark zur Bastardbildung. Der für die bestäubenden Insekten produzierte Nektar wird von einem Staubblattanhängsel in den Sporn hinein abgegeben. Neben Insektenbestäubung kommt auch Selbstbestäubung vor. Die Samen tragen ein fett- und eiweißreiches Anhängsel, das bei Ameisen sehr begehrt ist. Sie sammeln die Samen deshalb und sorgen so für die Verbreitung dieser und anderer Veilchen-Arten.

Wildes Silberblatt

Lunaria rediviva

30–150 cm	20–25 mm	IV–VI

M In zusammengesetzter Traube stehen blaßviolette 4zählige Blüten; sie sind wohlriechend und bestehen aus 10–12 mm langen Kronblättern und 4–6 mm langen Kelchblättern. Die Blätter sind alle gestielt, die Spreite ist herzförmig, der Blattrand stachelspitzig gezähnt. Namensgebend sind die elliptisch-lanzettlichen Schötchen, deren Fruchtscheidewände silbern glänzen; sie sind blattartig flach, 4–9 cm lang und bis 3 cm breit, an beiden Enden kurz zugespitzt. Die Art gehört zu den Kreuzblütengewächsen. **V** Man findet das Silberblatt in feuchten, schattigen Wäldern, meist in Hanglage oder in Schluchten unserer Alpen. **B** Die Blüten dieser Pflanze werden v. a. durch Nachtfalter bestäubt. In Gärten wächst das ähnliche Judas-Silberblatt *(Lunaria annua)*, das sich u.a. durch die runderen, nicht zugespitzten Schoten unterscheidet.

Echtes Alpenglöckchen

Soldanella alpina

5–15 cm	8–15 mm	IV–VII

M Der bis 15 cm hohe Stiel der Pflanze trägt 2–3 Blüten. Sie sind violett bis azurblau, glockig trichterförmig; meist nicken sie oder stehen schief aufrecht. Bis zur Hälfte ist die Blumenkrone gleichmäßig in zierliche Fransen zerschlitzt; der Griffel ragt etwas aus der Krone hervor. Die dunkelgrünen Blätter sind ledrig, meist ganzrandig, rundlich nierenförmig, 1–3 cm breit und grundständig. **V** Auf Matten, in Schneetälchen. Braucht kalk- und nährstoffreichen Boden mit reichlichem Wasserangebot; in 500–3000 m Höhe. **B** Das Gedeihen scheint bei diesem Primelgewächs von einer dauerhaften Schneebedeckung abhängig zu sein. Mit ihrer Stoffwechselwärme schmelzen sich die Blütenstiele im Frühjahr durch den Schnee.

Strandflieder

Limonium vulgare

G

20–50 cm	6–8 mm	VII–VIII

M Die blauvioletten, 5zähligen Blüten dieser Salzpflanze (Halophyt) bilden eine dichte, einseitswendige Doldenrispe, die von häutigen Hüllblättern umgeben ist. Der runde Stengel ist verzweigt. Die immergrünen, ganzrandigen Blätter des Grasnelkengewächses sind verkehrt-eiförmig, verschmälern sich allmählich in den Blattstiel; sie sind kahl, etwas stachelspitzig und färben sich im abgestorbenen Zustand lebhaft gelb oder rot. **V** Gedeiht auf Salzwiesen, Küstenfelsen der Nordsee (seltener Ostsee) und auf Schlickflächen. **B** Strandflieder ist hervorragend an das rauhe Klima, die heftigen Winde und das salzhaltige Milieu angepaßt. Um die erschwerte Wasseraufnahme aus dem salzhaltigen Grundwasser zu ermöglichen, sind die osmotischen Konzentrationen des Zellsaftes, d. h. der Anteil an gelösten Salzen, stark erhöht.

Deutscher Enzian

Gentiana germanica

G

5–30 cm	20–40 mm	VIII–X

M Die rosavioletten Blüten dieses Enziangewächses sind 20–40 mm lang und bis 10 mm breit. Sie stehen an den kurzen Seitenästen im oberen Bereich der Pflanze. Der untere Stengelbereich ist nicht verzweigt. Die Blüte ist durch 5 Kronzipfel, einen bärtigen Schlund und durch einen 5zipfeligen Kelch gekennzeichnet. Die Kelchzipfel sind spitz, die Buchten zwischen den Kelchzähnen laufen spitz zu und reichen etwa bis zur Kelchmitte; am Rand sind die Kelchzähne papillös-rauh. Am Stengel sitzen ei-lanzettliche, meist spitze Blätter; die grundständigen Blätter sind verkehrt-eiförmig, spatelig. Sie sind zur Blütezeit meist schon abgestorben. **V** Man findet die Art auf kalkigen Magerrasen und Heiden; bis 2600 m Höhe. **B** Es sind mehrere Unterarten bekannt, die verschiedene Blütezeiten haben (Sommer- und Herbstform).

Acker-Witwenblume
Knautia arvensis

30–100 cm	20–40 mm	V–X

M Der Stengel dieser Art ist meist verzweigt und im unteren Bereich abstehend behaart. Die blauvioletten Blütenköpfe erreichen einen Durchmesser von 2–4 cm, ihre Randblüten sind immer deutlich vergrößert und der Blütenkopfboden hat keine Spreublätter. Die Stengelblätter sitzen gegenständig und sind meist fiederspaltig und graugrün, die Grundblätter dagegen meist lanzettlich und gestielt. **V** Dieses Kardengewächs gehört mit zu den häufigsten Blumen auf unseren Wiesen und Äckern sowie an Weg- und Waldrändern. Kalkhaltige Böden werden bevorzugt. **B** Die Pflanze enthält Gerb- und Bitterstoffe und gilt deshalb als Heilpflanze. Sie wird von Bienen und Schmetterlingen bestäubt; die Samenverbreitung erfolgt durch Ameisen.

Wilde Karde
Dipsacus silvestris

70–150 cm	3–8 cm	VII–VIII

M Die hohe Staude steht aufrecht, ist schwach verzweigt und trägt am Stengel und an den Mittelnerven der Blätter kräftige Stacheln. Die hellvioletten bis lila Blüten bilden eine 3–8 cm große, kegelförmige bis längliche Ähre, wobei die aufgeblühten Einzelblüten gegen die Ährenspitze wandernde Bänder bilden. Die stacheligen Hochblätter unterhalb der Ähre sind ungleich groß, steigen bogig auf; die längsten überragen die Ährenspitze. Blätter sitzend, ungeteilt, am Rande kahl oder stachelig, am Grunde paarweise miteinander verwachsen. **V** Man findet das Kardengewächs an Wegrändern, Ufern, Böschungen, auf Schuttplätzen, in Gebüschen und auf Ruderalstandorten. Die Pflanze bevorzugt steinige, kalkhaltige Böden. **B** Bestäubt wird die Art von Hummeln, Fliegen und Bienen. Die verwandte Weber-Karde *(D. fullonum)* wurde früher zum Rauhen von Wolle verwendet.

Echtes Lungenkraut
Pulmonaria officinalis

15–30 cm	10 mm	III–V

M Die erst rot-, dann blauvioletten Blüten stehen in einem steifhaarigen, dichten Blütenstand. Die mit 5 Haarbüscheln versehene Blütenkrone überragt den zipfeligen Kelch deutlich. Die herz-eiförmigen Grundblätter sind oft weiß gefleckt und verschmälern sich plötzlich in den Stiel; die Stengelblätter sind oval und stengelumfassend. **V** Man findet das Rauhblattgewächs in feuchteren Laubmischwäldern, an Waldrändern und in Gebüschen. **B** Die Pflanze wird zur Wundbehandlung und bei Lungenerkrankungen (Name!) verwendet. Der Farbwechsel der Blüte beruht auf denselben Grundlagen wie bei der Frühlings-Platterbse (S. 228). Bienen und Hummeln sorgen für die Bestäubung der Blüten, die Fruchtverbreitung erfolgt durch Ameisen. Die Pflanze kommt bei uns in 2 Unterarten vor, die sich v. a. im Bau der Grundblätter unterscheiden.

Gemeiner Beinwell
Symphytum officinale

30–100 cm	12–18 mm	V–IX

M Das Rauhblattgewächs entspringt einer dicken, fleischigen Pfahlwurzel, die eine Länge von 30 cm erreichen kann. Der aufrechte, hohle Stengel ist steif behaart und durch die weit herablaufenden Blätter geflügelt. Wie der Stengel sind auch die lanzettlichen Blätter rauhborstig; sie erreichen eine Länge von 25 cm. Die rotvioletten oder gelblichweißen Blüten stehen in Doppelwickeln. Sie sind glockig und haben auffallende, lange Schlundschuppen. **V** Der Gemeine Beinwell ist auf feuchten Wiesen, an Ufern, in Gräben, Auwäldern, auf Schuttplätzen und an Wegen zu finden. Er bevorzugt nasse, stickstoffhaltige Böden. **B** Man führt den Namen der Pflanze auf die frühere Verwendung bei Knochenbrüchen zurück.

Bittersüßer Nachtschatten
Solanum dulcamara

30–200 cm	10–12 mm	VI–VIII

M Das halbstrauchige Nachtschattengewächs ist am Stengelgrund meist verholzt, oben klettert die Pflanze bei entsprechender Möglichkeit. Breit-lanzettliche Blätter, oft mit 2 Lappen am Blattgrund, aber auch ungeteilt, bilden das üppige Laub der Pflanze. Im doldig-traubigen Blütenstand stehen dunkel-violette Blüten mit flach ausgebreiteter, 5teiliger Krone. Im Blütenzentrum fallen die kegelig verwachsenen, gelben Staubbeutel auf. **V** Die Art ist in Auenwäldern, auf Kahlschlägen, an Ufern, Gräben und in Hecken anzutreffen. Sie kommt zerstreut vor, am geeigneten Standort allerdings meist in kleinen Beständen. **B** In der Pflanze sind verschiedene giftige Alkaloide enthalten. In der Volksheilkunde wurde sie früher bei Lungenerkrankungen, Rheumatismus und Hautausschlägen verwendet; sie gilt heute aber nicht mehr als Heilpflanze.

Tollkirsche
Atropa belladonna

50–150 cm	25–30 mm	VI–VIII

M Die einzeln stehenden Blüten haben eine glockenförmige Krone mit kurzem, 5lappigem Saum; außen sind sie braunviolett, innen gelbgrün und violett geadert. Zur Fruchtzeit ist der Kelch vergrößert. Die eiförmigen, ganzrandigen Blätter des Nachtschattengewächses laufen in den Blattstiel herab. Die Pflanze ist drüsig behaart. **V** Tollkirschen gedeihen auf Waldlichtungen, Kahlschlägen und an Wegrändern von Laub- und Mischwäldern. **B** Die glänzend schwarzen Beeren sind sehr giftig. Sie enthalten mehrere Alkaloide, u. a. Hyoscyamin und Atropin, die medizinisch bei verschiedenen Anzeigen verwendet werden, u. a. bei Narkosen. Der Artname *»belladonna«* läßt sich angeblich darauf zurückführen, daß früher ein Extrakt der Pflanze zur Pupillenerweiterung ins Auge eingeträufelt wurde und damit der Verschönerung der Frauen diente.

Mauer-Zimbelkraut

Cymbalaria muralis

30–60 cm	8–10 mm	VI–IX

M Am kahlen, kriechenden und fadenförmig dünnen Stengel des Braunwurzgewächses sitzen langgestielte, rundlich-nierenförmige Blätter; sind sind 5–7lappig und auf der Unterseite oft violett. In den Blattachseln stehen einzeln – ebenfalls langgestielte – hellviolette, gespornte Blüten mit gelbem Gaumen; der Sporn ist gekrümmt und ein Drittel so lang wie die Krone. **V** Das Mauer-Zimbelkraut gedeiht, dem Namen entsprechend, typischerweise an Mauern und Felsen. Der Standort muß luftfeucht und schattig sein, der Boden kalkreich und stickstoffarm. **B** Die Pflanze wurde bei uns aus dem Mittelmeerraum eingebürgert und gilt als typischer »Spaltenkriecher«. Sie gedeiht deshalb auch sehr gerne in gelockerten Mörtelfugen.

Alpen-Leinkraut

Linaria alpina

5–15 cm	10–15 mm	VI–IX

M Die Blüten des meist 2jährigen, kahlen, oft lockere Polster bildenden Braunwurzgewächses stehen in kurzer endständiger, meist 2–8blütiger Traube. Die Krone ist blauviolett mit langem, meist geradem Sporn und safrangelbem oder ziegelrotem Unterlippenwulst, der den Schlund völlig verschließt. Oberlippe 2spaltig, zurückgeschlagen. Die ganzrandigen Blätter sind schmal, lanzettlich, dick, blaugrün, zu 3–4 in Quirlen sitzend. **V** Wächst auf bewegten Schutt- und Geröllhalden, die im Winter schneebedeckt sind, auf Flußschotter und Kiesbänken; in 1500–3000 m Höhe, in Flußtälern selten auch tiefer. Gilt als kalkliebend, kommt nur zerstreut vor. **B** Das Alpen-Leinkraut ist ein typischer Schuttüberkriecher. Der unterirdische Stamm sendet bis zu 60 unbewurzelte Triebe aus, die das Geröll durchdringen oder lose aufliegen.

Alpenhelm

Bartsia alpina

5–10 cm	15–25 mm	V–VIII

M Die schwarzvioletten, ungestielten Blüten des Braunwurzgewächses stehen endständig in kurzer, mehrblütiger Traube jeweils in den Achseln von Tragblättern. Krone rachenförmig mit ungeteilter, helmförmiger Oberlippe (Name!) und 3lappiger Unterlippe. Kelch röhrig-glockig, 4spaltig, drüsig-zottig. Die kurz behaarten Blätter sind eiförmig und stehen gegenständig mit leicht herzförmiger Basis; Rand kerbsägig; v. a. die oberen Blätter sind violett überlaufen. **V** Die Art wächst auf alpinen Wiesen und Quellfluren; sickerfeuchte, schwach saure, humone Böden sind Voraussetzung. In Höhen zwischen 1000 und 3000 m, z. T. auch tiefer. **B** Der Alpenhelm ist ein Halbschmarotzer, der gleich nach der Keimung Saugorgane bildet, die sich an Wurzeln benachbarter Pflanzen heften und dort Mineralien und Nährstoffe entziehen.

Gundermann

Glechoma hederacea

15–60 cm	10–20 mm	III–VI

M Am niederliegenden Stengel dieser auch als Gundelrebe bezeichneten Pflanze stehen rundlich-nierenförmige bis herzförmige Blätter mit gekerbtem Blattrand. Auf der Oberseite glänzen sie, unterseits sind sie oft mattrötlich. An den Stengelknoten sind Wurzeln ausgebildet. In den Blattachseln entspringen 2–3blütige Halbquirle. Die Blüten sind blauviolett; ihre Unterlippe ist 3lappig mit vergrößertem Mittellappen, die Oberlippe ist gerade und vorn ausgerandet. Staubblätter und Griffel überragen die Kronröhre. **V** Das Lippenblütengewächs gedeiht auf Wiesen, Weiden, in feuchten Laub- und Auenwäldern, an Mauern und Ufern. **B** Die Pflanze wurde früher zur Wundheilung und als Hustenmittel verwendet.

Kleine Braunelle

Prunella vulgaris

10–30 cm	8–15 mm	VI–IX

M Die Pflanze gehört zur Familie der Lippenblütler und erreicht 10–30 cm Höhe. Die 8–15 mm langen, blauvioletten Blüten bilden einen ährenartigen Blütenstand. Die helmähnliche Oberlippe hat 3 kurze, stachelspitze Zähne, dabei ist der mittlere Zahn breiter als die seitlichen. Der Kelch ist 2lippig und halb so lang wie die Blüte. Die gekreuzt-gegenständig stehenden Blätter sind länglich-eiförmig und – wie der Stengel – schwach behaart. Oberirdische Ausläufer dienen der Verbreitung dieser Art. **V** Die Kleine Braunelle ist auf allen Wiesentypen, auf Weiden, an Wegrändern und in Wäldern häufig anzutreffen. **B** Die Fruchtverbreitung erfolgt hier durch einen Schleudermechanismus, der durch Regentropfen ausgelöst wird. Man nennt solche Pflanzen Regenballisten. Die Art enthält Gerbstoffe, ätherische Öle und Bitterstoffe und gilt deshalb als Heilpflanze.

Acker-Minze

Mentha arvensis

10–45 cm	5–8 mm	VI–X

M Der 4kantige Stengel ist bei diesem Lippenblütengewächs niederliegend bis aufsteigend. Er trägt in kreuz-gegenständiger Anordnung eiförmige bis elliptische Blätter mit schwach gesägtem bis gekerbtem Rand. Die Blüten stehen in blattachselständigen Scheinquirlen. Die lila Blütenkrone ist von einem glockigen Kelch umgeben; die 5 Kelchzähne sind 3eckig-eiförmig und nie länger als breit. Endständige Blüten sind nie vorhanden, der Stengel endet immer in einem Blattbüschel. **V** Die Acker-Minze ist auf feuchten Äckern, in Naßwiesen, Gräben, am Ufer und im Röhricht verschiedener Gewässer anzutreffen. Sie bevorzugt feuchten, stickstoffhaltigen Boden und gilt deshalb auch als Vernässungsanzeiger. **B** Der aromatische Geruch beim Zerreiben der Pflanze verrät den hohen Gehalt an ätherischen Ölen. Die Bestäubung erfolgt durch Insekten.

Gemeines Fettkraut

Pinguicula vulgaris

G

5–15 cm	15–20 mm	V–VIII

M Die 2lippige Blütenkrone ist blauviolett und steht einzeln am Ende des 5–15 cm langen Stengels; sie ist schlank pfriemlich gespornt. Der Schlund ist offen und durch einen weißen Fleck markiert. Die grundständigen Blätter stehen rosettig; sie sind ungeteilt, verkehrt-eiförmig oder elliptisch, ganzrandig und am Rand aufgebogen; Oberfläche drüsig-klebrig, sehr hellgrün bis gelblich. **V** Das Wasserschlauchgewächs findet man in Hoch- und Flachmooren, an nassen Felsen in deren Spalten, auf Rieselfluren; kommt v. a. im Gebirge in Höhen bis 2000 m vor. **B** Die Art gehört zu den insektenfressenden Pflanzen (Insektivoren). Kleine Insekten bleiben an den drüsig klebrigen Haaren der Blattoberseite haften und werden enzymatisch verdaut.

Wiesen-Glockenblume

Campanula patula

20–60 cm	15–25 mm	V–VIII

M Die lila Blüten der 20–60 cm hohen Pflanze stehen in einer lockeren Rispe und werden 15–25 mm lang. Die Blütenkronzipfel sind bis zur Hälfte der nickenden Blüte aufgespalten. Die Kelchzipfel sind spitz lanzettlich. Man unterscheidet kurzgestielte, länglich-eiförmige, am Rand gekerbte Grundblätter und lanzettliche Stengelblätter. **V** Man findet das Glockenblumengewächs in erster Linie auf Fettwiesen mit feuchtem, lehmigem oder auch sandigem, niemals jedoch sauerem Boden. Sind ihre Bodenansprüche erfüllt, kommt sie sehr häufig vor. **B** Das Lichtbedürfnis der Pflanze ist recht groß. Zur Verhinderung einer Selbstbestäubung reifen zunächst die Pollen, dann die Samenanlagen. Die Bestäubung erfolgt in erster Linie durch Bienen. Die Gattung *Campanula* umfaßt viele Arten, die an den verschiedensten Standorten verbreitet sind.

Nesselbl. Glockenblume

Campanula trachelium

30–100 cm	30–40 mm	VI–IX

M Am steifhaarigen, kantigen Stengel stehen 3eckig-eiförmige Blätter. Sie sind grob gesägt und v. a. die unteren lang gestielt. Die trichterförmigen, lila Blüten bilden einen traubigen, beblätterten Blütenstand. Am Grunde der Blütenstiele stehen jeweils 2 Hochblätter. Hin und wieder kommen bei dieser Art auch weißlich blühende Varianten vor. **V** Die Nesselblättrige Glockenblume bevorzugt schattige Standorte in verschiedensten Waldtypen und in Hochstaudenfluren. **B** Die Gattung *Campanula* ist äußerst artenreich. Zur Verhinderung der Selbstbestäubung kommt es bei Glockenblumen zu einer sog. »Vormännlichkeit« (Proterandrie), d. h. die Reifung der Pollen (♂) erfolgt vor der Reifung der Samenanlagen (♀). Als Früchte entwickeln sich bei allen *Campanula*-Arten Kapseln, die sich mit 5 seitlichen Löchern öffnen und die Samen entlassen.

Alpen-Aster
Aster alpinus

G

5–20 cm	3–5 cm	VII–VIII

M Das Blütenkörbchen steht bei diesem Korbblütler meist einzeln am aufrechten, beblätterten und behaarten, 5–20 cm hohen Stengel. Es ist 3–5 cm breit und besteht aus 25–40 violetten bis rosa Zungenblüten und goldgelben Scheibenblüten. Die Blätter sind ganzrandig, 3nervig, flaumig behaart; am Stengel lanzettlich, sitzend, Grundblätter länglich-spatelig, kurz gestielt. **V** Auf mageren Matten, auf Triften und Felsen in 1400–3100 m Höhe. Der Boden muß steinig und kalkreich sein, der Standort warm; Südhänge werden deshalb bevorzugt. **B** Die Art kommt meist gesellig vor, oft auch zusammen mit dem Edelweiß. Bestäubt wird die Pflanze von Faltern; die Samen werden vom Wind weit verbreitet.

Strand-Aster
Aster tripolium

15–60 cm	1–3 cm	VII–IX

M Der fleischige, fast kahle Stengel des Korbblütlers ist häufig rot überlaufen und trägt mehrere Blütenköpfe mit zartvioletten (selten weißen) Zungenblüten und orangefarbenen Röhrenblüten. Hüllblätter länglich-eiförmig, stumpf; sie liegen eng an und stehen fast 2reihig. Die fleischigen, länglich-lanzettlichen, ganzrandigen, dunkelgrünen Blätter werden bis zu 12 cm lang; am Rand sind sie leicht gewimpert. **V** Nasse Salzwiesen und -sümpfe, Prielränder, Strandwiesen der Nord- und Ostseeküsten; seltener an Salinen des Binnenlandes. **B** Wie bei vielen Halophyten (Salzpflanzen) ist das Gewebe der Pflanze fleischig ausgebildet, eine Anpassung an den salzhaltigen Untergrund, der einen höheren Wassergehalt des Gewebes notwendig macht. Da im sumpfigen Boden Sauerstoffmangel herrscht, sind in der Wurzelrinde lufterfüllte Räume abgekammert.

Wiesen-Flockenblume
Centaurea jacea

20–80 cm	2–6 cm	VI–X

M Die Wiesen-Flockenblume gehört zu den Korbblütlern, die erst im Spätsommer auf unseren Wiesen erscheinen. Die Pflanze wird 20–80 cm hoch, hat gestielte, ausgebuchtete, oftmals gefiederte Grundblätter und sitzende, lanzettliche Stengelblätter. Die Blütenköpfe sind rotviolett und bestehen ausschließlich aus Röhrenblüten, wobei die Randblüten immer vergrößert sind. Die Anhängsel der Hüllblätter sind bräunlich, trockenhäutig und vom übrigen Hüllblatt deutlich abgeschnürt. Der Stengel ist kantig, rauh und nur im oberen Bereich verzweigt. **V** Die Art gedeiht auf Wiesen, Magerrasen, an Wegen und auf Moorwiesen. **B** Als Besonderheit tritt eine Staubblattbewegung auf, die durch Berührung auslösbar ist. Der Sinn ist ein Auspressen des Pollens nach Berührung durch Insekten, so daß die Pollenkörner am Körper der Insekten abgestreift werden.

Gemeine Kratzdistel

Cirsium vulgare

60–180 cm	2–4 cm	VII–IX

[M] Die stacheligen Ausläufer der Blattfiedern können bei unachtsamer Berührung beeindruckend stechen. Im Gegensatz zur unten beschriebenen Acker-Kratzdistel laufen die tief fiederteiligen Blätter am Stengel herab. Ihre Unterseite ist weißfilzig. Die 40–80 mm langen und 20–40 mm breiten, violetten Blütenköpfe stehen meist paarweise oder in 3er-Gruppen. Auffallend ist die eiförmige, meist kahle, selten leicht wollhaarige Hülle des Blütenköpfchens. [V] Die Art bevorzugt offene, besonnte Standorte in verschiedenen Unkrautgesellschaften an Wegen und auf Schuttplätzen. [B] Der Korbblütler gilt aufgrund seines hohen Nährstoffbedarfs als Stickstoffzeigerpflanze. Meist findet man auf den Blütenköpfchen zahlreiche Hummeln und Käfer.

Acker-Kratzdistel

Cirsium arvense

50–150 cm	1–2 cm	VII–IX

[M] Mit einer Maximalhöhe von 150 cm gehört dieser Korbblütler zu den mächtigsten »Unkräutern« unserer Flora. Die stark verzweigten Stengel tragen lanzettliche oder elliptische Blätter, die buchtig gezähnt sind und nicht am Stengel herablaufen. Der Blattrand ist stachelig, die Oberfläche glänzt, die Blattunterseite ist graugrün. Zahlreiche violette Blütenkörbchen sitzen an den Zweigenden. Sie werden 15–30 mm lang, 10–20 mm breit und sind von enganliegenden, purpurfarbenen und zugespitzten Hüllblättern eingefaßt. Eine spinnwebige Behaarung kennzeichnet die gesamte Korbhülle. [V] Wegränder, Schuttplätze, Ufer und Äcker sind die Standorte dieser Art. [B] Die Pionierpflanze ist durch sehr tiefreichende Wurzeln (bis 3 m!) gekennzeichnet. Wie die Gemeine Kratzdistel bevorzugt auch diese Art stickstoffreiche Lehmböden.

Herbstzeitlose

Colchicum autumnale

5–20 cm	40–60 mm	VIII–XI

[M] Blüten und Blätter können bei diesem eigenartigen Liliengewächs nur zu verschiedenen Jahreszeiten betrachtet werden. Die Blüten erscheinen von August bis November. Sie bestehen aus 6 blaßvioletten Blütenblättern, die unten zu einer bis 20 cm langen Röhre verwachsen sind. Aus dieser ragen 3 Griffel und 6 Staubblätter. Aufgrund der extremen Länge der Griffel benötigen die Pollenschläuche mehrere Wochen, bis sie zum unter der Erde liegenden Fruchtknoten gewachsen sind und die Befruchtung vollzogen wird. Die breitlanzettlichen Blätter und die Fruchtkapsel erscheinen erst im Frühjahr. [V] Als Standort bevorzugt diese Giftpflanze Feuchtwiesen und Auenwälder. [B] Vor allem in der Knolle, aber auch in den übrigen Pflanzenteilen, ist das hochgiftige Colchizin enthalten. Es ist ein Zellteilungsgift, welches in der gärtnerischen Züchtung verwendet wird.

Große Händelwurz

Gymnadenia conopsea

20–60 cm	10–15 mm	VI–VIII

M Die Pflanze wird bis 70 cm hoch, dabei kann die reichblütige Ähre 10 cm der Gesamtlänge einnehmen. Die rosa bis violetten Einzelblüten duften schwach. Auffallend ist bei dieser Art der sehr lange, spitze, nach unten gebogene Sporn, der fast 2mal so lang wie der Fruchtknoten ist. Die seitlichen Blütenhüllblätter sind oval, die 3lappige Lippe verbreitert sich zur Spitze hin. Die Blätter werden bis 15 cm lang und sind lanzettlich. **V** In Mitteleuropa dürfte dies die häufigste Orchideen-Art sein, gedeiht sie doch sowohl auf trockenem Kalkmagerrasen als auch an feuchten Standorten, wie Moorwiesen. **B** Den Namen verdankt die Pflanze ihren handförmig gelappten Wurzelknollen. Die Blütenbestäubung erfolgt durch Tagschmetterlinge.

Geflecktes Knabenkraut G

Dactylorhiza maculata

15–50 cm	10–15 mm	V–VIII

M Eine Orchidee mit reichblütigem, kegelförmigem, später zylindrischem Blütenstand am Oberende des markigen, nicht zusammendrückbaren Stengels. Die Blüten sind hellila bis weißlich mit dünnem, bis 8 mm langem Sporn. Lippe flach, 3 teilig; Mittellappen kleiner und nicht vorgezogen, Seitenlappen breit abgerundet und leicht gezähnelt. Die purpurne Zeichnung auf der Lippe ist schleifenförmig. Die 6–10 braun gefleckten (Name!) Laubblätter sind lanzettlich-länglich bis schmal-linealisch und laufen spitz aus. Die obersten Laubblätter erreichen den Blütenstand nicht. **V** Man findet dieses Knabenkraut auf Magerrasen, in Heiden, Flachmooren und in lichten, trockenen Wäldern. Der Boden muß feucht, sauer und kalkarm sein. **B** Lebt wie die meisten Orchideen in Symbiose mit Pilzen an der Wurzel, die die Wasser- und Mineralienversorgung übernehmen.

Breitblättr. Knabenkraut G

Dactylorhiza majalis

15–60 cm	10–15 mm	V–VI

M Die 5–10 cm langen, meist gefleckten Blätter sind lanzettlich und in der Mitte am breitesten. Die Blütenähre ist reichblütig, die Tragblätter sind länger als die purpurroten bis lila Blüten. Eine Dreilappung der Lippe ist meist deutlich ausgeprägt; die Seitenlappen sind herabgeschlagen. Kennzeichnend ist auch die purpurne Linienzeichnung der Lippe. **V** Typische Standorte sind Gräben, Flachmoore und feuchte Wiesen. **B** Sehr häufig teilt sich dieses Knabenkrautgewächs den Standort mit dem Fleischroten Knabenkraut. Da sich die Blütezeiten überschneiden, sind Bastarde üblich. Die meisten Knabenkräuter sind recht empfindlich bezüglich eines großen Stickstoffgehalts des Bodens, was ihre bevorzugte Verbreitung auf nährstoffarmen Böden erklärt. Diese Art zeigt allerdings wenig Empfindlichkeit und toleriert auch höhere Stickstoffgehalte.

Gewöhnliche Akelei

Aquilegia vulgaris

30–80 cm	30–50 mm	V–VII

M Die blaue (selten rötliche oder weiße) Blütenkrone besteht aus blumenblattartig entwickelten Nektarblättern mit bogigen Spornen. Aus dem Blütenzentrum ragen die zahlreichen gelben Staubblätter etwas hervor. Die grundständigen blaugrünen Blätter des Hahnenfußgewächses sind doppelt 3teilig, die oberen Stengelblätter 3lappig und sitzend. **V** Die Pflanze wächst in lichten Laubwäldern, Gebüschen, an Waldrändern und auf Trokkenrasen. **B** Im spornartigen Auswuchs der Nektarblätter verbirgt sich Nektar, der v. a. von langrüsseligen Hummeln erreicht wird, die damit für die Bestäubung der Pflanze sorgen. Von kurzrüsseligen Hummeln und Bienen wird der Sporn oft von außen angebissen, um an den Nektar zu gelangen.

Acker-Rittersporn

Consolida regalis

15–50 cm	15–20 mm	V–VIII

M Die schönen dunkelblauen Blüten mit ihrem charakteristischen, bis 25 mm langen Sporn stehen in lockeren Trauben. Letzterer entsteht als Verwachsung zweier innerer Blütenhüllblätter. Die linealischen Hochblätter sind kürzer als die Blütenstiele. Der ca. 50 cm hohe Stengel ist meist nur oben verzweigt; schmale, 3zählige Blätter mit 2–3zählig geteilten Blättchen setzen an ihm an. Die Pflanze gehört zu den Hahnenfußgewächsen. **V** Seine speziellen Bodenansprüche machen den Acker-Rittersporn regional zu einem häufigen Ackerunkraut, stellenweise fehlt die Pflanze aber auch vollständig. Bei kalkhaltigem Boden findet man die Art auch auf Schuttplätzen und an Wegrändern. **B** Die Pflanze wird von Hummeln und Tagfaltern bestäubt. Sie enthält Alkaloide und wurde früher zu Heilzwecken bei Wunden verwendet.

Blauer Eisenhut

Aconitum napellus

G	50–150 cm	30–40 mm	VII–IX

M Die tiefdunkelblauen Blüten stehen bei diesem Hahnenfußgewächs in einer dichten Traube. Das oberste Blütenblatt bildet einen Helm, der meist breiter als hoch ist. Der Helm zieht über 2 langgestielte Honigblätter, deren Stiele bogig gekrümmt sind. Am aufrechten, bis 150 cm hohen Stengel stehen gestielte, handförmig geteilte Blätter mit schmalen, linealischen Abschnitten; Oberseite dunkelgrün, unten glänzend und heller. **V** Lockere, humusreiche und feuchte Böden mit hohem Kalkgehalt. Auf Lägerfluren, an Bachufern und auf Quellfluren bis 3000 m Höhe. **B** Die Pflanze enthält Aconitin-Alkaloide, die im Altertum oft als Mordgift oder zur Vergiftung von Tieren benutzt wurden. Heutzutage findet sie nur noch Verwendung in der Homöopathie, wo verschiedene Potenzierungen bei Erkältungen und Schmerzzuständen gebraucht werden.

Leberblümchen

Hepatica nobilis

5–15 cm	15–30 mm	III–IV

M Die grundständigen Blätter des Hahnenfußgewächses sind langstielig, 3lappig, oben dunkelgrün und unterseits meist rotbraun oder purpurn. Sie erscheinen nach der Blüte und überwintern. Die tiefblauen Blüten (selten rosa oder weiß) haben 6–9 Kronblätter und sind ebenfalls lang gestielt; unterhalb der Blütenkrone bilden 3 Hochblätter einen Scheinkelch. **V** Leberblümchen kommen meist in größeren Beständen in Buchen-, Eichen- und Nadelmischwäldern vor. Sie bevorzugen kalkige Böden. **B** Der Name dieses Frühblühers leitet sich von seiner heilkundlichen Verwendung ab. Das getrocknete Kraut wird als Heilmittel bei Leber- und Gallenleiden verwendet. Insekten bestäuben die Pflanze; Ameisen verbreiten die Samen.

Stengelloser Enzian

Gentiana clusii

G	4–8 cm	50–70 mm	V–VIII

M Die glockigen Blüten sind leuchtend blau, außen etwas grünlichblau, innen jedoch nie mit olivgrünen Längsstreifen. Die spitzen, lanzettlichen Kelchzähne liegen der Krone an; die Kelchbuchten sind spitz. Blütenstiel sehr kurz oder fehlend (Name!). Die Blätter bilden eine grundständige Rosette; sie sind lanzettlich-spitz, meist in der Mitte am breitesten, selten über 6 cm lang. Enziangewächs. **V** Kalkliebende Pflanze, die v. a. auf Matten, in Flachmooren, Felsspalten und Triften vorkommt; in 1200–2600 m Höhe. **B** Sehr leicht mit dem Breitblättrigen Enzian *(Gentiana kochiana)* zu verwechseln, der sich durch spatelförmige Kelchblätter und breite Kelchbuchten von dieser Art unterscheidet. Zudem besiedelt er als kalkmeidende Art in erster Linie saure Böden, so daß die beiden Arten nie am selben Standort anzutreffen sind.

Schwalbenwurz-Enzian

Gentiana asclepiadea

G	30–70 cm	35–50 mm	VIII–X

M Auffallend hohes Enziangewächs mit intensiv blauen, großen Blüten. Die trichterförmig-glockigen Kronen sind innen hell und rötlichviolett gepunktet oder gestreift; der Glockenrand ist in 5 schmale, spitz zulaufende Zipfel gespalten, zwischen denen je ein stumpfer Zahn sitzt. Die Blüten sitzen auf sehr kurzen Stielen einzeln oder zu 2–3 in den Achseln der oberen Blätter, oft einseitig, so daß dies zum Überhängen des Stengels führt. Laubblätter eiförmig-lanzettlich, nach oben kleiner werdend, 5nervig, gekreuzt-gegenständig, im Schatten oft auch 2zeilig. Die Pflanzen wachsen oft zu sehr vielblütigen Stauden heran. **V** Nur auf kalkhaltigen, nährstoffreichen und teilweise feuchten Böden zerstreut vorkommend. In Wäldern, im Ufergebüsch, auf Bergwiesen und Matten bis 2200 m. **B** Der Name leitet sich von der Blattform ab (s. Schwalbenwurz, S. 120).

Frühlings-Enzian
Gentiana verna

G

4–15 cm	25–30 mm	III–VII

M An den Stengeln stehen meist nur 1, selten 2–3 Blüten. Sie sind farb-variabel von tiefem Dunkelviolett über verschiedene Blautöne bis Weiß. Die Blütenblattzipfel sind eiförmig geschnitten und spitz zulaufend; zwischen den Kronzipfeln je ein 2zähniges Anhängsel. Der Kelch ist ca. 1 mm breit geflügelt. In grundständiger Rosette stehen 1–3 cm lange Blätter mit stumpfer Spitze; sie sind bis 3mal so lang wie breit, am Rand etwas rauh, der Mittelnerv ist deutlich. Enziangewächse. **V** Auf trockenen Matten, in Zwergstrauchheiden, auch in feuchten Wiesen und Flachmooren. Der Boden muß kalkhaltig, locker und steinig sein. Vom Tiefland bis 2900 m. **B** An besonders warmen Standorten kommt es im Herbst zu einer zweiten Blüte.

Gefranster Enzian
Gentianella ciliata

G

8–25 cm	30–50 mm	VIII–X

M Die leuchtend blauen, bis 5 cm langen Blüten dieses Enziangewächses stehen – meist einzeln, selten bis zu viert – am Ende des biegsamen Stengels. Die unten röhrige Krone teilt sich etwa ab halber Länge in 4 am Rand lang gefranste Zipfel, oft ist der Rand auch etwas eingerollt. Im Gegensatz zum oben beschriebenen Frühlings-Enzian gibt es bei dieser Art keine grundständige Blattrosette, lediglich 1–3 lineal-lanzettliche, zugespitzte Stengelblätter; sie sind deutlich 1nervig. **V** Man findet die Art auf Trockenrasen, Heiden, Schafweiden, in Gebüschen, an Hängen und Waldrändern. Der Boden muß kalkhaltig, trocken bis mäßig feucht und lehmig sein. Bevorzugt werden Höhen von 800–2000 m. **B** Alle Arten der Gattung *Gentiana* bzw. *Gentianella* sind mehr oder weniger gefährdet. So gibt es auch von dieser Art nur noch regional kleine Bestände.

Kleines Immergrün
Vinca minor

15–20 cm	25–30 mm	IV–V

M An den kriechenden Stengeln dieser Pflanze stehen immergrüne, lanzettliche und ledrig wirkende Blätter. Die hellblauen Blüten des Hundsgiftgewächses entspringen den Blattachseln. Sie sind gestielt, haben einen oberständigen Fruchtknoten und eine 5zählige, stieltellerförmige Krone. **V** Man findet die Pflanze v. a. in krautreichen Laubwäldern und in Gebüschen. **B** Kennzeichnend für die Familie der Hundsgiftgewächse ist u. a. der Besitz von Milchsaft, der in speziellen Milchröhren gebildet wird. Auffallend ist auch die Drehung der Kronblätter in der Knospe. Die Art wird sehr gerne als Bodendecker in schattigen Gartenbereichen angepflanzt. Ihre Blüten werden von Faltern und Bienen bestäubt, die Samenverbreitung erfolgt durch Ameisen. Die Verbreitung der Pflanze erfolgt jedoch in erster Linie durch die üppig ausgebildeten Ausläufer.

Bach-Ehrenpreis

Veronica beccabunga

20–60 cm	4–9 mm	V–IX

M Die himmelblauen Blüten des Braunwurzgewächses stehen in lockerer, blattachselständiger 10–30 blütiger Traube; sie sind in 4 Blütenblattzipfel gespalten. Die ganze Pflanze ist fleischig, kahl; die Stengel sind rund, hohl, aufsteigend oder aufrecht. Blätter gegenständig, kurz gestielt, oval oder länglich, glänzend mit gesägt-gekerbtem Blattrand, 1–4 cm lang. **V** Der Bach-Ehrenpreis gedeiht an Bächen, in Gräben, Quellfluren, Sümpfen. Am Standort muß der Boden nährstoffreich, sandig, kiesig und möglichst teilweise überflutet sein. Kommt in den Alpen in Höhenlagen bis über 2300 m vor. **B** Die Art wird auch häufig als Bachbunge bezeichnet. Früher galt sie als wichtige Heilpflanze, die z. B. gegen Hautkrankheiten eingesetzt wurde.

Gamander-Ehrenpreis

Veronica chamaedrys

10–30 cm	5–10 mm	IV–VIII

M Die Pflanze wird 10–30 cm hoch und ist an den 2 Haarreihen am Stengel sofort zu erkennen. Die eiförmigen Blätter stehen gegenständig, sind nur kurz gestielt oder sitzend, der Blattrand ist gekerbt. Die blauen Blüten stehen in blattachselständigen Trauben (pro Pflanze meist 2). Der Blütenkelch ist 4blättrig, die Blütenblätter sind dunkel geadert. Es sind nur 2 Staubblätter vorhanden. Der Gamander-Ehrenpreis gehört zu einer sehr artenreichen Gattung. **V** Diese Art ist auf unseren Wiesen, Waldlichtungen und an Wegrändern zu finden. **B** Die Blütenbildung ist bei diesem Braunwurzgewächs von einer kräftigen Besonnung abhängig. Die Bestäubung erfolgt durch Insekten. In der Pflanze ist ein giftiges Glykosid enthalten. Verschiedene Ehrenpreis-Arten wurden früher als Heilpflanze bei Leber-, Magen-, Darm- und Bronchialerkrankungen verwendet.

Persischer Ehrenpreis

Veronica persica

10–30 cm	8–12 mm	I–XII

M Leuchtend blaue Blüten zieren diese bei uns ehemals nicht heimische Pflanze (Name!). Die Blütenkrone wird 8–12 mm breit, auffallend ist die Farbaufhellung der unteren Kronblätter. Ovale Kelchblätter mit spitzen Zipfeln hüllen die Blütenkrone ein; die Blütenstiele sind deutlich länger als der Kelch und entspringen den Blattachseln. Der niederliegende bis aufsteigende Stengel ist mit kurzgestielten, 3eckig-eiförmigen Blättern besetzt, deren Rand grob gezähnt ist. Als Frucht wird eine 8–10 mm breite und 4–6 mm lange Kapsel ausgebildet. **V** Die Art gehört zur Familie der Braunwurzgewächse und gedeiht auf Äckern, in Gärten, Weinbergen, an Wegrändern und anderen Standorten mit nährstoffreichen, lehmigen Böden. **B** Die Pflanze ist am Anfang des letzten Jahrhunderts aus Botanischen Gärten ausgewildert.

Gewöhnl. Natternkopf
Echium vulgare

30–100 cm	15–20 mm	VI–X

M Die Art gehört zu den Rauhblattgewächsen. Dem Familiennamen entsprechend ist die Pflanze steifborstig behaart. Die unteren lanzettlichen Blätter bilden eine Rosette und erreichen eine Länge von 15 cm. Sie sind gestielt, während die oberen kleineren Blätter dem Stengel direkt ansitzen. Im schmal pyramidalen Blütenstand stehen anfangs rötliche Knospen, beim Öffnen der Blüten wandelt sich die Farbe nach Blau. Die Kronblätter überragen den Kelch, die Kronmündung ist schief. Ungleich lange Staubblätter reichen über die Blüte hinaus. **V** Man findet die Pflanze an Wegrändern, auf Schuttplätzen, in Steinbrüchen und in Unkrautfluren anderer Standorte. **B** Die Art gehört zu den Pionierpflanzen an neu zu besiedelnden Standorten.

Kriechender Günsel
Ajuga reptans

15–30 cm	10–15 mm	IV–VIII

M Der Beiname charakterisiert die bei diesem Lippenblütler auftretenden, oberirdischen Ausläufer, die der Artverbreitung dienen. Die Blüten dieser sehr häufigen Pflanze sind blau, selten rosa oder weiß und durch eine stark reduzierte oder fehlende Oberlippe gekennzeichnet. Die Unterlippe ist hingegen sehr groß ausgeprägt und immer 3lappig. Der Kelch ist kürzer als die Kronröhre und abstehend behaart. Die Blüten sind in einem ährenartigen Blütenstand am Ende des 2zeilig behaarten Stengels angeordnet. Die langgestielten und spatelförmigen Grundblätter stehen rosettig, die ungeteilten und eiförmigen Stengelblätter gekreuzt-gegenständig. **V** Man findet die Art auf Wiesen, in Gebüschen und in Wäldern. **B** Die Pflanze enthält Gerbstoffe und wurde früher als Heilpflanze verwendet. Neben Insekten- kommt auch Selbstbestäubung vor.

Wiesen-Salbei
Salvia pratensis

30–60 cm	20–25 mm	IV–VIII

M Die dunkelblauen Blüten stehen in einem 4–8blütigen, drüsig behaarten Quirl. Sie sind 20–25 mm lang und haben eine sichelförmige Oberlippe. Die Tragblätter der Blüten sind kürzer als der gezähnte Kelch und zurückgeschlagen. Typisch für Lippenblütler ist der 4kantige Stengel, der hier borstig behaart ist. Die Blätter stehen meist grundständig, sind eiförmig, gestielt und gekerbt. **V** Wie der allbekannte, als Heil- und Gewürzpflanze verwendete Garten-Salbei, so bevorzugt auch der Wiesen-Salbei sehr sonnige, trockene Standorte. Man findet ihn vor allem auf Kalkmagerrasen, aber auch an Wegrändern und auf Fettwiesen. **B** Die Pflanze wird durch Hummeln bestäubt, wobei diese, um zum Nektar zu gelangen, einen Hebelmechanismus betätigen, der andererseits ein Abstreifen der Pollen am Hummelkörper gewährleistet.

Rundblättrige Glockenblume

Campanula rotundifolia

10–50 cm	10–20 mm	VI–IX

M Die namensgebende Blattform gilt nur für die grundständigen Blätter, die allerdings während der Blütezeit meist schon verwelkt sind. Sie sind langgestielt, rundlich bis herzförmig, am Rand gekerbt oder gezähnt. Die Stengelblätter hingegen sind schmal-lanzettlich, meist kahl. Die Blüten stehen bei diesem Glockenblumengewächs in einer wenigblütigen Rispe. Vor dem Aufblühen sind die Knospen zunächst aufrecht, nicken dann aber kurz vor der Öffnung. Die Blüte ist dunkelblau; mindestens ein Drittel der Krone ist zipfelig geteilt. **V** Die Rundblättrige Glockenblume bevorzugt magere Böden und kommt deshalb auf Magerrasen, Heiden und in lichten Wäldern auf steinigem Untergrund vor. **B** Die Art gliedert sich in schwer unterscheidbare Rassen.

Knäuel-Glockenblume

Campanula glomerata

20–60 cm	15–30 mm	VI–IX

M Der Blütenstand bildet ein köpfchenförmiges, endständiges Blütenknäuel aus leuchtend blauen, selten weißen Blüten. Am Grund ist es von einer Hochblatthülle umgeben. Selten kommen bei diesem Glockenblumengewächs auch seitenständige Blütenknäuel vor. Einzelblüte trichterförmig, behaart, mit nicht aus der Blütenkrone herausragendem Griffel. Die 3eckigen Kelchzipfel laufen spitz zu. Grundblätter oval-stumpf, am Grunde herzförmig oder abgerundet und wie der Stengel weich behaart; der Blattrand ist fein gesägt. Die Stengelblätter sind schmäler, spitz, halbstengelumfassend oder gestielt, ebenfalls weichhaarig. **V** Man findet diese Glockenblume auf Wiesen, an Wegrändern, in Gebüschen und in lichten Wäldern; im Gebirge bis 1800 m. Sie braucht kalkhaltigen, nährstoffreichen und möglichst steinigen Boden. **B** Auch diese Art ist sehr formenreich.

Kugelige Teufelskralle

Phyteuma orbiculare

G

10–30 cm	10–15 mm	V–IX

M Die blauen Blüten bilden bei dieser Art ein kugeliges Köpfchen mit ei-lanzettlichen Hüllblättern, die kürzer oder länger als die Blüten sein können, in der Regel aber kürzer als der Blütenstand. Jede Einzelblüte ist durch eine 10–15 mm lange Kronröhre, durch 5 bandförmige Kronzipfel und durch 3 Narben gekennzeichnet. Vor dem Aufblühen ist das Blütenköpfchen stark gekrümmt. Die rosettenständigen Grundblätter sind herz-eiförmig bis lanzettlich und lang gestielt. Am Stengel stehen in lockerer Folge ei-lanzettliche, gesägte oder ganzrandige Blätter; im obersten Bereich sind sie ungestielt. **V** Das Glockenblumengewächs gedeiht auf felsigen Magerrasen, Moorwiesen, auf Matten und Triften, bevorzugt in höheren Lagen bis 2500 m. **B** Die Pflanze ist in ihrem Erscheinungsbild variabel. Die Blüten werden von Faltern und Bienen bestäubt.

Gemeine Wegwarte

Cichorium intybus

25–120 cm	3–4 cm	VII–IX

M Interessanterweise sind die nur aus Zungenblüten bestehenden großen, blauen Blütenkörbchen nur in den Vormittagsstunden geöffnet. 2reihig stehende, drüsenhaarige Hüllblätter umgeben das Köpfchen. Am sparrig-zähen Stengel stehen lanzettliche, ganzrandige bis schwach gezähnte Blätter; die Blätter der Grundrosette sind tief fiederspaltig und unterseits beborstet. **V** Man findet diesen Korbblütler an den meisten Weg- und Ackerrändern, auf Schuttplätzen und Weiden. **B** Im 19. Jahrhundert wurde die Pflanze ihrer Wurzel wegen kultiviert. Geröstet und gemahlen, diente die »Zichorienwurzel« als begehrter Kaffee-Ersatz. Daneben verwendete man die Pflanze für Salat und in der Naturheilkunde bei Leberleiden.

Kornblume

Centaurea cyanus

30–80 cm	2–3 cm	VI–X

M Die 2–3 cm breiten Blütenköpfe an den Enden des reich verzweigten, kantigen Stengels bestehen aus zentralen violetten Scheibenblüten und vergrößerten, zipfeligen Randblüten. Eine eiförmige, 15 mm lange Blütenhülle umschließt das Blütenköpfchen. Die 2–5 mm breiten, lanzettlichen Blätter sitzen dem Stengel an. Stengel und Blattunterseiten sind weißfilzig behaart. **V** Kornblumen gedeihen v. a. auf Getreidefeldern, sind aber auch an typischen Unkrautstandorten zu finden. **B** Die Pflanze gilt als alter Kulturbegleiter des Menschen. Das kräftige Blau der Blüten dieses Korbblütlers gibt jedem Wegrand einen hübschen Akzent. Doch leider wird die Pflanze wegen intensiven Einsatzes von »Unkraut«-Vernichtungsmitteln zunehmend seltener. In der Naturheilkunde wurde sie früher bei Augen- und Blasenerkrankungen eingesetzt.

Berg-Flockenblume

Centaurea montana

30–70 cm	6–8 cm	V–X

M Die einzeln am Ende der Stengel stehenden Blütenköpfchen bestehen aus blauen Randblüten und violetten Scheibenblüten; beides sind Röhrenblüten. Die Hüllblätter haben ein schwarzes, kammförmig gefranstes Anhängsel; die Fransen sind etwa so lang wie der schwarze Rand. Die Blätter sind über 1 cm breit, länglich-lanzettlich bis elliptisch-lanzettlich; unterseits sind sie mehr oder weniger filzig. Vor allem die oberen Blätter laufen am Stengel als schmaler Flügel herab. Der Korbblütler bildet unterirdisch kriechende Stengel. **V** Typische Gebirgspflanze. Sie besiedelt Hochstaudenfluren, Waldlichtungen und Bergwiesen bis in 2200 m Höhe. Der Boden muß kalkhaltig und nährstoffreich mit hohem Lehmanteil sein. **B** Mit der Kornblume ist diese Art sehr nahe verwandt. Bei ersterer sind die Blätter allerdings schmäler und laufen nicht am Stengel herab.

Zweiblättriger Blaustern

Scilla bifolia

G	10–20 cm	10–20 mm	III–IV

M Am Ende des aufwärts, oft schräg abstehenden, runden Blütenstiels stehen bei diesem Liliengewächs 2–8 leuchtend blaue Blüten; Tragblätter fehlen, die Blütenhüllblätter sind 6–9 mm, länglich-elliptisch und stumpf; auffallend die violetten Staubbeutel der Staubgefäße. Meist sind nur 2 Laubblätter ausgebildet; sie sind gegenständig, lanzettlich, am Grund umschließen sie den Stengel scheidig. Ein Blütenstiel entspringt jeweils einer Zwiebel. **V** Auf feuchten Wiesen, in Auenwäldern, Gebüschen und in lichten Laubwäldern zu finden. Benötigt nährstoffreichen, kalkhaltigen und humusreichen Boden mit ausreichender Feuchtigkeit. Tritt an günstigen Standorten meist in Beständen auf. **B** Die Art wird von Insekten bestäubt; auch Selbstbestäubung.

Kl. Traubenhyazinthe

Muscari botryoides

G	10–25 cm	2–5 mm	IV–V

M Die Blütentraube dieser Art ist kurz, gedrungen und kegelförmig. Die obersten Blüten sind steril; aus ihnen entwickeln sich also keine Früchte. Alle Blüten dieses Liliengewächses sind himmelblau, weiß gesäumt, von kugelig-eiförmiger Gestalt und geruchlos. Meist bilden 10–20 den gesamten Blütenstand. Die grundständigen, bis 10 mm breiten Blätter stehen aufrecht. Sie sind lanzettlich und verbreitern sich etwas zur Spitze hin. **V** Die Kleine Traubenhyazinthe findet man an sonnigen, trockenen Magerrasenhängen, in Weinbergen und in Eichenwäldern. Das Hauptverbreitungsgebiet ist Südosteuropa, die Heimat ist der Mittelmeerraum. **B** Bestäubt wird die Pflanze von verschiedenen Insektenarten. Neben dieser gibt es in unserer Flora 4 weitere *Muscari*-Arten, die allesamt selten sind, so z. B. die Schopfige Traubenhyazinthe und die Weinberg-Traubenhyazinthe.

Sibirische Schwertlilie

Iris sibirica

G	30–90 cm	50–60 mm	V–VI

M Am Ende des hohlen Stengels findet man meist 2 blaue bis violette Blüten. Die 3 äußeren rundlichen Blütenhüllblätter sind zum Grund hin weißlich-blau geadert und verschmälern sich plötzlich in einen braungelben oder purpur geaderten Nagel; sie sind nach außen umgebogen. Innere Perigonblätter schmäler, aufrecht stehend. Der Blütenschaft wird von 2–6 linealischen, bis 10 mm breiten Blättern umgeben; sie sind kürzer als der Stengel. **V** Gedeiht auf Sumpfwiesen, in Flachmooren, Gräben, selten auch in feuchten, lichten Wäldern. Der Standort muß feucht sein; verträgt auch zeitweise Überflutung des Bodens. Die Art kommt gerne in Beständen von Pfeifengras *(Molinia caerulea)* vor. **B** Gilt mittlerweile als stark gefährdet, da sie weder Trockenlegung von Böden noch Düngung toleriert. Sie gilt als Zeigerpflanze für sehr stickstoffarme, d. h. ungedüngte Böden.

Haselwurz

Asarum europaeum

5–10 cm	10–15 mm	III–V

M Der kriechende Stengel ist am Grunde mit schuppenförmigen, bräunlichen Niederblättern besetzt. Die beiden Laubblätter sind immergrün, rundlich-nierenförmig und auf der Oberseite glänzend. Die Blüten des Osterluzeigewächses sind braunrot, kurz gestielt und 3zipfelig glockig. Sie entspringen unmittelbar am Boden. **V** Die Art gedeiht auf feuchten Böden in Laub- und Nadelwäldern, in Auenwäldern und schattigen Gebüschen. **B** Die pfefferartig schmeckende Pflanze wurde früher als Brechmittel verwendet. Sie enthält ätherische Verbindungen, die beim Zerreiben der Pflanze an ihrem scharfen Geruch erkennbar sind. In der Regel kommt es bei dieser Art zur Selbstbestäubung; die Samen werden durch Ameisen verbreitet.

Große Brennessel

Urtica dioica

30–120 cm	3–5 cm	VI–X

M Obwohl die Brennesseln überall bekannt sind, wissen nur wenige, daß es verschiedene Arten dieser Pflanzen gibt. So gedeiht neben der hier zu beschreibenden Art auch häufig die Kleine Brennessel *(Urtica urens).* Von dieser unterscheidet sich die Große Brennessel durch ihre Zweihäusigkeit, d. h. es gibt ♂ und ♀ Pflanzen. Beide Geschlechter bilden rispige Blütenstände, deren Länge die der Blattstiele übertrifft. Der 30–120 cm hohe, kantige Stengel ist wie die kreuzgegenständig stehenden, grob gesägten Blätter mit Brennhaaren versehen. Nach der Blüte entwickeln sich eiförmige Schließfrüchte. **V** Man findet die Pflanze an Wegrändern, auf Schuttplätzen und anderen Standorten mit feuchtem Boden. **B** Das in den Brennhaaren enthaltene Gemisch verschiedener Wirkstoffe erzeugt bei Berührung die charakteristischen Nesselquaddeln.

Rundblättr. Sonnentau G

Drosera rotundifolia

5–15 cm	4–6 mm	VI–IX

M Die insektenfangende Pflanze hat lang gestielte Blätter, die in einer grundständigen Rosette stehen. Dabei ist die kreisrunde Blattspreite auf der Oberseite mit klebrigen Drüsenhaaren besetzt. An einem langen, blattlosen Blütenstengel findet man nur wenige weiße, unscheinbare Blüten. **V** Das Sonnentaugewächs ist in Flach- und Hochmooren mit sauren Böden beheimatet. **B** Zur Verbesserung der Stickstoffversorgung fängt die Pflanze Insekten, die an den klebrigen Drüsenhaaren festkleben. Verdauungsdrüsen produzieren Sekrete, die das Insekt chemisch verdauen. Die Verdauungsprodukte werden durch Absorptionshaare von der Pflanze aufgenommen. Diese zusätzliche Stickstoffversorgung ermöglicht der Pflanze eine Existenz auf sehr stickstoffarmen Böden. Der Bedarf an anderen organischen Stoffen wird über die Photosynthese gedeckt.

Wald-Bingelkraut

Mercurialis perennis

15–30 cm	3–5 cm	IV–V

M Die unscheinbare Pflanze hat 1geschlechtige (d. h. ♂ und ♀) kleine Blüten mit 3teiligem, grünem Kelch. Der Blütenstand ist rispig-knäuelig. Der runde Stengel trägt im unteren Bereich nur Schuppenblätter, oben gestielte, elliptische bis länglich-lanzettliche Laubblätter. Obwohl die Art zu den Wolfsmilchgewächsen gehört, besitzt sie keinen Milchsaft. **V** Das Wald-Bingelkraut bildet meist große Bestände in schattigen Laubwäldern. Man findet es auch in Nadelmischwäldern und in feuchten Schluchtwäldern. **B** Die giftige Pflanze wird aufgrund verschiedener Inhaltsstoffe (Saponine, ätherische Öle u. a.) medizinisch verwendet. Besonders Erkrankungen des Verdauungstraktes und Rheuma gelten als Anwendungsgebiete.

Mandelblättr. Wolfsmilch

Euphorbia amygdaloides

30–70 cm	10–15 mm	IV–VI

M Der reichästige Blütenstand dieses Wolfsmilchgewächses treibt aus dicht beblätterten und verholzten Stengeln, die überwintert haben. Die gelbliche Hochblatthülle ist becherförmig verwachsen; die Honigdrüsen sind halbmondförmig. Unter dem Blütenstand stehen die ei-lanzettlichen Blätter dicht gedrängt. **V** Die Mandelblättrige Wolfsmilch bevorzugt krautreiche Buchenwälder, ist aber auch in anderen Laubwaldtypen und in Gebüschen anzutreffen. **B** Innerhalb der Gattung *Euphorbia* führen alle Arten einen gelblich-weißen Milchsaft, der verschiedene giftige Inhaltsstoffe mit haut- und schleimhautreizender Wirkung enthält. Sie sollen die Pflanze vor Tierfraß schützen. Vor Insekten schützt der Milchsaft allerdings nicht, da einige *Euphorbia*-Arten als bevorzugte Nahrungspflanze von Schmetterlingsraupen (z. B. Wolfsmilchschwärmer) dienen.

Salzmiere

Honckenya peploides

10–30 cm	6–10 mm	VI–VII

M Der dickfleischige, kriechende Stengel dieser gelbgrünen Salzpflanze, bewurzelt sich an den Knoten; die gleichfalls fleischigen, eiförmigen kahlen Blätter sitzen dicht 4zeilig am Stengel. Sie sind 5–20 mm lang. Die 6–10 mm großen Blüten bestehen aus 5 weißen Kron- und 5 grünen Kelchblättern; die von 10 Staubgefäßen überragt werden; sie stehen endständig in einer gestauchten Doldentraube. Meist sind sie eingeschlechtig; die Kronblätter der ♀ Blüten entsprechen der Kelchblattlänge, bei den ♂ Blüten sind sie kürzer. **V** Das Nelkengewächs besiedelt Spülsäume, Vordünen der Nord- und Ostseeküsten. **B** Durch ihre niedrige Wuchshöhe und tiefreichenden Wurzeln trotzt die Pflanze starken Winden und Sandverwehungen; ihr wasserspeicherndes Gewebe ermöglicht ihr das Überleben im stark salzhaltigen Substrat.

Queller

Salicornia europaea

20–40 cm	1–5 cm	VII–IX

[M] Bis 40 cm hohe, »armleuchterartig« verzweigte Pflanze. Der dickfleischige, gegliederte Stengel ist graugrün bis grün gefärbt und wird im Herbst lebhaft rot. Die Blätter sind zu kleinen Schuppen reduziert und fest mit dem Stengel verbunden. Die Blüten bilden insgesamt eine 1–5 cm lange, zapfenförmige Scheinähre. Gänsefußgewächse. [V] Wattenmeer, Salzschlickböden der Nord- und Ostsee. [B] Durch seine sukkulente (fleischige) Wuchsform ist der Queller hervorragend an die stark salzhaltigen Wattböden angepaßt. Infolge ihres hohen Gehaltes an Mineralstoffen hat die Pflanze diuretische (entwässernde) und blutreinigende Wirkung und wurde früher zur Behandlung von Harnwegserkrankungen eingesetzt.

Weißer Gänsefuß

Chenopodium album

20–200 cm	3–5 cm	VII–X

[M] Das augenfälligste, aber nicht allein kennzeichnende Merkmal dieser Art gegenüber den vielen anderen Gänsefußgewächsen ist die auffallend weißmehlige Oberfläche der ganzen Pflanze. Pflanzengröße und Blattform sind sehr variabel: Am 20–200 cm hohen Stengel sitzen rautenförmige bis lanzettliche, teils auch 3lappige Blätter mit buchtig oder gelappt gezähnten Rändern. Die pyramidenförmigen Blütenstände stehen end- oder achselständig und sind fast blattlos. Die 5teiligen Blütenhüllen sind ebenfalls deutlich mehlig. [V] Außer an Wegrändern findet man die formenreiche Art auch häufig auf Schuttplätzen, auf Äckern, an Ufern und auf anderen Unkrautfluren. [B] Die Pflanze gilt als Kulturbegleiter und Pionier auf neu zu besiedelnden Standorten; ihr hohes Stickstoffbedürfnis macht sie zu einem Stickstoffzeiger. Sie wird durch den Wind bestäubt.

Vogel-Knöterich

Polygonum aviculare

5–50 cm	4–7 mm	V–XI

[M] Die dunkel gestreiften Stengel sind niederliegend bis aufgerichtet und bei einer Länge von 50 cm meist reich verzweigt. Sie sind mit elliptisch-lanzettlichen, kurz gestielten Blättern besetzt, die 5–30 mm lang werden. Der Blattgrund bildet eine stengelumfassende Röhre. In den Blattachseln stehen 1–5 unscheinbare Blüten mit weißlichen oder rosafarbenen, 2–3 mm langen Blütenblättern. Nach der Blütezeit entwickeln sich 2–3 mm lange, meist glänzende Früchte. [V] Nicht nur der Wegrand, auch die ausgetretene Wegfläche und sogar Risse im Straßenpflaster bieten diesem Knöterichgewächs noch ausreichende Lebensbedingungen. [B] Wegen des großen Stickstoffbedürfnisses zählt diese Art zu den Stickstoffzeigern und hat sich auch zum Kulturbegleiter entwickelt. Naturheilkundlich wird die Pflanze bei Lungen- und Darmkrankheiten verwendet.

Stumpfblättriger Ampfer

Rumex obtusifolius

50–120 cm	4–6 mm	VI–VIII

M An den mehr oder weniger aufrechten Ästen dieses Knöterichgewächses stehen länglich-eiförmige Blätter mit abgerundetem bis herzförmigem Grund und stumpfer Spitze. Sie erreichen eine Länge von 10–30 cm. Der Blütenstand ist von der Mitte an blattlos. Die inneren Blütenhüllblätter haben Schwielen und sind jederseits mit 2–5(–9) pfriemlichen Zähnen versehen. **V** Man findet den Stumpfblättrigen Ampfer in Unkrautfluren, auf Wiesen, Schuttplätzen, in Gräben, auf Kahlschlägen und anderen lichten Waldstellen. **B** Die Art ist sehr formenreich und gilt als lästiges Unkraut in Gärten. In der Naturheilkunde wird die Pflanze bei Verdauungsstörungen, bei Verstopfung und – die Frucht – bei Durchfällen verwendet.

Moschuskraut

Adoxa moschatellina

5–20 cm	5–6 mm	III–V

M Im endständigen, meist 4–6blütigen Blütenkopf finden sich winzige, grünliche Blüten, die sich anatomisch unterscheiden: die Gipfelblüte hat 4 Blütenblattzipfel, einen 2teiligen Kelch und 8 Staubblätter, die seitlichen Blüten sind 5zipfelig, haben einen 3teiligen Kelch und 10 Staubblätter. Der ganze Blütenkopf hat eine fast würfelförmige Gestalt. Meist sind bei diesem Moschuskrautgewächs 2 gegenständige, einfach 3zählige Stengelblätter und doppelt 3zählige Grundblätter ausgebildet; alle Blätter sind hellgrün. **V** Kommt in feuchten Gebüschen, Laubwäldern und Auenwäldern vor; im Gebirge bis 1800 m Höhe. Die Pflanze ist ein typischer Stickstoffzeiger. **B** Der Name der Art leitet sich vom Moschusduft ab, der beim Verwelken der Pflanze entsteht. Die Blüten werden von Fliegen bestäubt; Schnecken und Vögel fressen die Früchte.

Knotige Braunwurz

Scrophularia nodosa

50–100 cm	5–6 mm	VI–IX

M Die unscheinbaren, rötlichbraunen Blüten dieses Braunwurzgewächses stehen in einer blattlosen, lockeren, drüsenhaarigen Scheinrispe. Sie sind 5–6 mm lang, bauchig, an der Basis grünlich, mit undeutlich getrennter Ober- und Unterlippe; die Kelchzipfel sind schmal und häutig berandet. Am scharf 4kantigen, aber nicht geflügelten Stengel stehen kreuz-gegenständig eiförmig spitze Blätter mit grob doppelt gesägtem Rand; Blattstiele ebenfalls deutlich 4kantig. Die Pflanze entspringt einem Rhizom mit deutlichen Verdickungsknollen. **V** Benötigt feuchten, nährstoffreichen Boden in lichten Laub- und Mischwäldern, Gebüschen, an Waldrändern; im Gebirge auch in Zwergstrauchheiden bis 1800 m. **B** Wegen ihres Gehalts an Saponinen, Alkaloiden und Glykosiden wurde die Pflanze früher bei Halsgeschwüren (»Bräune«, Name!) verwendet.

Breit-Wegerich
Plantago major

5–30 cm	10–15 cm	VI–X

M Die Blätter dieses Wegerichgewächses sind eiförmig-elliptisch; die Blattspreite ist höchstens doppelt so lang wie der Blattstiel und setzt sich deutlich von diesem ab. 5–9 parallele Blattnerven durchziehen die Spreite. In einer langen dichten Ähre sitzen die unscheinbaren Blüten. Die 4teilige Krone ist gelblichweiß; anfangs sind die Staubbeutel violett, später gelblich. Die Längen von Ähre und Ährenstengel entsprechen sich etwa. **V** Man findet den Breitwegerich in Unkrautbeständen an Wegen, auf Weiden, Wiesen, Sportplätzen und auf Schuttplätzen. Er liebt feuchten, lehmigen und stickstoffreichen Boden. **B** Die in der Pflanze enthaltenen Schleim-, Bitter- und Gerbstoffe machen die Art zu einem Wundheilmittel.

Spitz-Wegerich
Plantago lanceolata

10–40 cm	1–2 cm	IV–X

M Die Pflanze wird 10–40 cm groß und gehört zur Familie der Wegerichgewächse. Die Blätter bilden eine grundständige Rosette, sind schmal-lanzettlich und max. von 5–7 parallelen Nerven durchzogen. Der blattlose Blütenstengel ist gefurcht und endet in einer eiförmigen Ähre. Die unscheinbaren Blüten haben 4 Kelchblätter, braune Kronzipfel, und aus der Blüte ragen lange Staubfäden mit gelblichen Staubbeuteln. **V** Es gibt wohl keine Wiese, keinen Waldrand oder Wegsaum, wo man diese alte Heilpflanze vergebens suchen würde. Auch auf Äckern und Schuttplätzen ist sie anzutreffen. **B** Wie der oben beschriebene Breitwegerich wird auch diese Art naturheilkundlich verwendet. Zerquetschte Blätter legt man auf Wunden; innerlich ist der Spitzwegerich ein bewährtes Hustenmittel und wird auch bei Blasen- und Nierenleiden angewendet.

Tannenwedel
Hippuris vulgaris

10–80 cm	2–4 mm	V–VIII

M Um die Blüten dieser halbuntergetauchten Wasserpflanze zu finden, muß man schon genauer hinsehen. Die Blüte besteht nämlich jeweils nur aus 1 Staubblatt und 1 Fruchtknoten und steht in der Achsel eines Luftblattes. Die grünen Luftblätter stehen in 6–12zähligen Quirlen vom aufrechten, hohlen Stengel steif ab, während die bräunlicheren Unterwasserblätter schlaff herabhängen. Je nach Wassertiefe können die Stengel, die an einem waagrecht im Schlamm kriechenden Wurzelstock im Boden verankert sind, bis zu 2 m lang werden. **V** Bildet oft größere Bestände, v. a. in fast stehendem, klarem, kühlem, kalkhaltigem Wasser. **B** Die unscheinbaren Blüten werden durch den Wind bestäubt; die Samen werden durch Wasservögel oder mit der Wasserströmung verbreitet. Innerhalb der Familie der Tannenwedelgewächse ist diese Art die einzige in unserer Flora.

Gewöhnlicher Beifuß

Artemisia vulgaris

50–240 cm	3–4 mm	VI–IX

M Am bis 240 cm hohen, reich verzweigten Stengel sitzen fiederteilige Blätter mit lanzettlichen, 3–8 mm breiten Abschnitten. Die Fiedern der oberen Stengelblätter sind tief gesägt. Alle Blätter sind unterseits weißfilzig. In großen und dichten Rispen stehen gelbliche bis rotbraune 3–4 mm große Blütenkörbchen. Kennzeichnend sind die eiförmigen, filzigen Hüllblätter. **V** Man findet die blühende Pflanze auf Schuttplätzen und an Gewässerufern, an Weg- und Gebüschrändern. **B** Die Pflanze gehört zu den Korbblütlern und wird gerne als Küchengewürz verwendet, in manchen Gegenden ist sie obligatorisch für den Gänsebraten. Außerdem wurde die Art früher als Heilpflanze eingesetzt; sie ist nahe verwandt mit dem Wermut *(A. absinthium)*.

Schwimm. Laichkraut

Potamogeton natans

50–150 cm	5–8 cm	V–IX

M Diese Wasserpflanze bildet zweierlei Blätter: längsovale, bis 12 cm lange Schwimmblätter und untergetaucht flutende, binsenartige Blätter, die jedoch zur Blütezeit bereits verfault sind. Die eingeschlechtigen, kleinen Blüten stehen in einer allseitswendigen, bis 8 cm langen Ähre und werden durch den Wind oder durch Schalenschnecken bestäubt. **V** Die Art ist im Schwimmpflanzengürtel stehender und langsam fließender, nährstoffarmer Gewässer anzutreffen. **B** Mit den langgestielten Schwimmblättern bildet die Pflanze gute Laichplätze (Name!) für verschiedene Fische. Das stärkehaltige Rhizom (der unterirdisch wachsende Sproß) wurde früher im Herbst zur Schweinemast gesammelt. Das Laichkrautgewächs überwintert meist mit den grünen Blättern, die dann im Frühjahr allerdings durch frische ersetzt werden.

Vierblättrige Einbeere

Paris quadrifolia

10–40 cm	40–60 mm	V–VI

M Eine langgestielte Einzelblüte steht im Zentrum des 4blättrigen Blattquirls. Die 6–12 Blütenhüllblätter sind 20–35 mm lang, im äußeren Kreis grün, im inneren Kreis gelblich gefärbt. 6–10 Staubblätter umgeben den durch 4–5 freie Griffel gekennzeichneten Fruchtknoten. Die Blätter des Einbeerengewächses sind eiförmig, zugespitzt und netznervig. **V** Man findet die Art in Auenwäldern, Laub- und Nadelmischwäldern. Feuchte Standorte werden bevorzugt. **B** Die sehr giftige Pflanze wurde früher in der Homöopathie verwendet. Die Beerenverbreitung erfolgt durch Vögel, die die giftige Frucht offensichtlich schadlos verzehren können. Der lateinische Gattungsname ist auf die griechische Mythologie zurückzuführen, nach der sich Paris, Athene, Hera und Aphrodite um den – durch die Beere symbolisierten – Eris-Apfel versammelten.

Gewöhnliche Simsenlilie G

Tofieldia calyculata

10–30 cm	3–5 mm	V–VII

M In 3–8 cm langen Trauben stehen gelbliche oder grünliche Blüten; sie sitzen in den Achseln eines 2lappigen Tragblättchens welches ungefähr so lang wie der Blütenstiel ist; ein Außenkelch ist nicht vorhanden, die 6 Blütenblätter sind lanzettlich. Die Blätter des Liliengewächses stehen grundständig und im unteren Bereich des aufrechten Stengels; sie sind grasähnlich, 2–4 mm breit und 5–10nervig. **V** Man findet die Art in Flach- und Quellmooren, an quellnassen Standorten. Sie benötigt nährstoffarmen, aber kalkhaltigen Boden. **B** Wie viele andere Pflanzen, die in sumpfigem Boden wurzeln, hat auch diese in den Wurzeln lufterfüllte Räume, die den Sauerstoffmangel in der Staunässe ausgleichen. Die Blüten werden von vielen Insekten besucht.

Breitblättrige Stendelwurz

Epipactis helleborine

25–60 cm	12–20 mm	VI–VIII

M Die Blüten dieses Knabenkrautgewächses sind grünlich oder trübrot und stehen zu 15–30 in einer bis 30 cm langen, einseitswendigen Traube. Sie sind meist geruchlos, zuweilen duften sie schwach nach Baldrian. Die äußeren Hüllblätter sind grünlich, die Lippe ist meist rötlich überlaufen oder purpurn gezeichnet. Ihr Vorderglied ist breiter als lang und durch 2 Höcker gekennzeichnet. Die unteren Laubblätter sind breit-eiförmig, im oberen Bereich sind sie eher lanzettlich bis hin zu den linealen Tragblättern. **V** Kommt in verschiedensten Waldtypen und Gebüschen vor. **B** In vielen Gegenden ist diese Art die häufigste heimische Orchidee, die wegen ihrer unscheinbaren Blüten aber leicht übersehen wird. Es gibt mehrere sehr schwer zu unterscheidende Kleinarten mit regional unterschiedlichem Vorkommen. Die Bestäubung der Blüten erfolgt v. a. durch Wespen.

Großes Zweiblatt

Listera ovata

20–60 cm	10–15 mm	V–VII

M Der traubige Blütenstand dieses Knabenkrautgewächses wird von zahlreichen Einzelblüten gebildet. Die äußeren, grünlichen Blütenhüllblätter neigen sich deutlich zusammen; die gelbgrüne Lippe ist bandförmig und tief 2lappig; Seitenlappen sind nicht vorhanden. Zur Blütezeit stehen am Stengel 2 gegenständige, breit eiförmige Laubblätter. **V** Man findet die Art noch ziemlich häufig in Laubmischwäldern, Auenwäldern und in Gebüschen. **B** Die Pflanze liebt feuchtere, leicht schattige Standorte und entspringt einem kriechenden, verzweigten Wurzelstock. Bestäubt wird die Orchidee v. a. von bestimmten Schlupfwespen und von verschiedenen Käfern. In feuchten Nadelwäldern und Mooren ist das Kleine Zweiblatt *(Listera cordata)* anzutreffen. Es unterscheidet sich durch die am Grund herzförmigen Blätter und die rötliche, mit Seitenlappen versehene Lippe.

Nestwurz

Neottia nidus-avis

20–50 cm	10–20 mm	V–VII

M Die blattgrünlose, gelbbraune Pflanze hat am aufrechten Stengel scheidenartige Schuppenblätter. Der traubige Blütenstand des Knabenkrautgewächses trägt 10–30 Einzelblüten, deren stumpfe äußere Blütenhüllblätter sich helmartig zusammenneigen; die Lippe ist tief 2teilig und an der Basis verbreitert. **V** Man findet die Nestwurz meist in schattigen Buchenwäldern und auch in Nadelwäldern. **B** Der Name der Art leitet sich vom nestartig geformten und verflochtenen Wurzelstock ab. Die Orchidee lebt in Symbiose mit Pilzen, so daß sie keine Photosynthese zur Bildung energiereicher Stoffe betreiben muß und deshalb blattgrünfrei ist. Man nennt diese Symbiose mit Pilzen Mykorrhiza.

Breitblättriger Rohrkolben

Typha latifolia

1–2 m	10–20 cm	VII–VIII

M Im Juli/August erscheinen die braunen »Zigarren«, die Blütenstände des Rohrkolbens, am steif aufrechten, bis 2 m hohen Blütenstengel. Die reduzierten, nackten Blüten (Windblütler!) des ca. 20 cm langen ♀ Kolbens sind schwarzbraun gefärbt und erhalten die Farbe auch nach dem Verblühen. Die ♂ Blüten, die nur aus 3 Staubblättern bestehen, bilden einen etwa ebenso langen, hellgefärbten, hinfälligen Kolben, der direkt über dem ♀ sitzt. Die meist aufrechten, blaugrünen, 1–2 cm breiten Blätter sind so lang oder länger als der Blütenstengel und entspringen einer dicken, kriechenden Grundachse. **V** Die Art liebt nährstoffreiche, v. a. stehende Gewässer und Röhricht. Das Vorkommen beschränkt sich auf Stellen mit max. 2 m Wassertiefe. **B** Die kriechenden Wurzelstöcke des Rohrkolbengewächses tragen wesentlich zur Gewässerverlandung bei.

Ästiger Igelkolben

Sparganium ramosum

30–50 cm	1–2 cm	VI–VIII

M An der im Ufer stehender oder langsam fließender Gewässer kriechenden Grundachse bildet dieser Igelkolben bis 80 cm hohe, verzweigte (Name!) Stengel aus, an denen er die Blütenstände trägt: ♀ unten, ♂ oben. Die unscheinbaren Blüten sind zu seitenständigen, bzw. scheinbar endständigen kugeligen Köpfchen vereint. Die morgensternartigen ♀ Fruchtstände trugen ebenfalls zur Namensgebung bei. Die derben, aufrechten Blätter, die den Blütenstand meist überragen, werden 3–15 mm breit und sind unten 3kantig, mit einem bis in die Spitze auslaufenden Kiel. **V** Die Pflanze liebt nährstoffreiche Böden und ist recht oft im Röhricht von Gewässern mit schlammigen Böden anzutreffen. **B** Das Igelkolbengewächs kommt bei uns in 3 Unterarten vor; sie unterscheiden sich in den Früchten. Ähnlich ist auch der Einfache Igelkolben *(S. emersum)*.

Kalmus
Acorus calamus

60–150 cm	4–10 cm	VI–VII

M Der aromatisch duftende, 60–150 cm hohe Kalmus blüht mit dichtblütigem, endständigem, grünlichem Kolben, der nur scheinbar seitlich ansetzt. Was wie die Fortsetzung des Stengels aussieht, ist in Wirklichkeit ein Hochblatt. Er fruchtet mit roten Beeren, die in unserem Klima aber nicht reifen. Am 3kantigen Stengel stehen 2zeilig schwertförmige, am Rande gewellte, 20 mm breite Blätter. **V** An Teichen, Gräben und Ufern nährstoffreicher Gewässer, oft zusammen mit Schilf, findet man die alte Heilpflanze. **B** Das Aronstabgewächs wurde im 16. Jh. nach Mitteleuropa eingeführt und ist inzwischen eingebürgert. Es wird wegen seiner Bitterstoffe und Alkaloide als Heilmittel bei Zahnfleischerkrankungen und Magenleiden verwendet.

Aronstab
Arum maculatum

15–50 cm	5–8 cm	IV–V

M Die Blüten sitzen bei dieser Art an einem keulenförmigen Kolben, der von einem grünlichweißen Hüllblatt (Spatha) umgeben ist. In der basalen, bauchigen Erweiterung der Spatha befindet sich an der Kolbenbasis ein Ring ♀ Blüten, darüber die ♂ Blüten. Die grundständigen Blätter des Aronstabgewächses sind pfeilförmig, selten gefleckt. **V** Die Art gedeiht in feuchten Laubmischwäldern, Auen- und Schluchtwäldern. **B** Der Blütenstand ist eine Gleitfalle, die bestimmte Insekten durch aasähnliche Duftstoffe anlockt. In den Spathakessel gefallen, bestäuben sie die ♀ Blüten und entkommen erst, wenn die ♂ Blüten Pollen auf sie ausgestreut haben. Interessanterweise liegt die Temperatur im Spathakessel vor der Befruchtung der Blüten um einige Grad über der Außentemperatur, was sich mit einem verstärkten Stoffwechsel erklären läßt.

Kleine Wasserlinse
Lemna minor

2–3 mm	winzig	IV–VI

M Die 2–3 mm kleinen, rundlichen Sprosse (»Linsen«) sind beiderseits flach und tragen wie die der beiden anderen, selteneren *Lemna* -Arten unterseits nur 1 Wurzel. Diese wird durch den hinteren, kleineren Teil der Wasserlinse, der einer reduzierten Sproßachse entspricht, gebildet, während der größere vordere Teil ein Blatt darstellt. Vermehrung überwiegend durch Sprossung. **V** Diese, eine unserer kleinsten, weltweit verbreiteten Pflanzen, ist auf stehenden Gewässern fast überall anzutreffen und bedeckt die Wasseroberfläche wie ein grüner Teppich. **B** Blüten sind bei dieser Pflanze nur selten zu beobachten. Bestäubt werden sie von Wasserläufern; die Fruchtverbreitung erfolgt durch die Wasserbewegung und durch Wasservögel. Früher wurde das als Entengrütze bezeichnete Wasserlinsengewächs an Entenküken verfüttert (sollte das Wachstum steigern).

Breitblättriges Wollgras G
Eriophorum latifolium

20–60 cm	2–2,5 cm	IV–VI

M Am stumpf 3kantigen Stengel dieses Riedgrasgewächses stehen 3–8 mm breite Laubblätter, deren Spitze leicht 3kantig ausläuft. Die Blattscheiden der unteren Blätter sind schwarzbraun. In den zur Reifezeit überhängenden Ähren befinden sich 4–12 Blüten. Sie sind zwittrig; ihre äußeren Perigonblätter sind zu weichen Borsten und Haaren reduziert, die zur Fruchtzeit wollige Büschel bilden und der Fruchtverbreitung durch den Wind dienen. Die Deckblätter sind 1nervig. Die Pflanze bildet dichte Rasen, ist jedoch ohne Ausläufer. V In Flachmooren und Sumpfwiesen mit torfigen Böden ist die Art nur noch zerstreut anzutreffen. B Neben dieser gibt es in unserer Flora 4 weitere Wollgras-Arten; alle sind wichtige Torfbildner.

Wasser-Schwaden
Glyceria maxima

90–200 cm	20–40 cm	VII–VIII

M Am Ende des starr aufrechten, rohrartigen Stengels sitzen, straußförmig nach allen Seiten ausgebreitet, die länglichen, meist 5–8blütigen Ährchen. Zuerst hellgrün, färben sie sich später bräunlich oder leicht violett. Die hellgrünen Blätter werden 1–2 cm breit und fühlen sich v. a. am unterseitigen Mittelnerv rauh an. Das Blatthäutchen (Ligula) ist kurz, gestutzt, die Blattscheiden sind rauh und gekielt. V Am Rand oder im Schlamm nährstoffreicher Gewässer, Gräben und in Röhricht ist das ausdauernde Süßgras stellenweise noch sehr häufig anzutreffen. B Das Stroh wurde früher wie Schilfstreu zum Dachdecken benutzt. Neben dieser Art findet man bei uns noch den Wald-Schwaden *(G. nemoralis)*, den Manna-Schwaden *(G. fluitans)*, den Falten-Schwaden *(G. plicata)*, den Blaugrünen Schwaden *(G. declinata)* und den Nordischen Schwaden *(G. lithuanica)*.

Gewöhnliches Schilf
Phragmites communis

1–4 m	20–50 cm	VII–IX

M Während der Blütezeit schimmert die sonst braun-violette, 20–50 cm lange, vielblütige, stets etwas einseitswendige Rispe seidig weiß. Fruchtbildung sehr selten, Vermehrung überwiegend vegetativ durch Sprossung der kriechenden Grundachse oder durch »Legehalme«. Die aufrechten, biegsamen, knotigen Halme können 1–4 m hoch werden. Die Scheide der graugrünen, 50 cm langen Blätter ist behaart. V Das Süßgras ist die Hauptpflanze im Röhricht verschiedenster Gewässertypen. Zur Uferbefestigung wird es oftmals auch angepflanzt. B Die weltweit verbreitete Charakterpflanze vieler Feuchtgebiete bildet oft ausgedehnte, reine Bestände. Sie bietet Vögeln, Amphibien, Fischen und Kleintieren Schutz und Lebensraum, trägt aber auch zur Gewässerverlandung bei. Schilf wird zur Herstellung von Matten und für Reetdächer verwendet.

Einjähriges Rispengras
Poa annua

2–30 cm	2–5 cm	I–XII

M In einer lockeren Rispe mit 2zeilig angeordneten Rispenästen stehen 1–8blütige Ährchen (3 mm lang) mit glatten, zugespitzten Hüllspelzen und grünen Deckspelzen, die auf dem Kiel und am Rand zottig behaart sind. Die untersten Rispenäste tragen 3–10 Ährchen. Die bis 30 cm hohen Büschel bestehen aus flachen, aufsteigenden oder aufrechten Halmen, die sich am Rande leicht rauh anfühlen. Die weißlichen Blatthäutchen sind 2–4 mm lang. **V** Wie die meisten Gräser ist auch diese zu den Süßgräsern gehörende Art rasenbildend; sie ist blühend fast das ganze Jahr an unseren Feld- und Wegrändern zu finden. **B** Die Art ist sehr anpassungsfähig und ist demnach selbst an kärglichsten Standorten unserer Kulturlandschaft verbreitet.

Zittergras
Briza media

20–50 cm	3–5 cm	V–VIII

M Die Pflanze wird 50 cm hoch und ist durch einen aufrechten, dünnen und glatten Halm charakterisiert. Die Rispe steht aufrecht mit sehr dünnen, geschlängelten und weit ausladenden Rispenästen. Die nickenden Ährchen sind herzförmig, grannenlos, max. 15blütig und oft violett überhaucht. Die Blattspreiten der 2–5 mm breiten Blätter sind ausgebreitet, der Blattrand ist rauh. Das Blatthäutchen erreicht nur 1 mm Länge. **V** Man findet dieses Gras auf allen Halbtrockenrasen und Magerrasen. **B** Der Name leitet sich von den bei diesem Süßgras sehr leicht beweglichen Ährchen ab, die selbst bei leisester Berührung ins Zittern geraten. Die Gattung *Briza* ist nur mit dieser einen Art in unserer Flora vertreten. Das Nährstoffbedürfnis der Pflanze ist außerordentlich gering, so daß sie auf kärglichsten Standorten auch noch gut gedeihen kann.

Wiesen-Knäuelgras
Dactylis glomerata

50–120 cm	3–5 cm	V–VII

M Die Pflanze ist graugrün, die Ährchen sind oft violett getönt. Die an dem rauhen Halm ansetzenden Blätter sind 4–10 mm breit. Die Rispe verdichtet sich von unten nach oben, d. h. die unteren Rispenäste sind lang und stehen weit ab, die oberen Äste sind kurz und bedingen eine dichte Packung der Ährchen. Jedes Ährchen weist 3–5 Blüten auf. Die Hüllspelzen sind grün bis violett und stachelspitz, die Deckspelzen gekielt und zugespitzt. **V** Das Wiesen-Knäuelgras trifft man auf allen Wiesentypen, an Wegrändern, in lichten Wäldern und anderen grasigen Stellen häufig an. **B** Im Gegensatz zur oben beschriebenen Art gilt dieses Süßgras wegen seines hohen Nährstoffbedürfnisses als Stickstoffzeiger. Außer diesem kommt bei uns in lichten Laubwäldern und in buschigem Gelände noch das Wald-Knäuelgras *(D. polygama)* vor.

Wiesen-Kammgras

Cynosurus cristatus

20–60 cm	3–10 cm	VI–VII

M Die Blätter dieses Süßgrases sind gerieft, oben glänzend, unten mattgrün und 2–3 mm breit. Das Blatthäutchen ist etwa 1 mm lang. Der Blütenstand bildet eine einseitswendige, lineallische Ährenrispe mit 2reihig angeordneten Ährchen. Diese sind grün, 3–4 mm lang und kammartig. Jedes fruchtbare Ährchen wird von einem unfruchtbaren Ährchen überdeckt. **V** Die Art bildet dichte Rasen in nährstoffreichen Wiesen und Weiden. **B** Die Pflanze ist sehr nährstoffreich und gehört deshalb zu den wertvollen Futtergräsern. Auf Schuttplätzen, in Hafen- und Industriegebieten kommt statt dieser Art das Stachelige Kammgras *(C. echinatus)* vor, welches aus dem Mittelmeerraum eingeschleppt und bei uns heimisch wurde.

Pfeifengras

Molinia caerulea

30–200 cm	10–40 cm	VII–VIII

M Am Ende der Halme findet man bei diesem Süßgras eine aufrechte, schmale Rispe in schieferblauer bis grünlicher Farbe. Sie ist locker verzweigt; die Ährchen sind meist 1–6 blütig, etwa 8 mm lang und dunkelviolett gescheckt. In der Regel entspringen mehrere Halme einem dichten Horst; sie sind steif aufrecht, blattlos, nur im unteren Bereich mit einer gedrängten Reihe von Knoten und oben knotenlos. Die Blattspreiten sind blaugrün, 5–8 mm breit, mehr oder weniger steif. **V** Das Gras wächst auf nassen Wiesen und in Mooren, auch in lichten Wäldern und auf Halbtrockenrasen. Es meidet nährstoffreiche und stickstoffhaltige Böden und gilt so als typischer »Magerzeiger«. **B** Gutes Streugras, als Futterpflanze jedoch wertlos; verträgt keinen mehrmaligen Schnitt. Früher wurden die Halme wegen ihrer Robustheit für kleine Besen und als Bindeschnur verwendet.

Gemeine Quecke

Agropyron repens

20–150 cm	5–12 cm	VI–VIII

M Die aufrechten Halme werden 20–150 cm hoch und sind mit kräftig grünen bis blaugrünen Blättern besetzt. Diese werden 3–8 mm breit, sind an ihrer Oberseite rauh und durch ein stengelumfassendes Öhrchen am Blattgrund gekennzeichnet. In einer 2reihigen Ähre stehen eiförmige, abgeflachte Ährchen, deren Breitseite der Ährchenachse zugewandt ist. Die Ährchen sind 3–8blütig, haben mehrnervige, lanzettliche Hüllspelzen und kurz begrannte Deckspelzen. Letztere zeigen unterseits eine charakteristische Querfurche. **V** Man findet das Gras auf Schuttplätzen, Dämmen, Äckern, in Hecken, Gärten, an Ufern und Stränden. **B** Als Gartenunkraut ist dieses Süßgras ob seiner weitkriechenden Ausläufer sehr gefürchtet und sehr schwer auszurotten. Die Ausläufer durchziehen selbst härtesten, festgetretenen Boden und brechen an die Oberfläche durch.

Land-Reitgras

Calamagrostis epigejos

60–150 cm	10–40 cm	VII–VIII

M Rispe knäuelig gelappt, blaßgrün, oft auch violett überlaufen; Rispenspitze vor dem Aufblühen oftmals nickend. Die Ährchen sind länglich spitz, bis 6 mm lang, 1blütig. Die rückenständige Granne überragt die Deckspelze deutlich. Der schilfartige Halm ist im oberen Bereich rauh, die Blätter sind ebenfalls rauh, graugrün, bis 1 cm breit und steif; der Blattrand ist schneidend scharf. Das gestutzte Blatthäutchen (Ligula) wird bis 9 mm lang. Das Süßgras bildet ausgedehnte Rasen, die sich über einen unterirdischen, lange Ausläufer bildenden, Wurzelstock vergrößern. **V** In Wäldern, v. a. auf Waldwiesen und Kahlschlägen. Meidet kalkhaltige Böden. **B** Kann durch seinen üppigen Wuchs am Standort andere Arten verdrängen.

Strandhafer

Ammophila arenaria

60–100 cm	10–15 cm	VI–VIII

M Die schmalen, starren, spitzen, graugrünen Blätter sind oberseits gerippt und fast immer eingerollt. Die sehr dichten, weißlichen Ährenrispen bestehen aus 1blütigen, etwa 1 cm langen Ährchen die ringsum an der Achse sitzen; sie sind von spitzen Hüllspelzen eingeschlossen. Die Deckspelzen sind unbegrannt. **V** Dünen der Nord- und Ostseeküsten sowie des Binnenlandes, hier z. T. angepflanzt. **B** Hervorragend angepaßte Pionierpflanze des Dünensandes. Das Einrollen der Blätter setzt den Wasserverlust durch Verdunstung, hervorgerufen von ständigem Wind, stark herab. Die tiefwurzelnden, stark verzweigten Rhizome ermöglichen eine rasche Horstbildung der Pflanze und somit einen ausgezeichneten Halt im Dünensand. Von alters her wird Strandhafer deshalb zur Befestigung von Wanderdünen, Treib- und Flugsand genutzt.

Wiesen-Fuchsschwanz

Alopecurus pratensis

30–100 cm	5–10 cm	V–VII

M Der dichte, walzenförmige, bis 10 cm lange Blütenstand, der hier wegen der sehr kurz gestielten Ährchen als Ährenrispe bezeichnet wird, ist bei dieser Art das namensgebende Merkmal. Dabei kommen auf ein Rispenästchen 4–6 Ährchen. Die Deckspelzen erreichen fast die Länge der zugespitzten Hüllspelzen und sind mit Grannen versehen. Der glatte, aufrechte Halm ist mit 6–10 mm breiten, an der Oberseite rauhen Blättern besetzt. **V** Das Süßgras bevorzugt feuchte Wiesen und kommt auch an Gewässerufern, in Gärten und Lägerfluren vor. **B** Die Pflanze gilt als gutes Futtergras, liebt nasse und nährstoffreiche Böden. Mehrere Varietäten der Art treten bei uns auf. Daneben gibt es in unserer Flora noch weitere 6 Fuchsschwanz-Arten, die z. T. auch nicht walzenförmige Ährenrispen haben und nur in bestimmten Regionen anzutreffen sind.

Roggen
Secale cereale

100–200 cm	8–15 cm	V–VI

M Das Süßgras wird bis 2 m hoch und ist insgesamt blau bereift. Ähre 8–15 cm lang, vierkantig, mit zunehmender Reife nickend; besteht aus zahlreichen, 2blütigen Ährchen. Der Rand der Deckspelze hat einen gewimperten Kiel und eine bis 3 cm lange Granne. **V** Roggen wird in ganz Europa kultiviert. Gedeiht auf fast allen Bodenarten, auch auf kalkfreien und leichten Sandböden. Im Gegensatz zu den anderen Getreidearten wächst er auch noch weit im Norden und in Höhen bis 2000 m. **B** Die Pflanze ist Fremdbestäuber; Bestäubung durch den Wind. Roggen wird meist als Winterfrucht angebaut, d. h. die Saat erfolgt im Herbst. Wird zu Brotmehl verarbeitet, dient als Tierfutter und zur Branntweinherstellung.

Weizen
Triticum aestivum

100–150 cm	5–10 cm	VI–VII

M Am Ende des bis 150 cm hohen Halmes entwickelt sich eine 4seitige, über 5 cm lange, meist unbegrannte Ähre. Sie steht aufrecht und setzt sich aus dichtstehenden, 4blütigen Ährchen zusammen. Deckspelzen mit kurzer, dünner Spitze, nur bei wenigen Sorten begrannt. Blattspreite am Grunde deutlich geöhrt und bewimpert; schon bei jungen Pflanzen erkennbar. Gehört zu den Süßgräsern. **V** Gedeiht auf allen trockenwarmen, nährstoffhaltigen und kalkhaltigen Böden bis 1000 m Höhe. **B** Die selbstbefruchtende Pflanze wird als Sommer- oder Winterfrucht angebaut. Wichtigste Getreideart zur Herstellung von Weißmehl, Grieß, Graupen und Weizenkleie und zum Brauen eines obergärigen Weizenbieres. Von den altertümlichen Ausgangsarten des Weizens – Emmer, Einkorn und Dinkel – gewinnt letzterer wieder zunehmend als anspruchsloses Getreide an Bedeutung.

Gerste
Hordeum vulgare

100–120 cm	5–8 cm	VI–VII

M Mit max. 120 cm Wuchshöhe ist die Gerste die niedrigste heimische Getreideart. Sie gehört zu den Süßgräsern. Ähre 4- oder 6zeilig, nickend, 5–8 cm lang. Auf den Absätzen der Ährenspindeln sitzen 3 einblütige Ährchen mit langen Grannen. Die langen, unbehaarten Blattöhrchen umfassen den Halm. **V** Wird in Europa auf fast allen Standorten kultiviert. **B** Die hier beschriebene Mehrzeilige Gerste wird v. a. als Winterfrucht angebaut. Sie dient als Grün- oder Körnerfutter und wird zur Graupen- und Grießherstellung verwendet. Neben dieser Art ist auch die Zweizeilige Gerste *(Hordeum distichon)* sehr verbreitet. Sie wird wegen ihres höheren Wärmebedarfs v. a. als Sommerfrucht angebaut und dient in erster Linie als Braugerste, wird aber auch zu Kaffee-Ersatz, Graupen und Mehl weiterverarbeitet. Alle Gerste-Arten sind Selbstbefruchter.

Hafer
Avena sativa

60–120 cm	15–30 cm	V–VII

M Der Halm ist aufrecht, 60–120 cm hoch; Blattscheiden glatt, kahl. Blattspreiten meist rauh, graugrün, Spreitengrund ohne Öhrchen. Die Rispe dieses Süßgrases ist allseitswendig ausgebreitet, mit abstehenden Ästchen, bis 30 cm lang. Die Ährchen sind 2–3 cm lang, meist mit 2 Blüten, die untere mit einer Granne, die die doppelte Länge der Deckspelze erreicht. **V** Liebt schwach saure, mittelschwere und gut durchfeuchtete Böden; vom Tiefland bis in die Voralpenregion. **B** Meist als Sommerfrucht angebaut; Selbstbestäuber. War vor der Einführung der Kartoffel bei uns eines der wichtigsten Grundnahrungsmittel (Hafermus). Heute in erster Linie Verarbeitung zu Haferflocken, als Pferdefutter oder vermischt als Grünfutter.

Mais
Zea mays

150–300 cm	♀ 15–20 cm ♂ 30–50 cm	VII–IX

M Am markhaltigen Stengel sitzen hellgrüne, 5–12 cm breite, am Rand rauhe, fein gewimperte Blätter. Endständige Rispe aus ♂ Ähren; Ährchen 6–8 mm lang, dicht an den Rispenästen. ♀ Blüten sind zu Kolben vereinigt; sie stehen in den Blattachseln der mittleren Stengelblätter, von Blattscheiden umhüllt. Die 15–20 cm langen, fädlichen Narben ragen am Oberende des Kolbens heraus. Die reifen, gelben, weißen, roten oder violetten Früchte sind in dichten Längsreihen an der markigen Spindel des Maiskolbens aufgereiht. Süßgras. **V** Bevorzugt schwere, feuchte Kalkböden bei hohem Wärmeanspruch. **B** Bei uns wird das aus Südamerika stammende Gewächs v. a. als Futterpflanze angebaut. Nur in wärmsten Gegenden kommt es zur optimalen Ausreifung. Aus den Körnern kann Stärkemehl und Maisöl gewonnen werden. Mais gilt als starker Bodenzehrer.

Raps
Brassica napus

60–120 cm	15–30 mm	IV–IX

M Die Kronblätter der goldgelben Blüten sind doppelt so lang wie der Kelch. Die Blütenknospen überragen die geöffneten Blüten. Die Blätter des Kreuzblütlers sind kahl, blaugrün; die untersten gestielt, borstig behaart, die oberen länglich-lanzettlich, kahl, mit herzförmigem Grund stengelumfassend sitzend. **V** Als Kulturpflanze auf fast allen Bodentypen; verwildert an verschiedensten Ruderalstandorten, so an Wegrändern, auf Schuttplätzen. **B** Beim Raps sind 2 Sorten bekannt: Die Kohlrübe oder auch Steckrübe mit ihren verdickten Wurzeln wird als Futter- und Gemüsepflanze angebaut, die »Normalform« dient der Gewinnung von Rapsöl, wobei nach dem Pressen mit dem sog. Rapskuchen ein wertvolles Kraftfutter anfällt. Zur Gattung *Brassica* gehören auch unsere ganzen Kohl-Sorten, die sich aber aus dem Gemüse-Kohl *(Brassica oleracea)* ableiten.

Zuckerrübe

Beta vulgaris altissima

80–100 cm	–	–

M 2jährige Pflanze. Im 1. Jahr bildet sich die rübenförmig verdickte Wurzel mit der Rosette aus breit-eiförmigen bis rhombischen Blättern. Erst im 2. Jahr entsteht bei diesem Gänsefußgewächs der lange, rispig verzweigte Blütenstand, wozu es aber bei kulturmäßigem Anbau nicht kommt, da im Herbst des 1. Jahres die Rüben geerntet werden. **V** Zuckerrüben werden auf verschiedenen Böden in ganz Europa angebaut. **B** Verwendung in erster Linie für die Zuckergewinnung; 100 g Rübenmasse enthalten bis zu 20 g Zucker. Eine nah verwandte Unterart, die Runkelrübe *(Beta vulgaris crassa)* wurde früher viel als Viehfutter angebaut, ist aber heute weitgehend vom Mais verdrängt. Ihre Rüben ragen weiter aus dem Boden.

Kartoffel

Solanum tuberosum

30–80 cm	25–40 mm	VI–IX

M Die Blätter des Nachtschattengewächses sind unterbrochen gefiedert mit beidseits 3–5 ovalen bis herzförmigen Abschnitten. In langgestielten Blütenständen erscheinen weiße oder rosaviolette Blüten mit 3eckigen, außen behaarten Kronzipfeln. Als Frucht entwickelt sich eine grüne Beere. **V** Auf allen Bodentypen als wichtige Nutzpflanze angebaut. **B** Die aus Südamerika stammende Pflanze ist einer unserer wichtigsten Kohlenhydratlieferanten. Die geerntete Kartoffel ist kein Teil der Wurzel und auch keine Frucht im biologischen Sinne, sondern eine sog. Sproßknolle, die sich an unterirdischen Sproßausläufern bildet, erkennbar an den in Vertiefungen der Knolle sitzenden Blattnarben. Der Pflanze selbst dienen die gebildeten Knollen als Überwinterungsorgane, aus denen im nächsten Frühjahr neue Triebe hervorbrechen.

Ackerbohne

Vicia faba

80–140 cm	15–20 mm	V–VII

M Am 4kantigen Stengel stehen paarig gefiederte, eiförmige, dicke, blaugrüne Blätter ohne Ranken. Die 2 cm großen, weißen, purpurn gestreiften und gefleckten Blüten (Foto links) bilden 1–9blütige Trauben. Die stielrunde, kurzflaumige Hülse wird 12–16 cm lang. Zur Reifezeit (VIII/IX) verfärbt sie sich schwärzlich (Foto rechts). **V** Feldmäßig seit prähistorischer Zeit auf allen Böden angebaut. **B** Regional unterschiedlich wird die Pflanze auch Sau-, Pferde- oder Puffbohne genannt. Die in der Hülse enthaltenen 2–3 cm großen, braunen Samen sind sehr nährstoffreich und wohlschmeckend und machen die Art zu einer wertvollen Futterpflanze. Der Eiweißgehalt der ganzen Pflanze ist sehr hoch, da Schmetterlingsblütengewächse in der Lage sind, den Luftstickstoff mit Hilfe von Wurzelknöllchenbakterien zu binden und in Eiweiße einzubauen.

Teichmuschel
Anodonta cygnaea

bis 200 mm	Teiche Seen Bäche

M Häufigste heimische Süßwassermuschel; bildet verschiedene Standortformen aus. Schale länglich-eiförmig, dünnwandig, bis 20 cm lang; außen bräunlich-grün, innen perlmutterartig glänzend. Wirbel etwas gerunzelt, kaum zerfressen. Schloßrand ohne Zähne (wissenschaftlicher Name!). **V** Große Teiche und Seen, langsam fließende Bäche. **L** Durchpflügt mit dem breiten, keilförmigen Fuß zur Nahrungssuche den Schlamm, hinterläßt dabei bis 1 m lange Furchen. Filtriert kleinste Nahrungspartikel aus dem Wasser. Das ♀ strudelt die Samenzellen des ♂ zur Befruchtung der Eier in den Mantelraum. Die entstandenen Larven werden ins Wasser entlassen und entwickeln sich in 8–10 Wochen an der Haut von Fischen zu Jungmuscheln.

Wandermuschel
Dreissena polymorpha

25–40 mm	Flüsse Seen

M Schale 3kantig (»Dreikantmuschel«), glänzend gelbbraun mit dunkelbraunen Streifen. Einzige Süßwassermuschel mit Byssusfäden. **V** Flüsse, Seen. Ursprünglich Meeresbewohner, breitete sich von dort in den europäischen Flüssen und Seen aus. **L** Die Byssusdrüse erzeugt ein Büschel hornartiger Fäden, mit deren Hilfe sie sich an Schiffen (Verbreitung!), Steinen, Pfählen, Muschelschalen, Schneckenhäusern festsetzen kann. Filtriert Nahrungspartikel aus dem Wasser. Im Gegensatz zu der oben beschriebenen Art entläßt sie die Samen und Eier zur Befruchtung ins Wasser, wo sich aus befruchteten Eiern freischwimmende Larven entwickeln, die sich verbreiten und dann seßhaft werden. Die nach einigen Wochen entstandenen Jungmuscheln heften sich mittels ihrer Byssusfäden an geeignetem Substrat fest und sind nach 1–3 Jahren ausgewachsen.

Miesmuschel
Mytilus edulis

bis 100 mm	Nordsee Ostsee

M Schalenklappen länglich-keilförmig, hinten abgerundet, nach vorne verschmälert-3kantig; außen braun- oder blauschwarz, innen bläulichweiß-perlmuttern schimmernd. **V** Nord- und Ostsee. Meist in großen Kolonien (»Bänken«) auf Watt- und Felsböden, an Steinen, Pfählen. **L** Zum Festheften scheidet sie Sekretfäden (»Byssusfäden«) aus, die im Wasser erstarren. Sie filtriert Plankton und feine Schwebstoffe aus dem Wasser. Zum Schutz vor Austrocknen bei Ebbe kann sie die Schalen fest verschließen. Im Frühjahr geben ♀ Eizellen, ♂ Sperma ins Wasser ab. Die Larven schweben bis 4 Wochen frei im Wasser, werden so von der Strömung verbreitet, setzen sich dann an geeigneten Substraten fest und wachsen zu Muscheln heran. Miesmuscheln können bis 15 Jahre alt werden. Sie sind eßbar, als Nahrungsmittel sehr geschätzt und werden daher häufig gezüchtet.

Auster
Ostrea edulis

bis 150 mm	Nordsee

M Weißlich- bis schmutziggraue, rundliche, ungleiche Schalenklappen; die linke, blättrig-schuppige Hälfte ist an den Untergrund gekittet, die rechte, flachere bildet den Deckel. **V** Nordsee. Auf steinigem Untergrund, direkt auf Steinen oder aufeinander. Gegen Sand und Trockenheit sehr empfindlich. **L** Sie lebt in 1,5–9 m Tiefe, filtriert Plankton aus dem Wasser. Proterandrischer Zwitter: erzeugt abwechselnd als ♂ Sperma, in der nächsten Sexualperiode als ♀ Eier. Bis zum Schlüpfen der Larven bleiben die befruchteten Eier in der Mantelhöhle der Muschel (Brutpflege!); die Larve lebt einige Zeit frei, setzt sich fest und wandelt sich zur Muschel. Die Auster wird als Delikatesse häufig an speziellen »Austernbänken« gezüchtet.

Scheidenmuschel
Ensis ensis

bis 150 mm	Nordsee

M Unverwechselbare, gelblich-braune oder rosa-weiße langgestreckte, leicht gebogene Schalenklappen; an beiden Enden klaffend, zerbrechlich. **V** Im Sandgrund der Nordsee. **L** Mit Hilfe ihres sehr beweglichen und veränderlichen Grabfußes am Körpervorderende kann sich die Art recht schnell senkrecht tief in den Sand eingraben. Sie lebt dort in meterlangen Röhren, in denen sie auf- und absteigt. Wie fast alle Muscheln filtriert sie Plankton und andere Kleinstschwebstoffe als Nahrung aus dem Wasser. Bei Störung zieht sie sich unter Ausstoßen eines Wasserstrahls in den feuchten Sand zurück. Aus den befruchteten Eizellen entwickeln sich zunächst freischwimmende Larven, die durch die Wasserströmung verbreitet werden, später zu Boden sinken und sich dort während einer Metamorphose dann zu kleinen Jungmuscheln umwandeln.

Amerikanische Bohrmuschel
Petricola pholadiformis

bis 70 mm	Nordsee Ostsee

M Weiße bis gelbliche, gestreckt-eiförmige, bis 7 cm lange Schalenklappen (»Engelsflügel«); das etwas schmälere Hinterende ist fast glatt, das breitere Vorderende radial zackig gerippt. **V** Nordsee, z. T. westliche Ostsee. Die Art wurde 1890 mit Austern von der Ostküste Amerikas an die Südostküste Englands verschleppt und breitete sich von dort in Europa aus; mittlerweile ist sie ein häufiger Bewohner des Wattenmeeres. **L** Mit Hilfe des zackig gerippten Vorderendes bohrt sich die Art durch raspelartige Bewegungen in Ton, Torf, Holz oder sogar Kreidegestein. Über ihren Sipho (Atemröhre) strudelt sie sich Atemwasser und Planktonnahrung zu. Wie bei den meisten Muschelarten schlüpft aus dem befruchteten Ei eine zunächst freischwimmende Larve, die sich nach einiger Zeit in geeignetes Substrat bohrt und dort zur Jungmuschel heranwächst.

Plattmuschel
Macoma baltica

20–30 mm	Nordsee Ostsee

M Die rundlich-eiförmigen, leicht gewölbten Schalenklappen sind sehr variabel gefärbt: weißlich, gelblich, bräunlich, rötlich oder bläulich, mit konzentrischer Streifung; innen rosasilbrig. **V** Nordsee; Ostsee, dort jedoch wegen des geringeren Salzgehaltes kleiner. **L** Lebt massenweise ca. fingertief im Sand eingegraben, in der Nordsee bis in 15 m Tiefe, in der Ostsee bis in 140 m Tiefe (hier ist die Salzkonzentration höher als im oberflächennahen Wasser!). Meidet starke Brandung, wird oft massenhaft am Strand angespült. Hält über einen Sipho Kontakt zur Bodenoberfläche, saugt damit Detritus und Atemwasser auf. Die Entwicklung der befruchteten Eier zur Muschel erfolgt über ein freischwimmendes Larvenstadium.

Herzmuschel
Cardium edule

bis 50 mm	Nordsee Ostsee

M Eine unserer häufigsten Muschelarten weist bauchige, rundlich-herzförmige (Name!) Schalenklappen mit quergeringelten, dicken Rippen und gekerbtem Rand auf. Die äußere Färbung variiert von Weiß über Gelblichbraun bis Blaugrau, das Schaleninnere ist immer weiß. **V** Weiche Schlicksandböden in Flachwasserzonen der Nord- und Ostsee; in der Ostsee wegen des geringeren Salzgehaltes kleiner. **L** Lebt 2–4 cm tief im Sand eingegraben, strudelt sich mit ihren beiden Siphonen (Ein- und Ausströmröhren getrennt!) Atemwasser und Nahrungspartikel zu. Sie wechselt öfter ihren Standort, kann sogar mit Hilfe des geknickten Fußes bis 50 cm weit springen, indem sie die hakig gekrümmte Fußspitze gegen den Boden stemmt und dann plötzlich streckt. Die Eier entwickeln sich über eine freie Larve zur Muschel. Eßbar; wird an manchen Küsten gesammelt.

Sandklaffmuschel
Mya arenaria

bis 150 mm	Nordsee Ostsee

M Eine unserer größten, heimischen Muscheln mit eiförmig-ovalen, gelblichbraunen Schalenklappen. Leere Schalen sind kalkig-weiß. Linke Schalenhälfte etwas kleiner als die rechte, Schloßapparat löffelförmig. Die geschlossenen Schalen klaffen hinten etwas auseinander (Name!). **V** Sandschlickböden der Nord- und Ostseeküste. **L** Lebt bis 30 cm tief im Boden eingegraben. Nach oben gewährt ein schlauchähnlicher, von einer bräunlichen, runzeligen Haut umgebener Sipho den Kontakt zur Bodenoberfläche. Durch einen zu- und abführenden Gang kann die Muschel Nahrung und Sauerstoff aus dem Wasser filtrieren. Der Sipho tritt an der klaffenden Schalenstelle aus der Muschel. Die Vermehrung erfolgt wie bei den meisten Muscheln über eine freie Larve, die sich in die Muschel umwandelt. Wohlschmeckend, daher auch »Strandauster« genannt.

Pantoffelschnecke

Crepidula fornicata

bis 47 mm	Nordsee

M Schalenform variabel, meist umgekehrt bootförmig, gewölbt; 1 1/2 Windungen, die schnell an Größe zunehmen, letzte bildet den größten Teil der Schale. Bis 20 mm hoch, weißlichgelb, oft rötlich überlaufen. Mündung weit, mit einer großen, dünnen, weißen horizontalen Platte; der hierdurch entstehende Eindruck eines Pantoffels gab der Art den Namen. **V** Flachwasserzonen der Nordsee; häufig. **L** Festsitzend, häufig auf Muschelschalen in Austern- oder Miesmuschelbänken; oft in spiraligen, aus mehreren Tieren gebildeten Paarungsketten. Die größten, untersten Tiere entsprechen funktionell ♀, die obersten, kleinsten ♂, mittlere Tiere im Übergang von ♂ zu ♀ sind funktionsunfähig. Die Eier werden unter der Schale geschützt.

Gemeine Strandschnecke

Littorina littorea

bis 30 mm	Nordsee Ostsee

M Gehäuse kegelförmig, dickwandig, dunkel olivbraun. 6–7 Windungen, die letzte als größte. Mündung schief-eiförmig, oben zugespitzt. **V** Nordsee, westliche Ostsee; häufig massenhaft im Flachwasser auf Schlickboden, Algen oder Steinen, in der Gezeitenzone. **L** Durch ihr starkwandiges Gehäuse ist sie bestens gegen die Brandung geschützt. Sie verträgt sehr starke bis sehr schwache Salzkonzentrationen, doch nimmt ihre Größe mit schwindender Salzkonzentration ab. Mit ihrer Raspelzunge (Radula) schabt sie Algen vom Untergrund. Bei ihren Nahrungsgängen orientiert sie sich nach der Sonne (Sonnenkompaß-Orientierung!) und kann auch die Schwingungsebenen polarisierten Lichts unterscheiden. Wie viele sog. Vorderkiemer getrenntgeschlechtlich. Im Frühjahr werden freischwebende Eiballen gelegt, aus denen nach 3 Wochen die Larven schlüpfen.

Wellhornschnecke

Buccinum undatum

bis 120 mm	Nordsee Ostsee

M Gehäuse gelb- bis blaugrau, bei lebenden Tieren von einer bräunlichen Haut überzogen, Oberfläche mit feinen wellenförmigen Runzeln und Querfalten, 6–8 gewölbte Umgänge. **V** Nordsee, westliche Ostsee. Auf jedem Untergrund, vom Flachwasser bis in 100 m Tiefe. Nach Stürmen häufig im Spülsaum des Watts. **L** Jagt kleine Meerestiere, spürt Aas mittels ihres guten Geruchssinns auf. Legt faustgroße Ballen mit Eikapseln ab (Foto rechts), von denen jeder ca. 1000 Eier enthält. Doch nur 10 davon entwickeln sich auf Kosten der übrigen, die den Embryonen als Nährboden dienen. Nach vollständiger Entwicklung in der Eikapsel schlüpfen die fertigen Jungschnecken mit ca. 3 mm großem Gehäuse. Die leeren, »schwammartigen« Eikapsel-Ballen findet man oft nach der Flut im Spülsaum. Fischer benutzten sie früher als »Seeseife« zum Reinigen der Hände.

Sumpfdeckelschnecke

Viviparus viviparus

G

bis 50 mm	Tümpel Teiche

[M] Gehäuse grünbraun, bis 5 cm lang, Gehäusespitze stumpf abgerundet. Entlang den Windungen 3 dunkle Bänder, alle Umgänge stufig gegeneinander abgesetzt, letzter Umgang mäßig erweitert. Deckel am Fuß (Name!) verschließt das Gehäuse nach dem Zurückziehen. [V] Pflanzenreiche Gewässer. [L] Kiemenschnecke, atmet mit Hilfe einer kammförmigen Kieme. Grast mit der Radula (Raspelzunge) Algen von Steinen und Wasserpflanzen (Weidegänger), filtriert auch kleinste Nahrungspartikel aus dem Atemwasser. Mit anderen Arten der Gattung *Viviparus* unsere einzige, lebendgebärende Schnecke. Die befruchteten Eier entwickeln sich im erweiterten Geschlechtsgang (»Brutpflege«), die Jungen werden ins Wasser entlassen.

Spitzschlammschnecke

Lymnaea stagnalis

bis 60 mm	Teiche Seen Bäche

[M] Eine der größten heimischen Schnecken. Gehäuse hornfarben, läuft spitz zu. Gewinde fast so lang wie die Mündung, der letzte Gewindeumgang bauchig aufgetrieben. Gehäusegröße und -form jedoch stark von Wassertemperatur, -bewegung und Ernährungszustand abhängig, daher sehr veränderlich. Anpassungsfähig an verschmutztes Wasser. [V] Stehende und fließende Gewässer. [L] Wasserlungenschnecke, muß im Gegensatz zur oben beschriebenen Art öfter zur Wasseroberfläche auftauchen und Sauerstoff aufnehmen. Gleitet auf einem Schleimband am Boden, kriecht auch unter der Wasseroberfläche; läßt sich bei Gefahr sofort zu Boden fallen. Weidegänger, raspelt mit der Radula Algen von Steinen, nimmt auch Wasserpflanzen und Aas. Zwitter; der Laich wird in Schnüren an Blätter und Steine geklebt, nach 3 Wochen schlüpfen die kleinen Schnecken.

Posthornschnecke

Planorbarius corneus

bis 30 mm	Teiche Seen Bäche

[M] Linksgewundenes, dickwandiges Gehäuse, rotbraun, bis zu 3 cm im Durchmesser. Erinnert in seiner Form an ein Posthorn (Name!). Die Umgänge sind drehrund und nehmen schnell an Umfang zu. [V] Fast alle stehenden und langsam fließenden Gewässer. Weit verbreitet, äußerst anpassungsfähig. [L] Wie die oben beschriebene Spitzschlammschnecke eine Wasserlungenschnecke. Wie alle Tellerschnecken besitzt sie Hämoglobin im Blut, das ihr bei schlechter Gewässergüte eine bessere Sauerstoffausnutzung ermöglicht. Bei Belästigung gibt sie manchmal einen roten Tropfen ab, weshalb man sie früher »Purpurschnecke des Süßwassers« genannt hat. Allesfresser: nimmt Algen, Wasserpflanzen und Aas. Zwitter; klebt ihren Laich an die Unterseite von Wasserpflanzenblättern. Aus den befruchteten Eiern schlüpfen nach einigen Wochen die Jungschnecken.

Schließmundschnecke
Laciniaria biplicata

16–18 mm	Felsen Baumstümpfe

[M] Gehäuse schlank, hochgetürmt, stets linksgewunden. Gelblich hornbraun, deutlich rippenstreifig, oft weißlich gestrichelt. Mündung birnenförmig, Mundsaum ringsum zusammenhängend. Besonderer Verschlußapparat: am Mündungsrand befinden sich verschiedene Lamellen und eine, durch einen elastischen Stiel mit der Spindel verbundene, dem Lamellensaum eingepaßte, kalkige Verschlußplatte (Name!). [V] An Felsen, Steinen, Mauern, Baumstümpfen, am Boden. [L] Sucht an Felsen, Mauern, unter Steinen, hinter Rinde, unter Laub nach Nahrung wie kleinste Pilze und vermodernde Pflanzen. Schließmundschnecken sind Zwitter, die sich immer gegenseitig befruchten müssen; in der Regel lebendgebärend.

Rote Wegschnecke
Arion rufus

bis 150 mm	Wälder Gärten

[M] Farbe ziegelrot, braun oder schwarz. Körper 15 cm lang und 2 cm breit, in Längsrichtung kräftig gerunzelt. Im vorderen Körperbereich ein glatterer Mantelschild, mit einem auffälligen Atemloch, das in die als Lunge dienende Atemhöhle mündet. An der Spitze der Fühler je ein Auge, die Fühler werden bei Berührung eingezogen. Kein Gehäuse. [V] Feuchte Laub- und Mischwälder, Gärten, Wiesen. [L] Landlungenschnecke. Da sie ohne Gehäuse lebt, hält sie sich v. a. an feuchten Stellen auf und ist besonders nach Regen aktiv. Fortbewegung durch wellenartige Muskelbewegungen des muskulösen Fußes, auf einem, von der Fußsohle ausgeschiedenen Schleimfilm. Ernährt sich von verrottenden Pflanzen, Pilzen, Aas. Zwitter, die sich gegenseitig befruchten. Die Eier werden in eine Erdhöhle gelegt, einige Wochen später schlüpfen die Jungtiere.

Gemeine Ackerschnecke
Deroceras agreste

30–60 mm	Äcker Gärten

[M] Einfarbig gelblichweiß bis hellbraun. Mantelschild ohne Flekke. Schleim milchig weiß. Kein Gehäuse. [V] Äcker, Gärten, Wiesen, Treibhäuser. [L] Landlungenschnecke. Lebt unter Laub, Steinen, Brettern, Moos. V. a. nachtaktiv, besonders aber bei Tau und Regen. Ernährt sich besonders gerne von grünen Blättern, die sie mit ihrer Zunge (Radula) abraspelt. Sie ist ein häufiger, nicht ganz ungefährlicher Schädling an Kulturpflanzen! Frißt auch Kot, kann daher auch Überträger sein von Eiern menschlicher Parasiten, Bakterien, Viren. Zwitter mit Fremd- und Selbstbefruchtung. Jedes Tier produziert 300–400 Eier. Meist werden kleine Häufchen von ca. 10 befruchteten Eiern in feuchte Erde, unter Steine, Bretter, Moos gelegt. Aus ihnen entwickeln sich nach einigen Wochen die Jungtiere, die dann bereits mit etwa 3 Monaten geschlechtsreif werden.

Hainbänderschnecke

Cepaea nemoralis

bis 25 mm	Gärten Parks Wälder

M Helle Schnecke mit gelblichem bis rötlichem Gehäuse, meist mit 1–5 schwarzen oder braunen Bändern (Name!); es gibt aber auch ungebänderte Formen. Mündungsrand innen und außen schwarzbraun. **V** Kulturland, Hecken, Feldgehölze, Wälder, Gärten. **L** Landlungenschnecke. Obere Fühler mit Augen, untere, kürzere Fühler mit Geruchsorganen. Gräbt sich im Herbst in den Boden, Winterschlaf X–V. Gehäuse wird mit einem kalkinkrustierten Schleimdeckel verschlossen. Ernährt sich von grünen Pflanzen. Zwitter mit Fremdbefruchtung. Zur Stimulierung des Partners wird ein kalkiger »Liebespfeil« in dessen Fuß gestoßen. Aus den befruchteten Eiern schlüpfen nach einigen Wochen die fertigen Jungschnecken.

Baumschnecke

Arianta arbustorum

18–25 mm	Wälder Gebüsch

M Gehäuse braun, mit dunklem Band an der Peripherie und gelben Flecken und Streifen. Gewinde meist konisch, Gehäuse mit 5–6 Umgängen. Mündung rundlich, Mundsaum weiß. Form und Farbe jedoch recht variabel: an schattigen Standorten und auf kalkarmem Boden oft sehr dünnschalig und einfarbig dunkelbraun. **V** Feuchte Wälder, Gebüsche, Wiesen. **L** Ernährt sich hauptsächlich von Blättern der Bäume und Sträucher, nimmt jedoch auch Kräuter, Pilze und Beeren. Zwitter mit wechselseitiger Fremdbefruchtung. Der Paarung geht – ähnlich wie bei den beiden anderen, auf dieser Seite beschriebenen Arten – ein »Liebesspiel« voraus, in diesem Fall jedoch ohne kalkigen Liebespfeil, sondern mit einem muskulösen Reizorgan. Aus den befruchteten Eiern schlüpfen nach einigen Wochen die Jungschnecken. Lebensdauer 3–5 Jahre.

Weinbergschnecke

Helix pomatia

bis 50 mm	Wälder Gärten Wiesen

M Größte heimische Landlungenschnecke. Gehäuse bräunlich, max. 5 Windungen. **V** Lichte, feuchte Laub-, Mischwälder, Gärten, Parks, Wiesen, Weinberge. **L** Das Gehäuse, das durch ein erstarrendes Schleimhäutchen verschlossen werden kann, schützt die Schnecke vor Trockenheit und Feinden. Während des Winterschlafes in der Erde (X–IV) wird die Schale mit einem Kalkdeckel verschlossen. Fortbewegung wie bei allen Landschnecken durch wellenförmige Fußkontraktionen auf einem durchsichtigen Schleimfilm. Kräuterfresser. Zwitter mit wechselseitiger Fremdbefruchtung, der ein »Liebesspiel« mit Liebespfeil vorausgeht. Paarungszeit V–VIII. 40–60 erbsengroße Eier werden in eine selbstgegrabene Erdhöhle gelegt, aus denen nach einigen Wochen die Jungschnecken schlüpfen. Erwachsen und geschlechtsreif mit 3–4 Jahren, Lebensdauer 6 Jahre.

Wattwurm, Pierwurm

Arenicola marina

bis 250 mm	Nordsee Ostsee

M Regenwurmähnlicher, roter bis gelbbrauner Wurm (Foto links). Der Rücken der Körpermitte trägt rote Kiemenbüschel. V Wattböden der Nord- und Ostseeküste. L Lebt ca. 25 cm tief eingegraben im Querschenkel einer U-förmigen Röhre. Die Eingangsröhre ist durch einen Trichter, die Ausgangsröhre durch typische, geringelte Sandkothäufchen gekennzeichnet (Foto rechts). Durch seinen Rüssel filtriert der Wurm Nahrungspartikel aus feinem Sand, preßt diesen mit dem Hinterende zum Ausgang wieder hinaus und bewegt jährlich so bis zu 25 kg Sand. Getrenntgeschlechtlich; Eiablage und Befruchtung erfolgt bei Neu- oder Vollmond der 2. Oktoberhälfte. Aus der oberirdisch lebenden Larve entwickelt sich der Wurm.

Gemeiner Regenwurm

Lumbricus terrestris

bis 300 mm	feuchte Lehmböden

M Der häufigste unserer großen Regenwürmer. Körper drehrund mit 110–180 deutlich voneinander abgesetzten Segmenten. Rosa bis braunviolett, hinten mit dunkleren Längsstreifen. Hinterende leicht abgeplattet. Der Gürtel (Clitellum) umfaßt die Segmente 32–37. V Feuchte, meist lehmige Böden, unter Laub. L Der Regenwurm gräbt Gänge bis in 2 m Tiefe, wobei feuchte Erde beiseite geschoben, trockene Erde gefressen wird. Die Kothäufchen bleiben innerhalb der Wurmröhre oder werden als Kottürmchen an der Röhrenmündung abgesetzt. Sucht nachts die Umgebung der Röhreneingänge nach Laub ab, das in die Gänge gezogen und verdaut wird. Wichtiger Humuserzeuger, sorgt für Durchmischung, Belüftung und Düngung des Bodens! Zwitter, die sich gegenseitig befruchten. Eiablage und Entwicklung der Jungwürmer in Kokons.

Blutegel

Hirudo medicinalis

bis 150 mm	Teiche Moore

M Körper langgestreckt, leicht abgeplattet, am Hinterende mit einer großen Haftscheibe, die der Fortbewegung sowie der Festheftung dient. Das Vorderende trägt bauchseitig einen kleinen Saugnapf für den Nahrungserwerb. Rücken dunkelgrün mit 6 rotgelben bis braunen, von schwarzen Flecken unterbrochenen Längsbändern. V Pflanzenreiche Teiche, Seen, Bäche, Moore, Sümpfe. Selten! L Saugt Blut von Fischen, Amphibien oder Säugern, auch des Menschen. Geschlechtsreif erst nach Aufnahme von Säugerblut; Zwitter. Die 20 – 30 mm großen, schaumigen Eikokons werden in feuchte Erde abgelegt. Kurzes Larvenstadium; Jungegel nach 5 Jahren ausgewachsen. Wurde früher (heute wieder) zum »Schröpfen« verwendet: 1 Egel saugt 10–15 ml Blut, aus der 6–10 Stunden nachblutenden Wunde fließen weitere 20–50 ml Blut.

Entenmuschel

Lepas spec.

bis 50 mm	Nordsee

M Rankenfußkrebs mit milchig-grünlicher oder bläulich-weißer, 5teiliger, seitlich zusammengedrückter Schale, die mit einem bis 10 cm langen, derben, biegsamen, bräunlichen Stiel am Untergrund befestigt ist. **V** Meist in großen Gruppen an Treibgut oder Schiffsböden. Nordsee. **L** Die Ähnlichkeit der zarten Kalkplatten mit Muschelschalen, bzw. der Habitus eines weißflügeligen Vogels führten zur Namensgebung der Art. Zum Nahrungserwerb strudelt sie mit ihren Rankenfüßen Frischwasser und Nahrungspartikel herbei. Zwitter, wie alle Rankenfußkrebse. Die Befruchtung erfolgt durch ein schlauchförmiges Begattungsorgan, das bis zum Nachbarn reicht. Die freischwimmende Larve setzt sich nach einigen Tagen neben anderen Artgenossen fest.

Seepocke

Balanus balanoides

bis 20 mm	Nordsee

M Weißes, kraterförmiges Gehäuse aus 6 Kalkplatten, das mit 2 kleineren Kalkdeckeln verschlossen wird; Außenseite oft strahlig gerieft. **V** Gezeitenzone der Nordseeküste. Festsitzend an Steinen, Buhnen, Pfählen, Muscheln- und Schneckenschalen, zuweilen auch auf Panzern größerer Krebse. **L** Wie die oben beschriebene Entenmuschel gehört auch die Seepocke zu den Rankenfußkrebsen, die im Laufe der Entwicklungsgeschichte zur festsitzenden Lebensweise übergegangen sind. Mit Hilfe ihrer zierlichen Rankenfüße strudelt sie in rhythmischen Abständen Wasser in ihren Panzer, filtriert Plankton heraus und versorgt sich mit sauerstoffreichem Frischwasser. Zwitter mit wechselseitiger Befruchtung: Zur Paarung streckt sie einen langen, zum Begattungsorgan umgewandelten Tentakelfuß aus dem Panzer. Larve freischwimmend.

Nordseegarnele

Crangon crangon

bis 70 mm	Nordsee Ostsee

M Grauer bis grünlichgrauer Langschwanzkrebs; je nach Untergrund ist die Färbung jedoch variabel. Die Antennen sind fast so lang wie der Körper, die beiden ersten Beinpaare tragen sehr kleine Scheren. **V** Nordsee, Ostsee (dort etwas kleiner). Massenhaft auf den Sandböden der Meere, bei Flut auch in Flachwasser, Gezeitentümpeln und Prielen. Im Sommer weit im Brackwasser der Flußmündungen, im Winter im Wattenmeer. **L** Ruht tagsüber bis zu Augen und Fühlern eingegraben im Sand, schwimmt nachts dicht über dem Grund auf Nahrungssuche, frißt Meereswürmer, Flohkrebse, Algen. Paarung in ruhigem, tiefem Wasser; das ♀ legt danach bis zu 4000 Eier. Jährlich 1–2 Bruten zwischen März und August, 1 Brut ab November. Wird an der Nordsee mit Stellnetzen oder Reusen gefischt (»Granat«, »Nordseekrabbe«).

Flußkrebs

Astacus astacus

G

♀ bis 120 mm ♂ bis 160 mm	Flüsse Bäche

[M] Rötlichbrauner Langschwanzkrebs mit 5 Laufbeinpaaren, das vorderste mit einer kräftigen Schere, das 2. und 3. mit kleinen Scheren; Unterseite der Scheren und Beine besonders im Gelenkbereich rot. Rückenpanzer meist nur gekörnt, wenig bedornt. [V] Langsam fließende, sauerstoffreiche Flüsse, Bäche mit überhängenden Uferböschungen. [L] Nachtaktiv, tagsüber meist in selbstgebauten Höhlen. Nimmt Wasserpflanzen, -schnecken, Würmer, Muscheln, Aas. Die Paarung erfolgt meist im September/Oktober, im November/Dezember legt das ♀ je nach Alter und Größe 70–250 Eier, die es an den Hinterbeinen festkittet, bis im Mai die Larven schlüpfen. Geschlechtsreif im 3.–4. Lebensjahr. Durch die Krebspest (seit 1860) fast ausgerottet.

Strandkrabbe

Carcinus maenas

♀ bis 55 mm ♂ bis 60 mm	Nordsee Ostsee

[M] Kurzschwanzkrebs mit panzerbewehrtem Vorderkörper. Färbung variabel: graugrün, oliv, rotbraun. Der unter den Vorderkörper geschlagene, kurze Hinterkörper ist oft rotbraun. Die beiden vorderen der 5 Schreitbeinpaare tragen Scheren, das vorderste Beinpaar sehr große. [V] Nordsee und Ostsee. Häufig im Watt und Flachwasser, dringt auch in Flußmündungen vor. [L] Läuft sehr flink, meist seitwärts, schwimmt nur sehr kurze Strecken. Überwiegend nachts unterwegs, gräbt sich bei Ebbe in den Wattboden oder sitzt unter Tang, um nicht auszutrocknen. Mit ihren starken Scheren erbeutet die Strandkrabbe kleine Fische, Kleinkrebse, Würmer. Zur Begattung, die 1–4 Tage dauern kann, dreht das ♂ das frischt gehäutete ♀ auf den Rücken; die Eiablage dauert 1 Tag. Über 4 schwimmende Larvenstadien entwickelt sich dann der junge Krebs.

Einsiedlerkrebs

Eupagurus bernhardus

bis 100 mm	Nordsee Ostsee

[M] Rötlichbrauner Langschwanzkrebs, der seinen weichen Hinterleib durch Bewohnen eines Schneckenhauses, meist das der Wellhornschnecke (S. 304), schützt. Die Gehäuseöffnung kann durch die größere, rechte Schere verschlossen werden. [V] Nordsee, westliche Ostsee. Auf sandigem Schlickboden oder steinigem Untergrund. [L] Häufig sind die Schneckengehäuse von Schwämmen, Moostierchen oder »Seerosen«-Kolonien (Nesseltiere!) bewachsen, die von den Mahlzeiten des Einsiedlerkrebses (Detritus, kleine Wassertiere) profitieren. Der Krebs selbst wird evtl. durch die Abwehrstoffe der Seerosen geschützt (Symbiose!). Beim Umzug in größere Gehäuse können die Seerosen sogar mitgenommen werden. Das ♀ trägt 12 000–15 000 Eier am hinteren Schwanzfuß und verläßt zum Schlüpfen der Larven für kurze Zeit das schützende Gehäuse.

Bachflohkrebs

Gammarus pulex

♀ bis 14 mm ♂ bis 21 mm	Flüsse Seen

M Flohkrebs mit seitlich zusammengedrücktem, hellbraunem bis grauem, regelmäßig gegliedertem Körper. **V** Pflanzenzone der Flüsse, Bäche, auch Seen und Teiche nördlich der Donau, bis 400 m Meereshöhe. **L** Schiebt sich beim Laufen über den Gewässergrund seitlich vorwärts, schwimmt mit schlagenden Bewegungen des Hinterleibes, auch gegen die Strömung. Ernährt sich von winzigen Pflanzenteilen. Geschlechtsreif mit 3–4 Monaten, nach ca. 10 Häutungen: Das ♂ klammert sich 8 Tage am ♀ fest, das 8–100 Eier in seine bauchseitige, aus Lamellen gebildete Brutkammer legt. Die Jungen schlüpfen nach 3–4 Wochen Tragzeit und bleiben noch 1–2 Tage im Brutraum. Lebensdauer ca. 10 Monate. In dieser Zeit sind 6–9 Bruten möglich!

Schlickkrebs

Corophium volutator

bis 15 mm	Nordsee Ostsee

M Weißgrauer bis bräunlicher, regelmäßig gegliederter Körper, wie bei fast allen Flohkrebsen seitlich zusammengedrückt. Von den 15 mm Körperlänge entfällt die Hälfte allein auf das 2. Fühlerpaar. **V** Watt- und Schlickstrände der Nord- und Ostsee. **L** Lebt im Sommer in 4 cm tiefen U-Röhren, gräbt sich im Winter bis 12 cm tief ein (Frostschutz!). Wegen seines massenhaften Vorkommens (5000–20 000 Tiere pro m^2) dient er v. a. Grundfischen und Vögeln als Nahrung. Seine Nahrung, Kieselalgen, kehrt er mit dem 2. Antennenpaar von der Schlickoberfläche ab. Das dabei entstehende Geräusch führt zum »Knistern« des Watts. Den etwas größeren ♂ dient das kräftigere 2. Antennenpaar auch zum Festhalten der ♀ bei der Paarung. Nach der Befruchtung schlüpfen die elternähnlichen, kleineren Jungen, deren Wachstum über mehrere Häutungen erfolgt.

Kellerassel

Porcellio scaber

bis 18 mm	Gebäude Freiland

M Eine unserer häufigsten Asseln, die wie alle Asseln einen stark abgeflachten Körper mit recht regelmäßiger Segmentierung aufweist. Die Färbung ist sehr variabel, meist auf gelblichem Grund dunkelgrau marmoriert. Die Anpassung ans Landleben (Asseln gehören systematisch zu den Krebsen!) führte zur Ausbildung besonderer Atmungssysteme, zusätzlich zu Kiemen. **V** Keller, Gewächshäuser, Schutthaufen, Gärten. **L** Überwiegend nächtlich; die Hauptaktivität liegt im Frühjahr und Herbst. Mit ihren kräftigen Mundwerkzeugen zerkleinert sie Laub oder sogar Holz. Gleich nach der Paarung häuten sich die ♀ und bilden einen flüssigkeitsgefüllten Brutbeutel an der Bauchunterseite, in den die Eier gelegt werden. Nach 40–50 Tagen Tragezeit schlüpfen die jungen Asseln. Die ♀ sind mit 2 Jahren geschlechtsreif und brüten bis 3 mal pro Jahr.

Kreuzspinne
Araneus diadematus

♀ 10–18 mm ♂ 6,5 mm	VII–X	Wiesen Wälder

M Grundfärbung variabel, kennzeichnend ist das weiße Kreuz auf dem Hinterleib (Name!). **V** Nahezu überall. **L** Radnetzspinne, baut kreisrundes Netz von 30 cm Ø an Pflanzen, Gebäuden, Zäunen. Zunächst entsteht der Rahmen, dann die Speichen, zuletzt die Spiralen aus klebrigen Fangfäden. Erschüttert ein Beutetier das Netz, schnellt die Spinne aus dem Zentrum oder einem nahen Versteck, lähmt die Beute mit einem Biß, um sie später auszusaugen. Zur Paarung nähert sich das viel kleinere ♂ vorsichtig dem ♀, stimmt es durch bestimmte Netzvibrationen ein und verläßt es nach der Paarung schnell, um nicht gefressen zu werden. Das ♀ legt im Herbst einige hundert Eier, die Jungspinnen schlüpfen im kommenden Frühjahr.

Zebraspinne
Argiope bruennichii

♀ bis 25 mm ♂ 3–5 mm	V–IX	Ödland Wiesen Heide

M Hinterleib erwachsener, legereifer ♀ auffallend wespenartig gelbschwarz quergebändert (»Wespenspinne«). Junge, ♂ und nicht legereife ♀ viel blasser. **V** Trockene Heide, nasse Wiesen, sonniges Ödland. Ursprünglich in Südeuropa, breitet sich aus. **L** Radnetzspinne mit senkrechtem Netz zwischen Bodenpflanzen. Netz mit 2 typischen radiären Stabilimenten und einem, mit weißen Fäden überzogenem Zentrum (Nabe), unter dem die Spinne lauert. Frißt kleine Kerbtiere. Das ♀ lockt das ♂ durch »Hüftwackeln« und Fadentrommeln zur Paarung an. Nach der Begattung wird das ♂ meist gefressen. Der charakteristische Eikokon (»Tabaksbeutel«) mit 300–400 Eiern wird im VIII/IX neben dem Netz zwischen Gräsern aufgehängt. Nach ca. 4 Wochen schlüpfen die Jungspinnen, häuten sich und überwintern im Kokon, den sie erst im Mai verlassen.

Streckerspinne
Tetragnatha extensa

bis 12 mm	VI–X	in Wasser- nähe

M Schmale Radnetzspinne mit langem, schmalem, silberglänzendem Hinterleib, Hinterleibsrücken mit dunkel begrenzter Blattzeichnung. Cheliceren (Greifklauen) dornenbewehrt, beim ♂ sehr lang. **V** An Wassergräben, sumpfigen Stellen, in niedrigen Büschen, zwischen Schilfhalmen, immer in Wassernähe. **L** Die Spinne lauert meist im Zentrum des Netzes auf Beute. Bei Störung oder Gefahr streckt sie beide Vorderbeinpaare nach vorne, die beiden übrigen nach hinten, legt sie eng an den Rumpf (Streckstellung) und gleicht damit dem Stengel, an den sie sich eng anschmiegt. Das ♂ nutzt seine kräftigen Cheliceren während der Paarung zum eigenen Schutz: es stemmt sie quer abgewinkelt gegen diejenigen des ♀, hält diese während des ganzen Paarungsvorganges gespreizt und verhindert damit, von seiner Partnerin gebissen zu werden.

Hausspinne

Tegenaria ferruginea

9–14 mm	I–XII	Gebäude

M Hinterleib dunkel, mit hellem, seitlich schwarz begrenztem Mittelteil. Beinspanne bis 6 cm. **V** Ecken und Winkel in Häusern, Kellern, Dachböden, Scheunen, Ställen. **L** Baut horizontale »Deckennetze«, in deren äußerster Ecke ein sackförmiges Wohngespinst liegt, in dem sich die Spinne normalerweise aufhält. Daran schließt sich eine gesponnene Decke mit unzähligen, nicht klebrigen »Stolperfäden« an, bei deren geringster Erschütterung durch Beutetiere die Spinne aus ihrem Versteck schnellt und die Beute fängt. Nach der Paarung im Sommer werden die Eier in besondere Einetze gelegt, die in oder auch in der Nähe von Fangnetzen aufgehängt werden, bis die Jungen schließlich geschlüpft sind.

Labyrinthspinne

Agelena labyrinthica

bis 14 mm	VII–XI	Gras Hecken

M Wie die oben beschriebene Hausspinne eine häufige, flinke Gewebespinne mit langen Beinen und langen Spinnwarzen. Der schwarzgraue Rücken trägt rötlichgelbe Winkelflecken, die Bauchseite weist ein hellgraues Mittelband auf. **V** Zwischen Gras, in niedrigen Hecken, meist an sonnigen Orten. **L** Sie spinnt ihr waagrechtes Trichternetz zwischen Grashalmen und Gestrüpp. Beim Beutefang kann sie sich sowohl anhand der Fadenspannung des Netzes, unter Verrechnung der Eigenbewegungen und mit Hilfe der Verteilung des polarisierten Lichts am Himmel orientieren. Wie bei den meisten Spinnenarten werden die Eier erst bei der Ablage besamt; das ♀ hält den Samen in besonderen Samenbehältern nach der Begattung durch das ♂ zurück. Die Eier werden in Kokons geschützt im Netz abgelegt und vom ♀ bewacht.

Gerandete Jagdspinne

Dolomedes fimbriatus

bis 20 mm	IV–X	Gewässer Auwald

M Hinterleibsrücken rotbraun, oft mit kleinen weißen Punkten, der Vorderkörper und Hinterleib breit weiß-gelblich gerandet (Name!). **V** Auf der Oberfläche von dicht bewachsenen (kein Schilf!) Gewässern, in Auwäldern, Sümpfen, Mooren. **L** Die häufige Art ist unsere größte heimische Spinne. Im Gegensatz zu den oben beschriebenen Arten webt sie keine Netze (Raubspinne!). Zum Beutefang lauert sie auf den Blättern von Wasserpflanzen, um dann über die Wasseroberfläche zu vorbeitreibenden Insekten und anderen Kerbtieren zu laufen. Taucht bei Gefahr unter! Die ♀ kommen zweimal im Jahr (VI, VIII) zur Eiablage. Sie tragen die Eier in einem großen runden Kokon zwischen ihren Cheliceren unter dem Körper. Nach dem Schlupf der Jungen hängen sie den Kokon unter zusammengesponnenen Grashalmen auf und bewachen ihn.

Harlekinspinne

Salticus scenicus

4–7 mm	II–X	Felsen Mauern

M Der gedrungene Körper mit 8 kräftigen, kurzen Beinen ist schwarzbräunlich mit weißen Querbändern. Der Kopf trägt 4 Augenpaare. **V** Felsen, Mauern, Baumstämme. **L** Sehr lebhafte Art, jagt im Sonnenschein Insekten, die v. a. optisch wahrgenommen werden (hervorragendes Formen- und Farbensehen!); im Gegensatz zu den meisten anderen Spinnen verfügen Springspinnen über die am besten entwickelten Augen. Die Beute wird, oft auf Umwegen, angeschlichen und aus geringer Entfernung angesprungen. Die Sprünge werden durch einen auf der Unterlage befestigten Ankerfaden reguliert. Das ♂ umwirbt das ♀ mit charakteristischen Balztänzen. Nach der Eiablage bewacht das ♀ den Kokon und die schlüpfenden Jungspinnen.

Krabbenspinne

Misumena vatia

♀ 10 mm ♂ 3–4 mm	IV–VIII	Blüten

M ♂ klein, grüngelb, ♀ größer, gelb bzw. weiß. Krabbenspinnen können durch körpereigenen Farbstoff ihre Körperfarbe dem Untergrund anpassen; diese Art kann einen Farbwechsel von Gelb nach Weiß und umgekehrt durchführen. **V** In gelben und weißen Blüten, häufig. **L** Die Bezeichnung Krabbenspinne kommt von der Fähigkeit, mit krabbenartig flach zur Seite gerichteten Vorderbeinpaaren seitwärts und rückwärts laufen zu können. Baut weder Fang-, Wohn-, Häutungs- noch Überwinterungsnetze. Sie lauert meist mit ausgebreiteten Beinen in Blüten auf ihre Beute: Insekten, darunter auch Bienen und Wespen, die sie mit einem Biß in den Nacken lähmt und sich so geschickt vom Leibe hält, daß deren Stachel ihr nicht gefährlich werden kann. Anschließend ergreift sie ihre Beute mit den langen Vorderbeinen und saugt sie aus.

Weberknecht

Phalangium opilio

5–9 mm	I–XII	Bodenstreu Gebäude

M Hat wie alle Weberknechte einen gegliederten Hinterleib, der in voller Breite am Vorderkörper ansetzt. Charakteristisch sind die langen Beine, die das 15fache der Körperlänge erreichen können. **V** In der Bodenstreu, in Kellern, Scheunen, manchmal auch auf Büschen und Bäumen. **L** Weberknechte bauen keine Netze, sondern fangen ihre Beute – Insekten, Asseln, Milben – im Lauf. Sie können sogar vorbeifliegende Insekten mit ihren Beinen aus der Luft herabschlagen. Manchmal verzehren sie auch Früchte, Pilze, Samen und Aas. Will man einen Weberknecht an einem Bein festhalten, läßt er dieses bei der Flucht abbrechen; es wächst nicht wieder nach. Die ♀ legen mit Hilfe eines Legebohrers die befruchteten Eier in feuchte Erde, Rindenritzen oder luftfeuchte Zimmerecken ab und kümmern sich dann nicht mehr um den Nachwuchs.

Saftkugler

Glomeris marginata

7–20 mm	I–XII	Waldboden

M Rückenschilde des erwachsenen Tieres glänzend schwarz. Kann sich bei Gefahr zu einer erbsengroßen Kugel, in der Beine und Fühler verborgen sind, zusammenrollen (Name!). **V** In feuchten Laubwäldern, in der Bodenstreuschicht, unter Steinen, in Baumstümpfen. **L** Rollt sich ähnlich wie eine Kugelassel bei Gefahr zu einer Kugel zusammen; sondert nur in diesem eingerollten Zustand einen Wehrsaft (Name!) ab. Ernährt sich von vermoderndem Laub, Humusteilchen, Pilzen, Moosen, Pollen. Die befruchteten Eier werden – mit einer schützenden Exkrementmasse versehen – einzeln in winzige Erdkämmerchen gelegt. Eientwicklung 3–4 Wochen, geschlechtsreif nach gut 3 Jahren. Lebensdauer 6–7 Jahre.

Schnurfüßer

Schizophyllum sabulosum

20–47 mm	I–XII	Bodenstreu

M Glänzend dunkelbraun oder schwarz, Körper kreisrund, langgestreckt, mit wenigstens 35 Segmenten. Mit Ausnahme der 3 ersten und des letzten Segmentes trägt jedes Körpersegment je 2 Beinpaare (»Tausendfüßer«). **V** In der Streuschicht des Bodens oder in den obersten Bodenschichten. **L** Beim Laufen werden die Beinpaare abwechselnd bewegt, so daß regelrechte Wellen durch die Beinpaare laufen. Beim Wühlen durch den Boden werden Kopf und Stirn als »Rammbock« benutzt. Rollt sich bei Gefahr spiralig zusammen; der Kopf ist immer im Zentrum der Spirale. Einen zusätzlichen Schutz zu dem starken Panzer bieten seitlich an den Segmenten mündende Drüsen, die einen stark riechenden, giftigen, z.T. blausäurehaltigen Wehrsaft gegen Feinde abgeben. Ernährt sich von Erdteilchen, moderndem Laub und Holz.

Steinläufer

Lithobius forficatus

20–30 mm	I–XII	Waldboden

M Bräunlicher »Hundertfüßer« mit abgeflachtem Körper. Jedes Segment trägt nur je 1 Beinpaar, bei dieser Art sind es insgesamt 15 Beinpaare. **V** Streuschicht des Waldbodens, auch in den obersten Bodenschichten, unter Rinde und Steinen. **L** Kann schnell laufen, jagt rasch bewegliche, kleine Kerbtiere, auch Insektenlarven und Regenwürmer. Die kräftigen Kiefer sind mit Giftdrüsen versehen; sein Biß kann beim Menschen die schmerzhafte Wirkung eines Bienenstiches hervorrufen. Das ♀ trägt die befruchteten Eier einige Zeit zwischen den Hinterbeinen mit sich umher, bevor es sie einzeln in die Erde legt. Zuvor rollt es die Eier häufig noch auf dem Boden, so daß sie eine schützende Erdhülle erhalten. Die Entwicklungszeit vom Ei bis zum geschlechtsreifen Tier beträgt etwa 3 Jahre. Lebensdauer wenigstens 6 Jahre.

Frühe Adonislibelle
Pyrrhosoma nymphula

25–35 mm bis 45 mm	IV–VIII	Seen Teiche

M Körperfarbe beider Geschlechter rot, Hinterleib ab dem 6./7. Segment mit schwarzer Zeichnung. Beine schwarz. **V** Langsam fließende Kleingewässer wie Teiche, Seen, Wiesengräben, Hochmoorkolke. **L** Erbeutet die Nahrung (Blattläuse, Kleininsekten) meist im Sitzen. Zur Paarung ergreift das ♂ das ♀ mit den Beinen, faßt es mit den Hinterleibszangen am oder hinter dem Kopf (»Tandem«), füllt seine Samentasche mit Samen (Vorpaarung); anschließend krümmt das ♀ seinen Hinterleib nach vorne, verhakt seine Geschlechtsöffnung an der Samentasche des ♂ (»Paarungsrad«), es kommt zur Spermaübertragung. Das ♀ bohrt die Eier in Schwimmblätter oder untergetauchte Pflanzenteile. Larvenentwicklung meist 1 Jahr.

Gemeine Binsenjungfer
Lestes sponsa

25–35 mm 40–45 mm	VI–X	Ufer- pflanzen

M Für beide Geschlechter kennzeichnend ist die metallische, erzgrüne oder kupferfarbene Körperfärbung; Augen des ♂ blau, seine Brust und das Hinterleibsende meist blau bereift. Beide Flügelpaare zeigen ein schwarzes bis schwarzbraunes Flügelmal. **V** Häufige Kleinlibelle stehender Gewässer (Teiche, Tümpel, Pfützen), oft an Binsen (Name!), Schachtelhalmen und anderen Uferpflanzen. **L** Die typische Hochsommerlibelle ruht gerne längere Zeit an Uferpflanzen. Die Paarung erfolgt im Sitzen; zur Eiablage bewegen sich ♀ und ♂ als Paarungsrad oder Tandem am Pflanzenstengel immer weiter nach unten zum Wasser. Im Gegensatz zur oben beschriebenen Frühen Adonislibelle bohrt das ♀ die Eier in Pflanzenstengel, ohne dabei unter die Wasseroberfläche zu tauchen. Die Eier überwintern, die Larven schlüpfen im Frühjahr.

Große Pechlibelle
Ischnura elegans

bis 29 mm 30–40 mm	V–IX	Wasser- pflanzen

M Der Hinterleib des ♂ ist oben schwarz, unten gelblich, das 8. Segment ist rundum leuchtend blau gefärbt. Färbung der ♀ sehr variabel: rosa, blauviolett oder olivbraun, selten auch ähnlich dem ♂; das Flügelmal beider Geschlechter ist außen weiß, innen schwarz. **V** Langsam fließende Gewässer mit reicher Vegetation. Nicht in Hochmooren! **L** Die Vorpaarung in Tandemstellung dauert nur wenige Minuten, während der Paarung bleiben ♀ und ♂ als Paarungsrad (Foto) dagegen oft stundenlang an Halmen oder Stengeln sitzen. Zur Eiablage wartet das ♀ meist bis zum späten Abend, um dann ohne das bewachende ♂ die Eier in Tausendblatt *(Myriophyllum)* abzulegen; dabei taucht es auch unter Wasser. Wenige Wochen später schlüpfen wurmförmige Vorlarven, die sich in wenigen Minuten zum 1. Larvenstadium häuten; die Larven überwintern.

Hufeisen-Azurjungfer
Coenagrion puella

23–30 mm 40–50 mm	V–IX	Ufer- pflanzen

M Diese sehr schlanke Libelle zeigt beim ♂ eine blaue, beim ♀ eine grünlich-bräunliche Grundfarbe; beider Hinterleib ist unterschiedlich metallschwarz gezeichnet, beim ♀ sind die schwarzen Areale großflächiger. Die hufeisenförmige Zeichnung auf dem 2. Hinterleibssegment gab der Art den Namen. **V** Fliegt am Ufer stehender und langsam fließender Gewässer mit flutender Krautschicht. **L** Die Eiablage erfolgt in Tandemstellung (Foto) kreisförmig in die Blattunterseite von Wasserpflanzen, wobei das ♀, im Gegensatz zu verwandten Arten, nicht unter Wasser taucht. Die Larve überwintert, verläßt nach abgeschlossener Entwicklung (je nach Temperatur bereits nach 3 Monaten!) das Wasser und häutet sich zum fertigen Insekt.

Gebänd. Prachtlibelle **G**
Calopteryx splendens

30–45 mm 70 mm	V–IX	Ufer- pflanzen

M Die Färbung des schlanken Körpers variiert in metallischem Blau oder Grün. Kennzeichnend ist beim ♂ die recht breite, blau oder grün schillernde Flügelbinde. Beim ♀ sind die Flügel einheitlich grünlich und durchsichtig. In Ruhestellung werden die Flügel zusammengeklappt. **V** Man findet die Gebänderte Prachtlibelle überwiegend im Uferbereich langsam fließender Gewässer. Stellenweise ist sie noch sehr verbreitet. **L** In langsamem und eigenartig flatterndem Flug werden geschickt andere Fluginsekten erbeutet. Die Paarung dauert bei dieser Art wenige Minuten und erfolgt im Sitzen. Das ♀ bohrt mit dem Legebohrer Pflanzen an und legt dann ins Pflanzengewebe die Eier ab. Oftmals erfolgt die Eiablage unter der Wasseroberfläche. Die Larvenentwicklung dauert 2 Jahre; die Lebensdauer des fertigen Insekts beträgt oft nur 2 Wochen.

Blauflügel-Prachtlibelle **G**
Calopteryx virgo

30–40 mm bis 70 mm	V–IX	Wald- bäche

M Körper des ♂ metallisch blau bis grünlich, Flügel dunkelblau glänzend; Körper des ♀ grünlich bis kupferglänzend, Flügel durchscheinend braun. **V** An schnellfließenden und sauberen Bächen mit schattigen, baumbestandenen Ufern. **L** Fliegt langsam, schmetterlingsartig flatternd, ruht gerne in der Ufervegetation. Erbeutet kleine Insekten im Flug. Die ♂ besetzen durch Pflanzen begrenzte Reviere, die sie gegen Rivalen verteidigen und in denen sie ein ♀ durch schwirrenden Balzflug umwerben. Die Paarung erfolgt im Sitzen und dauert nur wenige Minuten. Zur Eiablage kriecht das ♀ rückwärts an Pflanzen zum Wasser und bohrt die Eier mittels Legebohrer in den Halm; hierbei kann es völlig untertauchen. Die räuberischen Larven entwickeln sich innerhalb von 2 Jahren zur Imago (erwachsenes Insekt), deren Lebensdauer dann nur noch etwa 2 Wochen beträgt.

Blaugrüne Mosaikjungfer

Aeshna cyanea

50–70 mm 95–110 mm	VI–X	Ufer Waldwege

M Das sehr gut und schnell fliegende Insekt ist grüngelb gefärbt und auffallend kräftig schwarz gezeichnet. Die glasigen Flügel haben im Spitzenbereich an der Vorderkante ein dunkles Flügelmal. **V** Die Libelle fliegt gerne auf Waldwegen oder am Rand von Waldlichtungen, oftmals auch weit entfernt von Gewässern. **L** Die Art ist ein geschickter Flugjäger; mit blitzschnellen Wendungen werden auch schnellste Fluginsekten in der Luft erbeutet. In ihrem Revier duldet diese Libelle keine Artgenossen; sie werden heftig angegriffen. Die Eiablage, bei der das ♀ nie ganz unter die Wasseroberfläche geht, erfolgt in Wasserpflanzen, die oberflächennah wachsen. Während der 2jährigen Entwicklungszeit überwintern Ei und Larve je einmal.

Große Königslibelle

Anax imperator

70–80 mm 95–110 mm	VI–VIII	Weiher Teiche

M Hinterleib des ♂ leuchtend blau mit schwarzbraunem, seitlich gezähntem Rückenband; Hinterleib des ♀ blaugrün mit braunem Rückenband. Fügel beider Geschlechter farblos-durchscheinend, Hinterflügel wie bei allen Großlibellen breiter als die Vorderflügel. **V** Pflanzenreiche, stehende Gewässer (Seen, Teiche, Weiher); jagt gerne in Waldschneisen. **L** Wie die oben beschriebene Art ein sehr guter, schneller Flieger, der insbesondere bei warmem Wetter sehr ausdauernd über seinem Gewässer, jedoch auch sehr weit davon entfernt, fliegt; setzt sich selten. Die Begattung mit Bildung eines Paarungsrades dauert nur wenige Minuten, anschließend fliegt das ♀ alleine zur Eiablage. Die Eier werden in abgestorbene Pflanzenteile an der Wasseroberfläche abgelegt; die Entwicklung der räuberischen Larve zum ausgewachsenen Insekt dauert 1–2 Jahre.

Zweigestreifte Quelljungfer G

Cordulegaster boltonii

70–85 mm 90–105 mm	V–VIII	Bäche Quellen

M Wie die oben beschriebene Große Königslibelle eine unserer größten heimischen Libellen. Körper schlank, kräftig, schwarz mit gelben Flecken; die mittleren Hinterleibssegmente zeigen je 1 großes und kleines gelbes Fleckenpaar. Hinterhauptsdreieck gelb. **V** An Quellen und Bächen, im Flachland selten. **L** Jagt gern auf Waldwiesen, Schneisen, Quellsümpfen, sitzt aber auch längere Zeit, um zu ruhen oder die Beute (kleine Kerbtiere) zu verzehren. Der Legebohrer des ♀ ist zu einem Stilett umgewandelt, welches das Hinterleibsende in der Länge überragt. Während der Eiablage fliegt das ♀ senkrecht auf und nieder und stößt die Eier mit dem Legestilett an flachen Stellen in den Sand des Baches. Die kräftigen, räuberischen Larven lauern während ihrer wahrscheinlich 3–5jährigen Entwicklungszeit flach im Schlamm eingegraben auf Beute (kleine Larven, Würmer).

Plattbauch

Libellula depressa

28–35 mm 70–80 mm	V–VIII	Uferpflanzen

M Der auffallend breite Hinterleib ist beim ♂ blau, beim ♀ olivbraun gefärbt. Flügel glasig-durchsichtig, Flügelbasis beider Flügelpaare mit schwarzem Fleck. **V** Häufig an Lehmtümpeln, jedoch auch weit entfernt vom Wasser. **L** Ansitzjäger, der meist vom Halm einer Wasserpflanze aus Insekten gezielt mit den Beinen im Flug ergreift, meist auch sofort verzehrt und zum Ansitz zurückkehrt. Der schnelle Flug wirkt ziellos, da er oft die Richtung ändert. Die Eiablage der ♀ erfolgt im Flug frei ins Wasser, die ♀ werden nicht vom ♂ begleitet. Die wie bei allen Libellen räuberisch lebende Larve überwintert während ihrer 2jährigen Entwicklungszeit zweimal. Die Art besiedelt oft als erste Libelle neue Lebensräume, auch Gartenteiche.

Vierfleck

Libellula quadrimaculata

30–45 mm 70–85 mm	V–VIII	Uferpflanzen

M Eindeutiges Bestimmungsmerkmal dieser verbreiteten Libelle sind die 4 dunklen Flecken auf jedem Flügelpaar. Beide Geschlechter sind ähnlich bläulich bis bräunlich gefärbt. **V** Die Art bevorzugt verschiedenste stehende Gewässer, hin und wieder ist sie aber auch an ruhigen Fließgewässern zu finden. **L** Wie der oben beschriebene Plattbauch ist der Vierfleck ein Ansitzjäger, der meist von einem Stammplatz aus – einem Zweig oder Halm – Jagd auf Fluginsekten macht. Auch er gehört in die Familie der Segellibellen, die bei uns mit ca. 20 Arten vertreten sind. Die Eier werden vom ♀ im Flug auf die Gewässeroberfläche abgelegt. Die am Gewässergrund lebende Larve entwickelt sich in 2 Jahren zum fertigen Insekt. Immer wieder wird beobachtet, daß eine größere Zahl dieser Libellen wandert und dabei weitere Entfernungen überwindet.

Blutrote Heidelibelle

Sympetrum sanguineum

25–32 mm 40–55 mm	VI–X	Wiesen Wege

M Augen und Brust des ♂ rotbraun, Hinterleib leuchtend rot, Hinterleib des ♀ gelbbraun. Die Art ist recht schwer von den übrigen 8 Arten der Heidelibellen abzugrenzen; ein wichtiges Unterscheidungsmerkmal sind die ganz schwarzen Beine dieser Art. **V** Die Libelle ist nicht an Gewässernähe gebunden und daher in sehr vielen Lebensräumen anzutreffen. **L** Sehr gerne werden Äste oder Zweige in Bodennähe als Ruheplatz benutzt; trotz ihrer intensiven Färbung fällt die sitzende Libelle kaum auf. Der Flug wirkt schnell und ungestüm. Die Paarung beginnt im Fluge, endet im Sitzen; anschließend Flug im Tandem zur Eiablage, die in wippendem Flug auf feuchten Boden erfolgt. Die Eier überwintern in der feuchten Erde und werden erst später durch Regen ins Wasser gespült. Die Gesamtentwicklungszeit der Larve bis zum fertigen Insekt dauert 1 Jahr.

Gemeiner Grashüpfer
Chorthippus biguttulus

13–20 mm	VI–X	Wiesen Felder

M Die Art gehört in die Familie der Feldheuschrecken und läßt sich schwer von anderen *Chorthippus*-Arten unterscheiden. Bei beiden Geschlechtern ist die Brust behaart; die Hinterflügel sind glashell, an der Spitze rauchig trüb. Bei den Vorderflügeln ist der mittlere Bereich netzartig geadert. Die Fühler sind fadenförmig und am Ende nicht keulig verdickt. Das ♀ ist größer als das ♂. **V** Man findet die Art auf Wiesen, Feldern und anderen, nicht zu feuchten Standorten. **L** Im sommerlichen Zirpkonzert spielt diese Heuschrecke eine wichtige Rolle. Die Zirplaute werden von den ♂ durch rhythmisches Reiben der Hinterschenkel an den Vorderflügeln erzeugt. Eiablage in den Boden, Entwicklungsdauer 1 Jahr.

Blauflügelige Ödlandschrecke
Oedipoda caerulescens

15–28 mm	VII–IX	Heiden Steppen

M Von allen anderen Feldheuschrecken-Arten unterscheiden sich die Ödlandschrecken durch die scharfe Stufe in der Oberkante des Hinterschenkels. Die Vorderflügel sind schmal, mit hell- und dunkelgrauer, brauner und rötlicher Streifung; hierdurch ist das Tier bei zusammengelegten Flügeln bestens getarnt. Die viel breiteren, nur im Flug sichtbaren Hinterflügel sind blau (Name!) mit dunkler Randbinde (wahrscheinlich Warntracht!). Das größere ♀ unterscheidet sich vom ♂ zudem durch die kurze Legescheide am Hinterleib. **V** Sandiges Ödland wie Steppen, Heiden, Trockenhänge. **L** Die ausgewachsenen Tiere wie auch die ihnen sehr ähnlichen, nur wesentlich kleineren Larven ernähren sich überwiegend von Gräsern. Die Eier überwintern, im folgenden Frühjahr schlüpfen flügellose Larven, die sich nach mindestens 5 Wachstumshäutungen zur Imago wandeln.

Grünes Heupferd
Tettigonia viridissima

30–40 mm	VII–X	Gebüsch

M Typisch für dieses grasgrüne Insekt sind lange, dünne Fühler, kräftige Sprungbeine und beim ♀ (Foto) eine lange Legeröhre. Letztere überragt allerdings nicht die seitlich zusammengelegten Flügel. **V** Bevorzugte Lebensräume dieser Singschrecke sind Büsche, Bäume, Gestrüpp und andere dichte Vegetation. **L** Die sehr gut getarnten Tiere machen sich oft durch ihren lang anhaltenden und lauten »Gesang« bemerkbar, der vom ♂ durch Aneinanderreiben der Vorderflügel erzeugt wird. Das ♀ legt mit dem kräftigen Legebohrer die Eier in Erd- oder Rindenspalten. Aus den Eiern schlüpfen erst im nächsten Jahr die Jungtiere. Sie leben zunächst auf Wiesen und verwandeln sich Ende Juli mit der letzten Häutung in erwachsene Heupferde. Larve und Imago (erwachsenes Tier) leben räuberisch von anderen Insekten.

Warzenbeißer
Decticus verrucivorus

24–45 mm	VI–IX	Wiesen Felder

M Neben dem umseitig beschriebenen Grünen Heupferd eine unserer größten heimischen Singschrecken, Körperbau jedoch gedrungener. Färbung variabel: gelb, grün oder braun, immer aber mit dunklen Flecken. Die Flügel ragen weit über den Hinterleib hinaus, beim ♀ jedoch nur bis zur Hälfte des langen Legebohrers. V Wiesen, Felder, Heiden, Brachflächen; meist in Bodennähe. L Der Gesang der ♂ ist durchdringend laut. Larve und Imago ernähren sich von kleinen Insekten, seltener pflanzlich. Die Eier werden mit dem Legebohrer in die Erde gestochen, überwintern dort, im Frühjahr schlüpft das 1. Larvenstadium. Früher ließ man die Tiere in Warzen beißen; der Magensaft verätzte die Wunde und beseitigte das Übel (Name!).

Feldgrille
Gryllus campestris

20–25 mm	V–VI	Trockenrasen

M Der gedrungene, glänzend schwarze Körper und der massive, helmartige Kopf charakterisieren diese noch häufige Grabheuschrecke. Die Fühler sind lang und dünn. Kennzeichnend sind auch die unten blutroten Hinterschenkel. Der Hinterleib des ♀ läuft in eine Legeröhre aus. V Grillen leben an sonnigen Wiesenhängen, an Feldrainen und anderen trockenen Standorten. L Der recht laute Grillengesang wird von den ♂ meist am Eingang der selbst gegrabenen Erdhöhle vorgetragen. Die Lauterzeugung erfolgt hier durch Aneinanderreiben der Flügel. Da die Tiere als Larven überwintern, sind sie schon im Frühsommer geschlechtsreif. Man hört deshalb den Gesang nur bis Ende Juni. Die Art ist vor allem nachtaktiv und ernährt sich von pflanzlicher Kost. Die ♀ legen die Eier in die Erde ab. Grillen leben überwiegend als Einzelgänger.

Maulwurfsgrille
Gryllotalpa gryllotalpa

35–50 mm	IV–IX	feuchte Böden

M Körper gedrungen, walzenförmig, braun; Vorderbeine zu stark verbreiterten Grabschaufeln (Name!) umgebildet. Kopf 3eckig mit kurzen, fadenförmigen Fühlern; Vorderflügel kurz, Hinterflügel zu langen Spitzen ausgezogen. Lange Hinterleibsanhänge (Cerci). V Felder, Wiesen, Gärten. L Überwiegend nachtaktiv. Gräbt Gänge in feuchte Böden, ernährt sich von Kleininsekten und Pflanzenteilen, kann in Gärten und Feldern durch Pflanzenfraß mitunter zum Schädling werden. Nach der Eiablage in den Boden bewacht das ♀ die Eier und später auch die geschlüpften Larven. Die Larve überwintert und entwickelt sich während des nächsten Frühjahres zur ausgewachsenen Imago, die bereits im Frühsommer wieder geschlechtsreif werden kann. Die voll ausgereifte Maulwurfsgrille selbst kann 2 Jahre leben und überwintert daher auch im Boden.

Gemeiner Ohrwurm
Forficula auricularia

9–16 mm	IV–X	Laub Steine Häuser

M Körper gestreckt, abgeplattet; Hinterleib dunkelbraun, alle anderen Körperteile heller. Die Greifzangen der ♂ gebogen, an der Basis gezähnt, die Zangen der kleineren ♀ einfach, fast gerade. Die Hinterflügel sind kompliziert unter den schuppenförmigen Vorderflügel gefaltet und werden mit den Zangen entfaltet. **V** Häufigste Ohrwurmart; als Kulturfolger fast überall, auch im Haus; sonst unter Steinen, Laub, in Ritzen, oft gesellig. **L** Fliegt gut, aber selten. Ernährt sich von zarten Pflanzen, aber auch Kleininsekten (Blatt-, Blutläuse!). Eiablage im Herbst und Frühjahr in kleinen Häufchen unter Steinen; die Eier und Larven werden vom ♀ bewacht. Im Oktober graben sich Erwachsene bzw. Larven 5–10 cm tief zum Überwintern ein.

Wiesen-Schaumzikade
Philaenus spumarius

5–7 mm	VI–X	Gräser Kräuter

M Körper mit Vorderflügel länglich-oval, Scheitel stumpfwinkelig. Körperfärbung sehr variabel: außer fast einfarbig hellen Individuen gibt es, neben solchen mit unterschiedlicher Körperzeichnung, auch sehr dunkle Tiere; insgesamt sind alle jedoch unscheinbar. **V** Wiesen und Weiden. **L** Die Zikade (Foto rechts) nimmt man meist erst wahr, wenn sie nach einer Störung schnell zur Seite wegspringt. Auffallender sind die blaßgrünen Larven (Foto links), die in selbstgebildeten Schaumballen (»Kuckucksspeichel«) an den Stengeln von Wiesenkräutern leben: Sie saugen Pflanzensäfte, sondern dann unter Einblasen von Luft in ihre eiweißhaltige Kotflüssigkeit den speichelähnlichen Schaum ab, der ihnen zur Tarnung dient. Während des Sommers entwickeln sie sich zu erwachsenen Tieren, deren ♀ Eier in Pflanzenstengel bohren, wo diese überwintern.

Blutzikade
Cercopis sanguinea

9–11 mm	V–VII	Wiesen Weiden

M Körperumriß länglich-oval mit gleichförmigen Flügeln, die dachförmig über dem Körper zusammengelegt werden. Sie sind wie der ganze Körper schwarz, mit leuchtend roten Flecken (Name!). Form und Anordnung der roten Fleckung ist charakteristisch und dient zur Unterscheidung der wenigen heimischen Blutzikaden-Arten. **V** An Gräsern und Kräutern unserer Wiesen und Weiden; bevorzugt saure Böden. **L** Blutzikaden sind gute Flieger, springen bei Gefahr jedoch eher weg. Die Tiere erzeugen hohe Töne, die jedoch das menschliche Ohr nicht mehr wahrnehmen kann. Imago und Larve ernähren sich mit Hilfe eines Saugrüssels von Pflanzensäften. Das ♀ legt Eier in Rindenspalten, wo sie überwintern. Im Frühjahr schlüpfen die Larven, die während ihrer Entwicklung über 5 Wachstumshäutungen unterirdisch an Wurzeln leben.

Rotbeinige Baumwanze

Pentatoma rufipes

13–16 mm	V–X	Laub-bäume

M Der Körper dieser braunen Baumwanze ist leicht abgeflacht, das Halsschild seitlich stumpf gezähnt; das langgestreckt-3eckige Schildchen reicht über die Körpermitte, seine Spitze ist wie die Streifen der Körperseite und das Körperende gelbrot. Die roten Beine gaben der Art den Namen. **V** Häufig an Laubbäumen, Sträuchern in Wäldern und Gärten. **L** Als Nahrung dienen frischtote Insekten, v.a. Schmetterlingslarven, aber auch Pflanzenteile von Obstbäumen, wo sie gelegentlich Schäden anrichtet. Im August klebt das ♀ die Eier mit einem körpereigenen Kitt auf Blätter. Die gelben, dunkel gefleckten Larven überwintern in Ritzen hoch in den Bäumen, wo sie vielen Vögeln während der winterlichen Nahrungssuche zum Opfer fallen.

Grüne Stinkwanze

Palomena prasina

11–14 mm	IV–X	Gebüsch

M Im Lauf des Jahres verändert diese verbreitete Baumwanze ihre Körperfarbe: im Frühjahr grün, wandelt sich die Farbe bis zum Herbst zu hellem Braun. Der Körper ist abgeflacht und insgesamt etwas rundlich. Die Rückenfläche wird von einem großen, dreieckigen Bruststück und den harten, an der Spitze häutigen Flügeldecken gebildet. **V** Die Art ist auf verschiedenen Sträuchern und Bäumen anzutreffen, bevorzugt aber der Ernährung wegen Beerensträucher. **L** Die Tiere leben von Pflanzen- und Beerensäften, die mit dem kräftigen Saugrüssel aufgenommen werden. Die Eiablage erfolgt auf Pflanzen. Die aus den Eiern schlüpfenden Larven ähneln bereits den erwachsenen Tieren und entwickeln sich ohne Verpuppung zum Vollinsekt. Zur Abwehr wird ein Stinksekret abgegeben, das aus Drüsen an den Hinterbrustseiten stammt.

Randwanze, Saumwanze

Coreus marginatus

12–15 mm	IV–X	feuchte Wiesen

M Körper länglich-oval, gelblich- bis dunkelbraun. Charakteristisch und namensgebend für diese Wanzengruppe sind die seitlich hervorragenden, die Bauch- und Rückensegmente des Hinterleibs verbindenden Seitenstücke, Connexivium genannt. Das Connexivium dieser Art ist gelb gefleckt; das Halsschild trägt seitlich stumpfe Vorsprünge. **V** Feuchte Wiesen, Raine, Gewässerränder. **L** Die Art lebt bevorzugt an Knöterichgewächsen (insbesondere Sauerampfer), an deren Samen die erwachsenen Tiere mit ihrem kräftigen Rüssel saugen. Die Imago überwintert; die ♀ legen im Mai die Eier mit Hilfe ihres Legeapparates in Stengel oder Blätter der Wirtspflanzen. Nach dem Schlüpfen bleiben die Larven dort bis zum Erwachsenwerden und saugen an grünen Pflanzenteilen. Später suchen sie, oft in großer Zahl, die Samen auf, um dort zu saugen.

Streifenwanze
Graphosoma lineatum

8–12 mm	V–IX	Wiesen Wälder

M Die rundliche Baumwanze ist leicht durch die rot-schwarze Streifung des Körpers zu erkennen. Charakteristisch ist auch das bis zum Hinterleibsende reichende Schildchen, das einen Großteil der Vorderflügel verdeckt. **V** Wiesen und Waldlichtungen. **L** Man findet meist mehrere Vertreter dieser auffälligen Wanzenfamilie, die überwiegend an Doldenblütlern saugen. Die schwarz-rote Färbung dient als Warnung vor dem ekelerregenden Geschmack der Tiere, die daher als Beute meist gemieden werden. Bereits die den ausgewachsenen Tieren sehr ähnlichen, aber flügellosen Larven sind hierdurch geschützt. Solche Warntrachten können von anderen, »genießbaren« Tieren zum eigenen Schutz imitiert werden (Mimikry).

Rote Mordwanze
Rhinocoris iracundus

13–18 mm	VI–X	Wiesen

M Große, kräftige Raubwanze mit schwarz-roter Körperzeichnung. Wie bei allen Raubwanzen ist der Kopf beweglich und nach vorne gestreckt; die Vorderbeine sind zu Fangbeinen umgebildet. Das schwarz-rote Muster ist außerordentlich variabel (viele geographische Rassen!) und kann zu Verwechslungen mit anderen Arten führen. **V** Kräuterreiche Wiesen an warmen, sonnigen Orten, trockene Böden. **L** Die ausgewachsenen Wanzen wie auch die Larvenstadien ernähren sich ausschließlich von Insekten, die sie aussaugen. Fängt man eine Mordwanze (oder auch andere Raubwanzen) mit der Hand, kann man recht schmerzhaft gestochen werden. Wie bei anderen Raubwanzen können auch hier Imago und Larven bei Bedrohung zirpen, indem sie den gezähnten Saugrüssel gegen eine gerillte Längsrinne der Vorderbrust reiben. Die Eier überwintern.

Feuerwanze
Pyrrhocoris apterus

9–11 mm	IV–X	unter Laub-bäumen

M Körperform länglich-oval, schwarz-rot gefärbt. Färbung und Zeichnung hängen von verschiedenen Außenbedingungen, v.a. der Temperatur ab. Charakteristisch ist je 1 runder schwarzer Fleck auf den Vorderflügeldecken; die Flügel sind meist verkürzt und lassen das Hinterleibsende frei. **V** Häufig und weit verbreitet; unter Laubbäumen. **L** Die Feuerwanzen versammeln sich gern in größerer Zahl am Fuße von Linden, deren Samen sie aussaugen. Daneben verschmähen sie aber auch nicht tote Insekten (auch Artgenossen) oder Insekteneier. Zur Paarung, die bis zu 30 Stunden dauern kann, werden die ♂ von den ♀ durch einen artspezifischen Sexualduftstoff angelockt. Die etwa 100 Eier legen die ♀ in selbstgegrabene Erdhöhlen, seltener unter abgefallenes Laub. Bis August entwickeln sich die jungen Larven. Die Imago überwintert.

Wasserläufer
Gerris lacustris

10–15 mm	IV–X	Teiche Tümpel

M Die dunklen Tiere haben auffällig lange Beine, wobei das vordere Beinpaar jedoch deutlich kürzer ist als die Mittel- und Hinterbeine. Der Körper ist schlank und langgestreckt. **V** Als Lebensraum kommen alle stehenden, hin und wieder auch sehr langsam fließende Gewässer in Frage. Auch auf Pfützen sind diese Wanzen anzutreffen. **L** Die Art bewegt sich – ermöglicht durch Härchenbesatz an den Fußgliedern – mit ruckartigen und recht schnellen Ruderbewegungen über die Wasseroberfläche und erbeutet dabei sehr erfolgreich kleinere Insekten. Wie bei allen Wanzen vollzieht sich die Entwicklung ohne Puppenstadium. Die erwachsenen Tiere überwintern. Die gute Flugfähigkeit ermöglicht eine weite Verbreitung.

Rückenschwimmer
Notonecta glauca

14–16 mm	I–XII	Seen Teiche Tümpel

M Kräftige Wasserwanze mit breitem Kopf, flachem, dunklem Bauch und hellem, gekieltem Rücken. Vorderflügel gelblich, schwärzlich gefleckt, Hinterleib schwarz. Hinterbeine mit langen Schwimmborsten besetzt, zu Schwimmbeinen umgewandelt. **V** Weit verbreitet und häufig an vielen stehenden Gewässern. **L** Die Art schwimmt stets mit dem Rücken nach unten (Name!) und hängt auch in dieser Haltung zur Ruhe und zum Luftholen unter der Wasseroberfläche. Die frische Atemluft, die in 2 Rinnen der Bauchseite und unter den Flügeln gespeichert wird, sorgt für Auftrieb und wird durch Herausstrecken des Hinterleibs erneuert. Gewandter Flieger. Imago und alle 5 Larvenstadien ernähren sich räuberisch vom Fang kleiner Wasserinsekten, Fisch- und Molchlarven, die sie mit ihrem kräftigen Rüssel aussaugen. Kann Menschen sehr schmerzhaft stechen (»Wasserbiene«)!

Schwimmwanze
Ilyocoris cimicoides

12–16 mm	I–XII	Seen Teiche Tümpel

M Körper breit-oval, abgeflacht, Deckflügel glänzend oliv; Halsschild, Kopf und Beine gelbbraun, teilweise dunkel gezeichnet. Vorderbeine mit kräftigen Schenkeln, zu klappmesserartig einschlagbaren Fangorganen umgebildet. Hinterbeine mit Schwimmborsten. **V** In stehenden Gewässern, zwischen Wasserpflanzen. **L** Speichert ähnlich wie der oben beschriebene Rückenschwimmer ihren Luftvorrat v. a. in den Haaren der Bauchseite, hebt zur Luftaufnahme die Hinterleibsspitze aus dem Wasser. Sehr gewandter Schwimmer. Wegen rückgebildeter Flugmuskeln flugunfähig; läuft an Land. Imago und Larven leben räuberisch (Insektenlarven, Wasserasseln, Kaulquappen und kleinen Fischen). Kann sehr schmerzhaft stechen! Das ♀ legt im April/Mai die Eier in Wasserpflanzen, nach 3 Monaten ist die Wanze ausgewachsen; die Imago überwintert.

Schlammfliege
Sialis lutaria

23–35 mm	IV–VI	Ufer-pflanzen

M Düster schwarzbraun gefärbt; Fügel trüb-braun mit randseits ungegabelten Längsadern, werden in Ruhe dachförmig über dem Hinterleib zusammengelegt. Obwohl die Schlammfliegen eine eigene Gruppe bilden, werden sie hier wegen gewisser Ähnlichkeiten zu den Netzflüglern gestellt. **V** Seen, Teiche, Weiher. **L** Meist sitzen die schwerfälligen Flieger in Gewässernähe in der Vegetation. Eiablage in flachen Häufchen an über die Wasserfläche ragenden Pflanzen; die Larve läßt sich nach dem Schlupf ins Wasser fallen, schwimmt frei umher, lebt ab der 1. Häutung im Bodenschlamm. Die Entwicklung dauert 2 Jahre. Zur Verpuppung gräbt sich die Larve an Land in den Boden, nach ca. 14 Tagen schlüpft die Imago.

Ameisenjungfer
Myrmeleon formicarius

45 mm	V–VII	Sand-böden

M Libellenähnlicher Netzflügler, mit kurzen, gekeulten Fühlern. Flügel gleichförmig, mit dichtem Netzgeäder (Ordnungsname!), Längsadern am Rand gegabelt; sie werden in Ruhe über dem Rücken zusammengelegt. **V** Gebiete mit trockenen Sandböden, besonders in lichten Kiefernwäldern. **L** Die Imago (Foto rechts) ruht tagsüber an Pflanzen, ernährt sich von Insekten. Eiablage in den Boden. Die Larvenentwicklung dauert 2–3 Jahre, die Larve (»Ameisenlöwe«, Foto links) gräbt einen Trichter in den Sand, in dem sie mit dem kegelförmigen Hinterleib steckt und durch Beine und Borsten verankert ist. In diesem Trichter werden Beutetiere, v. a. Ameisen gefangen und verzehrt (Name!). Die ausgezehrten Tierhüllen werden mit den Kiefern hinausgeworfen. Zur Verpuppung baut der Ameisenlöwe im 3. Jahr einen Kokon im Sand; im Hochsommer schlüpft die Imago.

Gemeine Florfliege
Chrysoperla carnea

15–17 mm	I–XII	Wälder Gärten Häuser

M Zarter, schlanker Netzflügler mit goldgrün glänzenden Augen und grünem Körper. Flügel irisierend mit grüner Aderung; alle 4 Flügel fast gleichförmig, können unabhängig voneinander bewegt werden. Während des Überwinterns wechselt die grüne Körperfärbung in ein zartes Rötlichbraun. **V** Überall in der Vegetation, auf Laub- und Nadelgehölzen, in Büschen und in Bodennähe; überwintert gerne in Häusern. **L** Die erwachsenen Tiere fliegen recht unbeholfen, meist während der Dämmerung oder nachts. Sie ernähren sich von Pollen und dem »Honigtau« der Blattläuse. Die langgestielten Eier werden gruppenweise auf Blättern und Stengeln in der Nähe von Blattlauskolonien abgesetzt. Die Larven saugen die Blattläuse mit ihren Saugzangen aus. Die Verpuppung erfolgt in einem Gespinst in der Vegetation. 2 Generationen pro Jahr; mehrere ähnliche Arten.

Honigbiene

Apis mellifica

15–21 mm	IV–X	Blüten

M Der Körper dieses allbekannten Insekts ist braun und fast überall behaart. Die Fühler sind relativ kurz, die Flügel bräunlich glasig. Am hinteren Beinpaar befindet sich ein »Sammelapparat« für den Transport von Blütenpollen. **V** Bienen fliegen in allen Lebensräumen mit nektar- und pollenbietenden Pflanzen. **L** Das soziale Insekt lebt in Völkern mit bis zu 50 000 Individuen. Im Laufe ihres Lebens hat jede Biene verschiedene Funktionen zu erfüllen. Die Larven entwickeln sich nach der Eiablage der Königin in Waben. Dabei wachsen aus unbefruchteten Eiern die ♂ Tiere heran, die sog. Drohnen. Beeindruckend ist die Verständigung per »Tanzsprache«, bei der Entfernung und Richtung der Nahrungsquelle mitgeteilt werden.

Erdhummel

Bombus terrestris

12–20 mm	IV–X	Blüten

M Aufgrund großer Variabilität ist eine Bestimmung nicht immer mit absoluter Sicherheit möglich. Die bereits im zeitigen Frühjahr fliegenden ♀ sind samtschwarz behaart, am Hinterleibsende weiß; Brust und Hinterleib sind zudem meist ringförmig gelb behaart. Die erst ab Juli auftretenden ♂ unterscheiden sich lediglich durch die 13 Fühlerglieder (♀ 12). **V** Die Art kommt im offenen Gelände, auf Wiesen, Feldern und in Wäldern vor. **L** Die Brut wird in Erdbauten (Mäusegänge u. a.) bis 1,5 m Tiefe aufgezogen. Wie bei Bienen werden Wachskammern einzeln mit Eiern bestückt. Ein Volk besteht aus 200–400 Individuen, von denen nur die befruchteten ♀ überwintern; Arbeiterinnen, die ♂ und die älteren ♀ sterben im Herbst. Erdhummeln kann man vom Frühjahr bis in den Herbst bei der Nahrungssuche auf den verschiedensten Blüten beobachten.

Feldhummel

Bombus agrorum

12–20 mm	IV–X	Blüten

M In der Mitte der einfarbig rostrot behaarten Brust ist oft ein zentraler Bereich der Oberseite schwarz behaart. Die Hinterleibssegmente sind z. T. schwarz, v. a. die hinteren gelbrot behaart. Die Unterscheidung der Geschlechter ist wie bei der oben beschriebenen Erdhummel möglich. **V** Feldhummeln sind eifrige Blütenbesucher auf Wiesen, Feldern und in Gärten. **L** Wie bei der Erdhummel werden auch hier von den überwinternden ♀ die Bauten manchmal in Erdhöhlen angelegt. Meistens finden sich die Feldhummel-Nester jedoch oberirdisch in verlassenen Vogelnestern, Scheunen, Hauswänden. Interessant ist, daß die im Frühsommer schlüpfenden Arbeiterinnen noch kleiner sind als die im Sommer schlüpfenden Tiere. Die ♂ schlüpfen erst im Juli, im Spätsommer die ♀. Die erwachsenen Tiere und die Larven ernähren sich von Blütenpollen und Honig.

Hornisse
Vespa crabro

G

19–35 mm	IV–X	Bäume

[M] Kopf und Brust dieses räuberischen Insekts sind braunrot, der Hinterleib ist gelb gezeichnet. Die glasig bräunlichen Flügel überragen etwas den Hinterleib. [V] Hornissen leben in Wäldern, halten sich aber auch gerne in der Nähe menschlicher Behausungen auf, wenn es entsprechende Nestbaumöglichkeiten gibt. [L] Das Nest wird meist in Baumhöhlungen, unter Dachbalken oder Dachrinnen angelegt. Es besteht aus einer papierähnlichen grauen Masse, die durch intensives Kauen von moderndem Holz hergestellt wird. Es wird im Frühjahr von einem ♀ begonnen, dann aber von den ersten schlüpfenden Arbeiterinnen vollendet. Ein Volk besteht aus bis zu 5000 Individuen; nur befruchtete ♀ überwintern.

Deutsche Wespe
Paravespula germanica

15–27 mm	IV–X	Blüten Obst

[M] Im Gegensatz zur oben beschriebenen Hornisse ist diese Art kleiner und auch an der Brust gelb gezeichnet. Am Hinterleib ist jedes Segment gelb markiert. Beim ♀ und den Arbeiterinnen sind die »Schläfen« völlig gelb, beim ♂ trägt die Stirn einen gelben Fleck. [V] Diese Wespe bevorzugt offenes Kulturland, seltener ist sie auch in Wäldern anzutreffen. [L] Das Nest wird meist unterirdisch auf Feldern angelegt. Da jedes Volk im Frühjahr durch ein ♀ neu gegründet wird, steigt die Individuenzahl bis zum Herbst und kann bei dieser Art einige 10 000 erreichen. Im Spätherbst geht das Volk zugrunde und nur wenige befruchtete ♀ überwintern. Die Insekten ernähren sich von verschiedenen Früchten und Nektar, ihre Larven hingegen werden mit erbeuteten Insekten gefüttert. Die Art ist sehr wärmeliebend und fliegt deshalb nur zu warmen Tageszeiten.

Feldwespe
Polistes gallicus

12–25 mm	IV–X	Blüten Obst

[M] Die *Polistes*-Arten sind schwer zu unterscheiden. Die Abgrenzung von den anderen Wespenarten gelingt am ehesten durch die »brillenähnliche« Zeichnung im oberen Bereich des Hinterleibs. Das gelb-schwarze Muster dient dem wehrhaften Insekt, wie auch den anderen hier beschriebenen Arten als Warnfärbung. Kennzeichnend für die *Polistes*-Arten ist zudem die sich allmählich verjüngende Hinterleibsbasis. [V] Die Feldwespe ist im offenen Kulturland (Wiesen, Felder, Obstplantagen u. ä.) heimisch, kommt aber sehr gerne in Hausnähe. [L] Das papierähnliche, graue Nest wird meist offen in Mauerspalten oder an Zweigen befestigt. Es ist relativ klein, nicht – wie bei Hornissen und Deutschen Wespen – von einer Außenhülle umgeben und wird mit einem kurzen Stiel befestigt. Häufig gründen mehrere ♀ zusammen ein Nest.

Sandwespe
Ammophila sabulosa

16–28 mm	IV–X	Sandboden

M Die Sandwespe gehört in die Familie der Grabwespen. Die Art ist schwarz und nur am Hinterleib rot gefärbt. Die ersten Hinterleibssegmente sind stielartig dünn und zusammen länger als der übrige Hinterleib. **V** Sandwespen kommen nur in Lebensräumen mit lockeren, sandigen Böden vor. **L** Im sandigen Boden wird ein Gang gegraben und an dessen Ende eine Nestkammer vorbereitet. Diese wird mit einer gelähmten Schmetterlingsraupe »beschickt«, an der ein Ei befestigt wird. Die von der Raupe zehrende Wespenlarve wird auch weiterhin mit Schmetterlingsraupen versorgt. Meist werden mehrere Nestkammern angelegt, deren Eingang nach dem Verlassen des Nestes immer mit Sand verschlossen wird.

Rote Waldameise
Formica rufa

G

4–11 mm	IV–X	Waldwege

M Diese allbekannten Insekten sind schwarz (♂) oder rotbraun (♀). Hinterleib und Brust sind durch einen dünnen Stiel verbunden, der durch eine aufrecht stehende Schuppe gekennzeichnet ist. **V** Die an ihre Bauten gebundenen Tiere findet man v. a. in Nadelwäldern. **L** In einem großen Bau leben bis zu 100 000 Individuen, wobei Arbeiterinnen (verkümmerte ♀) den größten Teil ausmachen. Einmal im Jahr treten geflügelte Geschlechtstiere (♂ u. ♀) auf, die sich bei einem Hochzeitsflug paaren. Die befruchteten ♀ gründen nach Abwurf der Flügel neue Kolonien, die ♂ sterben. Die Tiere sind Allesfresser; als Insektenfresser (Foto: Raupe) sind sie sehr nützlich und befreien die gesamte Umgebung ihres Baues von Schadinsekten. Sehr gerne nehmen Ameisen süße Pflanzensäfte auf oder Blattlaus-Ausscheidungen, die ebenfalls sehr zuckerreich sind.

Schwarze Wegameise
Lasius niger

3–12 mm	IV–X	Feldwege

M Die schwarzbraun gefärbten Tiere zeigen typische Ameisengestalt. Die Arbeiterinnen werden nur etwa 3–5 mm groß, die geflügelten Geschlechtstiere hingegen 10–12 mm. **V** Man findet die Bauten im Wald, an Wegrändern offener Landschaften und anderen Standorten. **L** Ameisen haben interessante soziale Verständigungsmöglichkeiten. Bei direktem Kontakt kommunizieren die Tiere durch Betasten des Stockgenossen mit den Fühlern. Als weitere Verständigungsmöglichkeit werden Duftstoffe mit hoher Wirksamkeit produziert (Pheromone), die z. B. zur Erkennung der Stockgenossen und zur Wegmarkierung dienen. Einmal jährlich erfolgt wie bei allen Ameisen der Hochzeitsflug der geflügelten ♀ und ♂. Im Winter ziehen sich diese Insekten in die unterirdischen und weitgehend frostsicheren Bereiche ihres Baues zurück.

Berg-Sandlaufkäfer

Cicindela silvicola

15–18 mm	IV–IX	sonnige Hänge

M Langbeiniger, grünglänzender Käfer, häufig mit kupferfarbenem Anflug. Mundwerkzeuge auffallend kräftig, spitz. **V** Sonnige Hänge des Berglandes. **L** Fliegt sehr gut; jagt wie die übrigen, sehr ähnlichen Sandlaufkäfer-Arten seine Beute (Insekten, Spinnen, Würmer) bei Sonnenschein blitzschnell im Lauf; sitzt bei trübem Wetter zwischen Gräsern, unter Laub oder im Eingang selbstgegrabener Höhlen. Die Beute wird von den kräftigen Kieferzangen gepackt, vor dem Mund verdaut und aufgesogen. Eiablage im Mai, wie bei dem im Flachland lebenden Feld-Sandlaufkäfer, *C. campestris,* in Erdröhren, wo die Larve 1–2 Jahre lebt und am Eingang Beute fängt. Die Imago schlüpft nach 2wöchiger Puppenruhe im Herbst des 2. Sommers.

Goldlaufkäfer

Carabus auratus

20–27 mm	IV–VIII	Feldwege

M Die Flügeldecken dieses metallisch grün glänzenden Käfers sind deutlich gerippt, zeigen jedoch keine gepunktete Struktur. Der Rand schimmert goldgrün. Die kräftigen Laufbeine und die kopfnahen Fühlerglieder sind gelbrot. **V** Der Käfer meidet Wälder; man findet ihn recht häufig auf Feldern, Wiesen und evtl. an Waldrändern. **L** Goldlaufkäfer sind typische Tagtiere, die sich räuberisch von Insekten, Würmern, Schnecken und anderem Kleingetier ernähren. Auch Aas wird nicht verschmäht. Daneben wird hin und wieder auch pflanzliche Kost aufgenommen. Nicht flugfähig. Die Eiablage erfolgt oberflächlich im Erdboden; die Larvenentwicklung vollzieht sich während etwa 8–10 Wochen im Sommer. In dieser Zeit häutet sich die Larve 3mal. Anschließend verpuppt sie sich im Boden in einer Höhle, aus der nach 2–3 Wochen Puppenruhe der Käfer schlüpft.

Körniger Laufkäfer

Carabus granulatus

14–20 mm	III–IX	Waldwege

M Der grünlich-bronzefarbene Käfer ist durch Flügeldecken gekennzeichnet, deren Oberflächenstruktur eine kettenförmige Skulpturierung aufweist. Zwischen diesen »Längsketten« sind zudem erhabene Längsrippen ausgeprägt. Laufbeine recht kräftig. **V** Man findet die Art in verschiedensten Lebensräumen. Bevorzugt werden jedoch sehr feuchte Standorte in Wäldern und anderen Lebensräumen mit Busch- oder Baumbestand. **L** Im Gegensatz zu den meisten Arten der Laufkäfer kommen bei dieser hin und wieder flugfähige ♂ vor. Die Käfer machen Jagd auf verschiedenstes Kleingetier, klettern dabei auch auf Büsche. Sie sind v. a. nachtaktiv und verstecken sich tags unter Steinen oder Laub. Wie bei den meisten Laufkäfern, überwintern auch bei dieser Art die Jungkäfer in morschen Baumstümpfen oder unter Moos. Entwicklung wie beim Goldlaufkäfer.

Gelbrandkäfer

Dytiscus marginalis

27–35 mm	I–XII	Teiche

M Der gelbe Streifen am Körperrand dieses dunkel olivgrünen Käfers hat der Art den Namen gegeben; Halsschild gelb gerandet. Beine mit langen Schwimmhaaren, die Hinterbeine länger als die beiden vorderen Beinpaare. Die 3 ersten Vorderfußglieder des ♂ erweitert und mit Saugnäpfen besetzt. **V** Stehende und langsam fließende, pflanzenreiche Gewässer. **L** Käfer und Larven leben räuberisch von Wassertieren, auch Kaulquappen und Fischen. Guter Flieger. Schöpft mit dem Hinterleibsende Luft an der Wasseroberfläche. Eiablage im Frühjahr in Blätter und Stengel von Wasserpflanzen; die Larvalentwicklung dauert 5–6 Wochen. Verpuppung in einer Erdhöhle über dem Wasserspiegel; nach 2–4 Wochen schlüpft der Käfer.

Furchenschwimmer

Acilius sulcatus

15–18 mm	I–XII	Teiche Tümpel

M Körper breit-oval, stark abgeflacht. Flügeldecken gelb, dicht schwarz punktiert, beim ♀ mit stark behaarten, tiefen Längsfurchen. Halsschild gelb mit 2 schwarzen Querlinien, Kopf gelb mit 2 schwarzen V-Zeichen. Hinterbeine gelb bis gelbrot mit schwarzer Binde. **V** Stehende und langsam fließende Gewässer mit schlammigem Grund, auch Moore; sogar Pfützen. **L** Wie der oben beschriebene Gelbrandkäfer ein guter Flieger und ausgezeichneter Schwimmer. Ernährt sich von lebenden und toten Wassertieren. Zur Paarung hält sich das ♂ auf dem Rücken des ♀ mit Hilfe der Vorderbein-Saugnäpfe fest. Eiablage im Frühjahr an Land(!): je 30–50 Eier werden unter feuchte Rinde, Moospolster abgelegt. Nach 2–3 Wochen schlüpfen langgestreckte Schwimmlarven, die v. a. Wasserflöhe erbeuten. Verpuppung an Land. Die Imago überwintert im Wasser.

Taumelkäfer

Gyrinus natator

5–6 mm	I–XII	Teiche Tümpel

M Glänzend schwarzer, ovaler Käfer mit rötlichgelben Beinen. Mittel- und Hinterbeine zu paddelförmigen Ruderbeinen umgebildet. Flügeldecken mit gleichmäßigen Punktreihen. **V** Stehende und langsam fließende, pflanzenreiche Gewässer, auch Moore. **L** Hervorragend an das Leben unter, auf und über dem Wasser angepaßt. Die typische Schwimmweise auf dem Wasser in schnellen Zickzackbahnen gab der Art den Namen. Kann blitzartig untertauchen und unter Wasser schwimmen. Unternimmt in der Dämmerung oft weite Flüge. Der obere Teil des quergeteilten Auges beobachtet den Luftraum bzw. die Wasseroberfläche (Beutefang!), die untere Hälfte erfaßt den Unterwasserbereich. Eiablage im Frühjahr perlschnurartig an Wasserpflanzen; die Larven wühlen im Gewässerschlamm. Verpuppung im Kokon an Pflanzen über Wasser; der Jungkäfer schlüpft im Herbst.

Kurzflügler

Staphylinus caesareus

17–22 mm	I–XII	Wälder

[M] Langgestreckter, schmaler, schwarzer Käfer mit rotbraunen Beinen und Flügeldecken. Wie bei allen Kurzflüglern sind die Vorderflügel stark verkürzt (Name!); die häutigen, normalen Hinterflügel sind daruntergefaltet. Hinterleibssegmente seitlich mit hellglänzenden Flecken. [V] In Laub- und Nadelwäldern, auf Wegen, unter Steinen. [L] Käfer und Larven leben in der Bodenstreu, im Mulm und ernähren sich von kleinen Insekten und Larven in Aas und faulenden Pflanzen (Moderkäfer!). Die Eiablage erfolgt je nach Witterungsbedingungen ein- bis mehrmals im Jahr direkt ins Substrat der Umgebung; das Puppenstadium dauert wenige Wochen. Die Imago überwintert, kann unter günstigen Bedingungen auch unter der Schneedecke im Bodenmulm aktiv sein.

Totengräber

Necrophorus vespilloides

12–18 mm	IV–VIII	Wälder Aas!

[M] Glänzend schwarzer Aaskäfer mit schwarzen, keulig verdickten Fühlern. Die Flügeldecken mit 2 ziegelroten Querbinden und 3 erhabenen Längsrippen überdecken nicht den gesamten Hinterleib. [V] Totengräber sind in allen Waldtypen an trockenen Standorten anzutreffen. [L] Die Käfer untergraben kleinere Tierkadaver (Name!), bis diese, meist in der Nadelstreu oder Mulmschicht und dann ca. 8–10 cm tief, im Boden versunken sind. Hierbei drückt das ♀ das Aas immer mehr zur Kugel. Von der Aaskammer aus wird ein »Muttergang« angelegt, in dem bis zu 24 Eier abgelegt werden. Die Larven wandern auf die Aaskugel, wo sie anfangs von der Mutter mit vorverdauter Beute gefüttert werden, ehe sie später unter Bewachung der Mutter die Aaskugel von oben her ausfressen; ein bei Käfern einmaliger Fall von Brutpflege! Verpuppung am 7. Tag.

Gemeiner Weichkäfer

Cantharis fusca

11–15 mm	V–IX	Wälder Wiesen

[M] Schlanker, brauner Käfer mit schwarzen Beinen und fein grau behaarten, schwarzen Flügeldecken, die den ganzen Hinterleib bedecken. Der recht weiche Chitinpanzer gab der ganzen Käferfamilie mit vielen ähnlichen Arten den Namen. [V] Weichkäfer findet man auf Laub- und Nadelbäumen, Sträuchern, Kräutern, Wiesenblumen und Gräsern, unter Laub und in der Waldstreu. [L] Die Imago jagt Blattläuse, Raupen und andere kleine Kerbtiere, nimmt aber auch gerne junge Pflanzentriebe und Blütenteile. Aus den Eiern schlüpfen Vorlarven ohne Mundwerkzeuge, die sich nach 4–6 Tagen zu freibeweglichen schwarzen, bis 20 mm langen Larven häuten. Diese leben in der Bodenstreu räuberisch von Schnecken und Mückenlarven, die vor dem Mund verdaut und aufgesogen werden. Bis 0 °C findet man die überwinternden Larven auf Schnee (»Schneewürmer«).

Kleiner Leuchtkäfer

Phausis splendidula (Glühwürmchen)

8–10 mm	V–VIII	Wälder Gebüsch Gärten

M ♂ schwarzbraun mit hellrandigem Halsschild, dieses mit 2 großen, durchsichtigen »Fensterflecken«; Flügeldecken rauh, fein behaart, mit 3–4 Längsrippen. ♀ mit stummelförmigen Flügeldecken, gelbbraun; Leuchtfelder auf dem 6. und 7., leuchtende Flecken auf dem 8. Hinterleibsring. Auch ♂, Larven und Eier leuchten. **V** An Waldrändern, in Gebüschen, Gärten, in Laub und Moos, unter faulendem Holz. **L** Die dämmerungs- und nachtaktiven Käfer fressen meist nichts. Die ♂ fliegen auf der Suche nach den flugunfähigen, in der Vegetation sitzenden ♀, die sie durch ihr grünliches Leuchten anlocken (Biolumineszenz!). Die Larven jagen während ihrer 3jährigen Entwicklungszeit Schnecken, die sie durch ihren Biß lähmen.

Zweipunkt-Marienkäfer

Adalia bipunctata

4–6 mm	IV–X	Blattläuse!

M In seiner typischen Farbausprägung hat dieser variantenreiche Marienkäfer 2 schwarze Punkte auf den mennigroten Flügeldecken. Einfarbig rote bis einfarbig schwarze Tiere kommen jedoch ebenfalls vor. **V** Die Art ist fast überall in unserer Vegetation zu finden. **L** Wie auch beim unten beschriebenen Siebenpunkt-Marienkäfer muß bei dieser Art der Nutzeffekt als Blattlausvertilger erwähnt werden. Das ♀ legt die Eier in der Nähe von Blattläusen ab, von denen sich die Larven auch ernähren. Nach 20–35 Tagen kommt es zur Verpuppung. Marienkäfer überwintern häufig in größeren Ansammlungen (Foto) an geschützten Stellen unter Steinen, unter Rinde o. ä. Wie kaum ein anderes Insekt genießen die »Glückskäfer« den Schutz des Menschen, was auch in vielen verschiedenen volkstümlichen Namen zum Ausdruck kommt.

Siebenpunkt-Marienkäfer

Coccinella septempunctata

6–8 mm	I–XII	Blattläuse!

M Diesen allbekannten Käfer erkennt man sofort an den roten Flügeldecken mit zusammen 7 schwarzen Punkten. Die Körperform ist nahezu halbkugelig; Kopf, Brust (mit 2 weißen Flecken) und Beine sind schwarz. **V** Die Art ist auf Bäumen, Sträuchern und in der gesamten krautigen Vegetation von Gärten, Wiesen und Wäldern anzutreffen. **L** Bevorzugte Beute der Käfer wie auch der Larven sind hauptsächlich Blattläuse, beide sind daher sehr nützlich! Die Entwicklung vom Ei zum fertigen Käfer dauert bei reichlichem Blattlausangebot nur 3–4 Wochen, so daß mehrere Käfergenerationen im Jahr heranwachsen können. Die grauschwarzen Larven mit seitlichen rotgelben Warzen leben in Blattlauskolonien; die Puppe ist an der Wirtspflanze festgesponnen. Die Käfer überwintern meist in kleinen Trupps unter Steinen oder hinter Rinde, oft auch in Häusern.

Hirschkäfer
Lucanus cervus

G			
	25–75 mm	V–VIII	Eichen

M Flügeldecken kastanienbraun; Kopf, Brust und Beine schwarz. Oberkiefer des ♂ zu geweihartigen (Name!) Greifzangen umgebildet; die Kiefer der etwas kleineren ♀ bilden 2 kräftige, leicht vorstehende Zangen. **V** Laub- und Mischwälder, insbesondere ältere Eichenbestände. **L** Die Art lebt von Pflanzensäften, die aus Rindenspalten oder Baumwunden austreten. Die mehrjährige Larvenentwicklung vollzieht sich meist an Wurzeln faulender alter Eichen. Die ♂ setzen die mächtigen Greifzangen bei Paarungskämpfen ein, um den Rivalen auf den Rücken zu drehen. Trotz ihrer Größe sind die Käfer flugfähig. Die selten gewordene Art ist geschützt und kann nur überleben, wenn ältere Eichenbestände erhalten und nur extensiv genutzt werden.

Pinselkäfer
Trichius fasciatus

10–13 mm	VI–IX	(weiße) Blüten

M Als Besonderheit bei dieser Käferart ist die dichte wollige Behaarung der gesamten Oberseite anzusehen. Die Flügeldekken des Insekts sind gelb mit großen, schwarzen Flecken, wobei die Fleckung sehr variabel sein kann. Die anderen Körperteile des Käfers sind schwarz. **V** Pinselkäfer halten sich gerne auf Blüten auf, und zwar häufig auf Blüten von Doldengewächsen, aber auch von Weißdorn, Heckenrosen, Margeriten und anderen, meist weiß blühenden Pflanzen. Sie bevorzugen Gebirgsgegenden. **L** Die Käfer verzehren verschiedene Pflanzenteile der genannten Doldengewächse, aber auch von Erlen, Wildrosen und Liguster. Bei Sonnenschein schwärmen die Tiere. Die Eier werden dann wie beim unten beschriebenen Rosenkäfer gerne in modriges Holz abgelegt, von dem sich auch die Larven ernähren. Entwicklungsdauer 2 Jahre.

Rosenkäfer
Cetonia aurata

14–20 mm	V–VIII	Strauchblüten

M Das glänzende metallische Grün des gedrungenen, punktierten Käfers hebt sich gegen das Kupferrot der Unterseite ab. Flügeldecken mit flachen Längsrillen und im hinteren Bereich mit sehr variablen weißen Querstrichen. Da die Flügeldecken während des Flugs geschlossen bleiben, werden die Hinterflügel durch deren seitliche, bogige Aussparungen entfaltet. **V** Man findet die Käfer auf blühenden Sträuchern, besonders auf Weißdorn, Heckenrosen und Holunder, im Spätsommer auch auf Kohldistel-Blüten. **L** Als Nahrung dienen Pollen und Blütenblätter v. a. der Heckenrose (Name!), die beim Blütenbesuch verzehrt werden. Der nicht sehr häufige Käfer fliegt nur bei Sonnenschein. Das ♀ legt die Eier in modrige Baumstümpfe, in deren Mulm sich die Larve während mehrerer Jahre entwickelt. Bisweilen findet man die Larven auch in Ameisenhaufen.

Maikäfer
Melolontha melolontha

18–25 mm	V–VII	Laub-bäume

M Der bekannte, aber heute schon recht seltene Käfer hat schokoladenbraune, leicht längsgefurchte Flügeldecken; Kopf und Bruststück sind schwarz. An den Flanken des Hinterleibes erkennt man unter den Flügeldecken hervorragende, weiße Dreiecksmarken. Beim ♀ besteht das Fühlerende aus 6, beim ♂ aus 7 Lamellen. **V** Maikäfer bevorzugen Obst- und Laubbäume. **L** Die Tiere fressen tagsüber die Blätter und Triebe ihrer Nahrungspflanzen; abends bilden sich bei gehäuftem Auftreten größere Flugschwärme. Die Eiablage erfolgt in den Boden, wo sich die 3–4jährige Entwicklung über die Larve (Engerling) und Puppe vollzieht. Demnach kam es früher in diesen Zeitabständen auch zu den sog. Maikäferjahren.

Junikäfer
Amphimallon solstitiale

12–18 mm	IV–VI	Laub-bäume

M Junikäfer sind mit dem oben beschriebenen Maikäfer nah verwandt, unterscheiden sich aber von diesem durch die geringere Größe, die rostrot-gelbliche Farbe und die Behaarung. Die Fühlerfächer sind 3lamellig. Als Junikäfer werden oft verschiedene Käferarten verstanden, so z. B. auch der Julikäfer, *Anomala dubia*, und der Gartenlaubkäfer, *Phyllopertha horticola*. Alle sind jedoch nah verwandt. **V** Wie der Maikäfer überwiegend auf Laubgehölzen in Wald und Gärten. **L** Bei massenhaftem Auftreten können die Käfer an Obstbäumen als Blattfresser erhebliche Schäden verursachen. Die ♀ leben auffallend häufiger am Boden als die ♂. Die auch hier übliche Schwarmzeit in der Dämmerung beschränkt sich in der Regel auf $\frac{1}{2}$–1 Stunde. Die Larven leben im Boden und ernähren sich von Wurzeln. Ihre Entwicklung dauert 2 Jahre.

Mistkäfer
Geotrupes vernalis

15–25 mm	V–X	Dung-haufen

M Brust und Hinterleib dieses glänzend schwarzen Käfers sind stark gewölbt, die Flügeldecken leicht gefurcht. Die schwarzen Beine sind auffallend kräftig und bedornt. **V** Die Art ist in Wäldern, auf Weiden und Ödland anzutreffen; Voraussetzung ist das Vorhandensein von Dung. **L** Unter Dunghaufen werden verzweigte Erdgänge gegraben, in die der Dung eingetragen wird. Die kräftigen Beine eignen sich dabei als sehr gute Grabwerkzeuge. Innerhalb der Gänge werden in sog. Eikammern Dungballen deponiert, die den heranwachsenden Larven als Nahrung dienen. In jeder Eikammer wird dabei jeweils nur 1 Ei abgelegt. Die Larve überwintert, die Verpuppung erfolgt im nächsten Frühjahr im Boden und der ausgewachsene Käfer schlüpft im folgenden Frühsommer. Im Kreislauf der Stoffe spielen Mistkäfer eine sehr wichtige Rolle!

Saatschnellkäfer

Agriotes lineatus

7–10 mm	V–VII	Wiesen Felder

[M] Der länglich-ovale Käfer ist insgesamt beige bis hellbraun gefärbt. Kennzeichnend für die ganze Familie der Schnellkäfer ist die Fähigkeit, sich bei Rückenlage durch Emporschnellen wieder umzudrehen. Dies wird durch einen Mechanismus auf der Bauchseite, der aus einem Dorn der Vorderbrust und einer Grube der Mittelbrust besteht, ermöglicht. [V] Auf Wiesen, Feldern, z. T. auch in Gärten. [L] Die Käfer leben an Doldengewächsen, fressen Pflanzenteile; die runden, derben Larven („Drahtwürmer", Entwicklungszeit 2–3 Jahre) können an Wurzeln und Knollen von Kulturpflanzen erhebliche Fraßschäden anrichten. Die Verpuppung erfolgt im Boden; die frischgeschlüpften Jungkäfer überwintern meist in morschem Holz.

Rothalsbock

Leptura rubra

12–18 mm	VI–IX	Doldenblüten

[M] Die nach hinten sich verschmälernden Flügeldecken sind beim ♀ kräftig rot gefärbt (roter Halsschild), beim ♂ gelbbraun (schwarzer Halsschild). Das ♀ ist außerdem größer. Fühler und Beine des Käfers sind recht lang und im Vergleich zum Körper etwas dunkler. Der Name »Bock« leitet sich von den gehörnartig langen Fühlern ab, die bei den Geschlechtern ebenfalls verschieden sind. [V] Recht oft kann man den Käfer im Wald oder an Waldrändern auf Doldenblüten antreffen, die die Nahrungsgrundlage bilden. Wegen ihres Vorkommens wird die Art auch oft als Roter Blumenbock bezeichnet. [L] Die Larvenentwicklung vollzieht sich in altem, modrigem Holz. Die Larve frißt dabei in alte Baumstümpfe oder in andere Holzteile lange Gänge und verpuppt sich auch in ihrem Nährsubstrat. Die Larvenentwicklung dauert mehrere Jahre.

Gefleckter Schmalbock

Strangalia maculata

14–24 mm	V–IX	Blüten

[M] Wie der oben beschriebene Rothalsbock ist auch diese Art schlank und durch lange Fühler gekennzeichnet. Die nach hinten zu schmaler werdenden Flügeldecken sind hier gelb mit schwarzen Querbinden, so daß auf den ersten Blick eine Ähnlichkeit mit Wespen vorgetäuscht wird. [V] Die Art ist oft auf Blütenpflanzen zu beobachten, die an Waldrändern gedeihen. [L] Als Nahrung dienen dem Käfer Blütenteile; bevorzugt werden Doldenblüten. Die Larve entwickelt sich im Holz von Kiefern, Pappeln, Weiden, Buchen und anderen Laubgehölzen. Die wespenähnliche Färbung hat für den harmlosen Käfer eine Schutzfunktion. Man nennt diese Imitation von anderen wehrhaften Arten Mimikry. Interessanterweise können die Käfer Töne erzeugen, deren Bedeutung allerdings unklar ist. Wahrscheinlich dienen sie der Verständigung unter den Partnern.

Kleiner Zangenbock
Rhagium inquisitor

12–22 mm	IV–IX	Holz Rinde

M Die dunkelgraue bis schwarze Grundfarbe des Käfers ist von gelblich-rotbraunen Binden und Flecken unterbrochen. An den Halsseiten, beim sog. Halsschild, fällt an jeder Seite eine dornartige Ausbuchtung auf. Die Flügeldecken sind nach hinten verschmälert und durch 2–4 Längsrippen gekennzeichnet. **V** Man findet die Art überwiegend in Wäldern, wo sie sich hinter der Rinde abgestorbener Nadel- und Laubbäume aufhält. **L** Die Larvenentwicklung vollzieht sich unter der Rinde von Nadelbäumen, Birken, Erlen, Buchen, Eichen u. a. Laubbäumen. Meist schlüpfen die Käfer im Herbst, überwintern dann zunächst und treten erst im nächsten Frühjahr auf. Bei Beunruhigung zirpen sie, wie fast alle Bockkäfer, recht laut.

Moschusbock
Aromia moschata

22–32 mm	VI–VIII	Weiden

M Meist ist dieser Käfer metallisch grün, seltener auch leicht bläulich gefärbt. Es kommen jedoch verschiedene Farbvarianten vor. Die langen Fühler entspringen vor den Augen und überragen den Hinterleib. Die Flügeldecken weisen feine Längsstreifen auf. Der Käfer produziert ein übelriechendes Sekret (Name!). **V** Man trifft die Tiere fast ausschließlich an alten Weiden an, von deren ausfließendem Saft sie sich ernähren. **L** Die gesamte Entwicklung dieser Art ist an Weiden gebunden, da sich die Larven im Holz dieser Bäume entwickeln. Bei starkem Befall können die »Wirtsbäume« sogar absterben. Die Verpuppung erfolgt in der Regel ebenfalls im Holz dieser Bäume. Ausnahmsweise kann die Larvenentwicklung auch im Holz von Pappeln und Erlen erfolgen. Innerhalb der Bockkäfer gehört der Moschusbock zu den attraktivsten Arten.

Kleiner Pappelbock
Saperda populnea

9–15 mm	V–VII	Pappeln

M Die Färbung dieser Art variiert von der Grundfarbe schwarz mit gelblicher Fleckung bis gelbgrün mit schwarzen Makeln auf den Flügeldecken. Die Fühler erreichen nicht das Hinterleibsende; sie sind deutlich geringelt. **V** Pappelböcke sind bevorzugt auf Pappeln, aber durchaus auch auf anderen Laubbäumen in Wäldern anzutreffen. **L** Die Larvenentwicklung erfolgt meist auf Zitterpappeln. Das ♀ nagt vor der Eiablage eine eigenartige hufeisenförmige Rinne in die Rinde eines Astes. Im »Innern« des Hufeisens werden Querrinnen gefressen; an der Rundung wird ein Ei abgelegt. Um das Ei herum wuchert das Baumgewebe und dient der Larve als Nahrung. Später bohrt die Larve ins Mark, wodurch äußerlich sichtbare Zweiggallen entstehen. Hin und wieder vollzieht sich die Larvenentwicklung auch in gefällten Bäumen oder Baumstümpfen.

Veränderlicher Blattkäfer

Chrysomela varians

8–10 mm	V–IX	Johanniskraut

M Der rundliche Käfer hat einen glänzenden und sehr farbvariabel schillernden Chitinpanzer. Metallisches Blau, Grün, Rotbraun, Violett und Bronzefarben kommen vor. Die Käfer gehören mit dem unten beschriebenen Kartoffelkäfer in dieselbe Unterfamilie. **V** Die Art kommt in der gesamten Vegetation vor. **L** Käfer und Larven ernähren sich von Blättern der Futterpflanze. Die Larvenentwicklung dauert nur 10–30 Tage, so daß im Jahr mehrere Generationen entstehen. Oft findet man Larven und Käfer an derselben Pflanze. Manche *Chrysomela*-Arten wurden schon zur gezielten biologischen Vernichtung bestimmter Schadpflanzen eingesetzt. Alle Arten sind nämlich auf gewisse Futterpflanzen spezialisiert.

Kartoffelkäfer

Leptinotarsa decemlineata

7–13 mm	V–IX	Kartoffeln

M Die Flügeldecken dieser allbekannten Art sind gelb mit jeweils 5 schwarzen Längsstreifen; der Halsschild ist ebenfalls gelb, jedoch variabel schwarz gefleckt. Die Larven dieser Art sind rot-orange-gelb mit schwarzem Kopf und schwarz bewarzt. **V** Man findet die Käfer an Kartoffeln und auch an anderen Nachtschattengewächsen. **L** Die zu Beginn dieses Jahrhunderts aus Kanada nach Europa verschleppte Art ernährt sich von den Blättern der Kartoffelpflanzen und kann wegen ihrer großen Vermehrungsrate – ein ♀ legt pro Jahr ca. 700 Eier – erhebliche Schäden verursachen. Die ebenfalls Blätter fressenden Larven entwickeln sich innerhalb weniger Wochen zur neuen Käfergeneration, so daß im Jahr 3 und mehr Generationen möglich sind. Die Verpuppung erfolgt im Boden. Auch die Überwinterung der ♀ findet in der Erde statt.

Fichten-Rüsselkäfer

Hylobius abietis

10–13 mm	V–IX	Rinde

M Kennzeichnend für diesen Käfer und die ganze Familie der Rüsselkäfer ist der ausgeprägte Rüssel, der hier die Länge von Kopf mit Halsschild erreicht. Das Insekt ist braun bis rostrot mit gelblicher, streifenförmiger Querpunktierung. Im vorderen Rüsselbereich entspringen die spitzenwärts keulig verdickten Fühler. **V** Die Verbreitung beschränkt sich weitgehend auf Nadelbäume und damit auf Nadel- und Mischwälder. **L** Die Käfer fressen Rindengewebe und Knospen der Nadelbäume und können dadurch große Schäden verursachen. In die Wurzelrinde von Baumstümpfen werden die Eier abgelegt. Die harmloseren Larven leben v. a. in den Wurzeln und ernähren sich von Bast und Splint. Ihre Entwicklungsdauer beträgt 2 Jahre; der Käfer lebt 2–3 Jahre. Der Gattung *Hylobius* gehören bei uns 4 Arten an, die nur schwer zu unterscheiden sind.

Schwalbenschwanz

Papilio machaon

G

60–80 mm	IV–VIII	2

M Die Grundfarbe ist gelb, den Rand der Vorderflügel begrenzen an den Seiten zwei parallel verlaufende schwarze Bänder. Die Hinterflügel laufen in Schwanzfortsätzen aus; ein blauschwarzes Band, parallel zum gebuchteten Flügelrand und je ein rötlicher bis rostbrauner Augenfleck am Innenwinkel dieses Flügelpaars sind kennzeichnend. **V** Die Art bevorzugt offenes, hügeliges Gelände. **L** Saugt gerne an Blüten, fliegt ausdauernd und schnell. Erscheint im Jahresverlauf in 2 Generationen (IV–V u. VII–VIII). Auf der Suche nach den ♀ bilden die ♂ oft kleinere Trupps an bestimmten Stellen. Die Eier werden einzeln an verschiedenen Doldenblütlern abgelegt. Die Raupen sind grün mit schwarz-roten Querbändern. Foto Raupe S. 404.

Großer Kohlweißling

Pieris brassicae

60–70 mm	IV–X	2–3

M Die weißen Flügel sind kräftig geädert, die Spitzen der Vorderflügel sind schwarz, beim ♀ zudem durch je zwei schwarze Flecken gekennzeichnet. **V** Die noch weit verbreitete Art fliegt in Gärten, auf Feldern, Wiesen und anderem offenem Gelände. Es kommen 2–3 Generationen von April bis Oktober vor. **L** Die Falter fliegen verschiedenste Blüten zur Nektaraufnahme an. 200–300 Eier werden gruppenweise an der Blattunterseite von Kohlarten oder verwandten Pflanzen abgelegt. Nach 4–10 Tagen schlüpfen die Raupen, entwickeln sich in 3–4 Wochen bis zur Puppe. Vor der Verpuppung wird ein geschütztes Versteck an Häusern oder im Freiland aufgesucht. Die Puppen der 2. bzw. 3. Generation überwintern an geschützten Stellen. Aufgrund der Fraßschäden durch die Raupen an unseren Kohlarten nicht gerne gesehen. Foto Raupe S. 404.

Rapsweißling

Pieris napi

40–50 mm	IV–X	2(–3)

M Die weiß-gelbweißen Flügel sind im Spitzenbereich der Vorderflügel grau überschattet. Daneben kennzeichnen ein (♂) oder zwei (♀) schwarze Flecken die Vorderflügel. Auf der Unterseite der Hinterflügel fallen die grüngrau bestäubten Adern auf. Die Art ist recht variabel in ihren Merkmalen, so daß man verschiedene Rassen unterscheiden kann. Oft kommen auch bei den einzelnen Jahresgenerationen Merkmalsunterschiede vor. **V** Die Art kommt auf Feldern, in Gärten und auf Wiesen vor. 2(–3) Generationen von April bis Oktober sind üblich. **L** Die Falter besuchen verschiedenste Blüten. Bei Massenvermehrung neigen sie zu Wanderzügen. Das ♀ legt die Eier einzeln an Kreuzblütlern ab. Bereits nach 4–6 Tagen schlüpfen die Raupen, um sich nach 2–3 Wochen zu verpuppen. Die Puppen der letzten Jahresgeneration überwintern.

Aurorafalter

Anthocharis cardamines

40–50 mm	IV–VI	1

[M] Flügel weiß, Spitzenbereich der Vorderflügel schwarz, am Saum schwarz gescheckt, beim ♂ anschließend, bis etwa zur Flügelmitte, leuchtend orangerot gefärbt. Die Unterseite der Hinterflügel ist gelbgrün gefeldert. [V] Aurorafalter fliegen auf Wiesen, Feldern und auf sonnigen Waldwegen. Im Jahresverlauf kommt nur 1 Generation von April bis Juni vor. [L] Der Falter saugt Blütennektar und verweilt dabei teils sehr lange. Die Eier werden an der Blattunterseite von Wiesenschaumkraut (der lat. Artname bezieht sich auf diese Pflanze, *Cardamine pratensis*), Kresse und Hellerkraut abgelegt. Nach 2 Wochen schlüpfen die Raupen. Ihre Entwicklung dauert ca. 5 Wochen. Die Puppe überwintert. Foto Raupe S. 404.

Goldene Acht

Colias hyale

45–50 mm	IV–X	2–3

[M] Die Grundfarbe ist beim ♂ gelb, beim ♀ gelbweiß. Der Randbereich der Vorderflügel schwarz, mit hellen Flecken durchsetzt; im zentralen Bereich fällt ein schwarzer Fleck auf. Die Hinterflügel sind durch eine gelborange 8 gekennzeichnet (Name!). Die Art ist leicht mit anderen *Colias*-Arten zu verwechseln. [V] Der Falter ist häufig auf Kleefeldern und auf trockenen Kalksteinböden anzutreffen. Es kommen 2–3 Generationen von April bis Oktober vor. [L] Die Falter saugen sehr gerne recht ausdauernd an Kleeblüten, gelten aber ansonsten als rastlose Flieger. Die Eier werden auf Kleearten und anderen Schmetterlingsblütlern abgelegt. Die grünen Raupen sind von Mai bis September an diesen Pflanzen anzutreffen, danach suchen sie Überwinterungsverstecke auf. Aus südlichen Breiten wandern bei dieser Art stetig Falter nach.

Zitronenfalter

Gonepteryx rhamni

50–60 mm	I–XII	1

[M] Die Flügel, beim ♂ zitronengelb, beim ♀ gelbweiß, laufen in zipfeligen Spitzen aus. Im Zentrum der beiden Flügelpaare befindet sich je ein orangefarbener Punkt. [V] Der Falter bevorzugt freies Gelände in Waldnähe. [L] Die Art erscheint in 1 Generation. Im Jahresverlauf sind 3 Flugzeiten üblich: Bereits im Vorfrühling erfolgt in der 1. Flugperiode die Paarung, im Juli schlüpft die neue Faltergeneration, verfällt nach einigen Wochen in eine Sommerruhe, um im Herbst wieder umherzufliegen. Frei an einem Ast hängend verbringt der Falter die Winterstarre. Eiablage an Kreuzdorn oder Faulbaum, Raupenentwicklung 3–7 Wochen. Die Raupen sind schlank, grün mit einem hellen Längsstreifen an den Körperseiten. Anfangs frißt die Raupe Löcher in die Blätter, später werden die Blätter vom Rand her verzehrt. Die grüne Gürtelpuppe hat ein spitzes Kopfende. Foto Raupe S. 404.

Kleiner Eisvogel

Limenitis camilla

G	50–60 mm	VI–VIII	1(–2)

M Die dunkelbraunen bis schwarzen Flügel werden in der Mitte durch eine weiße Fleckenbinde zweigeteilt. Flügelunterseite auffallend bunt mit blaugrüner, rostroter und weißer Fleckung in netzartigem Muster. **V** Wie der unten beschriebene Schillerfalter ist auch diese Art überwiegend in feuchten Laubwäldern anzutreffen. Fliegt in 1 Generation (selten 2) von Juni bis August. **L** Feuchte Stellen am Waldboden, Kot und Baumwunden mit austretenden Säften werden von diesem Falter gerne besucht. An Blüten ist er in der Regel nicht anzutreffen. Eiablage an Geißblatt. Die grünen, braun beborsteten Raupen überwintern und sind von Juli bis Mai anzutreffen. Die Puppe ist ebenfalls grün mit Metallflecken und Hörnern.

Großer Schillerfalter

Apatura iris

G	70–80 mm	VI–VIII	1

M Die dunkelbraune Grundfarbe wandelt sich beim ♂ Falter bei bestimmtem Lichteinfall in ein prächtiges schillerndes Blau. Die Vorderflügel sind weiß gefleckt; die Hinterflügel durchzieht eine weiße Binde, den Innenwinkel kennzeichnet ein Augenfleck. **V** Feuchte Laubwälder und Auwälder sind der bevorzugte Lebensraum der selten gewordenen Art. Sie kommt in 1 Generation von Juni bis August vor. **L** Der sehr scheue Falter ist v. a. am Vormittag zu beobachten, wenn er – oft lange verweilend – an Exkrementen oder Baumsaft saugt. Gerne fliegt er im Kronenbereich von Bäumen oder auf Waldwegen, wo er sich v. a. auf Pferdemist niederläßt. Das ♀ legt die Eier an Weiden, seltener auch an Pappeln ab. Die Raupen überwintern dort in sehr jungem Stadium. Anfangs sind sie bräunlich, später grün mit gelblichen Streifen an den Seiten und blauen Kopfhörnern.

Trauermantel

Nymphalis antiopa

G	70–80 mm	IV–IX	1(–2)

M Die samtartig dunkelbraunen Flügel sind durch breite, gelbe und gezackte Ränder gekennzeichnet; vor der Randfärbung steht eine blaue Fleckenreihe. Flügelunterseite unscheinbar schwarz bis dunkelgrau. Am Außenrand der Hinterflügel fällt ein vorspringender Zahn auf. **V** Die Art gilt als typischer Waldschmetterling, der sich gerne in der Nähe von Gewässern aufhält. 1(–2) Generationen sind üblich, Flugzeit ist April bis September. **L** Blüten werden von dem Falter meist gemieden. Mit Vorliebe saugt er an austretenden Baumsäften und an überreifem Obst. Überwintert in Höhlen, Astlöchern und anderen Freilandverstecken. Im Frühjahr Eiablage an Birken, Weiden, Pappeln oder Ulmen. Die schwarzen, rostrot gefleckten Raupen leben gesellig und sind von Mai bis Juni anzutreffen. Erst kurz vor der Verpuppung trennen sie sich.

Tagpfauenauge

Inachis io

45–65 mm	I–XII	2

M Beide rotbraun gefärbten Flügelpaare tragen einen blauschwarzen Augenfleck, ein unverwechselbares Merkmal dieser Art. **V** Der Falter tritt fast das ganze Jahr über auf, 2 Generationen sind üblich. In Parks, Gärten, an Waldrändern und in anderem offenem Gelände ist er noch recht häufig anzutreffen. **L** Die Art läßt sich gerne auf Distelblüten nieder, aber auch viele andere Blüten werden oft besucht. Die Falter überwintern auf Dachböden, in Höhlen und Kellern und erscheinen bereits zeitig im Frühjahr. Die Eier werden auf Brennesseln abgelegt. Die Raupen leben gesellig – oft in einem gemeinsamen Gespinst im Bereich der Wipfelblätter – und entwickeln sich in wenigen Wochen zur neuen Faltergeneration. Foto Raupe S. 404.

Admiral

Vanessa atalanta

50–60 mm	V–X	2

M Die schwarzen Flügel sind im Vorderflügel durch eine rote Schrägbinde, im Hinterflügel durch eine rote Saumbinde gekennzeichnet. Die Unterseite der Hinterflügel ist braungelb gemustert und bietet dem Falter damit gute Tarnung. **V** Man sieht den Admiral von Mai bis Oktober in 2 Generationen. Er bevorzugt offene Geländeformen wie Gärten, Obstgärten, Waldränder und Parks. **L** Die Art gehört zu den Wanderfaltern, die sich in unseren Breiten nur durch Zuwanderung von Tieren aus dem Süden erhalten. Man findet die Falter häufig an überreifem Fallobst und blutenden Bäumen, aber auch an Blüten. Die zugewanderten Falter legen an Brennesseln ihre Eier ab. Die neue Generation geht meist beim Abzug nach Süden in den Alpen zugrunde. Über seltene Fälle von überwinternden Exemplaren dieser Art wurde berichtet. Foto Raupe S. 404.

Distelfalter

Cynthia cardui

50–60 mm	V–X	2

M Die hell-ziegelroten Flügel sind mit dunklen Flecken besetzt. Der Spitzenbereich der Vorderflügel ist schwarz mit weißer Fleckung. **V** Mit Ausnahme von Wäldern ist der Falter in jedem anderen Lebensraum anzutreffen. **L** Wie der oben beschriebene Admiral gehört die Art ebenfalls zu den Wanderfaltern. Die im Mai eingewanderte Generation pflanzt sich hier fort, die 2. Generation ist bis Oktober bei uns heimisch. Die neue Generation schafft die Alpenüberquerung meist nicht und erfriert. Eine dadurch bedingte Dezimierung wird durch starke Vermehrung wieder ausgeglichen. Die Falter besuchen gerne Blüten, bevorzugt auch Disteln, sind aber ebenso an Fallobst anzutreffen. Die Eier werden an Disteln, Brennesseln und anderen Pflanzen abgelegt. Die Raupe ist variabel gefärbt und lediglich durch eine helle Seitenlinie gekennzeichnet. Foto Raupe S. 404.

Kleiner Fuchs

Aglais urticae

45–55 mm	V–X	2–3

M Auf feurig rotbraunem Grund sind v. a. am vorderen Rand der Vorderflügel helle und schwarze Flecken gruppiert. Die körpernahen Bereiche der Hinterflügel sind einfarbig dunkel. Der Rand beider Flügelpaare ist geeckt und mit blauen Flecken gesäumt. V Der Falter kommt noch recht häufig vor und ist in allen offenen Landschaften anzutreffen. In unseren Breiten sind 2–3 Generationen üblich, die von Mai bis Oktober fliegen. L Die Art saugt Nektar an verschiedensten Blüten, ist aber auch an Früchten zu finden. Das ♀ legt die Eier an Brennesseln ab. Die Raupen bleiben vergesellschaftet. Die Falter überwintern in Höhlen, Kellern, auf Dachböden. Bei günstigen Temperaturen werden die ersten schon im März aktiv. Foto Raupe S. 404.

C-Falter

Polygonia c-album

45–50 mm	V–X	2

M Kennzeichnend für diese Art sind die auffallend gezackten und gebuchteten Flügelränder. Die Grundfarbe ist rotbraun, belebt mit hellen und schwarzen Flecken. Auf der farblich sehr variablen Unterseite findet man am Hinterflügel ein weißes C-Zeichen (Name!). Häufig ist dieses auch stark abgewandelt und deshalb nicht immer als solches zu erkennen. V Man findet den C-Falter in 2 Generationen von Mai bis Oktober in Wäldern und Gärten. L Der Falter besucht v. a. Blüten. In Ruhestellung mit zusammengeklappten Flügeln ist er sehr gut getarnt und deshalb nur schwer zu entdecken. Die Eier werden im Frühjahr einzeln an Brennesseln, Ulmen, Haseln u. a. abgelegt. Die Raupen sind sehr auffällig; der braune Körper ist mit rotgelben Dornen besetzt, der Rücken z. T. weiß. Die 1. Generation erscheint im Juni/Juli, die überwinternde 2. Generation ab August.

Landkärtchen

Araschnia levana

30–40 mm	IV–VIII	2

M Die Art zeigt Saisondimorphismus, d. h. die beiden bei uns vorkommenden Generationen sind unterschiedlich gefärbt. Bei der Frühlingsform (IV–VI; Foto) sind auf rotbraunem Grund schwarze und weißgelbe Flecken; bei der Sommerform (VII–VIII) ist die Grundfarbe schwarz, weiße und rötliche Fleckenbinden durchziehen die Flügel. Früher hat man die beiden Formen als unterschiedliche Arten beschrieben. V Landkärtchen bevorzugen feuchte Wälder und kommen teilweise recht häufig vor. L Die Falter besuchen Blüten. Die Eier werden in Form kleiner Säulchen an die Unterseite von Brennesselblättern geklebt. Die Raupen leben zunächst gesellig, später einzeln. Die Puppe der Frühlings-Generation überwintert. Die unterschiedliche Ausprägung des Erscheinungsbildes bei den beiden Formen ist licht- und temperaturgesteuert. Foto Raupe S. 405.

Perlmutterfalter

Clossiana selene (Braunfleckiger P.)

40–45 mm	V–IX	2

M Die Oberseite der Flügel ist rotbraun mit schwarzen Flecken. Zur genauen Bestimmung muß die Unterseite des Hinterflügels beachtet werden. Sie ist gelblich-beige; die körpernahe, rostbraune Binde kennzeichnet ein schwarzer Fleck. Im Mittel- und Saumbereich helle und schwarze Felder. **V** Man findet die Art auf Waldwegen und buschbesetzten Wiesen in 2 Generationen (V–VI und VII–IX). **L** Die Falter saugen Nektar an verschiedenen Blüten. Die Eier werden bevorzugt an Veilchen abgelegt. Ein Teil der Raupen der 1. Generation wächst schneller und entwickelt sich gleich zur 2. Generation, ein Teil überwintert. Die der 2. Generation überwintern auch, so daß im Frühling die Nachkommen verschiedener Generationen schlüpfen.

Kaisermantel

Argynnis paphia

65–80 mm	VI–VIII	1

M Die ♂ dieses auffallend großen Falters sind leuchtend gelbrot mit dunkler Fleckung und Strichzeichnung. 4 Adern sind durch Duftschuppen gewulstet. Die ♀ sind blasser, gelblich bis grüngrau. Die Art wird auch Silberstrich genannt, da die Unterseite der Hinterflügel durch ein Silberband gekennzeichnet ist. **V** Es kommt nur 1 Generation von Juni bis August vor. Man findet die Falter v. a. auf Waldwiesen und an anderen lichten Waldstellen. **L** Die Falter bevorzugen Nektar aus Distelblüten und anderen Korbblütlern. Das ♀ legt die Eier an Baumstämmen oder am Boden in der Nähe von Veilchen ab, wo sie überwintern. Die Raupen schlüpfen im Frühjahr. Sie sind braunschwarz mit gelben Dornen, Streifen und Flecken und tragen 2 lange Kopfdornen. Sie leben dann an der Veilchen-Pflanze bis zur Verpuppung, die meist im Mai erfolgt.

Schachbrett

Melanargia galathea

45–55 mm	VI–VIII	1

M Die namensgebende schwarzweiße Schachbrettzeichnung macht den Schmetterling unter unseren einheimischen Faltern zu einer unverwechselbaren Art. Auffallend ist auch die starke Verkümmerung der Vorderbeine. **V** Der Schmetterling fliegt gerne auf Waldwegen, an Bahndämmen und auch auf Grasland. Er kommt in 1 Sommergeneration von Juni bis August vor. **L** In kurzen Flugetappen werden verschiedene Blüten, v. a. Disteln und Skabiosen angeflogen, wo der Falter länger verweilt. Die Eier werden an verschiedenen Pflanzen abgelegt, z. T. läßt sie das ♀ frei fallen. Die überwinternde Raupe geht nachts auf Nahrungssuche und lebt v. a. von Gräsern. Sie ist sandfarben, am ganzen Körper fein behaart und durch rötliche Afterspitzen gekennzeichnet. Die Verpuppung erfolgt etwa Mitte Juni; nach 3 Wochen schlüpfen die Falter.

Mohrenfalter

Erebia ligea

45–55 mm	VI–VIII	1

M Die samtartig dunkelbraunen Flügel werden in der äußeren Hälfte von einer rotbraunen Augenfleckenbinde durchzogen. Die Fransen am Flügelrand sind schwarz-weiß gescheckt. Wegen eines weißen Flecken auf der Hinterflügel-Unterseite auch Milchfleck genannt. **V** Mohrenfalter bevorzugen hügeliges Land mit Waldgebieten. Sie kommen in 1 Generation von Juni bis August vor. **L** Im Halbschatten von Waldwiesen oder Waldwegen ist der Falter sitzend nur schwer zu entdecken. Er fliegt meist langsam von Blüte zu Blüte. Die Raupe schlüpft oft erst im Jahr nach der Eiablage. Nicht selten überwintert sie ein zweites Mal, so daß die Verpuppung erst im 2. Jahr nach der Eiablage erfolgt; dadurch 2jähriger Häufigkeitswechsel.

Ochsenauge

Maniola jurtina

45–60 mm	VI–VIII	1(–2)

M Die Flügeloberseite ist beim ♂ einfarbig graubraun, beim ♀ aber im Vorderflügel braungelb aufgehellt. Bei beiden Geschlechtern markiert die Vorderflügel ein kleiner Augenfleck, der auf der Flügelunterseite deutlicher auffällt. Beim ♂ ist er meist blind, beim ♀ weiß gekernt. Verschiedene regionale Rassen kommen bei diesem Augenfalter vor. **V** In unseren Breiten gehört das Ochsenauge zu den häufigsten Tagfaltern. Man trifft es von Juni bis August auf Wiesen, Feldern und an Waldrändern an. **L** Der Falter besucht überwiegend Blüten. Die Eier werden vom ♀ frei abgelegt. Nach etwa 3 Wochen schlüpfen die Raupen; sie leben tagsüber versteckt, nachts findet man sie an Gräsern. Sie sind grün und gestreift; auf dem Kopf tragen sie Augenflecken. In der Regel überwintert die Raupe und verpuppt sich dann erst im folgenden Mai.

Waldbrettspiel

Pararge aegeria

45–50 mm	IV–IX	2–3

M Auf dunkelbraunem Grund sind im äußeren Bereich der Flügel blaßgelbe Flecken bandförmig angeordnet. Die Vorderflügel ziert ein Augenfleck, auf den Hinterflügeln findet man drei bis vier Augenflecke. Der Hinterflügelsaum ist zackig gewellt. Die Art ist mit anderen Augenfaltern leicht zu verwechseln. **V** Der Falter bevorzugt halbschattige Wälder. Er kommt in 2–3 Generationen von April bis September vor. **L** Der Schmetterling ist recht häufig auf Waldwegen und Lichtungen anzutreffen, wo er sehr langsam und flatternd von Blüte zu Blüte fliegt, sich aber auch gerne zum Sonnen auf dem Boden niederläßt. Die Raupen sind von Juni bis Juli und ab September an Gräsern zu finden. Sie sind hellgrün mit einem dunklen, weiß gesäumten Rückenstrich und je zwei weißen Strichen an den Seiten. Die letzte Raupengeneration überwintert.

Hauhechel-Bläuling

Polyommatus icarus

25–35 mm	V–IX	2–3

M Die ♂ sind blauviolett, am Flügelrand mit dunklem Saum und weißen Fransen. Die ♀ sind dunkelbraun (oft blau bestäubt) mit rotgelben Saumflecken und grauen Fransen. Die Flügelunterseite ist bei beiden Geschlechtern graubraun, beim Hinterflügel fällt eine weiße Markierung vor den rotgelben Saumflecken auf. **V** Der Falter ist von Mai bis September in 2–3 Generationen auf allen Wiesentypen anzutreffen. Er ist der verbreitetste Bläuling. **L** Die Falter besuchen Blüten und lassen sich auch gerne an feuchten Wegstellen nieder. Die Eiablage erfolgt an Schmetterlingsblütlern, den bevorzugten Futterpflanzen der Raupen. Diese sind von gedrungener Gestalt, grün, mit dunkelgrüner Rücken- und weißlicher Seitenlinie.

Dukatenfalter

Heodes virgaureae

G

35–40 mm	VI–VIII	1

M ♂ und ♀ sind bei dieser Art auffallend unterschiedlich gefärbt: Das ♂ ist feurig rotgold glänzend; der Flügelsaum ist samtschwarz. Das ♀ ist auf rotgoldenem Grund schwarz gefleckt. Die Unterseite der Hinterflügel ist bei beiden Geschlechtern gelbbraun, schwarz und weiß gefleckt; weiße Flecken quer verwischt. **V** Von Juni bis August findet man den Falter in 1 Generation an Waldrändern, in lichten Wäldern und auf Wiesen. **L** Der Dukatenfalter läßt sich gerne auf Disteln, Kreuzkraut und Wasserdost nieder. Die Eier werden an Ampfer-Arten abgelegt und überwintern. Aus ihnen schlüpfen im April die Raupen. Sie sind wie die aller Bläulinge – und zu jenen gehört der Dukatenfalter! – gedrungen und asselförmig, bei dieser Art dunkelgrün mit gelben Längslinien. Die Verpuppung erfolgt im Juni. Die früher verbreitete Art ist heute selten geworden.

Rostfarb. Dickkopffalter

Ochlodes venatus

25–30 mm	IV–VIII	1–2

M Die rostbraunen Flügel sind recht undeutlich mit zwei dunklen Querbändern in den Vorderflügeln und mit weißen Punkten gezeichnet. Die Unterseite der Hinterflügel ist bräunlich-grau mit hellen Flecken. Die Fühler sind keulig und leicht sichelartig gebogen. Der Name »Dickkopffalter« leitet sich von dem durch die sehr großen Augen dick wirkenden Kopf ab. **V** Der Falter ist auf Lichtungen, Wiesen und Feldern in 1–2 Generationen anzutreffen (IV/V u. VII/VIII). **L** Die Art fliegt schnell und nur knapp über dem Boden. Der Flug wirkt eigenartig schwirrend. Es werden v. a. Blüten besucht, manchmal läßt sich der Falter auch auf dem Boden nieder, um Wasser zu saugen. Die Eiablage erfolgt an Hornklee, Kronwicke und anderen Pflanzen. Die Raupen spinnen sich mehrere Blätter zusammen, überwintern und verpuppen sich dann erst im nächsten Jahr.

Erdeichel-Widderchen

Zygaena filipendulae

30–35 mm	VI–VIII	1–2

M Die Vorderflügel schimmern metallisch schwarzgrün, sind dicht beschuppt und mit 6 roten Flecken markiert. Die Hinterflügel sind rot und schwarz gerandet, die Fühler keulenförmig. V Erdeichel-Widderchen bevorzugen sonnige Hänge. Sie sind die häufigsten Widderchen und kommen von Juni bis August in 1–2 Generationen vor. L Der Falter saugt gerne an Disteln. Sein Flug wirkt etwas plump und langsam. Die Fühler werden beim Sitzen meist vorgestreckt. Die Raupe ist v. a. an Schmetterlingsblütlern zu finden. Sie ist gelblich-grün mit fein behaarten schwarzen Warzen auf jedem Segment. Die Verpuppung erfolgt in einem pergamentartigen Kokon von länglicher Form, der aufrecht an Grashalmen befestigt wird.

Kleines Nachtpfauenauge

Eudia pavonia

55–80 mm	IV–V	1

M Das ♀ (Foto) ist bei diesem Falter vorwiegend grau, das ♂ ist durch bräunliche Vorderflügel und rostgelbe Hinterflügel gekennzeichnet. Bei beiden Geschlechtern markiert ein großer, runder Augenfleck beide Flügelpaare. Er liegt jeweils zwischen zwei gewellten Querbinden. Beim ♂ sind die Fühler kammförmig, beim ♀ fädig. V Die Art kommt teilweise recht häufig in allen Geländeformen vor. Sie fliegt in 1 Generation von April bis Mai. L Die Falter können wegen ihres rückgebildeten Rüssels keine Nahrung aufnehmen. Die recht großen Raupen leben oft an Heidekraut, sind aber auch an anderen Pflanzen zu finden. Zur Verpuppung wird ein flaschenförmiger Seidenkokon gesponnen, der einen raffinierten, nur nach außen zu öffnenden Reusenverschluß hat. Dadurch kann der Schmetterling schlüpfen, aber kein Feind von außen eindringen. Foto Raupe S. 405.

Nagelfleck

Aglia tau

55–85 mm	IV–V	1

M Die Grundfarbe ist beim ♂ ockergelb, beim ♀ etwas heller. Den dunkleren Flügelsaum grenzt eine schwarze Binde ab. Im Zentrum beider Flügelpaare befindet sich eine blauschwarze Augenzeichnung mit einem zentralen nagel- oder T-förmigen Fleck (Name!). Der Rüssel ist stark reduziert. V Die Art kommt vorwiegend in Buchenwäldern vor. L Auf der Suche nach den ♀ durchstreifen die ♂ lichte Buchenwälder. Sie fliegen am Tag und sind leicht zu beobachten. Die ♀ sind dagegen kaum zu finden, weil sie am Boden sitzen und nur nachts zur Eiablage in die Baumkronen fliegen. Die Raupen ernähren sich von Buchenblättern, die v. a. in den Baumwipfeln abgeweidet werden. Die Verpuppung erfolgt am Boden in einem leichten Gespinst. Zur Tarnung für den Weg aus der Baumkrone zum Boden wechseln die Raupen ihre Farbe von grün nach grau.

Ligusterschwärmer

Sphinx ligustri

80–100 mm	V–VII	1

M Vorderflügel rostbraun mit schwarzen Aderstrichen und schwarzbrauner Verdunkelung. Hinterflügel rot mit schwarzen Bändern. Der Hinterleib ist rot und schwarz gefleckt. **V** Bevorzugt offenes Gelände und ist in Parks, Gärten, an Waldrändern und auf größeren Waldlichtungen von Mai bis Juli in 1 Generation anzutreffen. **L** In schnellem Flug werden bereits in der Dämmerung Blüten angeflogen, um mit dem fast körperlangen Saugrüssel Nektar aufzunehmen. Nachts fliegt die Art häufig in erleuchtete Räume. Raupen grün mit 7 weiß-lilafarbenen, seitlichen Schrägstreifen. Sie leben auf Liguster, Flieder, Eschen und auf anderen Sträuchern. Kennzeichnend ist ihre »Sphinxhaltung« (lat. Name!). Die Puppe überwintert im Boden.

Abendpfauenauge

Smerinthus ocellata

65–90 mm	VI–VIII	1

M Vorderflügel rötlich-grau mit braunen Schattierungen. Am Innenwinkel fällt eine stumpfe Auszahnung auf. Die roten Hinterflügel kennzeichnet ein schwarz-blauer Augenfleck. Am unscheinbar bräunlichen Körper erkennt man ein dunkelbraunes Band auf der Rückenseite des Brustbereiches. **V** Teilweise recht verbreitet; kommt bevorzugt in der Nähe von Gewässern vor. Flugzeit der einzigen Jahresgeneration ist Juni bis August. **L** Fliegt nur nachts, kommt häufig in erleuchtete Räume. Nimmt keine Nahrung zu sich. Die Augenzeichnung auf den Hinterflügeln ist eine sog. »Schrecktracht«, d. h. Freßfeinde werden durch die schlagartig nach vorne gezogenen Vorderflügel mit den dann erscheinenden Augenzeichnungen konfrontiert und dadurch erschreckt. Eiablage an Weiden oder Pappeln; Raupen von Juni bis September, danach vor dem Winter Verwandlung zur Puppe.

Lindenschwärmer

Mimas tiliae

60–80 mm	V–VII	1

M Die Vorderflügel sind relativ schmal; an ihrem Ende findet man als wichtigstes Kennzeichen bogige oder zackige »Ausnagungen«. Grundfarbe der Flügel grün, selten braun; Vorderflügel mit sehr variabler dunklerer Mittelbinde, die oftmals in Flecken verschiedenster Form aufgelöst ist. Hinterflügel meist ungefleckt. Der Körper endet spitz; Rüssel nur schwach ausgebildet. **V** Man findet den Falter in Parks, lichten Laubwäldern und auch in Gärten. Fliegt von Mai bis Juli in 1 Generation. **L** Wie die meisten anderen Schwärmer ein pfeilschneller Flieger, der abends oder nachts über Blüten »stehend« Nektar saugt. Die grünen, körnig wirkenden Raupen entwickeln sich an Linden und anderen Laubgehölzen. Sie haben an den Körperseiten meist 7 gelb-rote Schrägstreifen. Verpuppung und Überwinterung erfolgen in der Erde.

Pappelschwärmer

Laothoe populi

60–90 mm	V–VIII	1(–2)

M Die Flügel sind grau bis braun und mit welligen, bräunlichen Querlinien gezeichnet. Der Flügelsaum ist deutlich gezähnt, am Innenwinkel der Hinterflügel fällt ein rostbrauner Fleck auf. **V** Der Falter ist v. a. in Lebensräumen mit Pappeln oft anzutreffen. Er fliegt von Mai bis August (seltener 2 Generationen). **L** Pappelschwärmer sitzen tags an Pappelstämmen. Dabei werden die Hinterflügel rechtwinklig zum Körper abgespreizt, die Vorderflügel stehen schräg nach hinten. Ihr Flug ist wie der aller Schwärmer sehr schnell. Die Falter nehmen keine Nahrung auf. Eiablage und Raupenentwicklung erfolgen an Pappeln. Die Raupen nehmen oft eine stark gekrümmte Stellung ein. Die Puppen überwintern in der Erde.

Mittlerer Weinschwärmer

Deilephila elpenor

50–65 mm	V–VI	1

M Die Vorderflügel zieren olivgrüne Bänder, die jeweils in ein zartes Rosarot übergehen. Die Hinterflügel sind kräftiger rosa und im Bereich der Flügelwurzel schwarz. **V** Man findet den Schwärmer von Mai bis Juni (selten auch im August/September) auf Waldlichtungen, in Gärten und anderen offenen Landschaften. In der Regel gibt es nur 1 Generation. **L** Weinschwärmer besuchen Blüten. Sie sind oft in der Dämmerung zu beobachten, fliegen aber auch nachts. Die Eier werden an Weidenröschen, an Labkraut, Weinreben und Fuchsien abgelegt. Die große, bis 8 cm lange Raupe kann enorme Nahrungsmengen aufnehmen. Sie ist schwärzlich, häufig auch grün und dunkel gesprenkelt, mit einem kurzen Horn am Körperende. Am Vorderkörper trägt sie große Augenflecken, die abschrecken sollen. Die Puppe überwintert in der Erde. Foto Raupe S. 405.

Wolfsmilchschwärmer

Hyles euphorbiae

G

60–70 mm	VI–IX	2

M Die Vorderflügel sind gelblich-grau, oft rötlich getönt und mit olivgrünen Flecken und Binden gezeichnet. Die Hinterflügel sind rosarot, an der Flügelwurzel schwarz, am Innenwinkel mit weißem Fleck. **V** Der Falter ist in Wäldern und auf Wiesen in 2 Generationen anzutreffen. Er fliegt von Juni bis Juli, oft auch im September. **L** Wolfsmilchschwärmer besuchen Blüten und man sieht sie meist in der Dämmerung. Sie sind im Mittelmeerraum heimisch und bei uns demnach nur Einwanderer. Die Raupen leben an Wolfsmilch-Arten. Sie sind schwarz mit gelber und roter Fleckung und einem roten Rückenstreifen. Der Kopf und die Beine sind rot; das Horn am Hinterleib ist rot-schwarz. An den Körperseiten fallen die gelben Flecken auf. Man trifft die Raupe v. a. im Juli/August an. Die Verpuppung erfolgt im Boden, wobei die Herbstpuppen überwintern. Foto Raupe S. 405.

Taubenschwänzchen
Macroglossum stellatarum

40–50 mm	V–XI	2(–3)

M Die Vorderflügel dieses Falters sind dunkelgrau und undeutlich quer gebändert, die Hinterflügel gelbbraun, im Saumbereich geschwärzt. Am Hinterleib fällt ein breites Afterbüschel auf. **V** Taubenschwänzchen fliegen auf Waldlichtungen, an Waldrändern, sind aber auch in Gärten nicht selten. Es kommen 2(–3) Generationen von Mai bis November vor. **L** Die Falter sind in unseren Breiten Zuwanderer, die bei uns auch nicht überwintern. Sie fliegen tagsüber und besuchen Blüten, wobei sie wie Kolibris vor der Blüte im Schwirrflug stehen und mit dem sehr langen Rüssel Nektar saugen. Ihr Flug ist insgesamt recht schnell. Die Raupen sind v. a. an Labkraut zu finden. Ihre Färbung ist grün mit hellem Seitenstreifen. Foto Raupe S. 405.

Eichenspinner
Lasiocampa quercus

55–75 mm	VI–VIII	1

M Das kleinere ♂ ist dunkel-rotbraun, das größere ♀ gelbbraun. Bei beiden Geschlechtern durchzieht eine gelbe Binde die ungezähnten und schwach gewellten Flügelpaare; zum Flügelsaum hin verbreitert sich diese Binde ein wenig. Hinterflügel gelb gefranst; die Vorderflügel markiert ein heller Fleck. Das ♂ hat wesentlich längere Fühler als das ♀. **V** Lebt in Wäldern und auf Heiden und fliegt von Juni bis August in 1 Generation. **L** Die Falter nehmen keine Nahrung mehr zu sich. Die ♂ fliegen tagsüber auf der Suche nach ♀. Eiablage wahllos im Flug. Raupen bräunlich behaart; der Kopf ist braun und schwarz. Sie leben je nach Unterart an Laubgehölzen oder Heidekraut. Ebenfalls je nach Unterart überwintert entweder nur die Raupe oder die Raupe und dann nochmals die Puppe, die sich am Boden in einem eirunden Kokon befindet.

Mondvogel
Phalera bucephala

60–70 mm	V–VIII	1(–2)

M Der kräftige Falter hat eine gelbliche Vorderbrust und silbergraue Vorderflügel, die in einen großen, runden, gelbbraunen Fleck am Flügelende auslaufen. Die Art wird deswegen auch Mondfleck genannt. Hinterflügel einheitlich gelbweiß. Bei den ♂ fallen die sägezähnigen Fühler mit den paarigen Wimpernbüscheln auf. **V** In Wäldern und in buschbestandenem Freiland. Üblich ist 1 Jahresgeneration, bei warmem Klima in südlichen Breiten 2 Generationen. **L** Erscheint bei genauer Betrachtung die Färbung als relativ auffällig, so ergibt sich dennoch eine hervorragende Tarnung, wenn die Falter tagsüber mit zusammengeklappten Flügeln an Zweigchen ruhen. Die Raupen leben an Laubbäumen; sie sind walzenförmig, schwarzbraun, quer und längs gelb gestreift und gelb behaart. Verpuppung in einer Bodenhöhle. Foto Raupe S. 405.

Streckfuß
Dasychira pudibunda

40–60 mm	IV–VI	1(–2)

M Die weißgrauen Vorderflügel sind dunkel bestäubt, meist mit mehreren dunklen Querbändern. Schwarzgraue bis schwarze Exemplare kommen vor. Die ♀ sind wenig größer als die ♂, farblich kaum unterscheidbar, im Verhalten jedoch träger. Kennzeichnend und namensgebend sind die in Ruhestellung nach vorne ausgestreckten, behaarten Vorderbeine. **V** Streckfuß-Arten findet man in verschiedenen Laubwäldern, die hier beschriebene v. a. in Buchenwäldern und Parks. **L** Die ♂ sind ausgesprochene Lichtflieger. Raupen grüngelb oder grau mit tiefschwarzen Segmenteinschnitten, 4 gelben Haarbüscheln und rötlichem Afterpinsel. Sie leben v. a. an Buchenblättern; die Puppe überwintert. Foto Raupe S. 405.

Nonne
Lymantria monacha

35–55 mm	VII–VIII	1

M Schwarze Zickzackbinden durchziehen die weißen Vorderflügel. Die Hinterflügel sind einfarbig grau, der Hinterleib beim ♀ rosa. Die ♀ sind wesentlich größer, plump und träge. Die Fühler sind v. a. beim ♂ doppelkammzähnig. **V** Nonnen sind v. a. im Nadelwald heimisch. Der Falter fliegt von Juli bis August in 1 Generation. **L** Die ♂ Falter sind oft auch tags fliegend zu beobachten, während die ♀ überhaupt nur sehr ungerne fliegen. Die ♀ legen die Eier unter die Rinde von Nadelbäumen. Nach der Überwinterung schlüpfen im nächsten Frühjahr die Raupen. Ihre Färbung ist grau bis fast schwarz mit einem hellen rautenförmigen Fleck auf dem Rücken. Sie ernähren sich von Fichtennadeln und werden bei gehäuftem Auftreten schädlich. Der Falter gehört in die Familie der sog. Schadspinner, in der eine Reihe gefürchteter Wald- und Gartenschädlinge vorkommen.

Brauner Bär
Arctia caja

50–70 mm	VII–VIII	1

M Beide Flügelpaare sind bei diesem auffälligen Falter kräftig gemustert: die Vorderflügel dunkelbraun mit weißen Bändern, die Hinterflügel rotbraun mit blauschwarzen Augenflecken. Die Fühler sind beim ♂ stärker gekämmt als beim ♀. **V** Der Falter fliegt in 1 Generation auf Waldlichtungen und Wiesen. Er ist z. T. noch recht häufig. **L** Die Art ist ein Nachtflieger. Tagsüber verbergen sich die Falter unter Blättern. Ihre auffällige Färbung dient lediglich als Warnsignal. In Gefahrensituationen klappen sie die Vorderflügel nach vorne, so daß die intensiv gefärbten Hinterflügel erscheinen. Man nennt eine solche Färbung Warn- oder Schrecktracht. Die Raupen sind kräftig schwarz und rostrot behaart; sie haben der Art den Namen gegeben. Man findet sie auf verschiedenen Pflanzen. Meist überwintert die Puppe; sie liegt in einem feinen Haargespinst. Foto Raupe S. 405.

Hausmutter
Noctua pronuba

50–60 mm	VI–IX	1

[M] Die Vorderflügel sind bei diesem Falter sehr variabel gefärbt. Dunkelbraune, graubraune und gelbe Töne kommen vor. Angedeutete, dunkle Querbänder durchziehen den Flügel, ein schwarzer Fleck ist meist vorhanden. Die Hinterflügel sind gelb mit schwarzem Saumband. [V] Hausmuttern fliegen fast überall von Juni bis September. [L] Die Falter verbringen den Tag versteckt, oft in Häusern (Name!). Sie besuchen Blüten, um mit ihrem kräftigen Rüssel Nektar zu saugen. Die Raupen fressen nur nachts an verschiedenen Pflanzen der Bodenvegetation. Sie sind graugelb oder grün mit blassen Linien und dunklen Schrägstrichen und Punkten. Nach der Überwinterung verpuppen sie sich im Frühjahr in einer Erdhöhle.

Gammaeule
Autographa gamma

35–40 mm	V–X	1–2

[M] Die Vorderflügel dieses Eulenfalters sind grau mit violetter und schwärzlicher Tönung. Ein silberfarbenes Gamma-Zeichen markiert das Flügelzentrum. Die Hinterflügel sind gelbgrau mit dunklem Saum. Innerhalb der Familie der Eulen gehört die Art zu den sog. Metalleulen, die sich durch metallische Flecken an den Vorderflügeln auszeichnen. [V] Die Falter fliegen – oft in Massen – von Mai bis Oktober in offenem Gelände. Wahrscheinlich kommen mehrere Generationen vor. [L] Die Gammaeule ist tag- und nachtaktiv. Sie besucht Blüten, wo sie mit ihrem langen Rüssel Nektar saugt. Der Falter wandert bei uns aus dem Süden ein, kann hier aber nicht überwintern. Die Eier werden meist an verschiedenen Kräutern abgelegt, von denen sich auch die Raupen ernähren. Die Verpuppung erfolgt in einem seidigen Gespinst unter Blättern.

Rotes Ordensband
Catocala nupta

70–80 mm	VII–IX	1

[M] Die Vorderflügel sind dunkelgrau mit verschwommener Querbänderung, die unregelmäßig gezackt erscheint. Die weiß gesäumten Hinterflügel sind rot und von stark geknickten, dunklen Binden durchzogen. [V] Der Falter ist von Juli bis September in Wäldern anzutreffen. 1 Jahresgeneration ist üblich. [L] Tagsüber ruhen die Tiere mit flach dachförmig zusammengelegten Flügeln an Stämmen. Die Färbung ihrer Vorderflügel tarnt sie ausgezeichnet. Nachts saugen sie sehr gerne an gärendem Obst. Wird der Falter gestört, klappt er blitzschnell die Vorderflügel nach vorn, so daß das grelle Rot der Hinterflügel erscheint. Feinde werden damit erschreckt und er kann fliehen. Die Raupen schlüpfen im Frühjahr aus den überwinternden Eiern. Man findet sie dann v. a. an Pappeln und Weiden. Ihre rindenartige Färbung tarnt auch sie sehr gut.

Stachelbeerspanner

Abraxas grossulariata

G

40–45 mm	VII–VIII	1

[M] Die Grundfarbe der Flügel ist weiß, der Körper kontrastiert dazu in einem zarten Gelbton. Körper und Flügel sind schwarz gefleckt, im Vorderflügel ist die Flügelwurzel und ein Flügelband gelb getönt. [V] Die Falter fliegen in 1 Generation von Juli bis August. Sie bevorzugen Gärten und lichte Wälder. [L] Die frei auf Blättern ruhenden Falter ähneln Vogelkot und sind deshalb gut getarnt, obwohl die Färbung zunächst recht auffallend erscheint. Die Eiablage erfolgt an Stachelbeeren, Johannisbeeren oder Weiden. Die in der Farbe den Faltern ähnlichen Raupen leben von den Blättern dieser Pflanzen. Die überwinternde Puppe hängt in einem Gespinst. Die Art wurde früher als Gartenschädling angesehen, ist heute jedoch selten.

Birkenspanner

Biston betularia

40–65 mm	V–VIII	1

[M] Normalerweise sind die Falter weiß mit schwarzer Fleckung. Man findet aber auch völlig geschwärzte Tiere. [V] Birkenspanner fliegen in Laubwäldern und Parks und sind z. T. sehr verbreitet. Es gibt nur 1 Generation, die von Mai bis August anzutreffen ist. [L] Die Falter sitzen tagsüber gerne an der Rinde von flechtenbewachsenen Birken, wo sie durch ihre Färbung optimal getarnt sind. Die dunkle Farbvariante tritt gehäuft in Industriegebieten auf; auf den verschmutzten Baumrinden ist diese Form besser getarnt. Man bezeichnet diese Anpassung als sog. Industriemelanismus. Erstmals wurden die schwarzen Formen im letzten Jahrhundert in England beobachtet, kommen heute allerdings in ganz Europa vor. Die Raupen leben an Laubhölzern. Sie sind durch ihre zweigähnliche Gestalt ebenfalls gut geschützt. Die Puppe überwintert.

Grünes Blatt

Geometra papilionaria

45–55 mm	VI–VIII	1

[M] Die kräftig grün gefärbten Flügel werden bei diesem Spanner von weißlichen Querstreifen und unterbrochenen Wellenlinien durchzogen. Die Flügel sind auffallend breit, der Körper ist ebenfalls grün. Neben dieser Art gibt es bei uns 11 weitere Arten sog. Grünspanner, die allesamt grün gefärbt sind. Ihre Unterscheidung ist z. T. schwer. [V] Der Falter fliegt in 1 Generation von Juni bis August. Bevorzugt ist er in lichten Wäldern anzutreffen. [L] Der Spanner ist überwiegend dämmerungs- und nachtaktiv. Tagsüber läßt er sich, obwohl gut getarnt, sehr leicht aufschrecken. Er gilt als starker Lichtflieger, d. h. Lichtquellen werden gerne angeflogen. Aus den überwinternden Eiern schlüpfen Raupen, die sich überwiegend an Erlen und Birken weiterentwickeln. Sie sind grün mit gelblicher Seitenlinie und roten Höckern. Die Verpuppung erfolgt meist in einer Erdhöhle.

Schwalbenschwanz S. 374

Tagpfauenauge S. 380

Kohlweißling S. 374

Admiral S. 380

Aurorafalter S. 376

Distelfalter S. 380

Zitronenfalter S. 376

Kleiner Fuchs S. 382

Landkärtchen S. 382

Taubenschwänzchen S. 396

Kleines Nachtpfauenauge S. 390

Mondvogel S. 396

Mittlerer Weinschwärmer S. 394

Streckfuß S. 398

Wolfsmilchschwärmer S. 394

Brauner Bär S. 398

Kohlschnake

Tipula oleracea

15–25 mm	IV–X	Gras Büsche

M Das schwerfällig fliegende Insekt hat einen schlanken Körper und schmale Flügel. Die langen Beine fallen bei unsanfter Berührung sehr leicht ab. Da die Tiere keine Nahrung zu sich nehmen, sind ihre Mundwerkzeuge verkümmert. Die Körperfarbe ist graubraun. **V** Man findet Kohlschnaken auf Wiesen, Feldern und auch in feuchten Wäldern. **L** Die Eier werden vom ♀ im Boden abgelegt. Die Larven ernähren sich von Humus, z.T. auch von Pflanzenwurzeln. Manche Arten können dadurch zu Schädlingen in der Landwirtschaft werden. 1–2 Generationen pro Jahr sind üblich. Die nachtaktiven Insekten werden leider fälschlicherweise häufig als Blutsauger angesehen, sie sind jedoch vollkommen harmlos.

Stechmücke

Culex pipiens

8–10 mm	V–IX	Tümpel Teiche

M Die graubraun gefärbte Mücke hat einen schlanken Körper mit beschupptem Hinterleib. Die Beine sind recht lang, die Flügel sehr schmal. Das ♂ unterscheidet sich vom ♀ durch gefiederte Fühler. **V** Stechmücken lieben gewässernahe Lebensräume, da sich die Larven im Wasser entwickeln. **L** Die Eier werden ins Wasser abgelegt; die Larven hängen mit einem Atemrohr an der Wasseroberfläche. Sie ernähren sich von Kleinstlebewesen im Wasser und kommen in geeigneten Gewässern in sehr großer Zahl vor. Das ♀ benötigt zur Eientwicklung Blut, das ♂ hingegen ist ein harmloser Nektarsauger an Blüten. Aus diesem Grund sind die Mundwerkzeuge unterschiedlich gebaut. Die ♀ stechen (Foto) v.a. in der Dämmerung und bei trübem, warmem Wetter. Bei der Suche nach einem Opfer orientieren sie sich an Geruch und Körperwärme.

Schnepfenfliege

Rhagio scolopaceus

13–18 mm	V–VIII	Wälder Gärten

M Schlanke Fliege mit dunkelgrau gestreifter Brust; Hinterleib hellbraun mit dunkelbraunen Flecken im zentralen Bereich. Flügel klar, meist bräunlich getönt, mit Flecken an Vorderrand und Adern. Auffallend die großen, kugeligen, meist grünlich schillernden Augen. Verschiedene ähnliche Arten sind sehr schwierig von dieser Schnepfenfliege zu unterscheiden, da es sich meist nur um mikroanatomische Unterschiede handelt. **V** Meist in Laubmischwäldern aber auch oft in Gärten. **L** Vermutlich räuberische Fliegen, die charakteristischerweise kopfabwärts an Baumstämmen sitzen, dabei die Beine abspreizen und den Vorderkörper anheben. Die Eier werden von den ♀ in moderndes Holz, in Mist oder Erde gelegt, wo die Larven heranwachsen. Sie ernähren sich räuberisch von Kleininsekten oder Regenwürmern, aber auch von abgestorbenen Pflanzenresten.

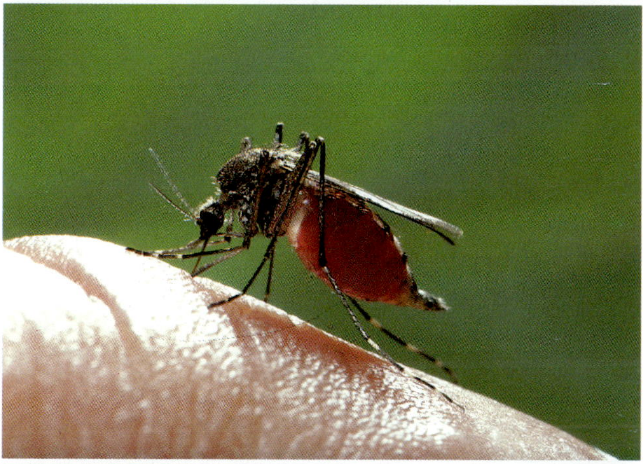

Regenbremse

Haematopota pluvialis

8–10 mm	VI–IX	Wiesen Wälder

M Die grau gefleckten Flügel werden in Ruhestellung dachartig über den grauen Hinterleib gelegt. Der Kopf mit den in Regenbogenfarben schillernden Augen ist breiter als die sich anschließende graue Brust. Körper unbeborstet. **V** Feuchte Wiesen und Wälder. **L** Bremsen gelten als sehr gute und schnelle Flieger, wobei sie sich dem Opfer zum Blutsaugen fast unbemerkt nähern, landen und sofort stechen und saugen. Die räuberisch lebenden Larven entwickeln sich in feuchten Böden. Wie bei der auf S. 406 beschriebenen Stechmücke sind auch hier nur die ♀ Blutsauger, während die ♂ von Nektar leben. Die Mundwerkzeuge der Bremsen stechen recht schmerzhaft. Der im Speichel enthaltene Antigerinnungsstoff verursacht juckende Schwellungen.

Mistbiene

Eristalis tenax

10–12 mm	VI–IX	Blüten

M Große Fliege mit herabhängenden Fühlern, die auf den ersten Blick einer Honigbiene ähnelt. Die Augen sind dunkel, beim ♂ berühren sie sich an der Oberseite des Kopfes, beim ♀ sind sie getrennt. Der gelb-braun gemusterte Hinterleib ist unbeborstet und wird von den klardurchsichtigen Flügeln überragt. **V** Mistbienen sind fast immer auf Doldengewächsen in Wäldern oder im freien Gelände anzutreffen. **L** Der Name leitet sich aus dem Aufenthalt der Maden ab; sie gedeihen in faulem, stehendem Wasser, in Jauche und auf faulendem, sich verflüssigendem Aas. Mit einem schwanzähnlichen Fortsatz am Hinterleib kann die Larve an der Oberfläche ihres Lebensraumes atmen, wie mit einem Taucherschnorchel. Man nennt sie deshalb auch »Rattenschwanzlarven«. Ihr Flug, oft über Blüten oder Blättern, ist stehend-schwebend; sie gehört zu den Schwebfliegen.

Schwebfliege

Syrphus ribesi

10–12 mm	VI–IX	Blüten

M Die Fliege ist durch große, den Kopf fast umfassende, rotbraune Augen, eine grünliche Brust und durch einen gelbschwarz gestreiften Hinterleib gekennzeichnet. **V** Schwebfliegen findet man an fast allen sonnigen Stellen in unserer Vegetation. **L** Die Fliegen sind eifrige Blütenbesucher. Einmal in der offenen Blüte gelandet, bewegen sie sich eigenartig langsam. Ihr charakteristischer, »stehender« Schwebflug hat zur Namensgebung geführt. Die Eier werden auf Pflanzen abgelegt; die Larven ernähren sich bevorzugt von Blattläusen und haben damit einen beachtlichen Nutzeffekt. Wegen ihrer wespenähnlichen Warnfärbung werden die Fliegen oft als Stechinsekten angesehen, sie sind jedoch vollkommen harmlos. Die Imitation anderer wehrhafter Arten dient dem Schutz vor Feinden und wird als Mimikry bezeichnet.

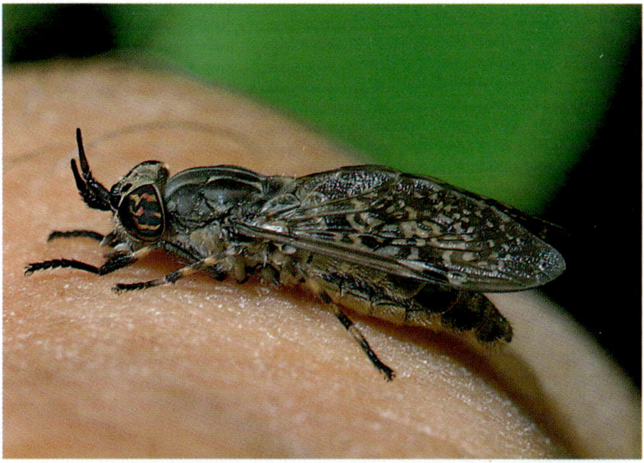

Bachforelle

Salmo trutta f. *fario*

G	15–40 cm	Bäche Seen	IX–II

M Seitlich abgeflacht, Mundspalte reicht bis hinter die Augen. »Fettflosse« zwischen Rücken- und Schwanzflosse. Schuppen klein. Rücken grün-bräunlich, Seiten heller, Bauch gelblich. Oberseits dunkle, unterhalb der Seitenlinie rote, hellumrandete Punkte. **V** Kühle, sauerstoffreiche Fließgewässer, kiesige Seen. Bestand zurückgehend, heute meist eingesetzt. **L** Standfisch. Ältere Tiere verteidigen ihr Revier gegen Eindringlinge. Ernährt sich von Kaulquappen und kleinen Fischen (auch Kannibalismus!); die Jungfische v. a. von Insekten, -larven und Kleinkrebsen. **F** Leichwanderung flußaufwärts, Ablaichen in der Strömung. Die rötlichen Eier werden im Kies vergraben. Geschlechtsreife: ♂ im 2., ♀ im 3. Lebensjahr.

Äsche

Thymallus thymallus

G	25–50 (60) cm	kleine Flüsse	III–VI

M Körper seitlich abgeflacht, Kopf spitz, Fettflosse zwischen der hohen, langen Rücken- und der Schwanzflosse. Mundspalte reicht höchstens bis zum Augenvorderrand. Schuppen klein. Silbergrau mit einzelnen dunklen Punkten. Zur Laichzeit Körper mit purpurfarbenem Schimmer. **V** Sauerstoffreiche, schnellfließende Gewässer mit festem Grund (»Äschenregion«). Bestände wie bei der oben beschriebenen Bachforelle stark zurückgegangen (Wasserverschmutzung, -verbauung!). **L** Standfisch. In der Jugend gesellig. Ernährt sich von Wasser- und Luftinsekten, Würmern, Schnecken, Fischlaich, kleinen Fischen. **F** Das ♀ legt an einer seichten, überströmten, kiesigen Stelle 3000–6000 Eier in eine Grube und bedeckt den Laich nach der Besamung wieder mit Kies. Brutdauer ungefähr 14 Tage. Geschlechtsreife: ♂ im 3., ♀ im 4. Lebensjahr.

Hecht

Esox lucius

G	♀ bis 150 cm ♂ bis 100 cm	Flüsse Seen	II–V

M Langgestreckter Körper mit langer, entenschnabelähnlicher, stark bezahnter Schnauze. Die Rückenflosse sitzt weit hinten. Färbung nach Alter und Gewässer variabel: Rücken grünlichbraun, Seiten heller mit dunklen Querbinden, Bauch gelblich. **V** Fließende und stehende Gewässer. **L** Standfisch der Uferzone. Ernährt sich von Fischen, auch von kleineren Artgenossen (Kannibalismus!), Ratten, Mäusen, Jungvögeln, Fröschen, Wirbellosen. Wird zuweilen in Karpfenteichen als »Polizeifisch« eingesetzt, um die »wertloseren« Weißfische zu vertilgen und in schmackhaftes Hechtfleisch zu »verwandeln«. **F** Laicht an Pflanzen des Uferbewuchses; die Eier haften an Blättern, Stengeln und Wurzelwerk der Wasserpflanzen. Brutdauer 10–30 Tage. Geschlechtsreife: ♂ ab Ende des 2., ♀ ab Ende des 3.–4. Lebensjahres.

Rotauge, Plötze

Rutilus rutilus

20–30 (50) cm	Flüsse Teiche Seen	IV–V

M Seitlich abgeflacht, silbrig. Mundspalte eng, fast waagrecht. Schuppen groß. Rückenflosse über der Bauchflosse. Brust- und Bauchflosse sowie Afterflosse oft rötlich. Iris rot (Name!). **V** Seen, Tümpel, langsam fließende Flüsse, auch Brackwasser. **L** Stand- und Wanderformen. Steht oft in Schwärmen im Pflanzenbewuchs der Uferzone, im Winter an besonders geschützten Stellen (Winterlager). Ernährt sich von Kleintieren des Wassers, Wasserpflanzen und Detritus (winzige Teilchen organischer Stoffe). **F** ♂ mit Laichausschlag. Laichablage an Pflanzen, Wurzeln und Steinen der Uferregion. Brutdauer 4–10 Tage. Die Brut schwimmt nach 2–5 Tagen frei im Uferbereich. Geschlechtsreife: ♂ und ♀ ab Ende des 3. Lebensjahres.

Döbel, Aitel

Leuciscus cephalus

30–50 (60) cm	Bäche Flüsse	IV–VI

M Spindelförmiger, im Querschnitt fast runder Körper mit dikkem Kopf. Mundspalte weit. Große, derbe, dunkel umrandete Schuppen (Netzmuster). Rücken graubraun-grünlich, Flanken silbrig, häufig mit Goldglanz, Bauch weißlich. Bauchflossen und die nach außen gewölbte Afterflosse rötlich. **V** Oberflächenfisch fast aller fließenden Gewässer; kommt selten auch in Seen vor. **L** In der Jugend gesellig, im Alter eher einzelgängerisch und dann mehr im tiefen und freien Wasser. Ernährt sich von Krebsen, anderen Fischen, Fröschen und Kleinsäugern; Jungfische nehmen v. a. Insektenlarven, Fluginsekten, Würmer, Weichtiere und auch Wasserpflanzen. **F** ♂ mit feinkörnigem Laichausschlag. Laichablage an Pflanzen und Steinen im Uferbereich. Brutdauer ca. 7 Tage. Geschlechtsreife: ♂ nach dem 3., ♀ nach dem 4. Lebensjahr.

Ukelei, Laube

Alburnus alburnus

12–15 (25) cm	Flüsse Teiche Seen	IV–VI

M Schlank, seitlich abgeflacht. Mundspalte steil nach oben gerichtet (oberständig). Afterflosse deutlich länger als die Rückenflosse. Rücken grünlichgrau bis -blau, Seiten silbrig glänzend. **V** Oberflächenfisch stehender und langsam fließender Gewässer, sowohl in der Uferzone als auch im Freiwasser. Meidet starke Strömungen, dichten Pflanzenbewuchs und trübes Wasser. Kommt auch im Brackwasser vor. **L** Meist in großen Schwärmen zu beobachten. Ernährt sich von tierischem Plankton, von Würmern, Insektenlarven und Fluginsekten. **F** ♂ mit Laichausschlag. Laicht nachts mit lautem Geplätscher an flachen, kiesigen Stellen bzw. an den Zu- und Abflüssen von Seen. Die Eier kleben an Stengeln, Blättern und Wurzeln der Uferpflanzen sowie an Steinen. Brutdauer ungefähr 7 Tage. Geschlechtsreife: sowohl ♂ als auch ♀ mit 2–3 Jahren.

Elritze

Phoxinus phoxinus

G

7–10 (14) cm	Bäche Flüsse (Seen)	IV–VII

[M] Körper langgestreckt, im Querschnitt rund. Mund klein, Schuppen klein. Seitenlinie oft unvollständig entwickelt. Färbung je nach Gewässer variabel: Rücken grünbraun, Flanken heller, silbrig, Bauch weißlich. ♂ zur Laichzeit dunkler, mit rotem Bauch, roten Lippen und goldglänzenden Seiten. [V] In klaren, sauerstoffreichen Fließgewässern mit Kiesboden sowie in Kiesseen. [L] Oft in großen Schwärmen nahe der Wasseroberfläche. Sehr anpassungsfähig. Ernährt sich von Fluginsekten, kleinen Boden- und Wassertieren. [F] ♂ und ♀ mit Laichausschlag. Laichablage an Steinen, seltener an Pflanzen des Uferbereiches. Brutdauer 5–10 Tage. Geschlechtsreife: sowohl ♂ als auch ♀ ab Ende des 1.–2. Lebensjahres.

Gründling

Gobio gobio

8–14 (20) cm	Bäche Seen	V–VI

[M] Spindelförmig, im Querschnitt fast drehrund. Mund unterständig, Schuppen groß. Beiderseits je 1 kurzer Bartfaden am Hinterrand des Oberkiefers. Rücken schwarz-, grünlich- oder bläulichgrau, Flanken heller, Bauch weißlich glänzend. Entlang der Seitenlinie dunkle Flecken unterschiedlicher Größe. Schwanz-, Rücken- und Afterflosse mit kleinen dunklen Punkten. [V] Meist schnellfließende, aber auch stehende Gewässer mit sandigem oder kiesigem Grund; auch in Brackwasser. [L] Schwarmfisch, am Grunde der Gewässer: im Sommer an seichteren, im Winter an geschützteren, tieferen Stellen. Ernährt sich von Würmern, Krebsen, Insektenlarven und Fischlaich. [F] ♂ mit Laichausschlag auf Kopf und Vorderkörper. Laichablage an flachen, überströmten Stellen an Steine und Pflanzen. Brutdauer 10–30 Tage, je nach Wassertemperatur.

Bitterling

Rhodeus sericeus amarus

5–6 (10) cm	Flüsse Teiche	IV–VII

[M] Seitlich abgeflacht, hochrückig. Mund endständig, Schuppen groß. Seitenlinie nur 5–6 Schuppen lang. Rücken graugrün, Seiten silberglänzend mit blaugrün schillerndem Längsband von der Seitenmitte bis zur Schwanzflosse. Bauch weiß. ♂ zur Laichzeit mit rosa Kehle, Brust und Bauch, Rücken und Hinterkörper schimmern bläulichgrün. ♀ mit einer 4–5 cm langen, rosa Legeröhre. [V] Pflanzenbewachsene Uferregion langsam fließender oder stehender Gewässer, stets zusammen mit Teich- und Malermuschel. Typischer Altwasserbewohner. [L] Schwarmfisch. Ernährt sich von Wasserpflanzen, Kleinkrebsen, Würmern, Insektenlarven. [F] Laichablage mittels Legeröhre in den Kiemenraum der Wirtsmuschel, dort auch Besamung durch das ♂. Brutdauer 15–20 Tage. Die Larven verlassen die Muschel nach Aufbrauchen der Nahrungsreserven aus dem Dottersack.

Schleie

Tinca tinca

20–30 (60) cm	Flüsse Teiche Seen	V–VII

M Kräftiger, gedrungener, olivgrüner Fisch mit Messingglanz. In die dicke, schleimige Oberhaut sind kleine Schuppen eingebettet. Rücken- und Afterflosse kurz, Schwanzflosse kaum ausgebuchtet. Beidseitig je 1 Bartfaden an den Mundwinkeln. **V** Langsam fließende Gewässer und warme, seichte Seen mit dichtem Pflanzenwuchs und Schlammgrund. **L** Scheu, tagsüber meist in Bodennähe, durchwühlt in der Dämmerung den Boden nach Kleintieren und Pflanzen. Hält im Schlamm vergraben Winterruhe. **F** Die Laichschwärme legen in Ufernähe ihre sehr kleinen Eier 3–4mal, im Abstand von ca. 2 Wochen, an Wasserpflanzen ab. Brutdauer je nach Wassertemperatur 3–5 Tage. Geschlechtsreife: ♂ und ♀ im 3.–4. Sommer.

Brachsen, Blei

Abramis brama

30–50 (75) cm	Flüsse Seen	V–VII

M Seitlich stark abgeflacht. Bleifarbener (Name!) bis schwärzlicher, hoher Rücken, die Seiten silbrig, die Flossen dunkelgrau. Altfische oft mit Goldglanz. Die zurückgelegte Brustflosse erreicht die Basis der Bauchflosse. Kennzeichnend sind die kurze Rücken- und doppelt so lange Afterflosse. **V** Uferzone langsam fließender Gewässer (»Brachsenregion«) oder großer, nährstoffreicher Seen (z.B. Stauseen). **L** Als Jungfische in kleinen Schwärmen im Flachwasser; die scheuen Alttiere kommen erst in der Dämmerung in die Uferzone und durchwühlen den Boden nach kleinen Weichtieren, Würmern und Insektenlarven (»Brachsenlöcher«). **F** Die gelblichen Eier werden in der Uferzone von den Laichschwärmen abgelegt und haften an den Wasserpflanzen. Brutdauer 3–12 Tage. Geschlechtsreife: ♂ und ♀ ab dem 3.–4. Lebensjahr.

Karpfen

Cyprinus carpio

30–70 (120) cm	Flüsse Teiche Seen	V–VII

M Seitlich etwas abgeflacht, mehr oder weniger hochrückig. Mund endständig, vorstülpbar, mit je 2 Barteln an der Oberlippe. Schwanzflosse 2zipfelig. Rücken und Flossen braungrün, Seiten silbrig, Bauch weißlich. Je nach Beschuppung unterscheidet man: »Schuppenkarpfen« (die Stammform ist stark gefährdet!), »Spiegelkarpfen«, »Zeilkarpfen«, »Lederkarpfen«. **V** Warme stehende und langsam fließende Gewässer mit Schlammgrund und starker Vegetation. Wichtigster Teichfisch!. **L** Steht tagsüber gern im Schutz der Uferböschung und wird erst abends aktiv. Ernährt sich von Bodentieren und Pflanzen. **F** ♂ mit schwachem Laichausschlag an Kopf und Brustflossen. Die Eier werden ratenweise, mit ca. 1 Woche Abstand, an Pflanzen der seichten Uferzone gelegt. Brutdauer 3–5 Tage. Geschlechtsreife: ♂ am Ende des 3., ♀ im 3.–4. Lebensjahr.

Feuersalamander

Salamandra salamandra

15–20 (28) cm	feuchte Wälder	V–VIII

M Glänzend schwarzer Schwanzlurch mit breitem Kopf und dottergelben bis orangefarbenen Flecken, die auch zu Längsstreifen verschmelzen können. **V** Feuchte Wälder des Hügellandes, mit klaren, sauerstoffreichen Gewässern. **L** Tagsüber unter Laub, Steinen, in Erdlöchern, Baumstümpfen. Geht in der Dämmerung und nachts, nach warmem Regen auch tagsüber auf Nahrungssuche: Würmer, Nacktschnecken, Gliederfüßer. **F** Paarung im Sommer, an Land. Im ♀ entwickeln sich 20–70 Eier zu 4beinigen, 2,5 cm langen, kiemenbüscheltragenden Larven, die meist im März des kommenden Jahres im Flachwasser abgesetzt werden. Sie entwickeln sich innerhalb von 2–3 Monaten zu landlebenden Volltieren.

Alpensalamander

Salamandra atra

14–16 cm	Gebirge ab 700 m	VII

M Der glänzend schwarze Schwanzlurch ist kleiner und deutlich schlanker als der oben beschriebene Feuersalamander. Der quergefurchte Rumpf verleiht ihm ein »geripptes« Aussehen. **V** Im Gebirge zwischen 700 m bis max. 3000 m, in schattigen Wäldern, der Krummholzzone, auch auf Alpenweiden und Matten oberhalb der Baumgrenze. **L** Von allen Amphibien ist diese Art am meisten von Gewässern unabhängig und ans Landleben angepaßt. Nachtaktiv: jagt Würmer, Nacktschnecken und kleine Gliedertiere; verbirgt sich am Tag und bei Trockenheit unter Steinen, Baumstümpfen, Moos oder in Erdhöhlen. **F** Die Paarung erfolgt im Juli an Land. Nach bis zu 2jähriger Tragezeit gebärt das ♀ meist 2 vollständig entwickelte Junge. Das Fehlen eines freien Larvenstadiums und die Geburt lebender Junge ist eine einmalige Besonderheit in der gesamten europäischen Amphibienwelt!

Bergmolch

Triturus alpestris

♀ bis 12 cm ♂ bis 8 cm	lichte Wälder	III–V

M Gedrungener Molch mit dunkelgraubraun marmoriertem Rücken und ungeflecktem, orangefarbenem Bauch. Haut samtig, im Wasser körnig. ♂ zur Laichzeit mit 2 mm hoher, ungezackter, dunkelgefleckter Rückenleiste sowie blau und orange gefärbten Seiten und Schwanz. **V** Hügelige, lichte Wälder. Laichgewässer sind kleine, kalte Tümpel, Wassergräben, kleinere Stauseen, Wagenspuren, alle mit oder ohne Vegetation. **L** Nachtaktiv. Tagsüber lebt er meist versteckt unter feuchtem Laub, im Moos. Ernährt sich von Würmern, Schnecken und kleinen Kerbtieren. **F** Mitte März bis Mitte Mai legt das ♀ meist nachts 100–250 Eier einzeln in gefaltete Blättchen der Wasserpflanzen. Die Larven schlüpfen nach 2–3 Wochen. Bei dieser Art kann man häufiger auch Fälle von Neotenie (Geschlechtsreifwerden von Larven) beobachten.

Teichmolch

Triturus vulgaris

♀ bis 9,5 cm ♂ bis 11 cm	Wälder Parks	III–V

M Schlanker Schwanzlurch mit glatter, samtiger, zuweilen auch schwach körniger Haut. Rücken gelbbraun, Kehle und Bauch orange mit schwarzen Tupfen. ♂ zur Laichzeit mit welligem, an der Schwanzwurzel nicht unterbrochenem Kamm. **V** Lichte Wälder, Wald- und Feldränder, Parks, Gärten, Flußauen. Als Laichgewässer dienen seichte, pflanzenreiche Teiche, Tümpel, Wassergräben, auch Kies-, Sand- und Tongruben. **L** Nachtaktiv, bei feuchter Wärme auch tagaktiv. Führt ein heimliches Leben im Laub, unter und zwischen Steinen und Holz, meist in Wassernähe. Ernährt sich von Würmern, Schnecken, kleinen Kerbtieren. **F** Je nach Witterung im März bis Mai legt das ♀ 200–300 Eier einzeln in gefaltete Blättchen von Wasserpflanzen.

Gelbbauchunke

Bombina variegata

G	bis 5 cm	Tümpel Pfützen	V–VI

M Rücken olivbräunlich, stachelig-warzig. Bauch auffällig blauschwarz-goldgelb gefleckt. Giftiges Hautsekret! Pupille herzförmig. ♂ zur Laichzeit mit hornigen Schwielen an Fingern und Zehen. **V** Vegetationsarme, sonnige Pfützen, Tümpel, Wagenspuren, Kiesgruben. **L** Meist tagaktiv. Taucht bei Störung unter und gräbt sich im Schlamm ein. Bei Gefahr an Land zeigt sie in »Schreckstellung« ihre auffällige Unterseite. Überwintert im Boden. Ruft von April bis August, v. a. abends, ihr typisches »unkunk«. Ernährt sich von Insektenlarven, Schnecken, Gliederfüßern. **F** Im Mai, bei günstigem Wetter sogar 2–3mal pro Jahr, legt das ♀ ca. 100 Eier in Klümpchen an Wasserpflanzen oder am Gewässerboden ab. Die verwandte Rotbauchunke, *Bombina bombina,* ist etwas schlanker, bauchseits rotgefleckt und weißpunktiert. Nur im Flachland, stark gefährdet!

Kreuzkröte

Bufo calamita

G	bis 8 cm	Felder Kies- gruben	III–VI

M Rücken graubraun mit olivbraunen Flecken und rötlich getupften Warzen. Fast immer mit schwefelgelbem Rückenstrich. Bauch weißlich mit unregelmäßigen, dunklen Flecken. Pupille waagrecht. ♂ mit großer, kehlständiger Schallblase. Zur Laichzeit mit Brunftschwielen an Innen- und Oberseite der ersten 3 Finger. **V** Steinbrüche, Kiesgruben, Felder, Ruderalflächen. Laichgewässer sind flache, vegetationsarme/-lose Pfützen, Tümpel. **L** Überwiegend nachtaktiv. Tagsüber oft in Erdlöchern, Baumstümpfen, unter Steinen. Das knarrende »ärr-ärr …« der ♂ ist bis zu 1 km weit hörbar. Mit ihren kurzen Beinen kann sie nicht hüpfen, sondern läuft – mitunter sehr rasch – auf allen Vieren. **F** Die 1–2 m langen Laichschnüre enthalten 3000–4000 Eier. Die Larven schlüpfen nach 4–6 Tagen und entwickeln sich innerhalb von 6–7 Wochen zu Kröten.

Erdkröte
Bufo bufo

♀ bis 15 cm ♂ bis 8 cm	Wälder Gebüsch	II–V

M Größte heimische Kröte. Rücken graubraun bis oliv, warzig, Unterseite heller. Pupille waagrecht. ♂ ohne Schallblase, zur Laichzeit mit schwärzlichen, hornigen Brunftschwielen an den ersten 3 Fingern. **V** Wald, Kulturland, Kiesgruben, Ruinen. Laichgewässer sind Tümpel, Teich, Weiher; auch Salzwasser. **L** Meist dämmerungs- und nachtaktiv. Frißt Würmer, Insekten, Spinnen, Nacktschnecken. Ruft leise »oak«. Überwintert in Erdhöhlen, unter Wurzeln und Steinen. **F** Oft weite Wanderungen zum Laichgewässer. Das ♀ verankert die 2–4reihigen, bis 5 m langen, gallertigen Laichschnüre mit bis zu 6000 Eiern an Wasserpflanzen. Nach 12–18 Tagen schlüpfen die Larven, die bis zur Umwandlung in die fertige Kröte 3–4 Monate benötigen.

Grasfrosch
Rana temporaria

bis 10 cm	Wälder Wiesen	II–III

M Färbung sehr variabel: von gelblich über rot- bis schwarzbraun. Mehr oder minder stark dunkel gefleckt. Die Schallblasen sind, im Gegensatz zum Wasserfrosch (siehe S. 424), nicht ausstülpbar. ♂ zur Laichzeit mit aufgedunsener Haut und schwärzlichen Brunftschwielen am Daumen. **V** Feuchte Wälder, Wiesen, Riedgebiete, Heide und Moore. Laichgewässer sind fast alle stehenden oder langsam fließenden Gewässer. **L** Tag- und nachtaktiv. Gut ans Landleben angepaßt. Überwintert in der Erde oder im Schlamm des Gewässergrundes. Quakt unauffällig. Ernährt sich von Würmern, Schnecken, Insekten. **F** Die Art erscheint als erster Froschlurch im Jahr am Laichgewässer, mitunter nach Laichwanderungen. Das ♀ legt bis zu 3500 Eier in einem Laichballen ins flache Wasser ab, wo er an der Oberfläche schwimmt.

Springfrosch
Rana dalmatina

G	♀ bis 8 cm ♂ bis 6 cm	Laub- wald	III–IV

M Ähnlich wie der oben beschriebene Grasfrosch hat auch der Springfrosch eine zugespitzte Schnauze, jedoch einen etwas schlankeren Körper. Die Färbung variiert von lehmgelb über hellbraun bis rötlich, einfarbig oder gefleckt; im Gegensatz zum Grasfrosch ist die helle Bauchseite jedoch nie gefleckt! Das ♂ hat keine Schallblasen und es bekommt zur Paarungszeit graue Brunftschwielen am ersten Finger. **V** Lichte Laubwälder des Hügel- und Flachlandes, insbesondere Buchen- und Eichenhochwälder. Als Laichgewässer dienen fast alle stehenden oder langsam fließenden Gewässer. **L** Wie der Grasfrosch tag- und nachtaktiv, gut ans Landleben angepaßt. Springt über 2 m weit und 1 m hoch. **F** Die ♀ legen meist ab Anfang März bis April pro Laichballen bis zu 1000 Eier, die oberseits dunkel, unten hell gefärbt sind. Die Laichklumpen schwimmen untergetaucht.

Wasserfrosch

Rana esculenta

bis 12 cm	Seen Teiche	V–VI

M Die Farbe variiert in allen Grün- bis zu Brauntönen, mit schwärzlichen Flecken und gelbgrünen Rückenstreifen. Oberschenkel meist gelbbraun marmoriert. Kleiner Fersenhöcker an der Fußunterseite. 2 äußere, seitliche Schallblasen. **V** Im Uferbereich vieler Seen, Teiche, Tümpel mit gutem Pflanzenbewuchs, meist in Ufernähe. **L** Überwiegend tagaktiv, sonnt sich gerne am Ufer. Überwintert im Schlamm des Gewässerbodens. Ruft laut, oft im Chor: »krroak«. Schnappt die Beute (Insekten, Gliederfüßer, Schnecken, Würmer) oft im Sprung. **F** Das ♀ legt 600–1500 Eier in Laichklumpen ab, die auf den Gewässergrund sinken. Nach 5–8 Tagen schlüpfen die Larven, deren Umwandlung zum Frosch 2–3 Monate später beendet ist.

Moorfrosch

Rana arvalis

G

6–7,5 cm	Moore Feucht-wiesen	III–V

M Schlanker Braunfrosch mit zugespitztem Kopf. Die glatte Haut der Oberseite weist eine große Farbvariabilität auf: von hell- über mittel- bis dunkelbraun, einfarbig oder dunkel gefleckt. Manchmal säumen 2 Warzenreihen die hellere Rückenlinie. Wie bei allen »Landfröschen« sind auch hier die Schwimmhäute nur unvollständig entwickelt und reichen nicht bis zum Ende der längsten Zehe. Das ♂ hat 2 innere, nicht ausstülpbare Schallblasen; zur Laichzeit bekommt es schwärzliche Brunftschwielen am ersten Finger. Gelegentlich sind einige ♂ zur Laichzeit blau gefärbt. **V** Hoch- und Niedermoore, feuchte Wiesen und Bruchwälder. Laichgewässer sind nährstoffarme, flache Tümpel. **L** Erbeutet Fliegen, Käfer, Schnecken meist im Sprung. Der Lockruf des ♂ klingt blubbernd. **F** Das ♀ legt 1000–2000 Eier in 1–2 Laichballen, die auf den Gewässergrund sinken.

Laubfrosch

Hyla arborea

G

bis 5 cm	Gebüsch Schilf	III–V

M Kleinster heimischer Frosch. Färbung variabel: Grasgrün, gelblich, bräunlich, schwarzgrau, sehr selten sogar blau! Haut der Oberseite glatt, Bauch gekörnt. Kehlständige Schallblase. Finger und Zehen der langen Sprungbeine sind zu Haftscheiben erweitert. **V** Gebüschreiches Gelände, Waldränder, Schilf, Gras. Laichgewässer sind flache, sonnige Weiher, auch Kiesgruben, Gräben, Wagenspuren. **L** Obwohl überwiegend nachtaktiv, sonnt er sich tagsüber gern an Schilfhalmen oder auf Blättern. Typisch ist das laute, anhaltende »käkäkäkä ...«, das die ♂ oft im Chor vortragen. Einziger heimischer Frosch, der dank seiner Haftscheiben klettern kann. Fängt überwiegend Fluginsekten. **F** Das ♀ legt Laichballen mit 150–300 Eiern ins Flachwasser, wo sie zu Boden sinken. Nach 3–4 Monaten verlassen die 1 cm kleinen Frösche das Wasser.

Zauneidechse

Lacerta agilis

G			
	18–20 cm	trockene Orte	V–VI

M Kurzbeinige Bodeneidechse mit dickem Kopf. Rücken hellbraun mit dunklem Mittelstreifen und weiß-dunkelbraunen Flekken, die in Längsreihen daneben angeordnet sind. Die ♂ unterscheiden sich von den ♀ durch eine auffallende, zur Paarungszeit schillernde, Grünfärbung an Kopf und Seiten. **V** Trockene Böschungen, Hecken, Feldraine, Waldränder, Grasflächen, Mauern. **L** Unsere häufigste Eidechsenart ist tagaktiv und sehr wärmeliebend; sie sonnt sich gerne auf Steinen. Überwintert in kleinen Erdhöhlen und Spalten. Ernährt sich von Insekten, Würmern und Spinnen. **F** Die ♀ legen 5–14 weichschalige Eier in die durchwärmte Erde, aus denen nach etwa 8 Wochen die Jungeidechsen schlüpfen.

Waldeidechse

Lacerta vivipara

12–16 cm	feuchte Wälder	III–VI

M Hell- bis dunkelbraune Eidechse mit etwas kürzeren Beinen als die anderer Eidechsenarten. **V** Feuchte Wälder, Wiesen, Moore. **L** Die etwas seltenere und recht scheue Eidechse ist tagaktiv. Sie ist ein ausgezeichneter Kletterer und steigt auf Mauern und bis hoch in Bäume. Ihr Wärmebedürfnis ist weitaus geringer als das der oben beschriebenen Zauneidechse. Sie kommt daher manchmal bereits im zeitigen Frühjahr aus ihrem Winterversteck hervor. In strengen Wintern, im hohen Norden, kann die Winterstarre jedoch auch 8–9 Monate dauern. Ernährt sich von Insekten, Würmern und Spinnen. **F** Je nach Witterung bringt das ♀ im April bis Juni 3–10 lebende Junge zur Welt. Die Möglichkeit des Lebendgebärens stellt eine gute Anpassung an die kältere Umgebung dar und ermöglicht den Jungtieren eine optimale Entwicklung.

Blindschleiche

Anguis fragilis

bis 50 cm	feuchtes Gelände	IV–IX

M Glattschuppige, beinlose Echse; die Färbung reicht von hell- über kupfer- bis schwarzbraun. ♂ häufig heller als ♀, diese oft mit mehreren dunklen, zarten Längsstreifen. **V** Fast alle mäßig feuchten, gut bewachsenen Standorte. **L** Tag- und dämmerungsaktiv. Häufig liegt sie tagsüber unter Steinen versteckt. Sie geht v. a. morgens, abends oder nach Regen auf die Jagd nach Insekten, Spinnen, Asseln, Würmern, Schnecken. Zur Winterruhe ab Oktober finden sich meist mehrere Tiere in kleinen Erdhöhlen oder Baumstümpfen zusammen. Wie die Eidechsen vermag auch die Blindschleiche bei Gefahr ihren Schwanz abzuwerfen. **F** Kurz nach dem Erscheinen aus der Winterstarre im April findet die Paarung statt. Nach 12 Wochen Tragzeit gebärt dann das ♀ 8–25 Junge, die 4–9 cm lang und sofort nach der Geburt selbständig sind.

Schlingnatter
Coronella austriaca

G	60–80 cm	lichte Wälder	V–VI

M Der ovale, flache Kopf ist recht klein. Die ♂ sind braun, die ♀ graubraun mit 2–4 Reihen dunkelbrauner Flecken auf dem Rücken. Glatte Schuppen, Pupille rund. **V** Lichte Wälder, Waldränder, Hecken, Böschungen, Holzschläge, Steinbrüche. **L** Ungiftig! Tagaktiv, führt jedoch eine sehr verborgene Lebensweise. Als Nahrung dienen andere Reptilien und Kleinsäuger, v. a. Mäuse. Typisch ist das Packen der Beute mit dem Maul und die sofortige Umschlingung (Name!), um die Beute zu erdrosseln. **F** Auch bei der Paarung umschlingt das ♂ das ♀ und hält es mit dem Maul fest. Im August/September bringt das ♀ 13–18 lebende Junge zur Welt, die sich kurz nach der Geburt häuten und dann stahlblau schillern.

Ringelnatter
Natrix natrix

G	bis 200 cm	am Wasser	IV–V IX–X

M Meist grau oder schwärzlich. Charakteristisch ist beidseitig je ein gelber Nackenfleck. **V** Meist in Wassernähe und im Wasser. **L** Ungiftig! Tagaktiv. Eine der häufigsten heimischen Schlangen überhaupt und völlig ungefährlich. Ernährt sich v. a. von Fröschen, Kröten, Molchen und Wasserinsekten. Zischt und züngelt bei Gefahr, gibt ein unangenehm duftendes Sekret aus der Analdrüse ab und stellt sich sogar tot. Beißt fast nie. Überwintert möglichst in Gewässernähe unter Steinen, in Felsspalten, Komposthaufen, etwa von Oktober bis März. **F** Die Paarung kann im Frühjahr (IV/V) und/oder im Herbst (IX/X) erfolgen. Zwischen Juni und September legt das ♀ 10–30 weichschalige, weiße Eier in Moos, Kompost- oder Fallaubhaufen. Nach 4–8 Wochen schlüpfen die 15–20 cm langen Jungen. Sie sind sofort nach dem Schlüpfen selbständig.

Kreuzotter
Vipera berus

G	bis 80 cm	Wald Heide	IV–VI

M Färbung variabel: ♂ meist grau, ♀ braun. Beide mit dunklem Zickzackband auf dem Rücken. Daneben gibt es auch einfarbig kupferrote (»Kupferotter«) und fast schwarze (»Höllenotter«) Individuen. Schuppen recht groß. Pupille senkrecht. **V** Wälder, Wald- und Feldränder, Heide, bewachsene Geröllhalden. **L** Giftig! Tag- und dämmerungsaktiv. Liebt eher kühlere Stellen, meidet die pralle Sonne. Überwintert in größeren Gruppen in feuchten Erdspalten, -höhlen, Baumstümpfen, meist von Ende September bis Anfang April. Jagt Mäuse, Vögel und Frösche. **F** Nach der Paarung im Mai/Juni bringt das ♀ im August/September 10–15 lebende Junge zur Welt, die bereits 15–20 cm lang sind. Ist der Sommer sehr kühl und kurz, werden die Jungen erst im darauffolgenden Sommer geboren. Das ♀ überwintert dann mit den Embryonen.

Haubentaucher

Podiceps cristatus

Stockente	TZ	1–2 IV–VII

[M] Größter heimischer Lappentaucher mit auffälligem, schwarzem, zweigeteiltem Schopf; Halskrause und Backenbart rostbraunschwarz; Oberseite braun, Unterseite weiß. [V] Größere und kleinere Gewässer mit Uferbewuchs, außerhalb der Brutzeit an großen Flüssen und Meeresküsten. [L] Schwimmt mit flachem Rücken und langem, geradem Hals; taucht ausdauernd. Ruft laut »köcköck ...« und »orr«. Nahrung v. a. kleine Fische, Krebse, Wasserinsekten. Zur Brutzeit reviergebunden, sonst in kleinen Gruppen. Auffällige Balz. [F] Nest schwimmend oder auf einer Unterlage im Wasser. ♀ und ♂ erbrüten in 27–29 Tagen 4 Junge, die ab dem ersten Tag schwimmen und tauchen, aber noch 10–11 Wochen von den Eltern geführt werden.

Schwarzhalstaucher

Podiceps nigricollis

G

> Drossel	TZ	1 V–VII

[M] Kopf, Hals und Rücken schwarz, Seiten rotbraun, Unterseite weiß. Kopfseite zur Brutzeit mit fächerförmigem, goldfarbenem Federbüschel. [V] Vegetationsreiche Teiche und Seen mit dichtem Uferbewuchs, oft zusammen mit Lachmöwen; im Winter auch an Brack- und Salzwasser. [L] Rufe ansteigend »puii«. Ernährt sich von Wasserinsekten und deren Larven, Mollusken, kaum von Fischen. [F] Im Gegensatz zu anderen Lappentauchern brütet der Schwarzhalstaucher selten einzeln, sondern meistens in kleinen Kolonien, häufig in der Nähe oder sogar innerhalb von Lachmöwenkolonien. Nest meist im dichten Röhricht, auf einer Unterlage oder schwimmend. 3–4 Junge werden in 20–21 Tagen von ♀ und ♂ erbrütet; sie verlassen sofort das Nest, werden in den ersten Tagen von den Eltern auf dem Rükken getragen, sind mit 4–5 Wochen selbständig.

Zwergtaucher

Podiceps ruficollis

G

Drossel	S	1–2 III–VII

[M] Kleinster europäischer Taucher von rundlicher Gestalt, mit kurzem Hals. Oberseite schwarzbraun, Oberkopf schwarz, Halsseiten rotbraun, Schnabelwinkel hell gelbgrün. Ruhekleid unauffällig graubraun. [V] Kleine, dicht bewachsene, stehende und langsam fließende Gewässer, Verlandungszonen großer Seen. Im Winter einzeln oder in kleinen Trupps auf offenen Gewässern, selbst mitten in der Stadt. [L] Lebt im Sommer meist sehr heimlich, versteckt sich geschickt in der Ufervegetation. Zur Brutzeit charakteristischer, langer Triller, der oft im Duett vorgetragen wird. Taucht sehr häufig, manchmal mit kleinem Kopfsprung. Ernährt sich von Insekten, deren Larven, Mollusken u. a. kleinen Wassertieren. [F] 5–6 Junge werden in 20–22 Tagen von ♀ und ♂ im gut in der Vegetation versteckten Wassernest erbrütet und mindestens 40 Tage von den Eltern geführt.

Kormoran
Phalacrocorax carbo

G			
	Gans	Z/III–XI DZ/XII–II	1 IV–VII

M Überwiegend schwarz, Brutkleid schimmert metallisch grün. Kopfseiten, Kinn und Flanken weiß. **V** Auf Bäumen und Klippen an der Küste oder fischreichen Gewässern des Binnenlandes. Als Durchzügler und Wintergast recht häufig, als Brutvogel bei uns bedroht. **L** Flugbild kreuzförmig. Schwimmt mit tief eingetauchtem Körper und schräg nach oben gehaltenem Kopf. Ausdauernder Taucher. Gefieder nicht wasserabweisend; er sitzt daher oft mit zum Trocknen ausgebreiteten Flügeln auf Pfählen oder Steinen. Erbeutet v. a. Fische. Die sonoren Rufe sind meist nur an der Brutkolonie zu hören. **F** ♀ und ♂ erbrüten in 23–30 Tagen 3–4 Junge, die nach 60 Tagen flügge, aber noch 12–13 Wochen von den Eltern abhängig sind.

Graureiher
Ardea cinerea

G			
	< Storch	TZ	1 III–IX

M Die Oberseite dieses Schreitvogels ist grau, die Unterseite weiß. Arm- und Handschwingen, Oberkopfseiten und 2 lange Nackenfedern sind schwarz. **V** Uferzonen aller Gewässer. **L** Der Hals wird im Flug wie bei allen Reihern S-förmig eingezogen, die Beine dagegen lang ausgestreckt. Flügelschläge langsam, rudernd. Ruft im Flug laut »kraik«. Jagt im Seichtwasser oder langsam schreitend auf Wiesen; die Beute (Weißfische, Amphibien, Kleinsäuger) wird durch rasches Zustoßen mit dem Schnabel gepackt. Steht oft ruhig mit eingezogenem Hals am Gewässerrand. **F** Wie der oben beschriebene Kormoran ein geselliger Koloniebrüter; nistet auch gerne mit diesem zusammen auf hohen Bäumen. Die Reisignester werden mit feinem Material ausgelegt. ♀ und ♂ erbrüten in 25–27 Tagen 4–5 Junge, die mit 50 Tagen flügge sind, aber noch lange zum Nest zurückkehren.

Rohrdommel
Botaurus stellaris

G			
	> Bussard	TZ	1 IV–VII

M Kleiner, gelbbrauner Reiher mit schwarzer Gefiedermarmorierung. Oberkopf schwarz, Unterseite hellbraun mit dunklen Längsstreifen. **V** Große Schilf- und Rohrkolbenbestände. **L** Heimlicher, dämmerungs- und nachtaktiver Vogel, dessen seltsame, dunkle Rufe »u-pruh« weithin hörbar sind. Bei Störung und Gefahr unbewegliche, hochaufgerichtete »Pfahlstellung«, die selbst bei Nestjungen bereits zu beobachten ist. Klettert geschickt im Röhricht, meist mit sehr langsamen Schleichbewegungen. Fliegt nur niedrig über dem Schilf. Ernährt sich von Fischen, Amphibien, Wasserinsekten, Würmern. **F** Das Nest wird im Röhricht, meist etwas über dem Wasser angelegt. Das ♀ erbrütet in 25–26 Tagen 5–6 Junge, die bereits nach 15–20 Tagen neben dem Nest sitzen, aber erst im Alter von 50–55 Tagen flügge sind und v. a. vom ♀ geführt werden.

Weißstorch
Ciconia ciconia

G

bekannt	Z III–IX	1 IV–VII

M Großer, weißer Schreitvogel mit schwarzen Arm- und Handschwingen. Die langen Beine und der lange Schnabel sind rot. **V** Feuchte Niederungen mit Teichen, extensiv genutztes Grünland. Überwintert in Westafrika (Südwest-Zugroute über Gibraltar) bzw. in Ost- und Südafrika (Südost-Zugroute über Bosporus und Golf von Iskenderun). **L** Flug mit lang ausgestreckten Beinen und Hals. Segelflieger. Gesellig, kämpft aber ums Nest. Bei Erregung, v. a. am Nest, lautes Schnabelklappern. Jagt Amphibien, Mäuse, Regenwürmer, Insekten und deren Larven. **F** Brütet bei uns auf Dächern in Ortschaften, sonst in Kolonien auf Bäumen. ♀ und ♂ erbrüten in 33–34 Tagen 3–5 Junge, die nach 55–60 Tagen selbständig sind. Beide Eltern füttern.

Schwarzstorch
Ciconia nigra

G

Weiß- storch	Z III–IX	1 IV–VII

M Schwarzer Storch mit metallischem Grün- oder Purpurschimmer, Bauch und Unterschwanz weiß; die langen Beine und der lange Schnabel sind rot. Jungvögel bräunlich, ohne Metallglanz. **V** Große, teils sumpfige Wälder. Langstreckenzieher, überwintert im tropischen Afrika. Bei uns vom Aussterben bedroht! **L** Bei der Nahrungssuche (Fische, Amphibien, viele Wasserinsekten, wenige Landtiere) stärker ans Wasser gebunden als der oben beschriebene Weißstorch. Wie dieser ist er ein guter Segelflieger. Instrumentallaute (Schnabelklappern) sind selten, dafür eher pfeifend-zischende Laute. Scheuer Einzelgänger. **F** Das umfangreiche Nest aus Ästen und Knüppeln wird bei uns auf Bäumen, in Südeuropa auch in Felswänden angelegt und wie beim Weißstorch mehrere Jahre benutzt. ♀ und ♂ erbrüten in 32–40 Tagen 3–5 Junge, die sie 60–70 Tage im Nest füttern.

Kranich
Grus grus

G

> Storch	Z II–X	1 IV–VII

M Langbeiniger, langhalsiger grauer Schreitvogel mit kurzem Schnabel. Kopf und Halsunterseite schwarz, Scheitelplatte rot, Kopf- und Halsseiten weiß. Handschwingen schwarz, Ellenbogenfedern sichelförmig verlängert, bilden den dunkelgrauen, buschigen »Schwanz«. **V** Waldbrüche, Hoch- und Niedermoore, Feuchtwiesen. Nahrungssuche auch auf Feldern, Schlafplätze auf dem Zug oft im Seichtwasser. Vom Aussterben bedroht! Überwintert auf der Iberischen Halbinsel und im Westen Nordafrikas. **L** Fliegt wie Störche mit gestreckten Beinen und Hals. Bildet im Zug große, keilförmige Formationen. Nimmt Insekten, Schnecken, Würmer, auch Beeren, Getreide, Kartoffeln. Sehr scheu; außerhalb der Brutzeit gesellig. Trompetet bei der Balz, zur Begrüßung. **F** ♀ und ♂ erbrüten in 28–31 Tagen meist 2 Junge, die mit ca. 9 Wochen flügge sind.

Höckerschwan
Cygnus olor

bekannt	S	1 IV–IX

M Unser größter Schwan ist schneeweiß mit leicht S-förmig gebogenem Hals und orangerotem Schnabel; ♂ mit schwarzem Schnabelhöcker. **V** Nährstoffreiche, stehende oder langsam fließende Gewässer, oft halbzahm auf Parkteichen. **L** Flug schwerfällig, geradeaus, Fluggeräusch metallisch schwingend. Ruf v. a. zur Brutzeit trompetend »kiorr«. Zur Abwehr von Angreifern ertönt ein lautes Zischen. Imponiert mit über den Rücken erhobenen Flügeln, auch gegenüber Menschen. Außerhalb der Brutzeit z. T. gesellig. Nahrung sind Sumpf- und Wasserpflanzen. **F** Meist Einzelbrüter. Nur das ♀ erbrütet in 35–41 Tagen 5–8 Junge, die schon am 1. Tag das Nest verlassen, aber bis zum Winter im Familienverband bleiben.

Singschwan
Cygnus cygnus

Höcker- schwan	Z/IV–IX DZ/X–IV	1 V–VIII

M Weißer Schwan mit geradem, schlankem Hals, flacher Stirn und gelbem Schnabel mit schwarzer Spitze. **V** An der Küste und im Norddeutschen Tiefland regelmäßiger, im Binnenland bis an den Alpenrand seltener Wintergast auf größeren Gewässern. Brutvogel der Tundrazone Nordeurasiens und nordischer Waldseen. **L** Im Herbst und im Winter kann man bei uns Familien mit Jungen beobachten. Flug in Keilformation oder schräger Linie; ruft, im Gegensatz zum oben beschriebenen Höckerschwan auch im Flug tief, nasal »anghö«. Ernährt sich von Wasserpflanzen, Gräsern und Kräutern. **F** Einzelbrüter an Süßwasserseen der Arktis, Subarktis und Nadelwaldzone. Das ♀ erbrütet in 35–42 Tagen 5–6 Junge. Die jungen Nestflüchter verlassen nach 1–2 Tagen das Nest und werden mit etwa 4 Wochen selbständig, bleiben jedoch bis zum Winter in der Familie.

Kanadagans
Branta canadensis

> Graugans	Z/III–IX DZ/X–II	1 IV–VIII

M Unsere größte heimische Gans wurde aus Nordamerika eingebürgert. Oberseite graubraun, Bauch weiß, Brust hellgrau bis bräunlich, Hals, Kopf, Schwanz, Schnabel und Füße schwarz. Von der Kehle bis hinter die Augen zieht sich ein weißer Fleck. **V** Regelmäßiger Wintergast an den Küsten, als Brutvogel an Binnenseen meist halbzahm. **L** Gesellig. Ruft laut trompetend »ahong«. Nahrungssuche auf Grünflächen, auch im Seichtwasser: Gräser, Klee, Sämereien, Jungsaat, im Sommer auch Insekten, Würmer und Weichtiere. **F** Wie die Graugans führen auch Kanadagänse eine lebenslange Ehe. Das Bodennest wird gerne auf Inseln angelegt; häufig wird kolonieweise gebrütet. Das ♀ erbrütet in 28–30 Tagen 5–6 Junge. Die Nestflüchter werden von den Eltern geführt, sind nach 9 Wochen flugfähig, bleiben jedoch bis zur nächsten Brutperiode in der Familie.

Ringelgans

Branta bernicla

> Stockente	Z/V–IX DZ/X–IV	1 V–VIII

M Im Gegensatz zur umseitig beschriebenen Kanadagans die kleinste der »schwarzweißen« Gänse. Oberseite dunkel graubraun, Bauch und Schwanzdecken weiß. Kopf, Hals, Brust, Schnabel und Füße schwarz. Halsseiten mit schmalen, weißen Halbmonden (Name!). **V** Brutvogel arktischer Küsten, bei uns regelmäßiger Wintergast im Wattenmeer. **L** Sehr gesellig, daher fast immer in großen Scharen. Fliegt schnell, gänseartig. Ruft 1silbig tief »rock«. Nahrungssuche (Seegras, Queller, Grünalgen, Gräser, Wintersaat) im Watt und auf Wiesen sowie auf Wintersaatflächen. **F** Das ♀ erbrütet in 24–26 Tagen 3–5 Junge, die von beiden Eltern geführt werden und auch nach dem Flüggewerden noch länger im Familienverband bleiben.

Graugans

Anser anser

< Schwan	Z/III–IX DZ/X–II	1 IV–VIII

M Die hellgraubraune Gans mit blaßroten Füßen und blaßorangefarbenem Schnabel ist die Stammutter unserer Hausgans. **V** Bei uns regelmäßiger Durchzügler; als Brutvogel nur sehr selten, z. T. ausgesetzt, an Binnengewässern mit guter Deckung. **L** Wie alle Gänse sehr gesellig, fliegt meist in Keil- oder Linienformation. Im Streckenflug schwach pfeifendes Fluggeräusch. Nahrungssuche (Land- und Wasserpflanzen) auf Wiesen und Weiden, im Wasser. Ruft gerne, meist 2–7silbig »gaga …«. **F** Graugänse führen eine Dauerehe. Das ♀ erbrütet im gut im Röhricht versteckten Nest in 27–29 Tagen 4–9 Junge. Die Nestflüchter, die von ♀ und ♂ aufgezogen werden, sind nach 50–60 Tagen selbständig, bleiben jedoch bis zum nächsten Frühjahr in der Familie. Sie ziehen mit den Eltern ins Winterquartier und werden erst zur Brutzeit vom ♂ vertrieben.

Brandgans

Tadorna tadorna

> Stockente	TZ	1 IV–VII

M Große, sehr kontrastreich gefärbte, gänseähnliche Ente. Kopf schwarzgrün, Körper weiß mit einem breiten braunen Brustband, einem schwarzen Band in der Bauchmitte und je einem grünschwarzen Längsband von den Schultern nach hinten. Flügel weiß, Arm- und Handschwingen schwarz. Schnabel rot, beim ♂ zur Brutzeit mit rotem Höcker. Im Ruhekleid sind bei beiden Geschlechtern die Farben stumpfer. **V** Meeresküsten, salzige Binnenseen, Flußmündungen. **L** Teilzieher mit interessantem Mauserzug: von VII–IX gemeinsame Mauser zu Tausenden im Wattenmeer. Rufe nicht oft zu hören. Sehr gesellig. Zur Nahrungssuche (Mollusken, Krebse, Insektenlarven) häufig im Watt. **F** Höhlenbrüter (in Dünen, Kaninchenbauten, unter Steinen); manchmal legen mehrere ♀ ihre Eier in 1 Nest. Nach 29–31 Tagen schlüpfen 8–10 Junge, die mit 45–50 Tagen flügge sind.

Krickente
Anas crecca

G	Taube	Z/III–IX DZ/IX–III	1 IV–VIII

M Kleinste heimische Gründelente. ♂ im Brutkleid: Kopf dunkelbraun mit breitem, bogig in den Nacken reichenden, gelb eingefaßtem, grünem Seitenstreifen. Brust cremefarben, dunkel getupft, Rücken und Flanken grau, weißer Schulterlängsstreif. Flügelspiegel schwarzgrün, vorne breit hell abgesetzt. Im Ruhekleid so wie das dunkelbraun gefleckte, hellbraune ♀. **V** Stehende Flachwässer, Schlick- und Schlammflächen, Heide- und Moorseen. **L** Während der Brutzeit heimlich, sonst in Trupps. Die ♂ rufen melodisch »glik« (Name!), die ♀ quaken hell »gägä ...«. Nahrung tierisch und pflanzlich. **F** Gut verstecktes Bodennest in Wassernähe. Saisonehe. Das ♀ erbrütet allein in 21–23 Tagen 8–11 Junge und führt sie 25–30 Tage.

Stockente
Anas platyrhynchos

bekannt	S	1 III–VII

M Häufigste, größte Gründelente. ♂ im Brutkleid: Körper grau mit heller Unterseite, Kopf grün, weißer Halsring, dunkelbraune Brust. Die beiden mittleren, blaugrün schimmernden, schwarzen Schwanzfedern sind aufgerollt. Blauer Flügelspiegel ist vorne und hinten schwarzweiß eingefaßt. Im Ruhekleid wie ♀ bräunlich mit dunkler Streifenfleckung. **V** Stehende und langsam fließende Gewässer, in Parks oft halbzahm. **L** Stammutter der Hausente. ♂ ruft gedämpft »rähb« mit Grunzpfiff »fihb«; ♀ quaken laut eine abfallende Rufreihe »waak-waak ...« Nahrung pflanzlich und tierisch: Wasser-, Landpflanzen, Sämereien, Insekten und deren Larven, kleine Krebse, Mollusken; auch Brot und Abfälle. **F** Saisonehe. Nest am Boden oder auf Bäumen, auch entfernt vom Wasser. Nur das ♀ erbrütet in 25–30 Tagen 7–11 Junge und führt sie 50–60 Tage. Foto Gelege S. 524.

Spießente
Anas acuta

G	< Stockente	Z/IV–VIII DZ/IX–IV	1 IV–VII

M Schlank, mit langem, dünnem Hals. ♂ im Brutkleid grau mit dunkelbraunem Kopf, weißem Hals. Unterseite weiß, Unterschwanzdecken schwarz. Schwanz lang und spitz ausgezogen. Im Ruhekleid unauffällig bräunlich wie ♀. **V** Bei uns als Brutvogel sehr selten, als Wintergast und Durchzügler v. a. an der Küste, im Watt und an großen Binnenseen. Weitstreckenzieher! Brütet an großen stehenden Gewässern. **L** Gründelente, meist einzeln unter anderen Gründelenten. Schwanz wird beim Schwimmen schräg nach oben gehalten. Stimme leise, unauffällig. Nahrung pflanzlich und tierisch, ähnlich vielseitig wie bei der oben beschriebenen Stockente. **F** Saisonehe. Im gut in dichter Vegetation versteckten Bodennest erbrütet das ♀ in 22–24 Tagen 7–12 Junge, die mit 40–45 Tagen flügge sind. Die Jungen werden in dieser Zeit vom ♀ alleine geführt.

Kolbenente

Netta rufina

G	Stockente	TZ	1 V–VIII

M ♂ im Brutkleid: Dicker, fuchsroter Kopf mit hellerem Oberkopf. Brust, Bauch und Unterschwanzdecken schwarz. Flanken weiß, Rücken und Flügel braun, weißer Schulterstreif. Weißer Flügelvorderrand und breite weiße Flügelbinde (Flug!). Schnabel rot. Im Ruhekleid ähnlich dem braunen ♀ mit dunkelbraunem Oberkopf und schwarzbraunem Schnabel mit hellrotem Band an der Spitze. **V** Nährstoffreiche Flachgewässer mit reichlich Ufervegetation. **L** Tauchente, die auch oft gründelt. ♂ ruft kurzes, lautes »bät«, eingebettet in leise Triller. Fast nur zur Brutzeit zu hören. Als Nahrung dienen v. a. Wasserpflanzen. **F** Saisonehe. Nur das ♀ erbrütet im Bodennest in 26–28 Tagen 8–11 Junge, die 45–55 Tage geführt werden.

Tafelente

Aythya ferina

< Stockente	TZ	1 IV–VIII

M Kräftige Tauchente mit hohem Kopf. ♂ im Brutkleid: Kopf und Hals schokoladenbraun, Rücken und Flanken silbergrau, Brust und Schwanz schwarz. Der schwarze Schnabel trägt in der Hälfte eine breite, hellgraublaue Binde. Im Ruhekleid weniger kontrastreich. ♀ variabel braun, Schnabelbinde nur sehr schmal. **V** Nahrungsreiche Binnengewässer mit gut ausgebildeter Ufervegetation. **L** Sehr gesellig, im Winter häufig zusammen mit Reiherenten. Rufe außerhalb der Balzzeit nur selten zu hören und auch da nur wenig auffällig. Taucht nach Wasserpflanzen und -tieren. **F** Saisonehe. Das wassernahe Bodennest wird in der dichten Ufervegetation gut versteckt. Das ♀ erbrütet in 24–28 Tagen 5–12 Junge, die ca. 50 Tage geführt werden; häufig zusammen mit Jungen der unten beschriebenen Reiherente (man nennt das »Kindergarten«).

Reiherente

Aythya fuligula

< Stockente	TZ	1 V–IX

M Kleine, gedrungene Tauchente. ♂ im Brutkleid mit schwarzem Körper und weißen Flanken und Bauch. Kopf mit herabhängendem Federschopf (Name!). Breites weißes Flügelband (Flug!). Im Ruhekleid ähnlich dem dunkelbraunen ♀ (keine oder nur sehr kurze Haube!) mit grauen Flanken. **V** Stehende oder langsam fließende Gewässer. In Parks oft halbzahm. **L** Häufig in großen Trupps, v. a. im Winter zusammen mit Tafelenten. Flug schnell und wendig. ♂ ruft bei Balz »bück-bück«, ♀ im Flug »krrr«. Außerhalb der Brutzeit meist stumm. Nahrung v. a. kleine Wassertiere (Mollusken, insbesondere die Wandermuschel *Dreissena polymorpha*, S. 298), auch wenige Wasserpflanzen. **F** Saisonehe. Gut verstecktes Bodennest (auch in Höhlen) am Wasser oder im Röhricht. Nur das ♀ erbrütet in 23–24 Tagen 6–11 Junge und führt sie 45–50 Tage.

Eiderente

Somateria mollissima

G

> Stockente	Z/III–IX DZ/VII–II	1 IV–VIII

M Große, kurzhalsige Meeresente mit schräger Stirn und keilförmigem Schnabel. ♂ im Brutkleid: Rücken, Brust, Hals und Kopf weiß, Stirn und Scheitel schwarz; Nacken und Halsseiten hellgrün; Bauch, Flügelspitzen, Armschwingen, Schwanz und Bürzel schwarz. Im Ruhekleid wie das ♀ graubraun. **V** Brütet an kalten, flachen Meeresküsten. Bei uns auch häufiger Mauser- und Wintergast (VII–II) an Nord- und Ostsee. Im Binnenland nur im Winter in kleinen Trupps oder einzeln. **L** Gesellig. Taucht mit einem Schlag der halboffenen Flügel, gründelt nach Muscheln und Krebsen. ♂ ruft zur Balz »uhu«, ♀ »goggog ...« oder »korr«. **F** Das ♀ erbrütet im nahezu ungedeckten Bodennest während 25–28 Tagen 4–6 Junge, die mit 65–75 Tagen flügge sind.

Gänsesäger

Mergus merganser

G

> Stockente	TZ	1 IV–VIII

M Kräftiger, rötlicher, an der Spitze umgebogener, gezähnter Schnabel. Breites, weißes Armflügelfeld im Flug. ♂ im Brutkleid: Kopf und Hals schwarzgrün, Schultern und Rücken schwarz, unterer Halsteil, Brust und Unterseite weiß bis lachsrosa. Im Ruhekleid ähnlich dem ♀: Kopf und Hals rotbraun, Kehle und Vorderbrust weiß, Ober- und Unterseite aschgrau. Hinterkopfgefieder zottig. **V** Flüsse, Seen, Meeresküsten mit Baumbestand. Stark bedroht! **L** Im Winter in größeren Trupps auf Binnengewässern. Der Schnabel ist hervorragend zum Fischfang geeignet: die feinen Sägezähnchen (Name!) können die glitschige Beute gut festhalten. Stimme selten zu hören, im Flug und bei Störung ein hartes »karr«. **F** Höhlenbrüter (Baumhöhlen, Mauerlöcher, Nistkästen). Das ♀ erbrütet in 30–35 Tagen 8–12 Junge, die aus der Höhle springen und mit 60–70 Tagen flügge sind.

Zwergsäger

Mergus albellus

< Stockente	Z/IV–IX DZ/X–IV	1 V–VIII

M Der kleinste Säger hat im Gegensatz zum oben beschriebenen Gänsesäger einen kurzen Schnabel. Das ♂ ist im Brutkleid weiß, mit schwarzem Fleck zwischen Schnabel und Auge, schwarzen Flügel- und Rückenpartien sowie einer kleinen, schwarzweißen Haube am Hinterkopf. Im Ruhekleid wie das ♀ : Kopf und Halsseiten rotbraun, Wangen, Kehle und Vorderhals weiß, scharf gegen den grauen Körper abgesetzt. **V** Brutvogel an Seen der nördlichen Waldzone Eurasiens. Bei uns regelmäßiger Wintergast der Küsten und im Binnenland. **L** Fängt im Winter kleine Fische, im Sommer Insekten und andere kleine Wassertiere. Stimme bei uns kaum zu hören. Außerhalb der Brutzeit gesellig. **F** Höhlenbrüter, der in Baumhöhlen nistet, aber auch Nistkästen annimmt. Das ♀ erbrütet in 30 Tagen 6–9 Junge und führt diese auch allein, bis sie mit 10 Wochen fliegen können.

Rotmilan
Milvus milvus

G	> Bussard	Z III–IX	1 IV–VII

M Der rostrote, schlanke Greif mit grauem Kopf ist etwas größer und kontrastreicher als der Schwarzmilan, Schwanz und Flügel sind länger. Der Schwanz ist tief gegabelt (»Gabelweihe«). **V** Große Laubwälder des Tieflandes und der Mittelgebirge. Überwintert im nördlichen Mittelmeerraum. **L** Flug mit weichen, tiefausholenden Flügelschlägen und auffälligen seitlichen Steuerbewegungen des Schwanzes. Gedehnte, pfeifende Rufe »wiüü«. Nahrung sind kleine Nager, Fische, Aas und Abfälle. **F** Der Horst steht meist hoch (7–30 m) in Bäumen. Das ♀ erbrütet in 28–30 Tagen 2–3 Junge, die nach 45–50 Tagen den Horst verlassen, während der nächsten Wochen jedoch noch zeitweilig zu ihm zurückkehren.

Rohrweihe
Circus aerugineus

G	Bussard	Z III–X	1 V–VIII

M Schlanker und schmalflügeliger als Bussard. Die Flügel werden beim Segeln und Gleiten (wie bei allen Weihen) V-förmig nach oben gehalten. Beim ♂ Unterseite hellrotbraun, Vorderkörper gestrichelt, Rücken und Oberflügel braun, sonst hellgrau. ♀ (Foto) wie Junge dunkelbraun mit weißlichem Oberkopf, Schultern und Flügelvorderkante. **V** Feuchtgebiete. Überwintert im Mittelmeerraum und südlich der Sahara. **L** Fliegt meist niedrig über dem Boden. ♂ ruft bei der Balz im »Singflug« hell-nasal »quiä«. Nahrung sind kleine Säuger, Vögel, zur Brutzeit auch Eier und Jungvögel. **F** Das Bodennest wird meist im dichten Röhricht oder zwischen anderen Sumpfpflanzen angelegt. Das ♀ erbrütet in 31–36 Tagen 3–7 Junge, die nach 38–40 Tagen das Nest verlassen, noch 14 Tage in Horstnähe bleiben und dann den Eltern folgen.

Habicht
Accipiter gentilis

G	♀ Bussard ♂ Krähe	S, Str	1 III–VI

M Oberseite schiefergrau bis braungrau, Kopfplatte dunkel, weißer Überaugenstreif. Unterseite weiß, fein schwarz quergebändert. Junge Habichte (»Rothabicht«) sind oben dunkel- bis rötlichbraun und kräftig dunkelbraun längsgefleckt. Vom Bussard ist er im Flug durch den langen Schwanz und kurze, breite Flügel unterschieden. **V** Wälder, Busch- und Heckenlandschaften. **L** Im zeitigen Frühjahr Flugspiele und Schauflüge mit gespreiztem Unterschwanz, sonst wechselt Streckenflug mit Gleitflug ab. Segelt auch gerne. Beutefang erfolgt meist aus der Deckung als Überraschungsangriff, Anflug oft niedrig über dem Boden. Als Beute dienen v.a. Vögel und Säuger. **F** Horst auf hohen Waldbäumen. V.a. das ♀ erbrütet in 35–42 Tagen die 2–5 Jungen, die den Horst nach 36–40 Tagen verlassen, aber erst mit 70 Tagen selbständig sind.

Sperber

Accipiter nisus

G

♀>/♂< Turmfalke	TZ	1 IV–VIII

M Wie der umseitig beschriebene Habicht, nur kleiner, mit meist gerade abgeschnittenem Schwanz. ♂ (Foto) oben blaugrau, unten weiß mit fein rötlichbrauner Querbänderung (»Sperberung«). ♀ oben mehr graubraun, weiße Unterseite dunkelbraun gesperbert. **V** Strukturreiche Landschaft mit Wäldern, Hecken und Büschen. Überwintert vom südlichen Nordeuropa bis Südafrika. **L** Flug und Beutefang ähnlich dem des Habichts. Der hohe, durchdringende Alarm vieler Kleinvögel (»Hassen«) verrät die Anwesenheit des Sperbers. Bei Störungen am Horst ruft er anhaltend »gigigi ...«. **F** Nest auf jungen bis mittelalten Bäumen. Das ♀ brütet 24–30 Tage; die 4–6 Jungen fliegen den Eltern ab dem 35. Tag bettelnd entgegen.

Mäusebussard

Buteo buteo

> Krähe	S	1 III–VI

M Häufigster heimischer Greifvogel mit rundem Kopf, kurzem Hals, breiten Schwingen und kurzem Stoß, der bei Spreizung abgerundet ist und 10–12 Querbinden mit breiter Endbinde aufweist. Färbung sehr variabel von schwarzbraun bis fast weiß. Dunkle Tiere häufig mit hellem Brustschild. **V** Offenes Kulturland, Felder, Wiesen, Wälder, kleine Gehölze. **L** Segelt im Aufwind über seinem Revier. Zeigt im Ruderflug schnelle, flache Flügelschläge; rüttelt auch. Sein hohes, langgezogenes, miauendes »hijäh« ist das ganze Jahr über zu hören. Ansitzjäger, v. a. auf Wühlmäuse (bei uns Feldmäuse) und andere Kleinsäuger, Jungvögel, Reptilien, Amphibien, Insekten. Nimmt auch tote Tiere und Aas. **F** Umfangreicher Horst hoch in Einzelbäumen der Feldmark oder des Waldrandes. ♀ und ♂ erbrüten beide in 33–35 Tagen 2–3 Junge, die nach 40–50 Tagen ausfliegen.

Steinadler

Aquila chrysaetos

G

> Bussard	S	1 II–VIII

M Großer, dunkelbrauner Greifvogel mit goldbraunem Oberkopf und mittellangem Schwanz. Flügel an den Enden breit gefächert, Handschwingen im Flug aufgebogen. Jungvögel mit weißer Handschwingenbasis und Schwanzwurzel. **V** Bei uns auf die Alpen beschränkt; obwohl hier inzwischen über 25 Brutpaare beheimatet sind, ist der Steinadler insgesamt sehr gefährdet! **L** Meist ist der Steinadler nur sehr hoch in der Luft im Gleit- oder Segelflug zu beobachten; hierbei ertönt gelegentlich ein heiseres »hijäh«. Auf seine Beute (Murmeltiere, Rauhfußhühner, Gams-, Hirsch- und Rehkitze, Füchse, Dachse, Eichhörnchen, Ratten, Mäuse, im Winter auch Aas, stößt er aus großer Höhe mit angewinkelten Flügeln herab. **F** Der große Horst wird in Felswänden errichtet, kann über mehrere Jahre benutzt werden. Das ♀ erbrütet in 40–45 Tagen 2 Junge. Nestlingszeit 75–80 Tage.

Fischadler

Pandion haliaetus

G

> Bussard	Z IV–X	1 IV–VII

M Oben dunkelbraun, unten weiß mit braunem Brustband. Oberkopf weiß mit schwarzem Augenstreif, der sich bis zum Hals hinzieht und dort breiter wird. Hinterkopf- und Nackenfedern im Sitzen oft gesträubt. Flügel schmal, lang, werden oft gewinkelt. **V** Küsten, Binnengewässer; in vielen Gebieten heute ausgestorben! Überwintert südlich der Sahara. **L** Jagt an stehenden, fischreichen Gewässern, erbeutet Fische im Stoßflug – eine für europäische Greifvögel einmalige Jagdmethode! Sitzt gern auf einzelnen, dürren Bäumen. Ruft weich »gjü-gjü …«. **F** Große Horstburg aus Knüppeln und Ästen auf Baumspitzen, kann jahrelang benutzt werden. Beide Eltern erbrüten in 33–40 Tagen meist 3 Junge, die nach 44–59 Tagen das Nest verlassen.

Wanderfalke

Falco peregrinus

G

> Taube	S, Str	1 III–VI

M Unser größter heimischer Falke hat lange, spitze Flügel und einen relativ kurzen, spitz zulaufenden Schwanz. Die erwachsenen Falken sind oben dunkelgraublau, unten weißlich mit schwarzen Querbändern oder am Vorderkörper mit schwarzen Tropfenflecken. Der breite schwarze Backenstreif ist deutlich von Kehle und Wangen abgesetzt. Bei den eher graubraunen Jungen ist diese Abgrenzung nicht so scharf. ♀ deutlich größer als ♂. **V** Felswände der Mittel- und Hochgebirge, Steilküsten; selten Baum- oder Bodenbrüter. Vom Aussterben bedroht! **L** Rasanter Flugjäger, schlägt v. a. Tauben, Stare, Drosseln, Rabenvögel, Watvögel und Möwen. V. a. am Horst ertönt ein gähnendes »gäääi« (Lahnen). **F** Das ♀ brütet 29–33 Tage, wird dabei vom ♂ versorgt. Die 3–4 Jungen sind nach 35–42 Tagen flügge, aber noch ca. 2 Monate auf die Eltern angewiesen.

Turmfalke

Falco tinnunculus

Taube	Z, Str	1 IV–VII

M Neben dem Bussard unser häufigster heimischer Greif, mit langem, dunkel quergebändertem Stoß. Oberseite des ♂ rotbraun, schwach gefleckt, Oberkopf, Hinterrücken und Schwanz grau. ♀ (Foto) und Jungvögel oben rotbraun, stark dunkel gefleckt und quergebändert. **V** Tiefland bis Hochgebirge, sehr anpassungsfähig. Brütet in Felsen, Steinbrüchen, Städten, Ruinen, jagt über offenem Kulturland. Überwintert in ganz Mitteleuropa. **L** Typisch ist der Rüttelflug (Fliegen vor Ort), wobei er nach Beute, (Kleinsäuger, -vögel, Reptilien, Insekten) ausschaut. Jagt auch vom Ansitz aus oder – seltener – im Flug. Seine hohen Rufe »kikiki …« sind häufig zu hören. **F** Wie alle Falken legt das ♀ die Eier in Felsnischen, Mauerlöcher, alte Krähen- und Elsternnester; es erbrütet in 21–27 Tagen 4–6 Junge, die nach 28–32 Tagen das Nest verlassen.

Birkhuhn
Tetrao tetrix

G	Fasan	S	1 V–VII

M ♂ glänzend blauschwarz, Schwanz leierförmig mit auffälligem weißem Unterschwanz. Weißer Flügelbug und weiße, im Flug sichtbare Flügelbinde. ♀ kleiner, graubraun, mit kurzem, gegabeltem Schwanz. **V** Moore und Heiden der Tiefebenen (hier fast überall bei uns ausgestorben), Krummholzzone und Matten der Alpen. **L** Flug mit sehr vielen Flügelschlägen und dazwischenliegendem Gleiten; sitzt v. a. im Herbst und Winter gern auf Bäumen. Ernährt sich von Knospen, Trieben, Blättern, Beeren, kleinen Insekten. **F** Gemeinschaftsbalz (IV/V und X/XI) der ♂ mit hängenden Flügeln und hochgeklapptem Schwanz bei weit hörbarem »Kullern« und Zischen. Das ♀ brütet allein 26–27 Tage; die 7–10 Nestflüchter sind mit etwa 4 Wochen selbständig.

Auerhuhn
Tetrao urogallus

G	> Fasan	S	1 IV–IX

M ♂ dunkelgrau bis schwarz mit schwarzem Kehlbart und metallisch grünblau glänzender Brust. Flügel braun mit weißen Achselflecken. ♀ oberseits bräunlich, unterseits rostgelb mit vielen dunklen Querbinden; kleiner als das ♂. **V** Naturnahe Mischwälder der Mittel- und Hochgebirge. **L** Das große Rauhfußhuhn ernährt sich sehr abwechslungsreich: im Winter fast nur von Koniferennadeln (v. a. Kiefer); im Frühjahr von Knospen, Jungtrieben, Blüten, Blättern, Gras; im Sommer und Herbst von Beeren und Früchten (v. a. Preisel- und Heidelbeere). Zur Verdauung harter Pflanzenteile werden Magensteine aufgenommen. **F** Eindrucksvolle Balz des ♂ mit aufgefächertem Schwanz und harten, knackenden, schnalzenden Lauten, am Boden oder auf einer Singwarte. Bodennest. Das ♀ erbrütet in 25–27 Tagen 5–12 Junge, die bis in den September bei der Mutter bleiben.

Alpenschneehuhn
Lagopus mutus

G	> Rebhuhn	S	1 V–IX

M Flügel, Bauch und Fußbefiederung ganzjährig weiß. ♂ im Sommerkleid oberseits schwarzbraun (Foto links), ♀ mehr rotbraun. Über den Augen bei beiden Geschlechtern, wie bei den beiden oben beschriebenen Rauhfußhühnern, ein roter Hautstreifen (»Rosen«). Schwanzaußenfedern schwarz. Im Winter sind die Vögel reinweiß, nur Schwanzaußenfedern und Augenstrich schwarz (Foto rechts). **V** Steinige Matten oberhalb der Baumgrenze. **L** Durchstreift sein Revier auf der Suche nach Flechten, Moosen, Knospen, Beeren, Samen, im Winter überwiegen Koniferennadeln. Das ♂ ruft knarrend. Bestens getarnt, fliegt bei Störung oft erst in letzter Minute mit burrendem Fluggeräusch auf. **F** Das ♀ erbrütet in der flachen, gut gedeckten Bodennestmulde in 22–24 Tagen 6–12 Junge. Die Nestflüchter fliegen mit 10 Tagen und werden vom ♀ bis zum Winter geführt.

Rebhuhn
Perdix perdix

G			
G	Taube	S	1 IV–VII

M Gedrungenes Feldhuhn mit kurzem, rostrotem Schwanz. Kopf orangegelb, Vorderkörper hellgrau, Flanken rostrot gebändert. Brustmitte mit dunkelbraunem, hufeisenförmigem Fleck. **V** Ursprünglich Steppenvogel, heute Kulturfolger auf Heide- und Ackerland mit genügend Deckung. **L** Rennt sehr schnell, fliegt mit hartem Flügelburren auf. Reviergesang des ♂ ist ein knarrendes »kirreck«, das auch in der Dunkelheit zu hören ist. Nahrung sind Sämereien, Knospen, in den ersten Lebenswochen v. a. Kleintiere. **F** In der flachen, mit trockenen Halmen und Blättern ausgelegten Nestmulde erbrütet das ♀ in 25 Tagen 10–20 Junge, die mit 5 Wochen selbständig sind, aber über Winter bei der Familie bleiben.

Wachtel
Coturnix coturnix

G	Star	Z IV–X	1(–2) V–IX

M Unser kleinster europäischer Hühnervogel ist rundlich und sehr kurzschwänzig. Das erdbraune Gefieder ist an Rücken und Flanken gelblich gestreift. Kopf und Kehle des ♂ mit dunkler Zeichnung, Kehle des ♀ weiß. **V** Kultur- und Ödland mit geschlossener Krautschicht. Zieht als einzige europäische Hühnerart im Winter fort; überwintert vom Mittelmeerraum bis ins tropische Afrika. **L** Lebt sehr heimlich, ist eher zu hören als zu sehen. Charakteristisch ist der Revierruf (»Wachtelschlag«) des ♂ »pick-wer-ick«. Als Nahrung dienen v. a. Sämereien, auch Insekten. **F** Wie bei allen Hühner scharrt auch hier das ♀ eine flache Bodenmulde, die mit wenig trockenem Nistmaterial ausgelegt wird. Das ♀ erbrütet in 18–20 Tagen 7–14 Junge, die nach 19 Tagen voll flugfähig und im Alter von 4–7 Wochen selbständig sind. Bis dahin werden sie vom ♀ geführt.

Fasan
Phasianus colchicus

> Rebhuhn	S	1 IV–IX

M Größer, hochbeiniger und langschwänziger als das oben beschriebene Rebhuhn, ist der aus Asien eingeführte Fasan der auffälligste Vogel unserer Kulturlandschaft. Gefieder des ♂ braun bis kupfer mit schwarzen Säumen. Kopf grün-blau, mit roter, häutiger Gesichtsmaske, Ohrfedern verlängert. ♀ und Junge braun mit heller und dunkler Musterung. **V** Kultur- und Ödland mit genügend Deckung. **L** Häufig auf Wiesen und Feldern zu sehen. Dem charakteristischen, lauten Revierruf des ♂ »göögöck« folgt oft ein dumpfes Flügelburren. Der Fasan ernährt sich v. a. von Sämereien, Früchten, grünen Pflanzenteilen, in den ersten Lebenswochen von Kleintieren. **F** Die flache Nestmulde ist gut durch Büsche oder Schilf gedeckt. Das ♀ erbrütet in 23–24 Tagen 8–12 Junge, die nach 10–12 Tagen flugfähig, aber bis zu 70–80 Tage vom ♀ abhängig sind.

Wasserralle
Rallus aquaticus

G

> Drossel	TZ	1–2 IV–VIII

M Oberseite olivbraun, Kopfseiten, Kehle, Hals und Brust schiefergrau, Flanken schwarzweiß gestreift. Charakteristisch ist der lange, etwas gebogene, rote Schnabel. **V** Dichte, hohe Schilfbestände an Flüssen und Seen. **L** Sehr heimlich, läuft in geduckter Haltung, ist daher kaum zu beobachten; klettert gut in Ästen und Sträuchern. Häufigster Ruf ist ein grunzend-kreischendes »Ferkelquieken«. Wippt bei Erregung ruckweise mit hochgestelltem Schwanz. Nahrung sind Insekten, kleine Schnecken, Würmer. **F** Das tiefe Napfnest ist sehr gut im Schilf versteckt. ♀ und ♂ erbrüten in 19–22 Tagen 6–11 Junge, die das Nest nach einigen Tagen verlassen, nach 7–8 Wochen flügge sind, sich von den Eltern aber bereits vorher trennen.

Teichhuhn
Gallinula chloropus

Taube	TZ	2–3 IV–VIII

M Oberseite olivbraun, Kopf, Hals und Unterseite grauschwarz, Flanke mit weißem unterbrochenem Längsband. Rotes, häutiges Stirnschild mit gelber Schnabelspitze, Füße grün mit rotgelbem Fersenring. **V** Ufer und Verlandungszonen stehender und langsam fließender Gewässer, Lehm- und Kiesgruben, Dorfteiche, Parkgewässer. **L** Nickt beim Schwimmen mit dem Kopf und zuckt mit dem gestelzten Schwanz, läuft auf dem Land, klettert geschickt in bodennaher Vegetation. Häufigster Ruf ist ein gurgelndes »kürrk«, das bei Erregung gereiht und bei größerer Störung in ein scharfes »kirreck« oder »kickick ...« übergeht. Ernährt sich von Samen und Früchten der Sumpf- und Wasserpflanzen, Insekten u. a. Kleintieren. **F** Das Nest ist gut im Uferbewuchs versteckt. ♀ und ♂ erbrüten beide in 19–22 Tagen 5–11 Junge, die mit ca. 35 Tagen flügge sind.

Bläßhuhn
Fulica atra

< Stockente	TZ	1 IV–VIII

M Schwarzgraue Ralle mit schwarzem Kopf, leuchtend weißem Stirnschild und Schnabel. **V** Stehende und langsam fließende Gewässer mit Uferdeckung, Altwässer, Kiesgruben, Tümpel, Dorf- und Parkteiche. **L** Schwimmt mit ständigem Kopfnicken, taucht mit kleinem Kopfsprung. Vor dem Start langes Laufen auf der Wasseroberfläche mit lautem Flügelklatschen. ♂ ruft »tsk« oder »tp«, ♀ laut bellend »köw«. Ernährt sich von Schilf, Wasserpflanzen, Mollusken, Insekten und deren Larven, organischen Abfällen. **F** Das umfangreiche Napfnest aus trockenen Halmen und Blättern steht meist in der Ufervegetation am oder im Wasser. 5–10 Junge werden von ♀ und ♂ in 23–25 Tagen erbrütet, verlassen das Nest erst nach einigen Tagen, sind mit etwa 8 Wochen flügge und werden noch lange von ♀ und ♂ gefüttert. Foto Gelege S. 524.

Austernfischer

Haematopus ostralegus

Taube	S	1 IV–VI

M Auffälliger, gedrungener Küstenvogel mit roten Beinen und langem, rotem Schnabel. Kopf, Hals und Oberseite sind schwarz, die Unterseite weiß. Flügel schwarz, im Flug mit breiter weißer Binde. V Kies-, Fels- und Sandstrände, Dünen, Wattwiesen. Außerhalb der Brutzeit meist in großen Schwärmen im Watt. L Ernährt sich überwiegend von Muscheln (Name!), Schnecken, Krebsen, Ringelwürmern und Insekten. Seine auffälligen, weithin hörbaren »kliip«-Rufe trägt er im langsamen, niedrigen Singflug über dem Revier vor. Zum lautstarken Trillerzeremoniell aus an- und abschwellenden »ki-ki . . .«-Rufen treffen sich meist 2 Paare. F Bodenbrüter. ♀ und ♂ erbrüten in 24–27 Tagen 3 Junge, die mit 32–35 Tagen flügge sind. Foto Gelege S. 524.

Säbelschnäbler

Recurvirostra avosetta

Taube	TZ	1 V–VIII

M Auffälliger, schwarzweißer, langbeiniger Watvogel mit aufwärts gebogenem, säbelartigem, schwarzem Schnabel. Beine hell blaugrau. V Seichtwasserzonen der Küste, flache Steppenseen; im Winter auch im Wattenmeer. Wegzügler überwintern an der europäischen Atlantikküste oder in Westafrika. L Einzeln oder in kleinen Gruppen an der Küste oder im Flachwasser. Schlägt bei der Nahrungssuche mit dem Schnabel seitwärts in den Schlamm und fischt kleine Krebse, Ringelwürmer, Insekten und deren schlammbewohnende Larven heraus. Ruft klangvoll »plüit«, das er bei Erregung rasch wiederholt. F Brütet meist in kleineren Kolonien auf trockenem Schlamm oder Sand in flachen, selten mit wenigen Pflanzen ausgelegten Bodenmulden. Beide Partner erbrüten in 23–25 Tagen 4 junge Nestflüchter, die, von beiden Eltern geführt, nach 35–42 Tagen flügge werden.

Kiebitz

Vanellus vanellus

G	Taube	TZ	1 III–VII

M Oberkopf, Kehle und Brust schwarz, Rücken braungrau mit grünviolettem Metallschimmer; Kopf, Halsseiten und Bauch weiß. Schwingen schwarz, Schwanz weiß mit schwarzer Endbinde. Kennzeichnend ist die schwarze, bei ♀ etwas kürzere Federhaube des Oberkopfes. Füße rötlich. Die Fügel erscheinen im Flug breit und gerundet. V Feuchte Wiesen und Felder, gerne in Gewässernähe. Überwintert als Teilzieher in West- und Südeuropa. L Oft in Schwärmen bei der Nahrungssuche (Würmer, Schnecken, Insekten) zu beobachten. Sein Flug wirkt unstet, mit plötzlichen Schwenks und Richtungsänderungen. Auffällige Bodenbalz und Ausdrucksflüge. Charakteristischer Ruf ist ein klagendes, 2silbiges »kchiu-witt«, das v. a. im Flug vorgetragen wird. F In einer flachen Bodenmulde erbrüten ♀ und ♂ in 26–29 Tagen 4 Junge, die mit 35–40 Tagen flügge sind.

Flußregenpfeifer
Charadrius dubius

G	< Drossel	Z III–X	1 IV–VII

M Oberseite erdbraun, Unterseite weiß. Schwarzes Stirnband, meist durch weißen Saum vom braunen Kopf getrennt. Gelber Augenring. Schwarzer Schnabel mit kleinem, rotgelbem Fleck an der Basis. Füße fleischfarben. **V** Schotter-, Kies-, Sandufer und -inseln der Flüsse, Kies- und Sandgruben. Überwintert südlich der Sahara. **L** Außerhalb der Brutzeit gesellig. Trippelt schnell mit plötzlichen Stops. Häufigster Ruf ein abwärts gerichtetes »piu«; Fledermausartiger Singflug über dem Revier mit heiserem »griä-griä ...«. Nahrung kleine Bodentiere, v. a. Insekten. **F** Brütet meist in Wassernähe in flacher Bodennestmulde. ♀ und ♂ erbrüten in 22–28 Tagen 4 Junge, die mit 24–29 Tagen flügge sind und so lange von den Eltern gefüttert werden.

Rotschenkel
Tringa totanus

G	> Drossel	TZ	1 IV–VII

M Oberseite im Brutkleid braun mit dunkler Fleckung, im Ruhekleid einheitlicher gefärbt. Unterseite weißlich, undeutlich gefleckt. Im Flug weißer Bürzel und Hinterrücken, breiter weißer Flügelhinterrand. Schnabel schwarz mit rötlicher Basis, Füße leuchtend rot (Name!). **V** Küstennahe Grasländer, Feuchtgebiete mit Seichtwasser. Überwintert an den Mittelmeer- und Atlantikküsten Europas und Afrikas. **L** Außerhalb der Brutzeit in kleineren Trupps. Sitzt zur Brutzeit gerne auf Warten im Revier. Ruft vor dem Auffliegen lang »tüt«; der Fluggesang ist ein Jodeln »dahidldahidl ...«. Charakteristischer Alarmruf »tschip«. Nahrung v. a. Kleintiere des Bodens und Flachwassers (kleine Würmer, Krebse, Mollusken, Insekten). **F** Das Bodennest ist meistens gut in der Vegetation versteckt. ♀ und ♂ erbrüten in ca. 22–29 Tagen 4 Junge, die mit 30–35 Tagen flügge sind.

Flußuferläufer
Actitis hypoleuca

G	< Drossel	Z/IV–IX DZ/IV–V u. VII–X	1 V–VIII

M Oberseite braungrau, Unterseite weiß. Im Flug breite weiße Flügelbinde, schmaler weißer Flügelhinterrand und weiße Schwanzseiten. **V** Ufer urwüchsiger Bäche und Flüsse, meist nur noch im Gebirge. Beim Durchzug an Binnengewässern. Überwintert in Südeuropa bis Südafrika. **L** Fliegt dicht über dem Wasser mit ruckenden Flügelschlägen, dazwischen Gleitflugstrecken mit gewölbten, nach unten weisenden Flügeln. Sitzt gern leicht erhöht über dem Wasser. Läuft schnell, hält dann mit auffälligem Körper- und Schwanzwippen. Ruft im Sitzen und im Abflug hell »hididi«. Ernährt sich von Wasserspinnen und Bodeninsekten sowie von kleinen Krebstieren und Regenwürmern, die er geschickt fängt. **F** Das gut versteckte Bodennest liegt meist in Flußnähe. ♀ und ♂ erbrüten in etwa 21 Tagen 4 Junge, die 26–28 Tage geführt werden.

Brachvogel
Numenius arquata

G	> Krähe	Z III–X	1 IV–VIII

M Größter heimischer Watvogel mit langem, abwärts gebogenem Schnabel. Gefieder graubraun mit hellen Zeichnungen. Hinterrücken im Flug keilförmig weiß. **V** Offene Flächen v. a. Streuwiesen. Beim Durchzug auf Watt, Schlick, Ödländern. **L** Außerhalb der Brutzeit sehr gesellig. Fliegt verhalten, ruhig. Flötenrufe »tlüih« und der stimmungsvolle Gesang mit immer leiser werdenden Trillern werden im wellenförmigen Reviermarkierungsflug vorgetragen. Ernährt sich von Regenwürmern, Insekten und deren Larven, Mollusken, Krebsen, Beeren und auch Pflanzentrieben. **F** In einer einfachen, mit trockenen Halmen ausgelegten Bodenmulde erbrütet vorwiegend das ♀ in 27–30 Tagen 4 Junge, die mit 5 Wochen flügge sind.

Uferschnepfe
Limosa limosa

G	Taube	Z III–X	1 IV–VIII

M Langbeiniger Watvogel mit langem, geradem Schnabel. Hals und Brust rostbraun, Bauch weiß mit dunkler Sperberung, Oberseite braun und grau. Bürzel und Schwanzbasis weiß, breite schwarze Schwanzendbinde; im Flug breites weißes Flügelband. Im Ruhekleid sind bei beiden Geschlechtern Kopf und Brust hellgrau. **V** Heide, Moore, Steppen, extensiv genutztes Feuchtland, Überschwemmungsgebiete, flache Verlandungszonen. Bedroht! Überwintert an der südeuropäischen und afrikanischen Atlantikküste sowie in Ostafrika und Vorderasien. **L** Außerhalb der Brutzeit gesellig. Füße überragen im Flug den Schwanz. Flugruf kurz »wäd«; Gesang im Ausdrucksflug laut, auf- und absteigend »gruitugruitu . . .«. Nahrung v. a. Bodentiere und Sämereien. **F** ♀ und ♂ erbrüten in einfacher Bodenmulde in 22–24 Tagen 4 Junge, die mit 30–35 Tagen flügge sind.

Bekassine
Gallinago gallinago

G	Drossel	Z III–IX	1 IV–VII

M Oberseite braun mit schwarzen und gelblichen Längsstreifen, Kopf mit 2 dunkelbraunen Längsstreifen. Hals und Brust braun gestrichelt. Unterseite weiß. Schnabel lang und gerade. **V** Sümpfe, Moore, feuchte Wiesen mit dichter, nicht zu hoher Vegetation. Überwintert in Süd- und Westeuropa. **L** Sehr gut getarnt. Drückt sich in der Vegetation, fliegt oft erst unmittelbar vor dem Beobachter in reißendem Flug ab. Typisch ist das »Meckern« der »Himmelsziege« im Flug, das durch Abspreizen der beiden äußeren Steuerfedern am Schwanz zustandekommt (Instrumentallaut). ♀ und ♂ rufen am Boden und im Flug »tükje«. Bohrt im weichen Boden nach Tieren. **F** Das Nest ist in der dichten Bodenvegetation sehr gut versteckt. Das ♀ erbrütet in 18–20 Tagen 4 Junge, die mindestens 20 Tage von beiden Eltern geführt werden und erst nach 4 Wochen flügge sind.

Heringsmöwe

Larus fuscus

< Bussard	S	1 IV–VII

M Kopf und Hals weiß, Rücken und Oberseite dunkelgrau. Schnabel gelb mit rotem Unterschnabelfleck. Füße gelb. Spitzen der äußeren Handschwingen schwarzweiß. Jungvögel eher dunkelbraun, erst nach 3 Jahren ausgefärbt. **V** Brutvogel der Küste, z. T. auch im Binnenland. **L** Sucht auf dem offenen Meer, an der Küste und an Binnenseen nach Oberflächenfischen, Regenwürmern, Weichtieren, Aas, geht selten an Abfälle. Ruft ein dunkles, rauhes »kjau«. **F** Koloniebrüter (auch zusammen mit der Silbermöwe). Viele Paare führen eine Dauerehe, doch sind auch »Scheidungen« möglich. Flaches, pflanzengepolstertes Bodennest auf Klippen, Inseln, Kies. ♀ und ♂ erbrüten in 26–31 Tagen 2–3 Junge, die mit 35–40 Tagen flügge sind.

Silbermöwe

Larus argentatus

Bussard	S	1 IV–VII

M Körper weiß, Rücken und Oberflügel zart blaugrau, Fügelspitzen schwarz. Schnabel gelb mit rotem Fleck nahe der Unterschnabelspitze. Füße rosa. Größer als die oben beschriebene Heringsmöwe. **V** Häufiger Brutvogel der Küste; im Binnenland nur sehr selten. **L** Ganzjährig sehr gesellig; an Plätzen mit ausreichendem Nahrungsangebot stets in großen Trupps anzutreffen. Ernährt sich von Muscheln, Krebsen, Fischen, Pflanzen und Abfällen; auch Vogeleier und Jungvögel werden erbeutet. Im Winter häufig an Mülldeponien, Schlachthöfen, Fischereihäfen. Hauptruf im Flug ein gellendes »kjau«; daneben ertönt häufig, auch bei Auseinandersetzungen zwischen Artgenossen, ein helles Jauchzen. **F** Koloniebrüter (auch mit der Heringsmöwe), am Boden. ♀ und ♂ erbrüten in 26–32 Tagen 2–3 Junge, die mit 35–49 Tagen flügge sind. Foto Gelege S. 524.

Sturmmöwe

Larus canus

> Lachmöwe	S	1 V–VII

M »Kleine Ausgabe« der oben beschriebenen Silbermöwe, Augen jedoch braun und nicht gelb. Rücken und Oberflügel bläulichgrau, Flügelspitze schwarz, mit weißem Fleck auf den beiden äußeren Handschwingen. Kopf weiß, Schnabel und Füße grünlich. Im Ruhekleid Oberkopf und Nacken mit feinen, graubraunen Strichen, Schnabel und Füße grau. **V** An Meeresküsten, vereinzelt auch im Binnenland; im Winter regelmäßig im Binnenland. **L** Mischt sich gern unter Lachmöwen, sucht wie sie auf frisch gepflügten Feldern Würmer, Mäuse, sonst Wattwürmer, Insekten, Kleinfische, Aas, Pflanzenreste, Abfälle. Folgt wie Silber-, Herings- und Lachmöwe gern den Schiffen. Ruft gellend »kiä«. **F** Saisonehe. Koloniebrüter auf Landzungen, Uferstreifen, in Sümpfen. ♀ und ♂ erbrüten in 23–28 Tagen 3 Junge, die mit 28–33 Tagen flügge und einige Tage später selbständig sind.

Lachmöwe

Larus ridibundus

Taube	TZ	1 IV–VII

M Kleinste heimische Möwe. Oberseite hellgrau, Unterseite, Bürzel und Schwanz weiß. Gesicht zur Brutzeit schokoladenbraun, Schnabel und Füße korallrot. Flügel schlank, spitz, mit weißer Vorderkante. **V** Küste und Binnengewässer mit flachen, bewachsenen Ufern. **L** Fast ganzjährig gesellig. Als Kulturfolger auch in Städten. Das quärrende »kwäarr« ist v. a. in der Brutzeit zu hören. Ernährt sich tierisch (boden- und wasserlebende Insekten, deren Larven, Würmer, Krebse, Mäuse) und pflanzlich, von Abfällen und Aas. Oft mit der Sturmmöwe (S. 464) an Kläranlagen, Müllkippen, auf frisch gepflügten Feldern. **F** Große Brutkolonien. ♀ und ♂ erbrüten in 20–25 Tagen 3 Junge, die mit 26–28 Tagen flügge, mit 35 Tagen selbständig sind.

Flußseeschwalbe

Sterna hirundo

G

< Lachmöwe	Z IV–X	1–2 V–VII

M Oberseite hellgrau, Unterseite weiß, Schnabel orangerot mit schwarzer Spitze. Lange rote Beine, langer, tiefgegabelter Schwanz. **V** An Flach- und Wattküsten, vereinzelt im Binnenland an naturnahen Flußläufen, auf Inseln in Seen. Überwintert auf der Südhalbkugel. **L** Schwimmt kaum auf dem Wasser, läuft nicht gerne an Land. Fliegt mit weitausholenden Flügelschlägen. Suchflug mit senkrecht nach unten gehaltenem Schnabel; gewandter Stoßtaucher. Erbeutet als Nahrung v. a. kleine Fische, Krebse, Insektenlarven. Stimmfühlungsruf »kick«. **F** Geselliger Koloniebrüter, nimmt auch künstliche Brutplattformen an. Das Nest ist eine einfache, flache Bodenmulde auf Sand, Kies oder Gras. Hier erbrüten ♀ und ♂ in 20–26 Tagen 3 Junge, die mit 23–27 Tagen flügge sind. Sie bleiben aber noch einige Wochen in der Familie und werden von den Eltern gefüttert.

Küstenseeschwalbe

Sterna paradisaea

G

< Lachmöwe	Z IV–X	1 V–VII

M Sehr ähnlich der oben beschriebenen Flußseeschwalbe, jedoch ist hier der Schnabel einfarbig karminrot, die Spieße des tiefgegabelten Schwanzes sind länger. **V** Brutvogel der Meeresküsten. Langstreckenzieher mit den wohl längsten Zugwegen; überwintert auf der Südhalbkugel. **L** Flug leicht, elegant. Greift im Sturzflug Störenfriede in der Kolonie (auch Menschen!) an. Jagt durch Stoßtauchen Fische, Krebse, Insektenlarven. Sehr ruffreudig; der Stimmfühlungsruf ist ein weich-nasales »bittbitt«. Gefährdet! **F** Wie die Flußseeschwalbe ein geselliger Koloniebrüter, der mitunter auch mit anderen Meeresvögeln zusammen brütet. Das ♀ dreht eine flache, oft ungepolsterte Senke auf Sand- und Kiesbänken, Sanddünen, auf kleinen Felseninseln vor der Küste. ♀ und ♂ erbrüten in 20–22 Tagen 2 Junge, die mit 2 Tagen schwimmfähig und mit 20–28 Tagen flügge sind.

Ringeltaube
Columba palumbus

> Haustaube	TZ III–X	2–3 IV–X

M Größte heimische Taube. Graublau, mit auffälligem weißem Halsfleck. Schwanz lang mit schwarzer Endbinde. Im Flug breites weißes Flügelband. **V** Wälder, Parks; als Kulturfolger in Städten. Teilzieher, überwintert im Mittelmeerraum. **L** Die gurrende, 5–6silbige Strophe mit betonter 2. Silbe »ru-kuu-ku, ru-ku« ist weithin hörbar. Balz- und Abflug wie bei allen Tauben mit lautem Flügelklatschen verbunden. Scheu, nur in Städten manchmal vertraut. Außerhalb der Brutzeit in großen Schwärmen zur Nahrungssuche (Samen, Früchte, Gräser) auf Äckern und Wiesen. **F** Festes, dünnes Reisignest auf Bäumen, in dem man oft von unten 2 weiße Eier durchschimmern sieht. ♀ und ♂ brüten 16–17 Tage; die Jungen verlassen nach 28–32 Tagen das Nest.

Türkentaube
Streptopelia decaocto

< Haustaube	S, Str	2–5 III–X

M Hellgraubraune Taube mit langem Schwanz. Das charakteristische schwarze Halsband ist weiß eingesäumt. **V** Bäuerliches Kulturland, Dörfer, Städte. **L** Ausgesprochener Kulturfolger, seit der Mitte dieses Jahrhunderts in fast ganz Europa verbreitet. Unverkennbar ist ihr 3silbiger Ruf »ru-kuu-ku«, mit betonter 2. Silbe. Gesellig, übernachtet v. a. außerhalb der Brutzeit an Gemeinschaftsschlafplätzen. Auch zur Nahrungssuche (Früchte, Samen) erscheint sie an günstigen Plätzen wie Getreidesilos, Geflügelhöfen oder Tierparks oft in großen Scharen. **F** Baut ein einfaches, flaches Nest auf Bäume und Sträucher oder auf Mauervorsprünge an Gebäuden (vereinzelt sogar Winterbruten!). Beide Eltern erbrüten in 14–17 Tagen 2 Junge, die sie – wie alle Tauben – zunächst mit selbstgebildeter Kropfmilch füttern. Nach 18–21 Tagen verlassen die Jungen das Nest.

Kuckuck
Cuculus canorus

< Haustaube	Z IV–IX	Eiablage V–VI

M Langschwänziger, graublauer Vogel mit gesperberter weißer Unterseite. Vom ähnlichen Sperber ist er im Flug jedoch durch die spitzen Flügel und flachen Fügelschläge unterschieden. Im Sitzen ist der lange, gestufte Schwanz leicht gespreizt, die Flügel weisen etwas nach unten. **V** Laubwälder und Parklandschaften. Überwintert in Afrika südlich des Äquators. **L** Sehr scheu! Im Mai und Juni ruft er – auch nachts – halb gedeckt oder im Flug sein bekanntes »ku-ku«. Er ernährt sich v. a. von Insekten (Schmetterlingsraupen). **F** Unser einziger europäischer Brutparasit. Das ♀ legt je 1 Ei in das Nest eines Singvogels. Das Junge schlüpft nach 11–13 Tagen und wirft dann Eier und Jungvögel der Wirtsvogelart aus dem Nest. Es wird 19–24 Tage von den Wirtseltern im Nest und schließlich noch bis zu 2 Wochen nach dem Ausfliegen gefüttert.

Schleiereule

Tyto alba

G			
	> Krähe	S	1–3 III–VII

M Helle, langbeinige Eule ohne Federohren, mit herzförmigem, weißem Schleier und kleinen dunklen Augen. Färbung variabel: Oberseite hell gelbbraun mit Tropfenflecken, Unterseite fast weiß oder Oberseite graubraun-tropfenfleckig und Unterseite gelbbraun-tropfenfleckig (Foto). V Waldarme Siedlungsgebiete. L Nachtaktiv. Lebt tagsüber versteckt. »Revierruf« des ♂ ist ein charakteristisches, heiseres Kreischen, das im Flug tremoliert. Typisch ist auch das nächtliche »Schnarchen« der Jungvögel. Nahrung v. a. Feld-, auch Spitzmäuse. F Brütet in Kirchtürmen, Dachböden, Scheunen und künstlichen Nisthöhlen. Das ♀ erbrütet in 30–40 Tagen 4–7 Junge, die nach etwa 60 Tagen flügge und nach 10 Wochen selbständig sind.

Uhu

Bubo bubo

G			
	> Bussard	S	1 III–VII

M Unsere größte heimische Eule hat auffällige Federohren und leuchtend rotgelbe Augen. Das braune Gefieder ist dunkel längs- und quergezeichnet, Brust und Bauch sind etwas heller. Flügel unterseits hell, lang und recht breit; erscheinen im Flug gerundet. ♀ sind etwas größer als ♂. V Felswände in abwechslungsreicher, bewaldeter Umgebung. Trotz Schutzmaßnahmen immer noch stark bedroht! L Dämmerungs- und nachtaktiv. Jagt über offenem, gegliedertem Gelände, gern am Wasser: Feldmäuse, Spitzmäuse, Junghasen und Jungfüchse, drossel- bis knapp hühnergroße Vögel, auch andere Eulen und Greifvögel, seltener Frösche, Fische oder größere Insekten. V. a. im Herbst und Vorfrühling sind die bekannten Uhurufe weithin hörbar. F Das ♀ legt 2–4 Eier in Felsnischen, brütet allein 31–37 Tage. Nestlingszeit 5–7 Wochen; nach 9 Wochen sind die Jungen flügge.

Waldohreule

Asio otus

Krähe	S, Str	1 III–VI

M Viel schlanker als der Waldkauz, mit langen, anlegbaren Federohren und orangefarbenen Augen. Oberseite dunkelbraun, rindenfarbig marmoriert, die rostgelbliche Unterseite kräftig dunkel längsgestreift und fein quergebändert. V Jagt über Wiesen, Mooren, Feldern, brütet in kleinen Baumgruppen, Feldgehölzen, an Waldrändern. L Dämmerungs- und nachtaktiv. Zur Brutzeit territorial, außerhalb der Brutzeit recht gesellig. ♂ trägt Reviergesang – ein dumpfes, weittragendes »huh« – im Sitzen oder im Flug vor. Als Nahrung dienen Kleinsäuger, v. a. Mäuse. F Die 4–5 weißen Eier werden überwiegend in alte Krähen- und Elsternnester, aber auch Greifvogelhorste, Taubennester und Eichhörnchenkobel gelegt. Das ♀ brütet 27–28 Tage. Nach 23–26 Tagen verlassen die Jungen noch flugunfähig das Nest (Ästlinge) und sind mit 33–35 Tagen flügge.

Steinkauz
Athene noctua

G	< Taube	S	1 IV–VI

M Oberseite dunkelbraun, dicht weiß gefleckt und gebändert. Unterseite hell, breit dunkelbraun gestreift. Kurzer Schwanz mit mehreren hellen, schmalen Querbinden. Große, gelbe Augen. **V** Offenes Gelände mit niedriger Vegetation, v. a. Kopfweiden und Streuobstwiesen. **L** Dämmerungs- und tagaktiv. Meist territorial. Knickst häufig. Im Frühjahr hört man das nasale, deutlich ansteigende »guhg« des ♂. Beute (v. a. Mäuse) wird im Suchflug oder von einer Warte aus am Boden geschlagen. **F** Er baut sein Nest meist in Baumhöhlen, Mauernischen, Scheunen und speziellen Nistkästen. Das ♀ erbrütet in 25–30 Tagen 3–5 Junge, die die Höhle mit 35 Tagen verlassen, aber erst nach über 45 Tagen voll flugfähig sind.

Waldkauz
Strix aluco

< Bussard	S	1 III–VI

M Unsere häufigste heimische Eule kommt in 2 Farbvarianten vor: braun und grau. Die etwas hellere Unterseite ist genauso kräftig dunkel längsgefleckt und schwach quergebändert wie die Oberseite. Keine Federohren. **V** Lichte Wälder, Gehölze, Parks mit ausreichendem Höhlenangebot. **L** Dämmerungs- und nachtaktiv. Ganzjährig territorial. Im Frühjahr und Herbst bringen ♀ und ♂ im Flug oder im Sitzen das langgezogene, tremolierende »hu-u, hu-u-u-u« als Revier- und Balzgesang. Tagsüber versteckt, jagt in der Dämmerung und nachts Kleinsäuger, -vögel und Amphibien. **F** Nistet in Baum- und Felshöhlen, Mauerlöchern und geeigneten Kästen. Das ♀ erbrütet in 28–30 Tagen 3–5 Junge, die mit 30–35 Tagen – flugunfähig – das Nest verlassen (Ästlinge), erst mit 7 Wochen flügge und dann mit 10 Wochen selbständig werden.

Rauhfußkauz
Aegolius funereus

G	< Taube	S	1(–2) III–VI

M Graubrauner, kräftig weiß gefleckter Kauz mit großem, rundem Kopf und großen gelben Augen; Stirn und Gesichtsrand sehr fein gefleckt. Unterseite weiß, schwach längs gestreift. Füße kurz, dicht befiedert (Name!), verschwinden beim Sitzen im lockeren Bauchgefieder. Ästlinge fast einfarbig kaffeebraun, mit weißen Tupfen auf Schultern, Flügeln und Schwanz, mit weißen Augenbrauen und Bartstreifen. **V** Naturnahe (Nadel-)Wälder der Alpen und Mittelgebirge. **L** Dämmerungs- und nachtaktiv. Ganzjährig territorial. Flug geradlinig; jagt v. a. Mäuse und Kleinvögel. Das ♂ trägt den melodischen Reviergesang »hu-huhu . . .« von einer hohen Warte aus vor. **F** Brütet fast nur in Schwarzspechthöhlen, auch in Nistkästen. Das ♀ erbrütet in 26–29 Tagen 2–8 Junge, die die Höhle nach 30–36 Tagen verlassen, aber noch wochenlang von den Eltern versorgt werden.

59

Wendehals
Jynx torquilla

G

> Sperling	Z IV–IX	1–2 V–VIII

M Schlanker, rindenfarbiger Specht mit zartem Schnabel und langem Schwanz ohne Stützfunktion. **V** Feldgehölze, Auwälder, Parks, Obstgärten. Überwintert im tropischen Afrika. **L** Durch das rindenfarbige Gefieder hervorragend getarnt, verrät sich aber durch die nasalen »kjä-kjä-kjä«-Rufe, die von ♀ und ♂ einzeln oder im Duett vorgetragen werden. Klaubt mit seiner klebrigen Zunge Ameisen und -puppen aus deren Bauten und vom Boden. **F** Brütet in natürlichen Baum-, alten Spechthöhlen oder Nistkästen, aus denen er frühere Bewohner (Eier, Jungvögel) oft rigoros hinauswirft. ♀ und ♂ erbrüten in 12–14 Tagen 5–11 Junge, die nach 20–22 Tagen das Nest verlassen, aber noch mindestens 1 Woche zusammenbleiben.

Grauspecht
Picus canus

< Krähe	S, Str	1 V–VII

M Graugrüner Specht, ähnlich dem unten beschriebenen Grünspecht: Kopf und Hals grau, der schmale Bartstreif schwarz. Nur das ♂ hat einen roten Stirnfleck. **V** Laubmischwälder, Auwälder, Feldgehölze, Parks, Streuobstwiesen, Gärten. **L** Charakteristisch ist sein melancholisches »kü-kü-kü …«, das in der Tonhöhe deutlich absinkt und zum Ende hin langsamer wird. Im Gegensatz zum unten beschriebenen Grünspecht trommelt der Grauspecht: schneller und kürzer als der umseitig beschriebene Schwarzspecht, jedoch länger als der ebenfalls dort vorgestellte Buntspecht. Als Nahrung dienen Ameisen, Insekten, im Winter auch Sämereien. **F** Zimmert seine Bruthöhle niedrig in Laubbäume oder besiedelt alte Spechtlöcher. Beide Eltern erbrüten in 14–17 Tagen 5–9 Junge, die von ♀ und ♂ gefüttert werden und nach 23–25 Tagen die Bruthöhle verlassen.

Grünspecht
Picus viridis

G

< Krähe	S, Str	1 IV–VII

M Ähnlich dem oben beschriebenen Grauspecht: Oberseite olivgrün, Unterseite graugrünlich, Scheitel, beim ♂ auch Nacken rot. Bartstreif beim ♀ schwarz, beim ♂ rot mit schwarzem Rand. **V** Laubmischwälder, Feldgehölze, Streuobstwiesen, Parks. **L** Scheu und ungesellig wie alle Spechte. Streicht bei Annäherung schnell in Deckung ab, macht sich nur durch seine laute, lachende »klüklüklü …«-Strophe bemerkbar. Trommelt, im Gegensatz zu anderen Spechten, nur selten. Sucht wie der Grauspecht seine Nahrung (Ameisen, Insekten, Beeren) am Boden. Ameisen holt er mit der langen, mit Widerhaken besetzten Zunge aus deren Bauten. **F** Höhlenbrüter in selbstgezimmerten oder bereits vorhandenen Baumhöhlen. ♀ und ♂ erbrüten in 15–17 Tagen 5–8 Junge, die nach 18–21 Tagen die Bruthöhle verlassen, aber noch 3–7 Wochen zusammenbleiben.

Schwarzspecht

Dryocopus martius

Krähe	S, Str	1 IV–VI

M Unser größter europäischer Specht ist schwarz. Beim ♂ reicht die rote Kopfplatte vom Schnabel bis zum Hinterkopf, beim ♀ ist nur der Hinterkopf rot. **V** Große, zusammenhängende Misch- und Nadelwälder mit ausreichend altem Baumbestand. **L** Fliegt schwerfällig, nicht wellenförmig wie andere Spechte. Typisch sind die Flugrufe »krrü-krrü …«, der Erregungsruf »kliööh«, sowie eine kehlige Strophe »kwoi-kwih-kwih-kwikwikwi …« zur Brutzeit. Ernährt sich von Ameisen und deren Entwicklungsstadien und anderen Insekten. **F** Zimmert seine Bruthöhle v. a. in Buchen, auch Kiefern und ist einer der wichtigsten Höhlenbauer des Waldes. V. a. das ♂ erbrütet in 12–14 Tagen 4–5 Junge, die nach 24–28 Tagen ausfliegen.

Buntspecht

Picoides major

Drossel	S	1 IV–VII

M Schwarzweißer Specht mit rotem Nacken (beim ♂) und rotem Unterschwanz. **V** Laub- und Nadelwälder, Feldgehölze, Parks, Gärten. **L** Selten am Boden, meist an Baumstämmen oder Masten zu beobachten. Das ganze Jahr über kann man sein helles »kick« hören. Statt zu singen, hämmert er mit seinem harten Schnabel schnelle Trommelwirbel auf einen als Resonanzboden dienenden Ast oder Pfahl. Das Trommeln entwikkelte sich wohl aus dem Klopfen bei der Nahrungssuche und hat ähnliche Funktion wie der Gesang der Singvögel. Als Nahrung dienen im Sommer Insekten, im Winter fettreiche Samen. Koniferenzapfen werden in sog. »Spechtschmieden« bearbeitet und die Samen herausgeholt. **F** Die Bruthöhle wird v. a. in Weichhölzern angelegt. V. a. das ♂ erbrütet in 10–13 Tagen 4–7 Junge, die nach 20–28 Tagen die Höhle verlassen.

Kleinspecht

Picoides minor

Sperling	S, Str	1 V–VII

M Kleinster europäischer Specht. Rücken schwarzweiß gebändert, ohne weiße Schulterflecke. ♂ mit roter, ♀ mit weißer Stirnplatte. Weiße Unterseite ohne Rot. **V** Laub- und Mischwälder, Auwälder, Parks, Hausgärten. **L** Das ganze Jahr über kann man die turmfalkenähnliche Rufreihe »kikiki …« hören. ♀ und ♂ erzeugen gleichmäßige, helle Trommelwirbel, die man gut von denen anderer Spechtarten unterscheiden kann. Ernährt sich im Sommer v. a. von kleinen Insekten (Blattläuse!), die von Ästen und Blättern abgelesen werden; im Winter sucht er unter der Rinde nach überwinternden Insekten. Nur in Ausnahmefällen nimmt er fettreiche Samen an Futterstellen. **F** Der zarte Specht baut seine Bruthöhlen nur in weichem, morschem oder totem Holz. V. a. das ♂ erbrütet in 10–12 Tagen 4–5 Junge, die nach 19–21 Tagen die Höhle verlassen.

Mauersegler
Apus apus

> Schwalbe	Z V–VIII	1 V–VII

M Rauchschwarzer Segler mit langen, sichelförmigen Flügeln, kurzem, gegabeltem Schwanz und winzigen Füßen. Trotz gewisser Ähnlichkeit nicht mit den Schwalben verwandt und kein Singvogel; bildet mit dem Alpensegler eine eigene Ordnung und Familie. **V** Dörfer und Städte. Überwintert im tropischen Afrika. **L** Extrem an ein Leben im Flug angepaßt. Rasante Flüge mit Gleitflugstrecken und schrillem Geschrei. Ernährt sich von in der Luft erjagten Insekten. **F** Baut sein Nest aus mit Speichel verklebtem Nistmaterial in Mauerspalten, Gebäuden, unter Dachziegeln. ♀ und ♂ erbrüten in 18–20 Tagen 2–3 Junge, die mit Insekten gefüttert werden. Bei ungünstigem Wetter können die Jungen bis zu 9 Tage hungern. Nestlingszeit 5–8 Wochen.

Rauchschwalbe
Hirundo rustica

Sperling	Z IV–X	2 V–VII

M Die Art kennzeichnen lange Schwanzspieße, eine metallisch glänzende, dunkelblaue Oberseite und eine rahmgelbe Unterseite. Kehle und Stirn sind rotbraun, den Übergang zur Brust bildet ein metallisch blaues Kropfband. **V** Rauchschwalben fliegen im offenen Kulturland, in Dörfern und Randbezirken von Städten. Sie bevorzugen Gewässernähe. **L** Im schnellen, oft segelnden Flug werden Fluginsekten erbeutet. Die Vögel fliegen dabei oft tief in Boden- oder Gewässernähe. Gerne sitzen sie auf Drähten oder Dächern. Im Herbst bleiben sie meist etwas länger bei uns als die Mehlschwalben. **F** In Ställen und anderen Gebäuden mit Einflugmöglichkeiten wird ein napfförmiges Lehmnest meist an die Wandoberkante geklebt. Nach 15 Tagen Brutzeit schlüpfen 4–6 Junge, die von beiden Eltern ca. 3 Wochen gefüttert werden. Foto Gelege S. 524.

Mehlschwalbe
Delichon urbica

< Sperling	Z VI–X	2 VI–VIII

M Die mehlweiße Unterseite und der kennzeichnende, weiße Bürzel kontrastieren stark zur blauschwarzen Oberseite. Der Schwanz ist schwach gegabelt. Die in Sand- und Lehmwänden nistende Uferschwalbe, *Riparia riparia* (**G**) unterscheidet sich von ihr durch eine braune Oberseite und ein braunes Brustband. **V** Die Art ist in Dörfern, in Kleinstädten und in den Alpen anzutreffen. Überwintert in Afrika südlich der Sahara. Ein hoher Anteil der Vögel zeigt eine starke Standorttreue, d. h. sie kehren regelmäßig in die Nähe ihres Geburtsortes zurück. **L** In flatterndem Flug werden – oft in großer Höhe – Insekten gejagt. Im Vergleich zur Rauchschwalbe ist ihr Flug deutlich langsamer. **F** Das kugelrunde Lehmnest wird unter Dachrinnen, Hausvorsprünge oder an Felsen angeklebt. In 14–16 Tagen werden 3–6 Junge von beiden Eltern erbrütet. Sie bleiben 20–30 Tage im Nest.

Haubenlerche

Galerida cristata

G

Sperling	S	2 IV–VI

M Eine lange Kopfhaube, ein kurzer Schwanz und eine sandbraune, schwach gestreifte Oberseite kennzeichnen den bei uns nicht häufigen Vogel. Auffallend sind auch die gelbbraunen Schwanzaußenfedern. **V** Haubenlerchen wechseln ständig ihre Lebensräume. Sie bevorzugen trockenes Grasland, sind jedoch auch an Feld- und Straßenrändern heimisch. **L** Der Vogel sitzt und singt sehr gerne am Boden; gelegentlich wird der Gesang auch von einer niederen Warte aus oder seltener im Flug vorgetragen. **F** In der Regel wird ein gut getarntes Bodennest gebaut. Manchmal werden auch Böschungen und Steinmauern als Nistplatz angenommen. Nach 12–14 Tagen Brutzeit schlüpfen 3–5 Junge, die Nestlingszeit dauert 9–11 Tage.

Feldlerche

Alauda arvensis

> Sperling	TZ	2 IV–VI

M Kopf mit kurzem, abgerundeten Schopf. Oberseite braun und Brust dunkel gestreift, die Schwanzaußenkanten weiß. Der kleineren Heidelerche, *Lullula arborea* (**G**) fehlen diese weißen Schwanzkanten; deutliche, weiße Überaugenstreifen kennzeichnen den Kopf. **V** Man kann Feldlerchen in allen offenen Landschaften beobachten. **L** Der Vogel läuft schnell und geduckt. Der Gesang wird beim Auffliegen und im stehenden Rüttelflug vorgetragen. Ein solcher sog. Singflug ersetzt in der offenen, baumlosen Landschaft den Gesang von einer hohen Warte aus und dient v. a. der Reviermarkierung. Danach folgt ein gleitender Sinkflug (oft auch mit Gesang) oder ein jähes Herabfallen. Hin und wieder leiser Bodengesang. **F** Im Bodennest schlüpfen nach 10–14 Tagen 3–5 Junge. Von beiden Eltern gefüttert, verlassen sie das Nest nach 14–18 Tagen. Foto Gelege S. 524.

Baumpieper

Anthus trivialis

Sperling	Z IV–X	2 V–VII

M Die Oberseite des schwer bestimmbaren Vogels ist braun mit schwärzlichen Streifen. Im Brustbereich der rahmfarbenen Unterseite sind kräftige, schwarze Streifen, die auch die Flanken markieren. Auffallend sind auch der gelbliche Überaugenstreif und die rötlichen Beine. Eine sichere Bestimmung im Freiland ist eigentlich nur am Gesang möglich. **V** Baumpieper bewohnen v. a. Waldränder, Lichtungen und Hänge mit Baum- und Buschbestand. **L** Kennzeichnend für den Vogel ist sein kurzer Singflug, der von einer hohen Warte – meist eine Baumspitze – zum Boden führt. Baumpieper sitzen auffallend häufig auf Baumspitzen. Ihre Nahrung besteht in erster Linie aus kleinen Insekten, die am Boden aufgelesen werden. **F** Gut versteckt in Gräsern wird am Boden ein Nest gebaut. 5–6 Eier, Brutzeit 12–14 Tage, Nestlingszeit 12–13 Tage.

Schafstelze
Motacilla flava

G

Sperling	Z III–X	1 V–VI

M Der schlanke, langschwänzige Vogel ist mit seiner leuchtend gelben Unterseite sehr auffallend. Von der ebenfalls gelbbäuchigen Gebirgsstelze, *Motacilla cinerea*, unterscheidet ihn der olivgrüne Rücken (bei der Gebirgsstelze blaugrau!). Kinn und Überaugenstreif weiß. Auffallend ist das häufige Schwanzwippen. In Europa kommen verschiedene Unterarten der Schafstelze vor. **V** Lebensräume der Art sind Ufer von Fließgewässern, Sümpfe, Moore und Heiden. **L** Die Vögel suchen mit schnellem Trippelgang den Boden nach Kleingetier ab. Teilweise werden Insekten auch in kurzem, flatterndem Flug erhascht. **F** Im offenen Gelände wird ein Bodennest gebaut. 5–6 Eier, Brutzeit ca. 14 Tage, Nestlingszeit 10–13 Tage.

Gebirgsstelze
Motacilla cinerea

Sperling	TZ	1(–2) IV–VII

M Sehr langschwänzige Stelze mit grauem Rücken und gelber Unterseite; am Schwanz auffallend weiße, äußere Steuerfedern. Im Sommer ♂ mit weißem Überaugenstreif und weißem Streif von der Schnabelwurzel zur Wange, Kinn und Kehle schwarz, Brust leuchtend gelb; ♀ mit weißlicher Kehle. Im Winter bei beiden Geschlechtern Kinn und Kehle weißlich. **V** An Bächen und Flüssen v. a. im Bergland; selten weit entfernt vom Gewässer. Überwintert teils bei uns; viele ziehen jedoch nach West- und Südwesteuropa sowie Nordwestafrika. **L** In der Regel einzeln unterwegs, sucht mit stetig wippendem Schwanz am Gewässer nach Insekten, Larven, Spinnen und Würmern. Im Fluge fällt die wellige Flugbahn auf. **F** Nestbau in Uferböschungen, in Mauerhöhlen an Brücken und unter Baumwurzeln. 4–6 Eier, Brutzeit 12–14 Tage; die Jungen werden 11–14 Tage im Nest gefüttert.

Bachstelze
Motacilla alba

Sperling	Z II–XI	2 IV–VI

M Die Bachstelze ist die bekannteste einheimische Stelze. Im Brutkleid sind Kopf, Kehle, Brust und Nacken schwarz gefärbt. Stirn, Wangen und Bauch sind weiß, der Rücken grau. Nach der Brut sind Kehle und Brust weiß, letztere mit schwarzem Band. **V** Bachstelzen leben am Wasser oder in weiterer Gewässernähe. Bevorzugt wird waldfreie Kulturlandschaft. **L** Die Vögel suchen v. a. am Boden nach Insekten. Sie bewegen sich dabei schnell trippelnd und wippen dazu oft mit dem Schwanz. Ihr Flug ist durch eine stark wellige Flugbahn gekennzeichnet. In milderen Klimabereichen Mitteleuropas kommen regelmäßig Überwinterungen vor. **F** In der Wahl des Nistplatzes sind die Stelzen nicht sehr wählerisch. In Halbhöhlen oder Löchern von Gebäuden, Bäumen o. ä. werden in 12–14 Tagen 5–6 Eier ausgebrütet. Nestlingszeit 13–16 Tage. Foto Gelege S. 524.

Wasseramsel

Cinclus cinclus

G

< Amsel	S	2 IV–VII

[M] Gedrungener, rundlicher Vogel mit kurzem Schwanz, der oft nach oben gestellt wird. Oberseite schwarzbraun, Kopf heller. Unterseite braun, Bauch rostfarben; Brust und Kehle weiß. [V] Ausschließlich an klaren, schnellfließenden Gewässern, typisch an Gebirgsbächen. Standvogel, der außerhalb der Brutzeit weit umherstreift. [L] Sucht die Nahrung – kleine Wasserinsekten und kleinste Fische – am Gewässergrund; springt von einem Stein aus in das Wasser, läuft auf dem Grund und taucht an anderer Stelle wieder auf. Knickst sehr häufig im Sitzen. Ruft »zit zit«. [F] Das backofenförmige Moosnest wird in Hohlräume unter Brücken oder in Uferböschungen gebaut. 5–6 Eier, Brutdauer 14–18 Tage, Nestlingszeit 19–25 Tage.

Zaunkönig

Troglodytes troglodytes

< Sperling	S	2 IV–VII

[M] Mit seiner rundlichen Gestalt, den großen Augen und dem aufgestellten Stummelschwanz wirkt der kleine, quicklebendige Vogel recht possierlich. Die Färbung ist dunkelbraun, an den Flügeln, den Flanken und am Schwanz erkennt man dunkle Querbänder. [V] Dichte, schattige und feuchte Dickichte in Wäldern, Parks und Gärten. [L] Durchstöbert das Unterholz nach Insekten und anderen Kerbtieren. Seine blitzschnelle und huschende Fortbewegung macht eine längere Beobachtung fast unmöglich. Bei Erregung knickst er auffallend häufig. Gesang laut und schmetternd. Die kleinen Vögel sind in kalten Wintern bei uns teilweise gefährdet. Zum Schutz vor nächtlicher Kälte suchen sie gerne gemeinschaftliche Übernachtungsplätze auf. [F] Im kugelförmigen, in Bodennähe versteckten Nest werden 5–7 Junge aufgezogen. Brut- und Nestlingszeit 14–18 Tage.

Heckenbraunelle

Prunella modularis

< Sperling	TZ	2 IV–VII

[M] Die dunkelbraune Oberseite geht im Halsbereich in Schiefergrau über. Mit Ausnahme des braunen Scheitels und der braunen Ohrregion ist der gesamte Kopf grau. Die Unterseite ist ebenfalls schiefergrau, die Flanken dunkel gestreift. [V] Man begegnet der Art in Gärten, Laub- und Mischwäldern, Parks und Gebüschen. [L] Heckenbraunellen bewegen sich langsam und ausschließlich im Schutz von Unterholz und Gebüsch. Sie sind sehr scheu und – mit Ausnahme der Brutzeit – ungesellig. Kennzeichnend ist häufiges Flügelzucken. Der Gesang, eine auf- und absteigende, hell klingende Tonreihe, wird meist von hoher Warte vorgetragen. Die Nahrung besteht aus Insekten und Spinnen, im Winter Sämereien. [F] Die 4–5 Jungen schlüpfen nach 12–14tägiger Brutzeit in einem gut versteckten Nest in Bodennähe von Dickichten. Nestlingszeit 12–14 Tage.

Gartenrotschwanz

Phoenicurus phoenicurus

G

Sperling	Z IV–X	2 V–VII

M Beim ♂ sind Gesicht und Kehle schwarz, die Stirn weiß. Die Oberseite ist grau, Brust und Flanken sind rostrot. Das ♀ ist oben graubraun, unten gelbbraun. Beide haben rostroten Bürzel und Schwanz. **V** Wälder, Waldränder, Parks und Gärten. Bevorzugt die Nähe menschlicher Siedlungen und gilt demnach als Kulturfolger. **L** Der Vogel ist ein Ansitzjäger; sehr häufig kann man ihn beobachten, wie er, z. B. von einem Zaunpfahl aus, fliegende oder am Boden laufende Insekten fängt. Typisch für beide Rotschwanz-Arten ist häufiges Schwanzzittern und Knicksen. **F** Das Nest wird in Halbhöhlen, wie Baum-, Fels- und Mauerlöchern, angelegt. 5–7 Eier werden in 12–14 Tagen ausgebrütet; Nestlingszeit 13–16 Tage.

Hausrotschwanz

Phoenicurus ochruros

Sperling	Z III–XI	2 IV–VI

M Das ♂ dieser Art ist rußschwarz mit weißem Flügelspiegel, Bürzel und Schwanz sind rostrot. Das ♀ ist unscheinbar dunkel graubraun; Schwanz und Bürzel sind ebenfalls rostrot. **V** Hausrotschwänze sind in Städten, Dörfern, an Felshängen und in Weinbergen anzutreffen. Ursprünglich sind sie Felsenbewohner. **L** Meist fällt der Vogel auf, wenn er sein gepreßt wirkendes Liedchen von einem Hausgiebel oder einer Dachrinne aus vorträgt. In den Gesangspausen zeigt er das typische Schwanzzittern und Knicksen. Im Gegensatz zum oben beschriebenen Gartenrotschwanz ist diese Art ein Kurzstreckenzieher, der den Winter in West- und Südeuropa verbringt und z. T. in milden Gebieten auch bei uns überwintert. **F** Als Nistgelegenheit werden alle Halbhöhlen ausgenutzt. 4–6 Eier, Brut- und Nestlingszeit ca. 14 Tage. Foto Gelege S. 524.

Rotkehlchen

Erithacus rubecula

< Sperling	TZ	2 IV–VII

M Der insgesamt rundlich wirkende Vogel ist durch seine rote Vorderbrust und Gesicht kaum zu verwechseln. Rücken olivbraun, Bauch weißlich, die rotbraunen Beine wirken sehr lang. Die Augen des dämmerungsaktiven Vogels sind recht groß. **V** Wie die Nachtigall kommt auch das Rotkehlchen in sehr unterholzreichen Wäldern vor. **L** Die Art ist hin und wieder auf der Nahrungssuche im Unterholz zu beobachten. Immer wieder mit Schwanz und Flügel zuckend, sucht das Rotkehlchen den Boden nach Kleingetier ab. Im Herbst und Winter ernährt es sich auch teilweise von Beeren. Der perlende Gesang wird häufig in der Dämmerung vorgetragen. Selbst bei völliger Dunkelheit beginnen Rotkehlchen vereinzelt zu singen. **F** Nest in Halbhöhlen, Wurzelnischen, Mauerlöchern und Bodenvertiefungen. 5–7 Eier, Brutzeit 14 Tage, Nestlingszeit 12–15 Tage.

Braunkehlchen

Saxicola rubetra

G

< Sperling	Z IV–X	1 V–VI

[M] Der stark im Bestand bedrohte Vogel wirkt untersetzt und kurzschwänzig. Beim ♂ Oberseite, Wangen und Scheitel stark gestreift. Ohrregion nach oben und unten durch einen weißen Überaugenstreif bzw. Kehlstreif begrenzt. Kehle, Brust und Flanken sind kräftig rahmgelb. Das ♀ ist heller mit gelblichem Augenstreif. Das nah verwandte Schwarzkehlchen, *Saxicola torquata* (**G**) unterscheidet sich durch schwarzen Kopf und Kehle und breite, weiße Halsflecken. [V] Wiesen, Sümpfe und andere offene Geländeformen. [L] Der Vogel sitzt gern auf Halmen oder Zäunen, wippt mit den Flügeln und Schwanz; er ernährt sich von Insekten. [F] Baut ein Bodennest; das Gelege besteht aus 4–7 Eiern. Brut- und Nestlingszeit 13–15 Tage.

Steinschmätzer

Oenanthe oenanthe

G

Sperling	Z III–X	1 V–VI

[M] Der wenig bekannte Vogel ist im ♂ Geschlecht recht auffallend gefärbt. Bürzel und Schwanzseiten weiß; Schwanzende und Schwanzmitte schwarz. Im Brutkleid hat das ♂ einen blaugrauen Rücken, schwarze Binden durch das Auge und eine rahmgelbe Unterseite. Im Ruhekleid ist es rahmfarben bräunlich und ähnelt dann dem ♀. [V] Der Vogel bewohnt Moore, Brachflächen, Felsen und Dünen. [L] Auf der Suche nach Insekten, Spinnen, Schnecken und anderem Kleingetier huschen Steinschmätzer rastlos durch ihr Revier, bleiben dabei immer in Bodennähe. Typisch sind Knicksen und langsames Schwanzschlagen. Der schwatzende Gesang wird meist von etwas erhöhter Warte in Bodennähe vorgetragen. [F] Das Nest wird in Erdlöchern, Kaninchenbauten oder auch Steinhaufen versteckt. 4–6 Eier, Brut- und Nestlingszeit 14 Tage.

Nachtigall

Luscinia megarhynchos

> Sperling	Z IV–X	1 V–VI

[M] Der Vogel hat eine einfarbig braune Oberseite und eine weißlich-braune Unterseite; Schwanz rotbraun. Der zum Verwechseln ähnliche Sprosser, *Luscinia luscinia* (**G**) unterscheidet sich von der Nachtigall durch die etwas dunklere Farbe und die braun gewölkte Brust. Man bezeichnet Nachtigall und Sprosser als sog. Geschwisterarten, wobei die Ähnlichkeit hier bis zum Gesang geht. [V] Dichte, unterholzreiche Wälder sind ideale Lebensräume für die Nachtigall. [L] In aufrechter Haltung durchstöbert der Vogel den Boden des Unterholzes. Insekten, Spinnen und anderes Kleingetier dienen als Nahrung, auch Beeren. Der berühmte Gesang wird bei Tag und bei Nacht vorgetragen. Der Vogel sitzt dabei im Unterholz oder auf der Spitze eines Busches. [F] Das Nest steht am Boden oder in der Krautschicht. 4–6 Eier, Brutzeit 13 Tage, Nestlingszeit 12 Tage.

Ringdrossel

Turdus torquatus

Amsel	TZ	1 V–VI

M Ähnelt einer Amsel, ♂ schwarz mit breitem, halbmondförmigem, weißem Brustschild. Flanken etwas gräulich. Insgesamt weißliche Federsäume. ♀ schwarzbraun, unterseits etwas heller; das Brustschild weniger kontrastreich. Beide Geschlechter zur Brutzeit mit gelblichem Schnabel. **V** Lebt in Knieholzbeständen und Lichtungen von Nadelwäldern nahe der Baumgrenze in den Alpen. Verbreitungsraum meist nicht unter 1000 m. Teilzieher; überwintert in Süd- und Südosteuropa. **L** Fliegt sehr schnell, verschwindet bei Annäherung gern hinter Felsen. Frißt Insekten, Würmer, Beeren. Gesang aus wiederholten Rufen mit eingestreuten Gackerlauten. **F** Nistet niedrig auf Nadelbäumen. 4–5 Eier, Brutdauer und Nestlingszeit je ca. 14 Tage.

Amsel

Turdus merula

bekannt	S	2–3 III–VII

M Das ♂ dieser allbekannten Art ist schwarz; Schnabel und Augenring sind leuchtend orangegelb; ♀ dunkelbraun mit etwas hellerer Unterseite; Kehlbereich leicht gefleckt; Schnabel braun. **V** Amseln sind in Wäldern, Gärten und Parks anzutreffen. **L** Die Vögel suchen sehr häufig auf dem Boden hüpfend nach Nahrung. Diese besteht z. B. aus Regenwürmern, die mit großem Kraftaufwand aus dem Boden gezogen werden, aber auch aus Insekten und Früchten. Morgens und abends singen Amseln gern von hoher Warte. Neben den Individuen, die bei uns überwintern, gibt es auch solche, die als Teilzieher nach Süd- und Westeuropa sowie Nordafrika abwandern. Unsere Standvögel sind im Winter v. a. auf Baum- und Strauchfrüchte angewiesen. **F** Nest in Büschen, an Gebäuden u. a. 4–7 Eier, Brut- und Nestlingszeit ca. 14 Tage. Foto Gelege S. 525.

Wacholderdrossel

Turdus pilaris

> Amsel	Z III–IX	1–2 IV–VI

M Kopf und Bürzel dieser Drossel sind hellgrau, der Rücken ist kastanienbraun. Kehle und Brust sind rostgelb, schwarz gefleckt und gestreift; der Bauch ist einfarbig hell. **V** Die Wacholderdrossel ist ein typischer Vogel der offenen Kulturlandschaft mit Büschen, Bäumen und angrenzendem Wald. **L** Man kann die Vögel meist gesellig bei der Nahrungssuche beobachten. Wiesen, Weiden und Waldränder werden nach Kleingetier abgesucht. Bei Störung fliegt der Schwarm mit lautem Schackern ab. Im Spätsommer werden Beeren und Früchte als Nahrung bevorzugt. Die bei uns im Winter zu beobachtenden Wacholderdrosseln sind Gäste aus Osteuropa. Unsere Brutvögel ziehen im Herbst nach West- und Südeuropa ab. **F** Die Brut erfolgt in Kolonien, meist auf höheren Bäumen. 4–6 Junge, Brut- und Nestlingszeit ca. 14 Tage.

Singdrossel

Turdus philomelos

< Amsel	Z II–IX	2 IV–VI

M Von den hier beschriebenen Drosseln ist die Singdrossel am kleinsten. Der braune Rücken steht in Kontrast zur gelblich-rahmfarbenen Brust, die mit kleinen, schwarzen Flecken übersät ist. Der Bauch ist weiß. **V** Die Art bewohnt Parks und Wälder, z. T. auch große Gärten. **L** Wie bei allen Drosseln wird die Nahrung am Boden gesucht. Sehr geräuschvoll wird dabei Laub umhergeschleudert, um Würmer, Schnecken und anderes Kleingetier aufzustöbern. Im Herbst wird die Nahrung durch Beeren und Früchte bereichert. Der Gesang wird meist von einer Baumspitze vorgetragen. **F** In Bäumen oder Büschen wird das Nest gebaut, in dem das ♀ in ca. 14 Tagen 4–6 Eier ausbrütet. Nestlingszeit 12–16 Tage. Foto Gelege S. 525.

Misteldrossel

Turdus viscivorus

> Amsel	Z II–IX	1 III–V

M Die größte einheimische Drossel hat eine graubraune Oberseite und eine gelblich-weiße Unterseite mit dichter, schwarzbrauner Fleckung. Die Spitzen der Schwanzaußenfedern sind weißlich. **V** Die Misteldrossel bevorzugt geschlossene Waldgebiete. Zunehmend ist sie auch in größeren Parkanlagen und Feldgehölzen anzutreffen. **L** Der Vogel fällt am Boden bei der Nahrungssuche durch seine sehr aufrechte Haltung auf. Meist wird die Nahrung (Würmer, Kerbtiere) auf Waldlichtungen und Waldrandwiesen gesucht. Im Herbst werden Beeren bevorzugt; meist erfolgt die Nahrungssuche in dieser Jahreszeit auch in kleinen Trupps. Als typische Kurzstreckenzieher überwintern Misteldrosseln v. a. im Mittelmeerraum und in Westeuropa. **F** Das Nest wird meist in Astgabeln von Bäumen angelegt. 4–6 Eier. Brut- und Nestlingszeit 14 Tage.

Feldschwirl

Locustella naevia

< Sperling	Z IV–X	2 V–VII

M Auffallendes Kennzeichen dieses Vogels ist die olivbraune, deutlich gestreifte Oberseite. Im Gegensatz dazu ist die gelblich-weiße Unterseite nur schwach gestrichelt. Schwanz stark gerundet; Beine rötlich braun. **V** Bewohnt den Unterwuchs in Sümpfen, Auwäldern und Heiden. Manchmal ist die Art auch in Fichtenschonungen anzutreffen. **L** Die sehr heimliche Lebensweise läßt eine direkte Beobachtung kaum zu. Der Vogel fliegt nur ungern; üblicherweise schlüpft er durch die Bodenvegetation. Gesang ist ein monotones Schwirren eines Tones, welches häufig über eine Minute gehalten wird. Auch nachts singen diese Vögel, wobei hier die »Schwirrdauer« noch erstaunlichere Längen annimmt; man hat mehrere Minuten gemessen. **F** Im bodennahen Nest werden 4–6 Jungvögel in 13–15 Tagen ausgebrütet; Nestlingszeit 10–12 Tage.

Teichrohrsänger

Acrocephalus scirpaceus

< Sperling	Z IV–X	1 V–VI

M Der Vogel ist oben einfarbig braun, an der Unterseite weißlich mit gelbbräunlichen Flanken. Vom verwandten Drosselrohrsänger, *Acrocephalus arundinaceus* (**G**) unterscheidet er sich in erster Linie durch die geringere Größe und den kaum ausgeprägten Überaugenstreif. Das sicherste Bestimmungskriterium ist der unterschiedliche Gesang. **V** Beide Arten sind Bewohner der Schilfregion an Gewässern. **L** Meist sitzt der Vogel an Schilfhalmen, an denen er auch gut klettert. Ausdauernder Gesang mit oft wiederholten, krächzenden Lauten. **F** Nistet in lockeren Kolonien. Das Nest mit 3–5 Eiern wird an senkrechten Halmen befestigt. Brut- und Nestlingszeit 11–12 Tage. Teichrohrsänger und Drosselrohrsänger sind häufige Kuckuckswirte.

Sumpfrohrsänger

Acrocephalus palustris

< Sperling	Z V–IX	1 VI–VII

M Von den oben beschriebenen Rohrsängern nur schwer zu unterscheiden. Rücken hier olivbraun, Beine fleischfarben. **V** Im Gegensatz zu Teich- und Drosselrohrsänger ist diese Art kein Röhrichtbewohner, sondern v. a. in wassernaher Staudenvegetation heimisch. Auch Felder und Gebüsche in Wassernähe werden akzeptiert. **L** In dichter Deckung sucht der Vogel nach Insekten. Auch sein wohltönender Gesang wird von versteckter Warte aus vorgetragen. Unter allen einheimischen Singvogelarten hat der Sumpfrohrsänger das größte Imitationstalent. Ca. 200 andere Vögel werden von ihm in Einzellauten nachgeahmt; darunter sind naturgemäß viele afrikanische Arten, die er im Winterquartier zu hören bekommt. **F** Sumpfrohrsänger bauen Hängenester, die an Halmen oder Stengeln befestigt werden. Nach 12 Tagen schlüpfen 3–5 Junge; Nestlingszeit 10–14 Tage.

Gelbspötter

Hippolais icterina

< Sperling	Z V–IX	1 V–VI

M Der kräftige Spötter hat eine grüngraue Oberseite mit, nicht immer deutlichem, hellem Fleck auf den Flügeln. Die Unterseite ist gelblich, die Beine sind blaugrau. Der recht lange Schnabel ist oben dunkler als unten. Mit den Rohrsängern ist der Gelbspötter recht nah verwandt. **V** Der Art begegnet man in unterholzreichen Wäldern, Gärten und Parks. **L** In den dichten Laubkronen seines Reviers werden Insekten gejagt. Sein Gesang besteht aus abwechslungsreichen Motiven, die immer wieder auch Gesangsteile anderer Singvögel enthalten (Name!). Die Aufenthaltsdauer dieses Vogels bei uns ist mit 3–4 Monaten sehr kurz. **F** Im oberen Bereich von Büschen und kleineren Bäumen wird ein Napfnest in Astgabeln aufgehängt. Das Gelege enthält 4–5 Eier, die in 12–14 Tagen ausgebrütet werden. Nestlingszeit 13–14 Tage.

Klappergrasmücke

Sylvia curruca

< Sperling	Z IV–X	1–2 V–VI

M Der Vogel ist relativ kurzschwänzig und hat eine graue Oberseite, die sich im Ohrbereich fast zu Schwarz intensiviert. Die Unterseite ist cremeweiß. **V** Man findet Klappergrasmücken in Wäldern, Parks und Gärten, aber auch in Buschrainen des offenen Geländes. **L** Der recht heimliche Vogel ist nur schwer zu entdecken, da er nur selten das schützende Dickicht verläßt, das er nach Insekten durchsucht. Meist ist seine Anwesenheit nur durch den klappernden Gesang oder durch ein leises »Schwätzen« zu bemerken. **F** Das Nest wird meistens in Bodennähe, selten über Mannshöhe, angelegt. In dichter Dekkung brüten beide Partner in 11–15 Tagen 3–5 Eier aus. Die Nestlingszeit beträgt 10–15 Tage.

Mönchsgrasmücke

Sylvia atricapilla

< Sperling	Z III–XI	1–2 IV–VI

M Der Name der Art leitet sich von der einer Mönchshaube gleichenden, schwarzen Kopfplatte des ♂ ab. Beim ♀ ist diese rotbraun. Oberseite bei beiden Geschlechtern graubraun, Kopfseiten und Unterseite grau. Beim ♀ ist die Unterseite bräunlich. **V** Mönchsgrasmücken benötigen dichtes Unterholz; sie bewohnen Wälder, Parks und Gärten. **L** Obwohl recht häufig, ist die Art, wie auch die anderen Grasmücken, nur schwer zu beobachten. Ihre Anwesenheit im Unterholz, das sie nach Insekten absucht, macht sich dem Kenner eher durch den zwitschernden, z. T. flötenden Gesang deutlich. Im Herbst bereichern Beeren die Nahrung dieses Insektenfressers. Das Winterquartier reicht vom Mittelmeerraum bis in das tropische Afrika. **F** Nest in Bodennähe; 4–6 Eier, Brutzeit 10–15 Tage, Nestlingszeit 10–14 Tage. Foto Gelege S. 525.

Gartengrasmücke

Sylvia borin

< Sperling	Z IV–X	1–2 V–VII

M Der Vogel ist einfarbig grau, an der Unterseite hell. Bezeichnende Merkmale fehlen bei dieser Grasmücke völlig. Die auffallendere Dorngrasmücke, *Sylvia communis*, hingegen hat rostfarbene Flügel, einen langen Schwanz mit weißen Außenfedern, eine graue (♂) bzw. bräunliche (♀) Kopfkappe und eine weiße Kehle. **V** Man findet die Gartengrasmücke im Unterholz der Wälder und in buschreichem Freiland. **L** Meist verrät nur der Gesang – ein sehr langes, volltönendes Flöten – den heimlichen Vogel. Die häufigen Wiederholungen der langen Strophen machen die Gartengrasmücke zu einem unserer dominierendsten Sänger. Im Herbst nimmt der ansonsten typische Insektenfresser auch Beeren zu sich. **F** Nistet in Büschen, Gestrüpp und Hecken. Das bodennahe Nest enthält 3–5 Eier; Brutzeit 11–16 Tage, Nestlingszeit 9–12 Tage.

Zilpzalp

Phylloscopus collybita

< Sperling	Z III–X	1–2 IV–VII

M Dieser Laubsänger hat eine olivbraune Oberseite und eine sehr helle, oft gelbliche Unterseite. Die Beine sind schwärzlich, ein Überaugenstreif ist angedeutet. Der äußerst ähnliche Fitislaubsänger, *Phylloscopus trochilus*, unterscheidet sich durch sein gelblicheres Gefieder und die helleren Beine. **V** Die Art lebt in lichten, unterholzreichen Wäldern, in Gärten und Parks. **L** Der Vogel ist meist rastlos im Unterholz unterwegs, um Insekten, Spinnen und andere Kerbtiere aufzustöbern. Das unregelmäßig vorgetragene »Zilp zalp zilp zalp . . .« hat zur Namensgebung geführt. **F** In Hecken, Dickichten und Feldgehölzen wird in Bodennähe ein backofenförmiges Nest mit seitlichem Eingang gebaut. 4–6 Eier, Brut- und Nestlingszeit 13–15 Tage.

Waldlaubsänger

Phylloscopus sibilatrix

< Sperling	Z	1 V–VI

M Am Kopf dieser Art fallen der gelbe Überaugenstreif und die leuchtend gelbe Kehle auf. Auch die Brust ist gelb, geht dann aber in einen weißen Bauch über. Die Oberseite ist gelblichgrün, der Schwanz relativ kurz. **V** Der Waldlaubsänger ist ein typischer Bewohner hochstämmiger, lichter Laub- und Mischwälder; v. a. ältere Buchenwälder werden bevorzugt. **L** In seinem Lebensraum ist der Waldlaubsänger ein recht häufiger Vogel. Seine unverkennbare Schwirrstrophe »sib-sib-sib-sirr« wird von einem Ast im unteren Kronenbereich vorgetragen oder nicht selten beim horizontalen Singflug von Ast zu Ast. Daneben reiht er auch gelegentlich seinen charakteristischen Ruf »düh« zu einer gedehnten Flötenstrophe. **F** In einem rundlichen Backofennest am Boden brütet das ♀ in 13–14 Tagen 5–7 Eier aus; die Jungen bleiben 11–12 Tage im Nest.

Wintergoldhähnchen

Regulus regulus

< Sperling	TZ	2 V–VII

M Beide bei uns heimischen Goldhähnchen sind die kleinsten heimischen Vögel. Das Wintergoldhähnchen ist vom Sommergoldhähnchen, *Regulus ignicapillus*, durch den fehlenden Überaugenstreif zu unterscheiden. Auffallend ist beim Sommergoldhähnchen auch der schwarze Strich durch das Auge und der kräftiger orangefarbene Scheitel beim ♂. Oberseite olivgrün, Unterseite weißlich grau (Sommergoldhähnchen heller!). Der Scheitel ist beim ♂ gelb mit etwas orange, beim ♀ ausschließlich gelb und etwas schmäler. **V** Bewohnen Nadel- und Mischwälder. **L** Bei der Jagd nach kleinen Insekten betätigen sich Goldhähnchen als geschickte Turnkünstler, sind jedoch nur schwer zu beobachten. Gesang ein leises »Sih-sih-sih« mit unterschiedlicher Tonhöhe. **F** In einem Hängenest werden in 14–17 Tagen 8–11 Eier ausgebrütet; Nestlingszeit 18–21 Tage.

Grauschnäpper

Muscicapa striata

< Sperling	Z IV–IX	1 V–VI

[M] Gefiederfarbe unscheinbar aschgrau. Scheitel, Kehle und Brust sind dunkelgrau gestreift. Auffallend ist die aufrechte Körperhaltung und das häufige Flügel- und Schwanzzucken. [V] Die Art ist in Gärten, Parks, an Waldrändern und in lichten Laubwäldern anzutreffen. [L] Der recht ungesellige Vogel ist gegenüber dem Menschen meist nicht sehr scheu. Von einem freien Sitzplatz (Fangwarte) aus macht er Jagd auf fliegende Insekten, wobei er immer wieder zu seinem Platz zurückkehrt. [F] Das Nest wird an oder in Gebäuden angelegt. Oft dienen Dachvorsprünge, Mauerlöcher oder Wandbewuchs als Versteck. Das Gelege enthält 4–6 Eier; die Jungen schlüpfen nach 12–15 Tagen und bleiben dieselbe Zeit im Nest.

Trauerschnäpper

Ficedula hypoleuca

< Sperling	Z IV–IX	1 V–VI

[M] Im Brutkleid sind beim ♂ Kopf und Oberseite schwarz bis graubraun. Stirn, Unterseite, Flügelfleck und Schwanzseiten sind weiß. Das ♂ im Ruhekleid ähnelt dem ♀, das durch eine olivbraune Oberseite und eine rahmweiße Bauchseite charakterisiert ist. [V] Der Trauerschnäpper lebt in Laub- und Mischwäldern, aber auch in Parks, Gärten und Feldgehölzen. Er ist recht standorttreu; trotz der großen Distanz zum Winterquartier im tropischen Afrika kehrt er oft exakt an seinen Geburtsort zurück. [L] Wie der oben beschriebene Grauschnäpper ist auch diese Art ein Ansitzjäger. Oft werden Insekten aber auch am Boden aufgelesen. Im Spätsommer wird die Nahrung auch durch Beeren bereichert. [F] Trauerschnäpper nisten bei uns überwiegend in Nistkästen, aber auch in Baumhöhlen. Nach 12–17 Tagen schlüpfen 4–7 Junge, die 13–16 Tage im Nest bleiben.

Schwanzmeise

Aegithalos caudatus

< Sperling	S	1–2 III–VI

[M] Die unverkennbare Art ist durch ihren extrem langen, gestuften Schwanz und das schwarz-weiß-rosarote Gefieder gekennzeichnet. Es gibt 2 Rassen. [V] Schwanzmeisen sind in unterholzreichen Laub- und Mischwäldern, in Parks und Obstgärten heimisch. [L] Die Vögel turnen bei der Suche nach Insekten v. a. in den Spitzenbereichen der Zweige und sind deshalb oft gut zu beobachten. Der lange Schwanz bildet hierbei eine wichtige Balancierhilfe. Häufig nehmen Schwanzmeisen ihre Nahrung auf, während sie nur mit einem Bein kopfab an einem Ästchen hängen. Das geringe Körpergewicht und die langen Beine begünstigen diese Lebensweise. Die Art bildet nach der Brut kleine Trupps. [F] Das eiförmige, kunstvoll verflochtene Nest wird in Zweigen aufgehängt. Im Innern schlüpfen nach 12–14 Tagen 8–12 Junge; Nestlingszeit 14–18 Tage.

Sumpfmeise

Parus palustris

< Sperling	S	1 IV–VI

M Kopfplatte, Nacken und der Kinnbereich sind bei dieser Meise glänzend schwarz gefärbt. Wangen und Unterseite grauweiß, im Flankenbereich bräunlich getönt. Der Rücken ist graubraun. Die Art ist leicht mit der selteneren Weidenmeise zu verwechseln. **V** Bewohnt Laubwälder, Parks, Gärten und Hecken. **L** Auf der Jagd nach Insekten durchstreift die Sumpfmeise den Baum- und Buschbestand ihres Lebensraums. Immer wieder läßt sie ihre »Pistja«-Rufe oder ihren klappernden Gesang hören. Im Winter schließen sich die Vögel meist zu zweit Meisenschwärmen an. **F** Als Nistplatz werden Baumhöhlen, selten auch Nistkästen genutzt. Das ♀ brütet in 13–17 Tagen 6–10 Eier aus. Nestlingszeit 16–21 Tage.

Blaumeise

Parus caeruleus

< Sperling	S	1 IV–VI

M Unter den Meisen ist die Blaumeise unverwechselbar. Scheitel, Schwanz und Flügel hellblau, die Unterseite gelb. Über dem weißen Wangenfleck zieht ein schwarzer Strich durch das Auge. Der Rücken ist grünlich. **V** Man findet Blaumeisen in Laub- und Mischwäldern, sehr häufig in Gärten, Parks und Feldgehölzen. **L** Diese Meise ist ein artistischer Turner, der auf der Suche nach Insekten oft auch kopfunter an Zweigen hängt. Sie frißt auch kleine Sämereien. Im Winter ist sie fast immer in gemischten Meisenschwärmen anzutreffen. Sofern es sich um größere Blaumeisenschwärme handelt, sind es in der Regel nordische Vögel, die im Winter in unsere Breiten einwandern. **F** Die 7–13 Eier werden in Spechthöhlen oder Nistkästen vom ♀ in 12–16 Tagen ausgebrütet. Es wird dabei vom ♂ mit Nahrung versorgt. Nestlingszeit 15–20 Tage.

Haubenmeise

Parus cristatus

< Sperling	S	1–2 III–VII

M Typisch für diese Meise ist die schwarzweiß gesprenkelte Kopfhaube. Kopfseiten weiß; ein schwarzer Strich zieht durch das Auge, der innerhalb der weißen Wange nach unten abknickt. Oben ist der Vogel graubraun, unten weiß mit rahmfarbenen Flanken. **V** Der Lebensraum der Haubenmeise beschränkt sich auf Nadel- und Mischwälder. In Gärten und Parks selten. **L** Man kann den Vogel oft bei der Nahrungssuche an Baumstämmen beobachten. Sorgfältig wird die Rinde nach kleinen Insekten abgesucht. Im Vergleich zu anderen Meisen ist diese Art nicht sehr gesellig. **F** In morschen Bäumen oder Baumstrünken wird häufig eine Höhle selbst gezimmert. Nistkästen werden jedoch ebenfalls angenommen. Das Gelege besteht aus 5–9 Eiern, die 15–18 Tage bebrütet werden. Die Jungen bleiben 18–21 Tage im Nest.

Kohlmeise

Parus major

Sperling	S	1 III–V

M Unter den einheimischen Meisen ist diese Art die größte und bekannteste. Am glänzend schwarzen Kopf heben sich die weißen Wangen deutlich ab. Die gelbe Unterseite wird durch einen schwarzen Mittelstreifen zweigeteilt; der Rücken ist grünlich, Flügel und Schwanz sind blaugrau. **V** Neben allen Waldtypen bewohnt die Kohlmeise v. a. menschennahe Lebensräume wie Gärten und Parks. Am Futterhaus ist sie deshalb die am häufigsten zu beobachtende Meise. **L** Auf der Suche nach Insekten und Sämereien turnt sie geschickt an den Zweigen, kommt aber auch häufig auf den Boden. **F** In Baumhöhlen oder auch Nistkästen schlüpfen nach 10–14tägiger Brutzeit 6–12 Junge; Nestlingszeit 15–22 Tage. Foto Gelege S. 525.

Tannenmeise

Parus ater

< Sperling	S	2 III–VII

M Der schwarze Kopf mit den weißen Wangen ähnelt der Kopffärbung bei der Kohlmeise, allerdings zeigt der Nacken hier einen weißen Fleck. Unterseite weißlich mit rahmfarbenen Flanken, Oberseite olivgrau mit doppelter weißer Flügelbinde. Sie ist bei uns die kleinste Meisenart. **V** Bevorzugt werden Nadel- und Mischwälder; außerhalb der Brutzeit auch in Gärten und Parks. **L** Die Tannenmeise sucht Rinde und Blätter nach kleinen Insekten ab. Wie die anderen Meisen zeigt sie ein beachtliches Klettergeschick. Sehr häufig schließt sie sich bereits im Spätsommer gemischten Meisenschwärmen an, die im Winter auch von nordischen Tannenmeisen verstärkt werden. **F** Als Nistplatz wird meist eine bodennahe Baumhöhle oder auch ein Erdloch gewählt. Nach 14–18 Tagen Brutzeit schlüpfen 6–10 Junge, die 18–20 Tage im Nest bleiben.

Kleiber

Sitta europaea

Sperling	S	1 IV–VI

M Schnabel kräftig und spitz; Scheitel und Oberseite blaugrau, Unterseite rahmgelb mit kastanienbraunen Flanken. Über den weißen Wangen läuft ein schwarzer Streifen durch das Auge. **V** Kleiber bewohnen Laub- und Mischwälder, Gärten und Parks. Sie sind sehr ungesellig. **L** Kennzeichnendes Verhaltensmerkmal ist die Fähigkeit, auch mit dem Kopf voran stammabwärts oder an der Unterseite waagerechter Äste zu klettern. Die langzehigen Füße sind an die kletternde Lebensweise hervorragend angepaßt. Der Schwanz wird nicht als Stütze benutzt. Der Vogel ist ein häufiger Besucher am Futterhaus; klopft mit dem Schnabel Nüsse und Sämereien auf. **F** Nistet in verlassenen Spechthöhlen, deren Eingang mit Lehm auf einen kleineren Durchmesser zugeklebt wird (Name!). 5–9 Eier, Brutzeit 14–18 Tage, Nestlingszeit ca. 24 Tage.

Gartenbaumläufer

Certhia brachydactyla

< Sperling	S	1 IV–VI

M Vom nah verwandten Waldbaumläufer, *Certhia familiaris*, ist diese Art nur schwer zu unterscheiden. Beide zeichnen sich durch einen langen gebogenen Schnabel aus. Oberseite braun, Flankenbereich beim Gartenbaumläufer deutlich brauner als beim Waldbaumläufer. Weißer Überaugenstreif beim Waldbaumläufer deutlicher. **V** Wälder, Parks und Gärten mit großen Bäumen. Meidet allerdings dichte Wälder. **L** Klettert in kleinen Sprüngen und meist spiralig an Stämmen hoch. Der Schwanz bildet dabei eine wichtige Stütze. Mit dem spitzen Schnabel sucht er Rindenspalten nach Insekten ab. **F** Nistet hinter abstehender Rinde, in Baumspalten oder Nistkästen. 5–7 Eier, Brut- und Nestlingszeit ca. 15 Tage.

Haussperling

Passer domesticus

bekannt	S	2–3 IV–VIII

M Der allbekannte Spatz ist im ♂ Geschlecht durch eine dunkelgraue Kopfplatte und einen dunkelbraunen Nacken, eine schwarze Kehle und weiße Wangen gekennzeichnet. Oberseite und Flügel sind braun. Das ♀ ist graubraun und ohne auffallende Merkmale. **V** Kommt ausschließlich in der Nähe menschlicher Siedlungen vor. **L** Spatzen sind gesellige Vögel, die das ganze Jahr über in kleinen Schwärmen auftreten. Sie gelten schon seit Jahrtausenden als Begleiter des Menschen und sind damit typische Kulturfolger. Ihr unaufhörliches Schilpen gehört zum Klangbild jedes Dorfplatzes. Sie nehmen pflanzliche Nahrung und Insekten zu sich. **F** Als Brutplätze werden Mauerlöcher, Spalten unter Dachrinnen, Gebäudenischen u. a. genutzt. 4–6 Eier, Brutdauer 11–13 Tage, Nestlingszeit 13–16 Tage. Beide Partner brüten und füttern.

Feldsperling

Passer montanus

bekannt	S	2 IV–VIII

M Im Gegensatz zum oben beschriebenen Haussperling sind hier beide Geschlechter gleich gefärbt. Vom Haussperling unterscheiden diese Art die dunkelbraune Kopfplatte und die dunklen »Ohrenschützer« im Bereich der weißen Wangen. Auffallend ist auch der weiße, am Nacken nicht ganz geschlossene Halsring. **V** Feldsperlinge bevorzugen Feldgehölze in der Nähe menschlicher Siedlungen, sind stellenweise auch in Dörfern anzutreffen. **L** Die in Trupps herumstreunenden Vögel suchen in Hecken, auf freiem Feld und z. T. an Waldrändern nach Insekten, Sämereien, Knospen und anderer pflanzlicher Nahrung. Die Tschilp-Laute sind kürzer und weicher als beim Haussperling. **F** Höhlenbrüter; Nest in Baumhöhlen, Felsspalten, Mauerlöchern, Nistkästen. Das Gelege besteht aus 4–6 Eiern, die in 11–14 Tagen ausgebrütet werden. Nestlingszeit ca. 2 Wochen.

Schneefink

Montifringilla nivalis

G	> Sperling	S	1–2 IV–VII

M Oberseite braun, unten rahmweiß, Kopf grau, Kehle schwarz. Flügel und Schwanzaußenfedern weiß, die Schwanzmitte und Flügelspitzen schwarz. Schnabel im Frühling schwärzlich, im Winter gelb mit schwarzer Spitze. Gehört trotz seines deutschen und lateinischen Namens nicht zu den Finken, sondern zu den Sperlingen. **V** Typischer Bergvogel, ganzjährig auf nackten Felskuppen über 1800 m anzutreffen; häufig in der Nähe von Gipfelstationen. Im Winter auch in etwas tieferen Regionen, kommt aber im ausgesprochenen Tiefland nicht vor. **L** Treibt sich gerne bei bewirtschafteten Hütten herum; frißt Samen und Insekten. **F** Umfangreiches Nest in Felsspalten. 5–6 Eier, Brutdauer 13–14 Tage, Nestlingszeit ungefähr 21 Tage.

Girlitz

Serinus serinus

< Sperling	Z III–X	2 IV–VII

M Wichtigste Merkmale dieses kleinen Vogels sind der kleine, kegelförmige Schnabel und der gelbe Bürzel. Oberseite und Flanken dunkelbraun gestreift. Kehle und Brust beim ♂ gelb, beim ♀ grüngelb bis grau. Girlitze werden manchmal mit dem auf S. 510 beschriebenen Zeisig verwechselt. **V** Girlitze sind in Parkanlagen, Gärten, an Waldrändern und in offener Kulturlandschaft heimisch. **L** Oft fällt der Vogel auf, wenn er von hoher Warte sein lang andauerndes, sirrendes Lied vorträgt. Hin und wieder kann man ihn auch beim Singflug – ein senkrechtes Aufsteigen mit kreisenden Abwärtsbahnen – beobachten. Als Nahrung dienen in erster Linie kleinere Sämereien, daneben aber auch Insekten. **F** In dichtem Gebüsch oder in Bäumen wird ein Napfnest gebaut. Das Gelege enthält 3–5 Eier; Brut- und Nestlingszeit ca. 14 Tage.

Hänfling

Carduelis cannabina

< Sperling	TZ	2 IV–VII

M Stirn und Brust des ♂ sind im Brutkleid leuchtend rot. Der Rücken ist kastanienbraun, Schwingen und Schwanz sind weiß gesäumt. Unterseits gelbbraun, dunkel gestreift. Außerhalb der Brutzeit ist der ganze Kopf grau, die Brust weniger rot. Dem ♀ fehlen rote Gefiederbereiche. **V** Hänflinge bevorzugen offenes Gelände mit Buschbestand; hin und wieder kann man sie auch in Gärten und an Waldrändern beobachten. **L** Der gesellige Vogel bildet außerhalb der Brutzeit meist kleine Schwärme zur Nahrungssuche. Er sammelt sehr gerne Sämereien an Stauden oder anderen krautigen Pflanzen und braucht deshalb die typischen »Unkräuter«. Sein variantenreiches Lied mit pfeifenden und nasalen Lauten wird meist von erhöhter Warte aus vorgetragen. **F** In dichten Hecken oder Büschen wird ein Nest mit 4–6 Eiern angelegt. Brut- und Nestlingszeit 12–15 Tage.

Stieglitz
Carduelis carduelis

< Sperling	TZ	1–2 V–VIII

M Auffallendste Merkmale dieses recht bunten Vogels sind die schwarz-gelb gezeichneten Flügel und der schwarz-weiße Kopf mit der roten Gesichtsmaske. Der Rücken ist braun, im Bürzelbereich weiß. **V** Stieglitze sind im offenen Kulturland, in Parks, Gärten und Obstgärten heimisch. **L** Der Vogel klettert bei der Suche nach Sämereien geschickt an Stauden und Zweigen; v. a. Distelsamen werden sehr gerne gefressen, woraus sich auch der Beiname Distelfink ableitet. Außerhalb der Brutzeit werden kleine Schwärme gebildet, um die Nahrungssuche zu optimieren. **F** Nest hoch in Bäumen oder Büschen im Spitzenbereich der Zweige. 4–6 Eier werden in 12–14 Tagen ausgebrütet. Nestlingszeit ca. 2 Wochen.

Zeisig
Carduelis spinus

< Sperling	TZ	1–2 III–VI

M Das ♂ ist olivgrün mit schwarzem Kinn und Scheitel. Bürzel, Flügelbinden und ein Streif hinter dem Auge sind leuchtend gelb. Wie auch beim insgesamt graueren ♀ sind Rücken und Flanken dunkel gestreift. **V** Nadelwälder, Birken- und Erlengehölze, Parks und Gärten. **L** Die Art brütet in unseren Breiten relativ selten. Häufiger kann man den Vogel im Winter beobachten; meist bilden sich kleine Schwärme, die v. a. Erlenwälder nach Sämereien absuchen. Auch kleine Insekten werden v. a. während der Brutzeit nicht verschmäht. Der Vogel zwitschert fast unentwegt; seinen Gesang trägt er meist von höherer Warte vor oder im schmetterlingsartig flatternden Singflug. **F** Das Nest mit 3–5 Eiern wird im oberen Bereich von Fichten angelegt. Die Jungen schlüpfen nach 12–14 Tagen und verlassen das Nest nach derselben Zeit.

Grünling, Grünfink
Carduelis chloris

Sperling	S	2–3 IV–VIII

M Das ♂ ist insgesamt olivgrün, am Bürzel gelbgrün. An den Flügeln und am Schwanz fallen die gelben Flügelspiegel bzw. die gelben Schwanzsäume besonders gut auf. Das ♀ ist matter, eher graugrün gefärbt. Der helle Schnabel ist sehr kräftig. **V** Den bekannten Vogel findet man in Gärten, Parks und an Waldrändern; z. T. kann man von typischen Stadtvögeln sprechen. **L** Grünfinken sind im Winter häufige Gäste am Futterhaus und dort wegen ihrer Unverträglichkeit nicht sehr beliebt. Der kanarienähnliche Trillergesang wird von hoher Warte oder im fledermausartigen Balzflug vorgetragen. Als Nahrung dienen den Grünfinken verschiedene, auch größere Sämereien und – v. a. in der Brutzeit – Insekten. **F** Im gut in Büschen versteckten Nest brütet das ♀ in 12–15 Tagen 4–6 Junge aus. Sie werden 14–17 Tage im Nest gefüttert.

Buchfink

Fringilla coelebs

Sperling	TZ	1–2 IV–VII

M Beide Geschlechter sind beim wohl bekanntesten Fink durch eine doppelte weiße Flügelbinde und durch weiße äußere Steuerfedern gekennzeichnet. Das ♂ ist unten und im Gesicht rotbraun, oben kastanienbraun; Oberkopf und Nacken sind blau. Das ♀ ist an den entsprechenden Stellen olivgrau bis braungrau. **V** Alle Lebensräume mit Baum- und Buschbestand. **L** Auf der Suche nach Sämereien ist der Fink oft am Boden anzutreffen. Während der Brutzeit besteht die Nahrung überwiegend aus Insekten. Sein schmetternder Gesang spielt im Vogelkonzert eine dominierende Rolle. **F** Das Napfnest wird in 2–10 m Höhe gebaut. Nach 12–13tägiger Brutzeit schlüpfen 4–6 Junge; Nestlingszeit 12–15 Tage. Foto Gelege S. 525.

Bergfink

Fringilla montifringilla

Sperling	Z X–IV	–

M Brust und Schulterfleck des ♂ sind orangefarben; Kopf, Nacken und Vorderrücken im Winter bräunlich, im Frühjahr und Sommer schwarz. Das ♀ ist blasser mit braungeflecktem Rükken und aschgrauen Halsseiten. Beide Geschlechter haben einen weißen Bürzel. **V** In Buchenwäldern mit reichlicher Mast, aber auch in Gärten, Parks und auf Wiesen und Äckern anzutreffen. **L** Der nordeuropäische Vogel tritt bei uns nur als Wintergast auf, z. T. in riesigen Schwärmen. Sommeraufenthalt und Brut sind extrem selten. Die Vögel ernähren sich bei uns v. a. von Bucheckern und Knospen. Die Anzahl der bei uns einwandernden Individuen ist abhängig von der Intensität des Winters in der Heimat. Auch das Nahrungsangebot scheint eine Rolle zu spielen. **F** In der nordischen Heimat wird das Nest in Birken gebaut. 5–7 Eier, Brut- und Nestlingszeit 11–13 Tage.

Kernbeißer

Coccothraustes coccothraustes

> Sperling	S, TZ	1 IV–VI

M Wirkt sehr kräftig und gedrungen. Sein mächtiger Schnabel, der kurze Schwanz mit den weißen Spitzen und die blauschwarzen Flügel mit den weißen Binden kennzeichnen ihn eindeutig. Rücken braun, durch ein breites graues Nackenband vom zimtbraunen Kopf abgesetzt; Unterseite und Bürzel sind hellbraun. Das ♀ ist insgesamt heller. **V** Nur Lebensräume mit hohen Bäumen, wie alte Laubwälder, Parks und alte Gärten. **L** Gerne in den Baumkronen, deshalb kaum länger zu sehen; oft verraten sie sich nur durch ihre durchdringenden »ziek«-Rufe. Lediglich am Futterhäuschen, welches Kernbeißer gerne besuchen, ist eine Beobachtung möglich. Ihr kräftiger Schnabel erschließt ihnen als Nahrungsquelle größere Samen (z. B. Steinobstsamen, Name!). **F** Nest in Baumwipfeln. 4–6 Eier, Brutzeit 12–14 Tage; die Jungen werden 10–14 Tage im Nest gefüttert.

Gimpel, Dompfaff

Pyrrhula pyrrhula

Sperling	S	1–2 IV–VII

M ♂ und ♀ sind bei dieser Art deutlich zu unterscheiden: Die Unterseite des ♂ ist leuchtend rot, die des ♀ rotbraun. Beide Geschlechter haben eine schwarze Kopfkappe, einen grauen Rücken, weißen Bürzel und schwarzen Schwanz. Die Flügel sind schwarz mit weißer Binde. **V** Gimpel sind in Wäldern, Parks, Gärten und im Buschgelände anzutreffen. **L** Die recht heimlichen Vögel bilden das ganze Jahr über feste Paare, die auch fast immer gemeinsam unterwegs sind. Als Lautäußerung ist meist ein einfacher Pfeifton zu hören; der einfache Gesang besteht nur aus aneinandergereihten Pfeiftönen. **F** Das Nest wird in dichten Fichten oder Hecken angelegt. 4–6 Eier, Brutzeit 12–14, Nestlingszeit 12–16 Tage. Foto Gelege S. 525.

Goldammer

Emberiza citrinella

Sperling	TZ	2 IV–VII

M Kopf und Unterseite des ♂ sind leuchtend zitronengelb. Die Oberseite ist braun mit deutlicher Streifung, die auch die Flanken mit einbezieht. Am dunklen Schwanz fallen beim Fliegen die weißen Außenränder auf. Das ♀ ist insgesamt weniger gelb. **V** Goldammern sind typische Vögel der buschbestandenen Feldflur. Die Intensivierung der Landwirtschaft macht den Vögeln allerdings zunehmend zu schaffen. **L** In der Brutzeit sind Goldammern sehr reviertreu, im Winter schließen sie sich gern gemischten Vogelschwärmen an. Sie ernähren sich von einer ausgewogenen Mischkost aus Sämereien und Insekten. Der hübsche Gesang wird meist von hoher Warte aus vorgetragen. **F** Der Vogel nistet in Bodennähe in Gebüschen, aber auch in Schonungen und an Waldrändern. 3–5 Eier; Brut- und Nestlingszeit ca. 2 Wochen. Foto Gelege S. 525.

Rohrammer

Emberiza schoeniclus

Sperling	TZ	2 IV–VII

M Im Brutkleid sind beim ♂ Kopf und Kehle schwarz und durch einen weißen Halsring vom dunkelbraunen Rücken abgegrenzt. Die Unterseite ist grauweiß mit schwarz gefleckten Flanken. Im Ruhekleid ist der Halsring nicht erkennbar. Beim ♀ Kopf braun, schwarzweißer Bartstreif und gelbbraune Unterseite. **V** Rohrammern bewohnen Röhrichte, Gewässerränder mit Buschbestand und Feuchtwiesen. Auf dem Zug kann man sie auch im Kulturland sehen. **L** Die Vögel sitzen gerne an Schilfhalmen. Oft kann man das ♂ beobachten, wie es, schräg am Halm sitzend, seinen variablen Gesang vorträgt. Rohrammern ernähren sich bevorzugt von Grassamen; im Sommer dazu von kleinen Insekten, Schnecken und Würmern. **F** Nest am Boden oder in niedrigem Gebüsch. Die 4–6 Jungen schlüpfen nach 12–14 Tagen, Nestlingszeit ca. 2 Wochen.

Neuntöter

Lanius collurio

G

> Sperling	Z IV–IX	1 V–VII

M ♂ und ♀ sind bei diesem Würger deutlich am Gefieder unterscheidbar: Beim ♂ sind Rücken und Flügel rotbraun, Kopf, Nacken und Bürzel sind bläulich hellgrau; das Grau des Kopfes wird vom Weiß der Kehle durch eine von der Schnabelwurzel bis zur Ohrregion ziehende Binde getrennt. Das ♀ ist oberseits matt rötlich-braun, am Bauch und an den Flanken cremefarben mit bräunlichen Halbmondflecken. **V** Neuntöter findet man in offener Buschlandschaft mit Trockenrasen und an Waldrändern. **L** Sitzt gern auf Dornhecken. Frißt größere Insekten, aber auch kleine Reptilien, die zur Vorratshaltung an Stacheln oder Dornen aufgespießt werden. **F** Nest in Dornbüschen; das ♀ brütet 14–16 Tage auf den 4–6 Eiern, Nestlingszeit 12–16 Tage.

Pirol

Oriolus oriolus

Amsel	Z V–IX	1 V–VI

M Körper und Kopf des ♂ sind leuchtend gelb, Flügel und Schwanz schwarz. Letzterer ist im äußeren Spitzenbereich ebenfalls gelb, im Flügel fällt ein gelber Fleck am Ansatz der Handschwingen auf. Das ♀ ist gelbgrün mit dunkelolivgrünen Flügeln und Schwanz, äußerste Schwanzspitze ebenfalls gelb; Unterseite weißgrau, dunkel gestreift. **V** Pirole sind Kronenbewohner verschiedener Laubwälder und bevorzugen Auenwälder. Sie überwintern in Äquatorialafrika. **L** In den Baumkronen bei der Jagd nach Insekten nur schwer zu beobachten. Verrät sich durch seinen flötenden Gesang. **F** Das Hängenest wird sehr hoch an einer waagrechten Astgabel befestigt, wobei die Nestränder kunstvoll um die Ästchen geschlungen werden. Nach 14–16 Tagen Brutzeit, die vor allem vom ♀ bestritten wird, schlüpfen 3–4 Junge; Nestlingszeit 14–17 Tage.

Star

Sturnus vulgaris

< Amsel	Z, TZ II–IX	1–2 IV–VI

M Der knapp amselgroße Vogel hat ein glänzend schwarzes Gefieder. Je nach Lichteinfall tritt ein bronzegrüner oder purpurfarbener Schimmer auf. Schwanz kurz, Schnabel lang und sehr spitz. Letzterer ist im Frühjahr gelb, im Herbst wird er dunkelbraun. Im Spätherbst fällt die weiße Tüpfelung des Gefieders auf. **V** Die Art bewohnt Kulturland, Wälder, Gärten, Parks und Feldgehölze. **L** Stare treten oft in Schwärmen auf, die v. a. im Herbst tausende Vögel umfassen können. Die Nahrung (Kerbtiere, Würmer) wird am Boden gesucht; die Vögel schreiten dabei. Gesang variantenreich, schwätzend mit einzelnen Pfiffen und vielen Imitationen von Geräuschen und anderen Vogelstimmen. **F** Als Höhlenbrüter nehmen die Vögel Spechthöhlen, Nistkästen und Mauernischen an. 4–6 Eier, Brutzeit 13–15 Tage, Nestlingszeit ca. 3 Wochen. Foto Gelege S. 525.

Eichelhäher

Garrulus glandarius

< Krähe	S, Str	1 IV–VI

M Rötlichbrauner Rabenvogel mit schwarzem Schwanz, weißem Bürzel, blauweiß gebändertem Flügelbug, weißem Flügelfeld, schwarzweißem Scheitel sowie schwarzem Bartstreif. **V** Wälder aller Art. **L** Zur Brutzeit heimlich, sonst recht gesellig. Auffällig sein rätschender Warnruf. Flug wirkt unbeholfen. Die Nahrung ist sehr vielseitig, neben tierischer Beute (Insekten, -larven, Kerbtiere, Schnecken, Eier, Jungvögel und Mäuse) werden v. a. im Herbst Eicheln, Bucheckern und Nüsse gesammelt und als Wintervorrat zwischen Laub, Wurzeln oder in der Erde versteckt. **F** Nest meist gut versteckt in Büschen und Bäumen, beide Partner erbrüten in 16–17 Tagen 5–6 Junge, die nach 19–20 Tagen das Nest verlassen.

Tannenhäher

Nucifraga caryocatactes

< Krähe	S, Str	1 III–VI

M Körper schokoladenbraun, mit Ausnahme des Oberkopfes und Nackens mit deutlichen weißen Tropfenflecken übersät. Schwanz kurz, schwarzbraun mit weißer Endbinde, Unterschwanzdecken weiß. Flügel schwärzlich, wirken im Flug sehr breit. Der kräftige, schwärzliche Schnabel erreicht Kopflänge. **V** Typischer Nadelwaldvogel der Gebirge, der im Winter auch in tiefer gelegene Laubwälder und Gärten kommt. **L** Der Flug ähnelt dem des etwa gleichgroßen Eichelhähers. Ruft schnarrend hart »krärr-krärr«. Außerhalb der Brutzeit oft in kleinen Trupps zur Nahrungssuche unterwegs: nimmt neben Insekten v. a. Samen von Arve, Latsche, Haselnuß, Eiche, Buche. Legt Wintervorräte an, daher auch (s. o.) von großer forstwirtschaftlicher Bedeutung. **F** Nest in Nadelbäumen. Das ♀ erbrütet in 17–19 Tagen 3–5 Junge, die nach 21–28 Tagen ausfliegen.

Elster

Pica pica

< Krähe	S	1 IV–VI

M Charakteristisch sind das metallisch schimmernde, schwarzweiße Gefieder und der lange, gestufte Schwanz. **V** Offenes Kulturland mit einzelnen Bäumen, Büschen, Hecken, Waldränder, Dörfer, Städte. **L** Läuft viel am Boden, bewegt sich geschickt im Geäst, der Flug wirkt etwas unbeholfen. Der Gesang ist wie bei anderen Rabenvögeln ein leises, krächzendes Schwätzen. Kennzeichnend ist der laute, tschackernde Ruf. Ernährt sich sehr vielseitig: Insekten, -larven, Spinnen, Schnekken, Würmer, Amphibien, Kleinsäuger, Eier und Jungvögel, Früchte, Sämereien, Abfälle und Aas. Wie alle Rabenvögel sehr intelligent. Trotz aller Anpassungen an den Menschen ist die Elster ihm gegenüber sehr scheu und vorsichtig geblieben. **F** Überdachtes Reisignest meist hoch in Bäumen, ♀ erbrütet in 17–18 Tagen 5–8 Junge, die nach 22–28 Tagen ausfliegen.

Alpendohle

Pyrrhocorax graculus

< Krähe	S	1 IV–VI

M Gefieder mattglänzend schwarz. Charakteristisch ist der kaum gebogene gelbe Schnabel. Beine orangerot, bei Jungvögeln schwärzlich. **V** Typischer Vogel der hochalpinen Regionen, kommt höchstens im Winter in die Täler. Ist meist in der Nähe von Geröllhalden oder überhängenden Felswänden zu beobachten. **L** Perfekter Kunstflieger, der durch verschiedene Flugmanöver beeindruckt, wobei er geschickt Aufwinde und Luftströmungen nutzt. Rufe weithin hörbar, ein abfallendes »psia« und scharfes »pschirr«. Allesfresser, nimmt auch gerne Abfälle an Hütten. **F** Nistet of gesellig in wind- und kältegeschützten Felsspalten, gelegentlich auch an Gebäuden. Das ♀ erbrütet in 17–21 Tagen 3–6 Junge, die nach 23–31 Tagen ausfliegen.

Dohle

Corvus monedula

G

< Krähe	S, Str	1 IV–VI

M Nacken und Ohrdecken grau, Unterseite dunkelgrau, sonst schwarz, Auge hellgrau. **V** Alte Gehölze, Felsen, Ruinen, Siedlungen. Im Winter oft in großen Trupps, zusammen mit Saatkrähen, auf Feldern. **L** Fast immer gesellig. Flugbild taubenartig. Ruft laut und hell »kjak« und »kau«. Der Gesang ist ein leises, variables Schwätzen mit vielen Imitationen. Gemeinschaftliche Nahrungssuche am Boden. Allesfresser: v. a. Insekten und -larven, Würmer, Schnecken, Nestlinge, Vogeleier, Körner, weiche Früchte und Abfälle. Die Paare halten lebenslang zusammen. **F** Koloniebrüter, in alten Gemäuern, Kirchtürmen, Gehölzen mit genügend Höhlen (Schwarzspechthöhlen!). Nimmt auch geeignete Nistkästen. Überwiegend das ♀ erbrütet in 17–18 Tagen 3–6 Junge, die nach 28–32 Tagen das Nest verlassen und nach 35–36 Tagen voll flugfähig sind.

Saatkrähe

Corvus frugilegus

G

Rabenkrähe	S, Str	1 III–V

M Gefieder metallisch schwarz schimmernd, Schnabelwurzel der Altvögel nackt, grauhäutig; Fersengelenke zottig befiedert (»Pluderhosen«). **V** Offenes Kulturgelände mit Feldgehölzen oder Parks. **L** Die Saatkrähe lebt stets gesellig, oft auch vergesellschaftet mit der oben beschriebenen Dohle. V. a. im Winter kann es durch Zuwanderer aus dem Osten zur Bildung großer Schwärme kommen. Übernachtet gerne an Gemeinschaftsschlafplätzen. Ruft tiefer und rauher als die umseitig beschriebene Rabenkrähe »krah«. Ernährt sich von Insekten, Würmern und Schnecken sowie pflanzlichen Abfällen und keimenden Körnern. **F** Koloniebrüter. Die Nester stehen meist hoch in einzelnen Baumgruppen, auch mitten in Städten. Das ♀ erbrütet in 17–20 Tagen 3–6 Junge, die nach 29–35 Tagen ausfliegen, aber noch lange Zeit in der Kolonie bleiben.

Rabenkrähe

Corvus corone corone

bekannt	S, Str	1 III–V

M Die gänzlich schwarze Unterart der Aaskrähe *(Corvus corone)*, mit kräftigem, meist befiedertem Schnabel. **V** Offene Kulturlandschaft, Waldränder, Parks, Städte. Im Westen des Verbreitungsgebietes (s. u.). **L** Lebt während der Brutzeit paarweise und recht heimlich, sonst häufig in größeren Schwärmen. Allesfresser, der während der Nahrungssuche auf offenem Feld, an Straßenrändern und auch auf Müllhalden zu beobachten ist. Der Gesang besteht aus leisem, bauchrednerischem Schwätzen, oft mit Imitationen anderer Tierstimmen; bekannt sind die heiseren »krah«-Rufe. **F** Einzelbrüter. Das ♀ baut das Nest in der Krone alter Bäume und erbrütet in 18–20 Tagen 4–6 Junge, die nach 4–5 Wochen das Nest verlassen.

Nebelkrähe

Corvus corone cornix

Rabenkrähe	S, Str	1 III–V

M Die zweite Unterart der Aaskrähe *(Corvus corone)* ist im Gegensatz zur oben beschriebenen Rabenkrähe deutlich zweifarbig: Nacken, Rücken und Unterseite sind grau, das übrige Gefieder, Schnabel und Beine schwarz. **V** Offene Kulturlandschaft, Feldgehölze, Waldränder, Parks. Nebelkrähen ersetzen die Rabenkrähen im östlichen Mitteleuropa. Lediglich in einem schmalen Grenzbereich Schleswig - Mecklenburg - Elbe - Sachsen - Alpen gibt es eine Mischzone, wo beide Unterarten zusammen vorkommen und auch bastardieren. **L** Außerhalb der Brutzeit wie die Rabenkrähe gesellig, bildet v. a. im Winter große Schlafgesellschaften. Vertilgt gleichfalls Würmer, Schnecken, Insekten und deren Larven, Amphibien, Fische, Vogeleier, Nestlinge; daneben Früchte, Sämereien, Aas, Abfälle aller Art. **F** Fortpflanzungsverhalten wie bei der oben beschriebenen Rabenkrähe.

Kolkrabe

Corvus corax

G	> Krähe	S	1 II–V

M Unser größter schwarzer Rabenvogel mit mächtigem schwarzem Schnabel und keilförmigem Schwanz. **V** Alpentäler, Wälder des Tieflandes. **L** Segelt im Aufwind, vollführt bei der Balz akrobatische Flugspiele. Ruft tief »grog« und »kark«, daneben metallisch »klong«. Der Gesang ist ein leises, variables Schwätzen mit Imitationen. Sehr intelligenter Rabenvogel! Allesfresser: krankes Jungwild, Kleinsäuger, Reptilien, Insekten und deren Larven, Früchte, Aas und Abfälle. Die Paare bleiben ganzjährig (vielleicht lebenslang?) zusammen. Daneben gibt es Trupps nichtbrütender »Junggesellen«, die häufig große Schwärme (z. B. an Futterstellen, Müllkippen) bilden können. **F** Nest meist auf geschütztem Felssims, aber auch auf Bäumen. Das ♀ erbrütet in 20–21 Tagen 4–6 Junge, die nach 5–6 Wochen ausfliegen, aber weiterhin im Familienverband bleiben.

Stockente S. 440

Rauchschwalbe S. 478

Bläßhuhn S. 456

Feldlerche S. 480

Austernfischer S. 458

Bachstelze S. 482

Silbermöwe S. 464

Hausrotschwanz S. 486

Amsel S. 490

Buchfink S. 512

Singdrossel S. 492

Gimpel S. 514

Mönchsgrasmücke S. 496

Goldammer S. 514

Kohlmeise S. 504

Star S. 516

Waldspitzmaus
Sorex araneus

< Hausmaus	Wälder Garten	IV–XII

M Oberseite schwarzbraun, Bauch gelblich- bis weißlichgrau. Flanken hellbraun. Ohr klein, im Fell fast ganz versteckt. **V** Feuchte Wälder, Wiesen, Hecken, Moore, Parks, Gärten. **L** Tag- und nachtaktiv. Läuft und klettert flink, schwimmt sehr gut. Lebt in selbstgegrabenen, aber auch in alten Wühlmausgängen. Zwitschert schrill. Nahrung sind Regenwürmer, Schnecken, Insekten, -larven, Spinnen, kleine tote Wirbeltiere (auch Spitzmäuse!). **F** Kugeliges Nest aus Blättern, Moos und Gras, meist unter Baumstämmen. Tragzeit 13–20 Tage. 3–4 Würfe jährlich mit 4–10 nackten, blinden Jungen. Augenöffnen mit 13–21 Tagen, Säugezeit 21–23 Tage, dann selbständig. Mit 3–4 Monaten geschlechtsreif.

Maulwurf
Talpa europaea

> Hausmaus	Wiesen Gärten	III–VIII

M Körper walzenförmig; große, seitlich gerichtete Vorderfüße (»Grabschaufeln«) mit langen Krallen. Fell samtig weich, Oberseite glänzend grauschwarz, unten etwas heller. Schnauze rüsselartig, Augen winzig, Ohrmuscheln fehlen, Schwanz kurz. **V** Wiesen, Gärten, Felder, Laubwald. **L** V. a. tagaktiv. Einzelgänger. Gräbt weitverzweigte Gänge, wirft die Erde zu »Maulwurfshügeln« auf. Schwimmt sehr gut. Piepst, zwitschert oder zischt. Kein Winterschlaf. Nahrung sind v. a. Regenwürmer, die er mit gezieltem Biß lähmt (Nahrungsvorrat!), Insekten, -larven, Tausendfüßer, Schnecken. **F** Nestkammer unter großem Maulwurfshügel; Nest aus trockenen Blättern und Moos. Tragzeit 4 Wochen. 1(–2) Würfe jährlich mit (2–)3–4(–6) Jungen. Augenöffnen nach 22 Tagen, Säugezeit 5 Wochen, dann selbständig. Geschlechtsreif im nächsten Jahr.

Igel
Erinaceus europaeus

bekannt	Wälder Felder Gärten	IV–VIII

M Plumper Körper, Schnauze spitz, Ohren kurz, rund, Augen klein. Körper mit dunkelbraunen, an Basis und Spitze gelblichen Stacheln besetzt. **V** Trockene, buschreiche Wälder, Felder, Gärten, Parks. **L** V. a. dämmerungs- und nachtaktiv. Klettert geschickt, läuft schnell, schwimmt gut. Rollt sich bei Gefahr zu einer Stachelkugel zusammen. Schnarcht, schmatzt und pfeift. Ruht tagsüber in großem Nest aus Gras, Blättern, Moos, meist im Gestrüpp oder Kompost. Nahrung sind Insekten sowie andere Kerbtiere, Regenwürmer, Schnecken, Kleinsäuger, Beeren, Obst. Winterschlaf von X–IV, wird bei frostfreiem Wetter zur Nahrungssuche unterbrochen. **F** Jährlich 1–2 Würfe mit je 2–10 blinden und weichstacheligen Jungen. Augenöffnen mit 14–18 Tagen, Säugezeit etwa 18–20 Tage, dann selbständig mit 40–45 Tagen. Oft noch im 1. Jahr geschlechtsreif.

Große Hufeisennase

Rhinolophus ferrum-equinum

G

> Schwalbe	Wälder Busch-land	IV–VIII

M Oberseite hell rötlich bis schiefergrau, Unterseite gelblich bis grauweiß. Fell dicht, weich. Ohren groß, stark zugespitzt. Hufeisenförmiger Nasenaufsatz (Name!) zur Ultraschallortung. **V** Lichte Wälder, Gehölze sowie buschreiche Landschaften. **L** Nachtaktiv. Schläft tagsüber in Felshöhlen, Bergwerkstollen, Ruinen, Kellern, Dachböden. Fliegt niedrig (0,5–3 m), schmetterlingsähnlich. Winterschlaf in frostfreien Felshöhlen, Stollen, Kellern von IX–IV. Schreit laut und tief. Jagt Nachtschmetterlinge, Käfer. **F** Paarung im Herbst und auch im zeitigen Frühjahr. Tragzeit 10–11 Wochen, 1(–2) nackte, blinde Junge. Augenöffnen nach etwa 1 Woche, flugfähig mit 3–4 Wochen, selbständig dann mit 2 Monaten. Im kommenden Jahr geschlechtsreif.

Mausohr

Myotis myotis

G

> Schwalbe	Dörfer Parks Kulturland	IV–VIII

M Eine der größten heimischen Fledermäuse. Oberseite graubraun, Unterseite grauweiß. Fell kurzhaarig. Flughaut und die großen Ohren rauchgrau. Ohrdeckel zugespitzt. **V** Bäuerliche Kulturlandschaft, Ortschaften, lichte Wälder. **L** Jagt im Dunkeln. Fliegt langsam, mit weitausholenden Flügelschlägen, in 5–8 m Höhe. Sommerquartier in zugluftfreien, dunklen Dachstühlen, Winterschlaf einzeln oder gesellig in frostfreien Felshöhlen, Stollen und Kellern. Wandert zum Winterquartier bis 250 km. Schreit laut. Nahrung v. a. Nachtschmetterlinge, Käfer. Erkennt Beute – wie alle Fledermäuse – am Fluggeräusch oder mittels Ultraschallortung (Echolot). Hindernisse werden nur durch Echolot umgangen. **F** Paarung im Herbst und im Frühjahr. Tragzeit 60–70 Tage, meist nur 1 Junges im Juni. Flugfähig mit 40–50 Tagen, mit etwa 2 Monaten selbständig.

Abendsegler

Nyctalus noctula

G

> Schwalbe	Wälder Siedlun-gen	IV–IX

M Gedrungene, große Fledermaus mit breiten, abgerundeten Ohren. Ohrdeckel pilzförmig. Fell kurz, glänzend, oberseits charakteristisch rotbraun, unten gelbbraun. Intensiver Moschusgeruch! **V** Dörfer, Städte, Feldgehölze, lichte Laub- und Mischwälder. **L** Fliegt oft schon vor Sonnenuntergang, meist in 5–25 m Höhe. Jagt gern zusammen mit Schwalben und Mauerseglern. Nahrung sind v. a. Fluginsekten. Sommerquartier in Baumhöhlen, Mauerspalten, Dachböden, Nistkästen; Winterschlaf von X–IV in Baumhöhlen, Dachstühlen, oft bis zu 1000 Tiere in dichten Trauben hängend. Sehr ortstreu. Wanderungen zum Winterquartier bis 1500 km. Rufe schrill, durchdringend. **F** Paarung im Herbst und Frühjahr. Meist 2 Junge im Mai/Juni. Augenöffnen mit 9 Tagen, ab dem 12. Tag völlig behaart, mit 4–6 Wochen flugfähig und dann mit 9 Wochen selbständig.

Feldmaus

Microtus arvalis

> Hausmaus	Wiesen Felder	III–X

M Oberseite gelblich-braungrau, Unterseite gelblichgrau. Augen klein, Ohren kurz, innen dicht fein behaart. Schwanz kurz. Fell glatt, kurzhaarig. **V** Felder, Wiesen. **L** Tag- und nachtaktiv, gesellig. Klettert und springt kaum, schwimmt gut. Gräbt weite Gangsysteme mit vielen Öffnungen, im Winter auch oberirdische Gänge unter Schnee. Legt in den Gängen oft Futter ab: Kräuter, Gras, Getreide, Feldfrüchte, Sämereien, auch Baumrinde und Insekten. Quiekt hell. **F** Kugeliges, meist unterirdisches Grasnest; Jährlich (je nach Witterung) 3–6 Würfe mit je 2–10 nackten, blinden Jungen. Tragzeit 16–24 Tage. Augenöffnen mit 9–10 Tagen, Säugezeit 12 Tage. Mit 3 Wochen selbständig. ♀ mit 12, ♂ ab 28 Tagen geschlechtsreif.

Schermaus

Arvicola terrestris

> Hausmaus	Wiesen Gärten	IV–X

M Plumpe Wühlmaus mit kleinen, rundlichen Ohren, die fast ganz im Fell verborgen sind. Färbung variabel: Oberseite gelbbraun bis schwarzbraun und Unterseite hell- bis dunkelgrau. **V** Wiesen, Äcker, Gärten, Obstplantagen, gern an dichtbewachsenen Ufern langsam fließender Gewässer, Seen und Sümpfe. **L** Tag- und nachtaktiver Einzelgänger. Gräbt ein System aus meist flachen Gängen und schiebt flache Erdhaufen auf, unter denen die Nestkammer liegt. Schwimmt und taucht ausgezeichnet. Ernährt sich von Kräutern, Gräsern, Feldfrüchten, Strauch- und Baumwurzeln und Gartenpflanzen; hortet v. a. Wurzelstücke in Vorratskammern. Quiekt zwitschernd. **F** Jährlich 3–4 Würfe mit je 2–6 nackten, blinden Jungen. Tragzeit 21 Tage. Augenöffnen mit 9–10 Tagen. Säugezeit 12 Tage. Selbständig mit 2–3, geschlechtsreif mit 8–9 Wochen.

Bisamratte

Ondatra zibethicus

> Hamster	Gewässer	III–IX

M Unsere größte Wühlmaus. Oberseite kastanien- bis schwarzbraun, Unterseite hellbraun bis hellgrau. Fell fein, weich, mit langen, glänzenden Grannenhaaren. Die kurzen, runden Ohren ragen kaum aus dem Fell. Der Schwanz ist wenig behaart und seitlich zusammengedrückt. Die Zehen der großen Hinterfüße sind durch Schwimmhäute verbunden und tragen Schwimmborstensäume. Starker Moschusgeruch! **V** Teiche, Seen, Kanäle, Bäche, Flüsse, Sümpfe. **L** Überwiegend dämmerungs- und nachtaktiv. Schwimmt und taucht sehr gut. Baut bis 1 m hohe Schilfburgen (Eingang unter Wasser!); gräbt Gänge in Steilufer, Dämme und Deiche. Pfeift kurz. Nahrung sind v. a. Wasserpflanzen. **F** Jährlich 2–4 Würfe mit je 4–9 nackten, blinden Jungen. Tragzeit 30 Tage. Augenöffnen mit 10–14 Tagen, Säugezeit 18, selbständig ab 30 Tage; mit 3–5 Monaten geschlechtsreif.

Waldmaus

Apodemus sylvaticus

Hausmaus	Wälder Felder Gärten	IV–X

M Oberseite gelblich-graubraun, Bauch weißgrau, Flanken gelblich. Augen und Ohren groß, Schwanz fast so lang wie der Körper. **V** Laub- und Mischwälder, Hecken, Felder, Gärten. **L** Dämmerungs- und nachtaktiv. Läuft und klettert schnell und gewandt, springt bis 80 cm weit. Wenig gesellig. Gräbt tiefe Gänge mit einem schrägen und einem senkrechten Ausgang, legt Nest- und Vorratskammern an; lebt auch in alten Wühlmaus- und Maulwurfsgängen. Piepst hell. Nahrung: Samen, Knospen, Früchte, Pilze, Insekten, Würmer, Schnecken. **F** Jährlich 3 (–4) Würfe mit je 3–9 nackten, blinden Jungen. Tragzeit 23 Tage. Augenöffnen nach 12–14 Tagen, Säugezeit 14–15 Tage, mit 21 Tagen selbständig. Mit 8 Wochen geschlechtsreif.

Haselmaus

Muscardinus avellanarius

Hausmaus	Wälder Gebüsch	IV–X

M Unser kleinster Bilch. Große Augen und rundliche Ohren, Schwanz dicht behaart. Oberseite gelblich bis orangebraun, Bauch heller, Brust und Kehle weiß. **V** Laub-, Misch- und Auwälder mit viel Unterholz und beerentragenden Sträuchern. Nicht an Haselnuß gebunden! **L** Dämmerungs- und nachtaktiv, wenig gesellig. Klettert, springt und läuft sehr gut und schnell. Baut kunstvolles Kugelnest aus Gras, Laub, Moos in Höhlungen oder freistehend. Winterschlaf von X–IV. Bei Störung intensives hohes Pfeifen, sonst leises Zirpen. Nahrung sind Sämereien, Him-, Brombeeren, Baumfrüchte, Insekten. **F** Paarung IV–X, Tragzeit 22–24 Tage, 1–2 Würfe (VI–VIII) mit 3–5 (–9) Jungen. Augenöffnen mit 16–18 Tagen, Säugezeit 4 Wochen und mit 5–6 Wochen selbständig. Nach dem ersten Winterschlaf sind die jungen Haselmäuse geschlechtsreif.

Siebenschläfer

Glis glis

< Eichhörnchen	Wälder Parks	VI–X

M Oberseite bräunlichgrau, silbrig glänzend, Unterseite scharf abgesetzt weiß. Augen groß mit dunklem Augenring. Ohr klein, rundlich. Schwanz buschig. Unser größter Bilch. **V** Laub- und Mischwald, Parks, Gärten. **L** Dämmerungs- und nachtaktiv. Lebt in Familien. Klettert und springt sehr gut. Wohnt in Baumhöhlen, Felsspalten, Vogelnistkästen, selten in Gebäuden (Speisekammer!). Fiept und pfeift. Winterschlaf von X–V in selbstgegrabenen Erdhöhlen. Legt manchmal Sommervorrat, aber keine Wintervorräte an. Nahrung sind Blätter, Knospen, Rinde, Maitriebe, Eicheln, Bucheckern, Nüsse, Beeren, Obst, bisweilen auch Insekten, Vogeleier, Jungvögel. **F** Paarung VI–IX, Tragzeit 30–32 Tage. 1 Wurf jährlich mit 4–6 (–11) Jungen. Augenöffnen mit 21–23 Tagen, Säugezeit 4–5 Wochen, selbständig mit 8 Wochen. Mit 1 Jahr geschlechtsreif.

Hamster
Cricetus cricetus

G

Eich-hörnchen	Felder	IV–VIII

M Oberseite gelbbraun, Gesicht, Schultern und Vorderflanken weißfleckig, Unterseite schwarz. Augen klein, Ohren rund, geräumige Backentaschen. **V** Steppe, bei uns Kulturfolger in Klee-, Luzerne-, Rüben- und Getreidefeldern. **L** Nacht- und dämmerungsaktiv, Einzelgänger. Läuft, springt, schwimmt gut. Gräbt weites Gangsystem mit mehreren Eingängen, Vorratskammern, Nest- und Kotkammer. Quiekt und zirpt. Winterschlaf X–III, wird gelegentlich zur Nahrungsaufnahme (v. a. vegetarisch) unterbrochen. **F** Paarung IV–VII, Tragzeit 17–20 Tage, 2–3 Würfe mit je 4–12 nackten, blinden Jungen. Augenöffnen nach 14 Tagen, Säugezeit 18 Tage, mit 25 Tagen selbständig. Ab 10 Wochen geschlechtsreif.

Eichhörnchen
Sciurus vulgaris

bekannt	Wälder Parks	XII–X

M Oberseite rotbraun, graurot, braun bis schwarz, Unterseite weiß. Schwanz buschig, Ohren im Winter mit langen Haarbüscheln. **V** Wälder, Parks, Gärten. **L** Überwiegend tagaktiv. Lebt auf Bäumen, klettert (auch kopfabwärts) und springt sehr gut; hoppelt am Boden. Baut Kugelnester (Kobel) aus Zweigen, Gras, Moos in Bäumen, bewohnt auch Baumhöhlen, alte Krähen- und Elsternnester. Kein Winterschlaf! Sammelt Vorräte: Laub- und Nadelbaumsamen, Nüsse, Beeren, Pilze, Rinde, Knospen, verschmäht auch nicht Kerbtiere, Vogeleier, Jungvögel. Ruft bei Erregung »tjuk-tjuk . . .«, daneben auch knurrende und quietschende Laute. **F** Paarungszeit bereits ab XII (bis VII), Wurfzeit II–VIII, Tragzeit 38 Tage. Jährlich 1–2 Würfe mit je 2–5 nackten, blinden Jungen. Augenöffnen nach 4 Wochen, Säugezeit 9–12 Wochen; geschlechtsreif Ende des 1. Jahres.

Murmeltier
Marmota marmota

G

Feldhase	Berg-hänge	IV–X

M Oberseite gelblich-graubraun mit hellen Haarspitzen, Flanken gelbgrau, Unterseite rötlich-gelb. Kopfoberseite flach, Ohren klein und rund. Der buschige Schwanz endet in einer schwärzlichen Spitze. **V** Offene, sonnige Berghänge, Geröllhalden, Bergwiesen der Gebirge zwischen 800 und 2700 m Höhe. **L** Tagaktiv. Lebt gesellig in Kolonien. Wohnt in unterirdischen Bauen mit bis zu 10 m langen Gängen und zentralem, mit Heu ausgepolstertem Kessel. Sonnt sich gern in Baunähe auf erhöhten Aussichtspunkten; stößt bei Erregung laute Pfiffe aus (Warnung für Artgenossen!). Frißt Gräser, Kräuter und Wurzeln. Hält Winterschlaf. **F** Nach Paarung im IV/V und 34tägiger Tragzeit werden im einzigen Jahreswurf 2–6 nackte, blinde Junge geboren. Augenöffnen nach 22–28 Tagen, Säugezeit 6 Wochen, selbständig mit 2 Monaten; geschlechtsreif mit 2–3 Jahren.

Wildkaninchen

Oryctolagus cuniculus

< Feldhase	Felder Heide Parks	II–XI

M Oben sandfarben, graubraun bis schwarz, unten weißlichgrau. Kopf rund, Ohren aufrecht, kürzer als der Kopf. Hinterbeine kaum länger als Vorderbeine. **V** Felder, Heide, Parks. **L** Stammform unserer Hauskaninchen (»Stallhasen«). V. a. dämmerungsaktiv. Lebt in selbstgegrabenen Erdbauen in Familien bis zu 25 Tieren. Hoppelt, springt, schlägt Haken, rennt nur kurze Strecken. Klopft bei Gefahr mit den Hinterläufen. Frißt Kräuter, Wurzeln, Früchte, Pilze, Knospen, Rinde. **F** Tragzeit 28–31 Tage. 4–6 Würfe mit je 1–15 nackten, blinden Jungen (»Nesthocker«), im Nest aus Gras und Bauchwolle der Mutter. Augenöffnen nach 10 Tagen, Säugezeit 3 Wochen, selbständig mit 4–5 Wochen. Geschlechtsreif mit 3–4 Monaten.

Feldhase

Lepus capensis

G

bekannt	Felder Wiesen	I–X

M Oben gelbbraun bis braungrau, Flanken, Kehle, Brust rostgelb, Bauch weiß. Schwanz kurz, oben schwarz, unten weiß. Ohren lang, Ohrspitze schwarz. Kopf länglich, Augen groß, gelbbraun. Hinterbeine viel länger als Vorderbeine. **V** Wiesen, Felder, Wälder, Dünen. **L** Meist dämmerungsaktiv. Springt und schwimmt gut, läuft schnell über weite Strecken, schlägt Haken. Trommelt bei Erregung mit den Vorderfüßen. Scharrt flache Mulden (Sassen) als Ruheplatz. Nahrung sind Kräuter, Gräser, Früchte, Pilze, Knospen, Kleintiere, Aas. **F** Paarung I–VIII, Tragzeit 42–44 Tage, Setzzeit III-X. Häufig »Überfruchtung«, d. h. erneutes Trächtigwerden vor dem Setzen. 3–4 Würfe mit je 2–4 sehenden, behaarten und fast lauffähigen Jungen (»Nestflüchter«). Säugezeit 3 Wochen, selbständig dann mit etwa 3–4 Wochen. Geschlechtsreif Ende des 1. Jahres.

Schneehase

Lepus timidus

G

< Feldhase	Gebirge	IV–VIII

M Etwas kleiner als unser Feldhase; auch Kopf und Ohren sind insgesamt kürzer. Das Sommerfell (Foto rechts) ist rötlichbraun bis braungrau, die Bauchseite weißgrau, die Ohrspitzen sind schwarz. Im Winter ist der Hase bis auf die schwarzen Ohrspitzen schneeweiß (Foto links). Auffallend sind auch die stark behaarten Pfoten. **V** Lebt in der Krummholzzone der Alpen in ca. 1300–3400 m Höhe; im Winter geht er bis 800 m hinunter. **L** Auf der Suche nach Gräsern, Kräutern, Knospen, Rinde und Früchten ist er vorwiegend morgens und abends unterwegs. Zum Ausruhen wird eine Sasse an Baumwurzeln oder zwischen Felsen angelegt; läßt sich bei starkem Schneefall einschneien. Einzelgänger. **F** Tragzeit 48–51 Tage. Jährlich 2 Würfe mit je 1–5 behaarten, sehenden Laufjungen, die mit 2–3 Wochen selbständig sind. Geschlechtsreif mit 9–11 Monaten.

Dachs
Meles meles

Fuchs	Wälder	II–X

[M] Plump, kurzbeinig. Oben grau, Bauch und Beine dunkelgrau bis schwarz. Rücken mit schwarzem Aalstrich. Kopf flach, schwarzweiße Gesichtsmaske. Augen, Ohren klein. Schwanz kurz. [V] Laub-, Mischwald, Steppe, Sümpfe. [L] Nacht- und dämmerungsaktiv. Gräbt Erdbaue mit mehreren Eingängen, übernimmt auch Fuchs- und Kaninchenbaue. Lebt paarweise, in Dauerehe. Kein echter Winterschlaf. Warnruf quiekend. Allesfresser: Regenwürmer, Schnecken, Kleinsäuger, Gelege, Jungvögel, Aas, Früchte, Pilze, Wurzeln. [F] Paarung II–X, Tragzeit 7–13 Monate, Wurfzeit I–V des Folgejahres. 1 Wurf mit 3–5 nackten Jungen. Augenöffnen nach 12 Tagen, Säugezeit 2 Monate, selbständig nach 6 Monaten. Geschlechtsreif im 2. Jahr.

Hermelin, Wiesel
Mustela erminea

> Ratte	Wälder Felder Gärten	II–VIII

[M] Schlank, kurze Beine, runde, stehende Ohren. Sommerkleid: Rücken braun, Bauch scharf abgesetzt weiß, Schwanzende schwarz. Winterkleid: bis auf die schwarze Schwanzspitze weiß. [V] Wälder, Steppe, bäuerliche Kulturlandschaft, Parks, Gärten. [L] Nachtaktiv, im Sommer auch tag- und dämmerungsaktiv. Sehr neugierig. Klettert, springt, schwimmt gut. Bewohnt kleine Höhlen, alte Schermausbaue. Nest mit Laub und Gras ausgekleidet. Bei Gefahr durchdringendes Keckern und Schreien. Nahrung sind v. a. Nagetiere bis Kaninchengröße und andere kleine Wirbeltiere. [F] Paarung II–VIII, Tragzeit 7 Wochen bis 9 Monate, Wurfzeit IV/V. 1 Wurf mit (3–) 5–6 (–12) weiß behaarten Jungen. Augenöffnen mit 6 Wochen, Säugezeit 7 Wochen, nach 3 Monaten ausgefärbt, mit etwa 4–5 Monaten dann selbständig. Geschlechtsreif mit ca. 2 Jahren.

Mauswiesel
Mustela nivalis

< Ratte	Wälder Felder Gärten	III–VIII

[M] Schlank, kurzbeinig. Hals lang, Ohren rund. Rücken rot- bis graubraun, Bauch und Beininnenseiten gelblichweiß, Übergang oft gezackt. Schwanz ohne (!) schwarze Spitze. [V] Wälder, dekkungsreiche Kulturlandschaft, Gärten, Siedlungen. [L] Vorwiegend dämmerungs- und tagaktiv. Überwiegend Einzelgänger; Jungtiere jagen z. T. noch im Verband der Mutterfamilie. Klettert und schwimmt gut. Lager in kleinen Erd- oder Baumhöhlen, die zur Jungenaufzucht mit Blättern ausgepolstert werden. Jagt Mäuse, Ratten und andere kleine Wirbeltiere bis Kaninchengröße. Bei Angst kurzes, schrilles Kreischen. [F] Paarung III–VIII, Tragzeit mindestens 5 Wochen. 1–3 Würfe mit 3–9 (–12) nackten, blinden Jungen. Augenöffnen mit 4 Wochen, Säugezeit 5–6 Wochen, selbständig mit 3–4 Monaten, bald darauf Trennung von der Mutter. Geschlechtsreif mit 6–12 Monaten.

Baummarder
Martes martes

G	< Katze	Wälder Parks	II–VIII

M Seidenweiches, kastanienbraunes Fell, Kehle und Vorderbrust goldgelb. Schwanz lang, buschig. **V** Ausgesprochenes Waldtier, gelegentlich auch in Parks und Gärten. **L** Meist nachtaktiv. Klettert (auch kopfabwärts!) und springt ausgezeichnet. Ruht tagsüber in Eichhörnchenkobeln, Krähennestern, Baumhöhlen. Jagt v. a. Rötel-, Wühl-, Spitzmäuse, andere Kleinsäuger bis Kaninchengröße, Vögel bis Hühnergröße, nimmt auch Früchte und Eier. Alarmruf ist ein tiefes »öff«. **F** Paarung II oder VI–VIII. Tragzeit 2–10 Monate, Wurfzeit IV. Meist (2–) 3–5 (–7) Junge. Augenöffnen nach 4 Wochen, Säugezeit 6–8 Wochen. Mit 3 Monaten selbständig; die Jungmarder bleiben bis zum Herbst in der Mutterfamilie. Geschlechtsreif mit ca. 2 Jahren.

Steinmarder
Martes foina

< Katze	Fels Gärten Gebäude	II–VIII

M Plumper, kurzbeiniger als der oben beschriebene Baummarder. Graubraun mit weißem Kehl- und Brustfleck. **V** Felsiges, locker bewachsenes Gelände mit vielen Verstecken, Gärten, Siedlungen. **L** Nachtaktiv. Klettert nicht so gut wie Baummarder. Bewohnt Höhlen und Spalten aller Art, auch in Gebäuden. Lautäußerungen ähnlich Baummarder. Nahrung sind v. a. Kleinsäuger bis Kaninchengröße, Vögel bis Hühnergröße, Früchte, Eier, Abfälle. In Städten als »Automarder« (zerbeißt Gummileitungen und -dichtungen) aktiv. **F** Paarung II oder VI–VIII, Tragzeit 2–9 Monate, Wurfzeit IV, nach verzögerter Tragezeit erst des folgenden Jahres. Meist 3–5 nackte, blinde Junge. Augenöffnen nach 5 Wochen, Säugezeit 6–8 Wochen; selbständig mit etwa 3 Monaten. Die Jungtiere bleiben meist bis zum Herbst in der Familie. Geschlechtsreif mit ca. 2 Jahren.

Rotfuchs
Vulpes vulpes

> Katze	Wälder Felder	I–V

M Oberseite rotbraun, Kehle, Bauch, Beininnenseiten weißlich. Färbung variabel: »Brandfuchs«, »Kohlfuchs« mit dunkler bis schwarzer Unterseite, »Kreuzfuchs« mit dunklem Schulterkreuz, »Birkenfuchs« hell. Schwanz buschig mit weißer Spitze. **V** Wälder, Parklandschaften, buschreiche Feldflur. **L** Dämmerungs- und nachtaktiv, Junge spielen tagsüber vor dem Erdbau. Sieht, hört und riecht sehr gut. V. a. in der Paarungszeit weit hörbares »hau«. Jagt Wirbeltiere bis Hasen- und Gänsegröße, v. a. aber Mäuse, nimmt auch Früchte. Gilt als Hauptüberträger des Tollwuterregers. **F** Paarung (Ranzzeit) I–II, Tragzeit ca. 50 Tage, Wurfzeit III/IV. 3–5 (–12) grauwollige, blinde Junge. Augenöffnen in der 2. Woche, Säugezeit bis 4 Wochen (Jungfüchse verlassen erstmals den Bau), mit 3–4 Monaten selbständig. Mit 9 Monaten geschlechtsreif.

Rothirsch

Cervus elaphus

bekannt	große Wälder	IX–X V–VI

M Größtes, heimisches Schalenwild. Im Sommer rötlichbraun, im Winter graubraun, Spiegel rötlich bis gelblich. Jugendfärbung rotbraun mit weißen Flecken. Geweihe der ♂ in Form und Größe je nach Alter verschieden. **V** Große Wälder. **L** V. a. dämmerungsaktiv. Meist in Rudeln (♂, Mütter mit Jungen), alte ♂ auch Einzelgänger. Läuft, springt, schwimmt, sieht, hört und riecht gut. Geweihabwurf II–IV, Fegezeit bis Ende VIII. Zur Brunftzeit »Röhren« der ♂. Nahrung sind Gräser, Kräuter, Triebe, Rinde, Pilze, Früchte. **F** Paarung (Brunftzeit) IX/X, Tragzeit knapp 8 Monate, Setzzeit V/VI. Meist nur 1 Junges, mit offenen Augen. Säugezeit 3–4 Monate, selbständig mit etwa 1 Jahr. Geschlechtsreif im 2.–3. Jahr.

Damhirsch

Dama dama

< Rothirsch	Misch- wälder	X–XI V–VII

M Kleiner als der oben beschriebene Rothirsch, mit sehr variabler Fellfärbung: Sommerfell oben rotbraun mit Längsreihen weißer Flecken, unten weißlich; Schwanzoberseite und Spiegelrand schwarz, Spiegel und Schwanzunterseite weiß. Winterfell grauer, Fleckung schwächer. Daneben gibt es Albinos (v. a. in Gehegen), hellbraune bis schwarze Individuen. Die Jungen sind wie die Alttiere gefärbt. Geweih der ♂ schaufelförmig verbreitert. **V** Mischwälder; häufig in Wildgehegen. **L** V. a. morgens und abends aktiv; läuft und springt sehr gut. Lebt gesellig in Rudeln, frißt Gräser, Kräuter, Pilze, Knospen, Blätter, Früchte, Geweihabwurf IV–V, Fegen VIII. ♂ knurren zur Brunftzeit. **F** Paarung (Brunft) X/XI, Tragzeit 7–8 Monate, Setzzeit V–VII. Meist 1 sehendes und behaartes Junges. Säugezeit ca. 8 Monate; Geschlechtsreife ♀ mit 15, ♂ mit 27 Monaten.

Reh

Capreolus capreolus

bekannt	Wälder Felder	VII–VIII XI–XII V–VI

M Im Sommer rostbraun mit gelblichem Spiegel, im Winter graubraun mit weißem Spiegel. Jungtiere mit weißer Fleckung, die bis zum Herbst verschwindet. Geweih des Bocks unten wulstig, stark geperlt, mit bis zu 3 Enden pro Stange. Geweihabwurf X/XI, Neuansatz I, Fegezeit IV. **V** Wälder, Felder, Wiesen. **L** V. a. dämmerungsaktiv. Einzeln, paarweise oder in der Mutterfamilie (Sprung). Hört, läuft, springt, schwimmt sehr gut. Zur Brunftzeit ausgeprägtes Territorialverhalten. Kurzes Bellen als Warn- oder Drohlaut. Nahrung sind Kräuter, Gras, Triebe, Früchte, Pilze. **F** Paarung VII/VIII oder XI/XII (Nachbrunft). Nach Befruchtung im Sommer erfolgt eine sog. Eiruhe; eigentliche Tragzeit also nur 6 Monate. Setzzeit V/VI. Meist 1–2 Junge mit offenen Augen, Säugezeit 2–3 Monate, selbständig Ende des 1. Lebensjahres. Geschlechtsreif im 2. Jahr.

Gemse

Rupicapra rupicapra

Ziege	Bergwald Matten	X–XII IV–VI

M Kräftige, gedrungene Tiere mit aufrechten, an der Spitze (beim ♂ stärker) nach hinten gekrümmten Hörnern (Krickel). Im Sommerfell gelbbraun, auf dem Rücken ein schwarzer Aalstrich. Gesicht gelblich mit dunklen Binden vom Ohr zum Mundwinkel. Das längere Winterfell ist schwarzbraun, Rückenhaare stark verlängert, aufrichtbar (»Gamsbart«). **V** Bergwälder, vorwiegend in den Alpen; im Sommer auch über der Waldgrenze. **L** Meist in kleineren Verbänden, alte Böcke Einzelgänger. Guter Springer und Kletterer im Fels; pfeift bei Gefahr. Frißt Gräser, Kräuter, Moose, Flechten. **F** Brunftzeit X–XII. Nach 24–27wöchiger Tragzeit im IV–VI Geburt des sehenden, behaarten Kitzes. Säugezeit 6 Monate; mit 3–4 Jahren geschlechtsreif.

Alpen-Steinbock

Capra ibex

G

> Ziege	Fels-region	XI–XII VI–VII

M Etwas größer und v. a. sehr viel stämmiger als unsere Hausziegen mit großem, bogenförmigem (♂) bzw. kurzem, schmalkantigem (♀) Gehörn. Fell im Sommer rötlichgrau, im Winter eher gelbgrau. Bauch und Schwanzunterseite hell, Schwanzoberseite und Beine dunkler. ♂ viel größer und schwerer als ♀. **V** Hohe, felsige Gebirgslagen über der Waldgrenze; im Winter an steilen Südhängen. **L** Tagaktiv; außerhalb der Brunftzeit in meist eingeschlechtlichen Rudeln, nur alte Böcke als Einzelgänger. Springt und klettert hervorragend im schroffen Fels. Pfeift bei Alarm durchdringend, ähnlich wie die oben beschriebene Gemse. Frißt Gras, Kräuter, Flechten, Moos, Knospen, Blätter, Nadeln. **F** Brunftzeit XI–XII. Tragzeit 21–23 Wochen; im VI werden 1–2 sehende, behaarte Junge geboren. Säugezeit 6 Monate. Geschlechtsreif nach ca. 3 Jahren.

Wildschwein

Sus scrofa

bekannt	Wälder	XI–I III–IV

M Behaarung borstig, schwarzbraun. Kopf keilförmig, Schwanz mit Endquaste. Keiler (♂) mit großen, gebogenen Eckzähnen (Hauer). Fell der Jungen (Frischlinge) braun-cremefarben längsgestreift. Stammform unseres Hausschweines. **V** Laub- und Mischwälder. **L** Tag- und nachtaktiv. Tiere in Rotten (Familienverbänden), alte Keiler meist Einzelgänger. Schwimmt und läuft ausdauernd, hört gut, riecht ausgezeichnet. Durchwühlt den Boden mit der Schnauze nach Wurzeln, Knollen, Früchten, Insektenlarven, Würmern, Schnecken, nimmt auch Eier, Aas. Quiekt und grunzt. **F** Paarung (Rauschzeit) XI–I, Tragzeit 4–5 Monate, Wurfzeit III/IV. Meist 1 Wurf, manchmal auch 2 (in südlichen Gebieten). Je Wurf 3–12 Junge mit offenen Augen, Säugezeit 3 Monate, Fellstreifung verschwindet im 3. Monat. Selbständig mit 6 Monaten. Geschlechtsreif mit 9–18 Monaten.

Register

Deutsche Namen

Wissenschaftliche Namen

Bildnachweis

Angermayer 363 o
Arndt 493 u, 527 u
Beck 415 m
Bellmann 217 m, 227 o, 257 u, 267 u, 309 u, 313 u, 317 o, 319 o, 323 m, 327 u, 329 o, 329 m, 335 m, 337 o, 341 o, 341 mr, 347 u, 349 u, 351 u, 367 u, 371 o, 371 u, 391 m, 395 m, 401 m, 401 u, 419 u, 423 u, 425 m
Beyer 505 m, 507 m
Danegger 347 o, 375 u, 441 u, 459 m, 503 o, 503 m, 511 u, 513 m, 515 o
Daudt 95 ur, 283 m, 367 o, 381 o, 423 o
Diedrich 123 o, 185 m, 193 u, 269 u, 445 u, 447 u, 463 o, 487 u, 489 m, 497 m, 497 u, 513 o, 519 o, 523 u, 535 u
Eisenbeiss 39 o, 39 m, 43 o, 51 m, 83 m, 87 m, 99 o, 101 m, 103 m, 103 u, 105 m, 121 m, 125 o, 127 o, 137 u, 143 u, 145, 161 u, 163 u, 171 u, 177 o, 177 u, 199 m, 201 o, 203 u, 207 o, 239 m, 251 u, 333 o, 351 o, 391 o, 397 o, 437 u
Eisenreich 2/3, 4, 49 o, 49 u, 53 m, 55 mr, 55 u, 57 u, 59, 61 mr, 63 m, 65, 67 o, 67 m, 67 ur, 71 o, 71 m, 73, 75 o, 77 o, 77 m, 79 u, 81 o, 81 u, 83 o, 83 u, 85 o, 85 u, 87 o, 87 u, 89 u, 90 mr, 90 ul, 91 mr, 91 ur, 92 or, 92 ml, 93 ol, 94 ml, 96 ur, 97 ml, 97 mr, 101 u, 103 o, 107 o, 109, 111, 113 o, 115, 117 o, 117 u, 119 m, 119 u, 121 u, 123 m, 123 u, 125 m, 125 u, 129 o, 129 u, 131 o, 131 m, 135 o, 135 u, 139 u, 141 o, 141 u, 143 o, 143 m, 147 m, 149 o, 149 m, 151 m, 153 o, 153 m, 155 o, 155 u, 157, 159, 161 o, 163 o, 165 m, 165 u, 167 o, 167 m, 169, 171 m, 173, 175 m, 175 u, 183 o, 183 m, 185 u, 187 m, 187 u, 189, 191, 195 m, 195 u, 199 o, 199 u, 203 o, 207 m, 207 u, 209, 211 u, 213, 215, 217 m, 217 u, 219, 221 o, 221 m, 223 o, 225, 227 m, 227 u, 229, 231 m, 231 u, 233 u, 235 o, 237, 239 o, 241, 243, 245 u, 247, 249, 251 o, 251 m, 253 o, 253 u, 255 u, 257 o, 259, 261 m, 261 u, 265 o, 265 m, 267 m, 269 o, 269 m, 273 o, 275 o, 277 o, 277 u, 279, 281 o, 283 o, 283 u, 285 o, 285 m, 287 o, 287 u,